国家新闻出版改革发展项目库入库项目
普 通 高 等 学 校 少 数 民 族 预 科 教 材

少数民族预科高等数学

主　编　张　虎
副主编　刘　学　樊　玲　王学严

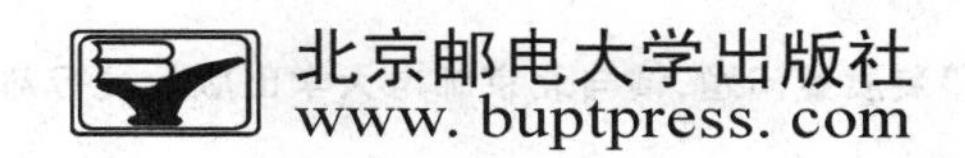

内容简介

本书主要内容包括函数、极限与连续、导数与微分、微分中值定理及导数的应用、不定积分、定积分及其应用。

本书注重由中学到大学数学课程的衔接，充分体现“补预结合”的思想，可为学生后续的学习提供必要的数学基础知识，也可提高学生的数学素养，培养学生的运算能力以及运用所学知识分析和解决实际问题的能力。

本书适用于高等学校少数民族预科院校一年制和二年制的学生，可作为相关教师的教学参考，也可供理工类相关学生自学使用。

图书在版编目(CIP)数据

少数民族预科高等数学 / 张虎主编. -- 北京 ：北京邮电大学出版社，2018.9

ISBN 978-7-5635-5585-7

Ⅰ. ①少…　Ⅱ. ①张…　Ⅲ. ①高等数学－高等学校－教材　Ⅳ. ①O13

中国版本图书馆 CIP 数据核字(2018)第 195276 号

书　　名：少数民族预科高等数学
著作责任者：张　虎　主编
责 任 编 辑：满志文　穆菁菁
出 版 发 行：北京邮电大学出版社
社　　址：北京市海淀区西土城路 10 号(邮编：100876)
发 行 部：电话：010-62282185　传真：010-62283578
E-mail：publish@bupt.edu.cn
经　　销：各地新华书店
印　　刷：北京玺诚印务有限公司
开　　本：787 mm×1 092 mm　1/16
印　　张：16
字　　数：398 千字
版　　次：2018 年 9 月第 1 版　2018 年 9 月第 1 次印刷

ISBN 978-7-5635-5585-7　　定　价：42.00 元

前　言

“微积分”是高等院校非数学类专业的一门基础课，可以为理工、经管和农医等专业的学生提供必要的应用基础以及培养他们分析问题和解决问题的能力，也可为文科学生培养严密的逻辑思辨能力，所以微积分为高等院校少数民族预科学生的必修课。

少数民族预科教育是高等教育的重要组成部分，也是高等教育的特殊层次，是高中到大学的过渡阶段，所以预科教育应体现它的衔接性。为了适应少数民族预科学生生源地教育水平的不断提高和高中课程改革的不断深入，以及目标院校对预科学生的不同要求，教育部民族教育司委托教育部高等学校少数民族预科教育教学与管理工作指导委员会（简称预指委）于2015年和2016年两次组织不同预科院校的数学教学专家，完成了一年制本科预科数学教学大纲的修订。本书的编写以新修订的大纲为依据，从民族预科数学教学的特点出发，由教育部普通高等学校少数民族预科教材编写组的教师编写，编写者都是预科一线教师且都具有10年以上预科数学教学的实践经验。

本书的编写力求突出以下特色。

(1) 注重高中和大学的衔接。第1章不仅回顾和复习了初等数学的知识，也补充了一些高中未讲而大学需要的基础知识，比如反三角函数等；附录（内容使用二维码链接）中也罗列了一些初等数学常用的公式，以方便学生学习时查找，从而充分体现预科“补预结合”的思想。

(2) 在体现知识连贯性的同时，强调逻辑思维的规律，突出教学重点，由易到难，循序渐进，实现通俗易懂。

(3) 针对预科学生的特点尽可能弱化对定理的推导，但注重数学思想的阐述，以保证数学知识的系统性、科学性和完整性，便于教师讲授和学生自学。

(4) 课后编排了大量的习题以满足不同层次学生的需求，每节后有习题，每章后有总习题和自测题，且书后附有参考答案，方便教与学，引入的是非题，可纠正学生对知识的错误理解和不当做法。

(5) 为了提高学生对数学源流的认识，每章后附有课外阅读，可加深学生对知识探索过程的理解，培养学生追求知识的精神。

书中标有“*”的内容超出了大纲的要求，为选学内容，教师可根据自己学生的程度和目标院校对学生的要求删去或者选学相关内容。

本书由张虎负责主编，刘学、樊玲、王学严为副主编；由张虎负责统稿，张虎、刘学、樊玲和王学严负责校订。

本书可供高等学校少数民族预科院校一年制和二年制学生使用以及理工类相关学生自学使用，也可供相关教师教学参考。

本书在编写过程中参考了大量国内优秀的高等数学教材，从中汲取了丰富的营养，在此对作者们表示深深的感谢；本书的编写得到了北京邮电大学民族教育学院和北京邮电大学出版社的大力支持，得到了北京邮电大学民族教育学院信息数理中心老师们的热情帮助，编者在此对他们表示衷心的感谢。

由于编者学识水平有限，编写时间也比较仓促，书中不妥之处在所难免，敬请广大读者提出宝贵的意见和建议。

编　者

2018 年 5 月

目　录

第1章　函　　数

数学是研究数(数量关系)和形(空间形式)的科学,研究常量间的代数运算和规则几何形体内部及相互间的关系即为中学所学的初等代数和初等几何,我们统称为初等数学。初等数学研究的主要对象是常量,即在某一运动变化过程中相对保持不变的量,也可以看作有固定取值的量,所以初等数学也可以称为常量数学,它是建立在有限思想上并采用静止的观点来研究问题;高等数学研究的主要对象是变量,即在某一运动变化过程中不断变化,可以取不同数值的量,因此高等数学也可以称为变量数学,它是建立在无限的思想上,并采用运动和辩证的观点来研究问题。

函数是数学最基本的概念,也是微积分研究的主要对象,它反映的是变量之间的相互依赖关系。本章先介绍集合的一些概念和性质,由此引入区间和邻域;然后对函数的概念和性质进行讨论,并对基本初等函数的性质进行概括和总结,给出初等函数的概念;最后我们对隐函数、参数方程和极坐标方程函数给予简单的介绍,为后续微积分的学习打下基础。所以,本章是对一些初等数学知识的复习和总结。

1.1　集合与区间

学习目标与要求

(1) 掌握集合的运算;

(2) 了解逻辑符号的含义;

(3) 掌握区间和邻域的表示。

1.1.1　集合及其运算

1. 集合

集合是现代数学的基础,是引入函数不可或缺的概念。所谓集合,指的是具有某种特定性质的事物或对象的全体;而构成集合的个别事物或者对象则称为集合的**元素**。通常用大写拉丁字母 $A,B,C,\cdots$ 表示集合,用小写拉丁字母 $a,b,c,\cdots$ 表示元素。

给定一个集合,集合中的元素就定了。注意,组成集合的元素既可以是数,也可以是所研究的任何对象。如果 a 是集合 A 中的元素,则称 a 属于 A,记为 $a\in A$;如果 a 不是集合 A 中的元素,则称 a 不属于 A,记为 $a\notin A$。由有限个元素组成的集合称为**有限集**;由无穷多个元素所组成的集合则称为**无限集**;不含任何元素的集合称为**空集**,记作 $\varnothing$。

集合的表示方法通常有两种:一种是列举法;另一种是描述法。列举法就是把集合的全体元素一一列出。例如,由元素 $a_1,a_2,\cdots,a_n$ 组成的集合 A 可表示成

$$A=\{a_1,a_2,\cdots,a_n\}$$

又比如自然数集可以表示为

$$\mathbf{N}=\{0,1,2,\cdots\}$$

描述法是通过描述集合中元素所具有的特定性质来表示集合，可以表示为

$$B=\{x \mid x \text{ 所具有的性质}\}$$

例如，满足方程 $x^2-3=0$ 的解集所组成的集合 B 可表示为

$$B=\{x \mid x^2-3=0\}$$

有时一个集合可以用不同的表示方法表示，但不管用什么方法表示，只要集合中的元素是一样的，就表示是同一个集合。例如，集合 $\{x \mid x^2-3=0\}$ 与集合 $\{-\sqrt{3},\sqrt{3}\}$ 表示的是同一个集合。高等数学研究的对象为函数，用到的集合主要是数集。全体非负整数即自然数构成的集合称为自然数集，记作 $\mathbf{N}$；全体整数构成的集合称为整数集，记作 $\mathbf{Z}$；全体有理数构成的集合称为有理数集，记作 $\mathbf{Q}$；全体实数构成的集合称为实数集，记作 $\mathbf{R}$。

如果集合 A 的元素都是集合 B 的元素，即若 $x\in A$，则必有 $x\in B$，则称集合 A 是集合 B 的**子集**，记作 $A\subset B$，读作"A 包含于 B"，也可记作 $B\supset A$，读作"B 包含 A"。空集为任何集合的子集。自然数集、整数集、有理数集和实数集有下面的包含关系：

$$\mathbf{N}\subset\mathbf{Z}\subset\mathbf{Q}\subset\mathbf{R}$$

如果 $A\subset B$ 且 $B\subset A$，就称集合 A 与 B 相等，记作 $A=B$。

2. 集合的运算

集合的基本运算有三种：并集、交集和差集。

设有集合 A 和 B，由所有属于 A 或 B 的元素组成的集合称为集合 A 与 B 的**并集**，记作 $A\cup B$，即

$$A\cup B=\{x \mid x\in A \text{ 或 } x\in B\}$$

由所有既属于 A 又属于 B 的元素组成的集合称为集合 A 与 B 的**交集**，记作 $A\cap B$，即

$$A\cap B=\{x \mid x\in A \text{ 且 } x\in B\}$$

由所有属于 A 但不属于 B 的元素组成的集合称为集合 A 与 B 的**差集**，记作 $A\backslash B$，即

$$A\backslash B=\{x \mid x\in A \text{ 且 } x\notin B\}$$

两个集合的并集、交集和差集如图 1.1 所示的阴影部分。

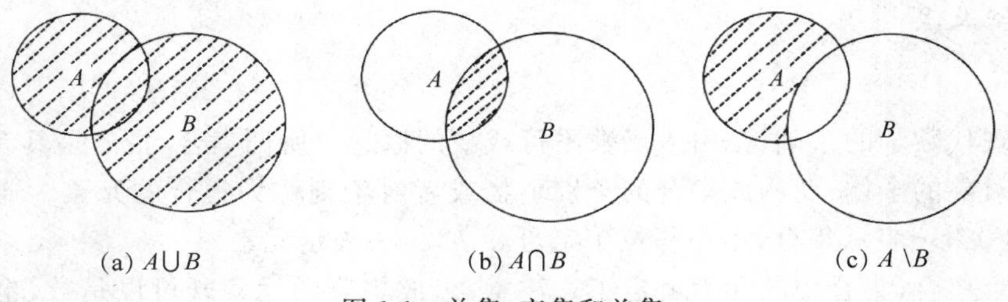

(a) $A\cup B$　　(b) $A\cap B$　　(c) $A\backslash B$

图 1.1　并集、交集和差集

显然有如下的关系。

$$A\backslash B\subset A\subset A\cup B,A\cap B\subset A,A\cap B\subset B$$

集合的运算规律如下。

设 A,B,C 为三个任意的集合，则有下列的运算规律成立。

(1) 交换律：$A\cup B=B\cup A$，$A\cap B=B\cap A$。

(2) 结合律：$(A\cup B)\cup C=A\cup(B\cup C)$，$(A\cap B)\cap C=A\cap(B\cap C)$。

(3) 分配律：$(A\cup B)\cap C=(A\cap C)\cup(B\cap C)$，$(A\cap B)\cup C=(A\cup C)\cap(B\cup C)$，
$(A\setminus B)\cap C=(A\cap C)\setminus(B\cap C)$。

(4) 幂等律：$A\cup A=A$，$A\cap A=A$。

(5) 吸收率：$A\cup\varnothing=A$，$A\cap\varnothing=\varnothing$，若 $A\subset B$，则 $A\cup B=B$，$A\cap B=A$。

1.1.2 逻辑符号

逻辑学是研究思维形式和思维规律的科学，也就是研究推理的科学。数学就是一门推理科学，所以在对数学概念和命题的论述中，经常会使用一些逻辑符号。以下介绍四种在高等数学中常用的逻辑符号。

(1) 符号"$\forall$"表示"对任意给定的(for any given)"，它是 Any 这个英语单词首字母的倒写。

(2) 符号"$\exists$"表示"存在(exist)"，它是 Exist 这个英语单词首字母的反写。

例如，命题"对任意给定的实数 x，存在另一个实数 y，使得 $x+y=0$"。可用逻辑符号表述为：$\forall x\in\mathbf{R}$，$\exists y\in\mathbf{R}$，使得 $x+y=0$。

(3) 符号"$\Rightarrow$"表示"蕴含着"或者"推导出"。

例如，命题"若 $a>b$，$b>c$，则有 $a>c$"，用逻辑符号可以表述为

$$a>b,b>c\Rightarrow a>c$$

(4) 符号"$\Leftrightarrow$"表示"等价于"或者"充要条件是"。

例如，命题"$\{x|x^2-2=0\}$等价于$\{-\sqrt{2},\sqrt{2}\}$"，用逻辑符号可以表述为

$$\{x\mid x^2-2=0\}\Leftrightarrow\{-\sqrt{2},\sqrt{2}\}$$

1.1.3 区间和邻域

1.区间

区间是微积分中最常见的一类数集，它可以看作数轴上的点集。设 a 和 b 都是实数，且 $a<b$，则开区间可以用数集$\{x|a<x<b\}$表示，记作(a,b)，即

$$(a,b)=\{x\mid a<x<b\}$$

a 和 b 称为开区间(a,b)的端点，它们不属于开区间(a,b)的点，即 $a\notin(a,b)$，$b\notin(a,b)$。闭区间可以用数集$\{x|a\leqslant x\leqslant b\}$表示，记作$[a,b]$，即

$$[a,b]=\{x\mid a\leqslant x\leqslant b\}$$

a 和 b 也称为闭区间$[a,b]$的端点，它们属于闭区间$[a,b]$的点，即 $a\in[a,b]$，$b\in[a,b]$。同样可以定义半开半闭区间为

$$[a,b)=\{x\mid a\leqslant x<b\}$$
$$(a,b]=\{x\mid a<x\leqslant b\}$$

数 $b-a$ 称为这几种区间的长度，上述区间都称为有限区间，它们在数轴上可用有限长度的线段来表示，如图 1.2 所示。除了有限区间还有无限区间。引进记号∞(读作无穷大)，$+\infty$(读作正无穷大)及$-\infty$(读作负无穷大)，则无限区间可表示为

$$[a,+\infty)=\{x\mid a\leqslant x\}$$
$$(-\infty,b]=\{x\mid x\leqslant b\}$$
$$(a,+\infty)=\{x\mid a<x\}$$
$$(-\infty,b)=\{x\mid x<b\}$$

上述无限区间在数轴上可用无限长度的半直线来表示,如图 1.3 所示。全体实数的集合 $\mathbf{R}$ 可表示为$(-\infty,+\infty)$,它是无限的开区间。区间可用大写字母 I 来表示,它是英语单词 Interval(区间)的首字母,这在数学里是常见的表示方法。

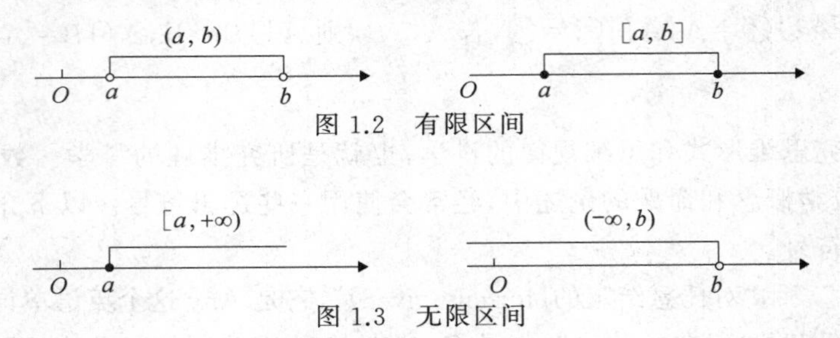

图 1.2　有限区间

图 1.3　无限区间

2.邻域

邻域是一种特殊的区间,也是微积分中经常用到的一个概念。设 $a,\delta\in\mathbf{R}$,且 $\delta>0$。数集

$$\{x \mid |x-a|<\delta\}$$

称为点 a 的 δ 邻域,记作 $U(a,\delta)$,即

$$U(a,\delta)=\{x \mid |x-a|<\delta\}$$

a 为 δ 邻域的中心,δ 为邻域的半径。由于 $|x-a|<\delta$ 可表示为

$$a-\delta<x<a+\delta$$

因此,δ 邻域又可表示为

$$U(a,\delta)=\{x \mid a-\delta<x<a+\delta\}=(a-\delta,a+\delta)$$

所以 δ 邻域是以点 a 为中心,$a-\delta$ 和 $a+\delta$ 分别为左右端点,长度为 2δ 的开区间,如图 1.4 所示,它表示数轴上与点 a 距离小于 δ 的一切点 x 的全体。

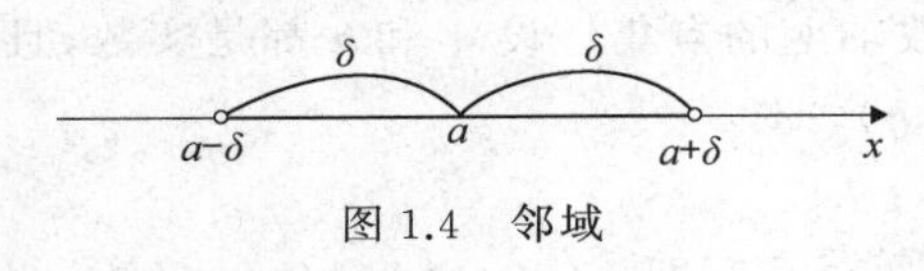

图 1.4　邻域

有时根据要求需要把邻域中心点 a 去掉,即 $x\neq a$,去掉中心的 δ 邻域称为点 a 的去心 δ 邻域,记作 $\mathring{U}(a,\delta)$,可表示为

$$\mathring{U}(a,\delta)=\{x \mid 0<|x-a|<\delta\}$$

若不强调邻域半径大小,邻域和去心邻域可分别简记为 $U(a)$ 和 $\mathring{U}(a)$。有时需要分别考查点 a 两侧的小区间,将区间$(a-\delta,a]$和$[a,a+\delta)$分别称为点 a 的左 δ 邻域和右 δ 邻域,相应地也有点 a 的左去心 δ 邻域和右去心 δ 邻域,它们分别可表示为$(a-\delta,a)$和$(a,a+\delta)$。

习题 1.1

1. 下列命题正确的有(　　)。

(1) 很小的实数可以构成集合。

(2) 集合$\{y \mid y=x^2-1\}$与集合$\{(x,y) \mid y=x^2-1\}$是同一个集合。

(3) 由 $1,\frac{3}{2},\frac{6}{4},\left|-\frac{1}{2}\right|,0.5$ 组成的集合有 5 个元素。

(4) 集合$\{(x,y) \mid xy\leqslant 0,x,y\in\mathbf{R}\}$是指第二和第四象限内的点集。

A. 0 个　　B. 1 个　　C. 2 个　　D. 3 个

2. 若 $A=\{x\mid 0<x<\sqrt{2}\}$，$B=\{x\mid 1\leqslant x<\sqrt{2}\}$，则 $A\cup B=$（　　）。

A. $\{x\mid x\leqslant 0\}$　　B. $\{x\mid x\geqslant 2\}$　　C. $\{0\leqslant x\leqslant\sqrt{2}\}$　　D. $\{x\mid 0<x<2\}$

3. 如果集合 $A=\{x\mid ax^2+2x+1=0\}$ 中只有一个元素，则 a 的值是（　　）。

A. 0　　B. 0 或 1　　C. 1　　D. 不能确定

4. 已知集合 $A=\{a^2,a+1,-3\}$，$B=\{a-3,2a-1,a^2+1\}$，若 $A\cap B=\{-3\}$，求实数 a 的值。

5. 用区间表示下列不等式的解。

（1）$|x+3|<5$　　（2）$1\leqslant|x|\leqslant 3$

6. 将下列区间表示为邻域。

（1）$-5<x<5$　　（2）$0<|x-1|<3$　　（3）$-3<x<5$

1.2　函数的概念及其基本性质

学习目标与要求

（1）理解映射和函数的概念；

（2）掌握函数的基本性质。

1.2.1　映射

定义 1.2.1　设 A,B 是两个任意的非空集合，如果按照某种确定的法则 f，使得对于集合 A 中的任何一个元素 x，在集合 B 中都有唯一的元素 y 与它相对应，则称 f 为从集合 A 到集合 B 的一个映射，如图 1.5 所示，记作：

$$f:A\to B,\text{或 } f:x\to y=f(x),x\in A$$

式中，元素 y 称为元素 x 在映射 f 下的**像**，而元素 x 称为元素 y 在映射 f 下的一个**原像**。集合 A 称为映射 f 的定义域，记作 $D(f)$，即 $D(f)=A$；A 中所有元素的像组成的集合称为映射 f 的值域，记作 $R(f)$ 或 $f(A)$，即

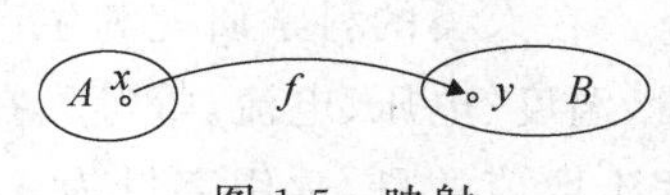

图 1.5　映射

$$R(f)=f(A)=\{y\mid y=f(x),x\in A\}$$

从映射的定义可知，构成映射必须具备三个要素：集合 A，即定义域 $D(f)=A$；集合 B，即值域的范围 $R(f)\subset B$；对应法则 f，即确定集合 A 中所有元素和 B 中部分或所有元素之间的关系。

集合 A 中的任意一个元素 x 一定有对应于集合 B 中的像 y，且 y 是唯一的；而集合 B 中的任意一个元素 y 不一定有对应于集合 A 中的原像 x，有也不一定是唯一的，即 $R(f)$ 是 B 的子集[$R(f)\subset B$]，不一定有 $R(f)=B$。所以，一对一和多对一是映射，一对多不是映射。

另外，要注意映射中的集合可以是点集或者数集，也可以是其他集合，这也是映射和下面将要讲到的函数的一个区别。

设 f 是从集合 A 到集合 B 的映射，若 $R(f)=B$，即集合 B 中的任一元素 y 都是集合 A 中某个或某几个元素与之对应的像，则称 f 为集合 A 到 B 的**满射**如图 1.6(a)所示；若对 A 中

任意两个不同的元素 x_1, x_2，即 $x_1 \neq x_2$，与它们对应的像 $f(x_1) \neq f(x_2)$，则称 f 为集合 A 到 B 的**单射**如图 1.6(b)所示；若 f 既是单射；又是满射，则称 f 为 A 到 B 的**一一映射或双射**如图 1.6(c)所示。

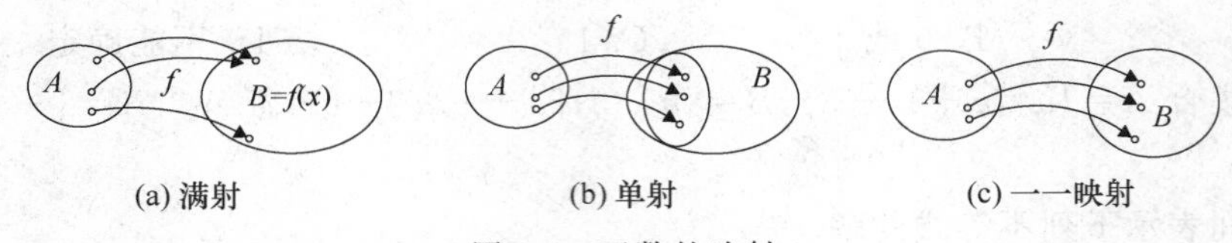

图 1.6　函数的映射

例 1.2.1　设 $A=\{-1,1,-2,2,-3,3,-4,4\}$，$B=\{1,4,9,16,25\}$，$f$ 表示求平方，f 为从 A 到 B 的映射，由于 A 中的两个元素对应 B 中的一个元素，比如 -3 和 3 对应的像都为 9，且 B 中的元素 25 没有与之对应的原像，所以 f 既不是单射也不是满射。

例 1.2.2　设 $A=\{(x,y) \mid x^2+y^2=1\}$，$B=\{(0,y) \mid -1 \leqslant y \leqslant 1\}$，$f$ 表示单位圆周上的任意一点向 y 轴投影，f 的定义域 $D(f)=A$，值域 $R(f)=B$，由于圆周上任意一点向 y 轴的投影都落在了区间 $[-1,1]$ 上，所以 f 是满射。

例 1.2.3　设 A 是由某校某班全体学生构成的集合，B 是由该校所有学生学号构成的集合，f 是学号编排的方法。由于一个学生只能对应一个学号，且一个班级的学生不能把全校学生的学号都对应完，所以 f 是单射但不是满射。

例 1.2.4　设 $A=R$，$B=\{y \mid y>0\}$，f 表示求 e 指数值，即 $y=f(x)=e^x$，由于 B 中的任一元素在 A 中只有一个原像，且 A 中的所有元素对应 B 中的所有元素，所以 f 是一一映射。

1.2.2　函数

1. 常量与变量

在人类的科学研究和生产实践中，常常会遇到各种不同的量。例如，长度、面积、体积、重量、温度、电压、电流，等等。在某一运动变化过程中相对保持不变的量称为**常量**，可以看作有固定取值的量，常用字母为 a,b,c,d,e,h,i,k,l,m,n 等来表示。在某一运动变化过程中不断变化，可以取不同数值的量称为**变量**，常用字母为 x,y,z,u,v,w,s,t 等来表示。例如，家庭用电的电压为 220 V，可以看作常量；一天中温度随时间在不断的变化，温度就是一个变量。

常量和变量是相对的，这在高等数学中有很好的体现。常量和变量是数学中一对基本矛盾，也是区别初等数学和高等数学的重要特征之一。常量可在数轴上用定点来表示，而变量在数轴上是以动点来表示的，所以常量可看作变量的特殊情况。

2. 函数

在科学研究、生产实践和社会活动的过程中，常常碰到的是有几个量同时都在变化，这几个变量并不是孤立地在变，而是按照一定的规律相互联系着。其中一个量变化时，另外的量也在跟着变化；前者的值一确定，后者的值也就随之而唯一地确定。下面我们先看几个例子。

例 1.2.5　若已知圆的半径为 r，则圆的面积 A 就确定了，因此圆的面积 A 与半径 r 存在着确定的对应关系。这种对应关系可表示为

$$A=\pi r^2$$

当半径 r 在区间$(0,+\infty)$内任意取定一个值时，由上式就可以确定面积 A 的相应数值。

例 1.2.6　某城市 11 月某天中的气温变化，如表 1.1 所示，从表中可以看出，一天中的气温随时间在不断变化，虽然没有一个温度随时间变化的公式，但给定的时间对应着一个确定的温度。

表 1.1　某城市 11 月份某天中的气温变化

时刻	2:00	4:00	6:00	8:00	10:00	12:00	14:00	16:00	18:00	20:00	22:00	24:00
温度/℃	5	4	4	6	9	12	14	15	9	9	10	6

例 1.2.7　中国人口在 1980—2016 年间出生率的变化情况，如图 1.7 所示。其中横坐标表示年份，纵坐标表示出生率，从图中可以看出人口出生率随年份在不断的变化，1987 年的人口出生率最高，此后出生率整体趋势在下降。该图形反映了出生率与年份的对应关系。

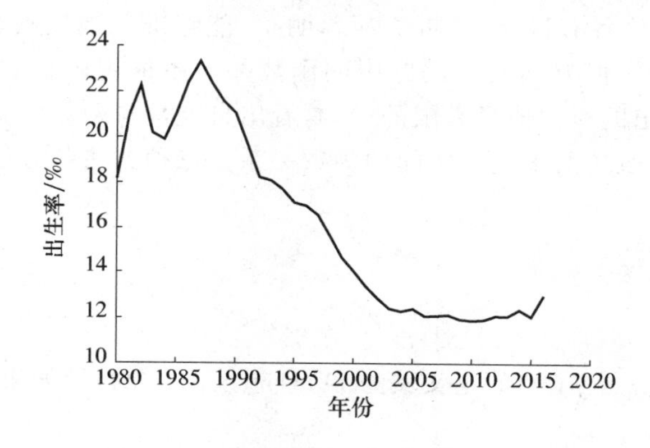

图 1.7　1980—2016 出生率的变化情况

在例 1.2.5～例 1.2.7 中，不管是公式、表格还是图形，都表示的是两个变量之间的某种对应关系，这种对应关系就是函数关系。下面给出函数的定义。

定义 1.2.2　设 x,y 是两个变量，D 是给定的一个非空数集$(D\subseteq\mathbf{R})$。如果存在某个确定的法则 f，使得对于任意一个 $x\in D$，都有唯一确定的数 y 与之对应，那么就称这个对应法则 f 为定义在 D 上的**函数**，记作 $y=f(x),x\in D$。其中 x 称为函数 f 的自变量，y 称为函数 f 的**因变量**，D 称为函数 $y=f(x)$的**定义域**；与 x 的值相对应的 y 的值称为函数值，全体函数值组成的集合 $W=\{y\,|\,y=f(x),x\in D\}$称为函数 $y=f(x)$的**值域**。函数符号 $y=f(x)$表示“y 是 x 的函数”，有时简记作函数 $f(x)$。

函数的符号 f 也可用其他字母来表示，如 φ,ψ 等。相应地，函数可记作 $y=\varphi(x)$，$y=\psi(x)$等；有时还可直接利用因变量的符号来表示函数，即把函数记作 $y=y(x)$。这时字母 y 既表示因变量，又表示函数。

从函数的定义可以看出，函数概念有三个要素，即定义域、值域和对应法则。但判断两个函数是否为同一个函数时，我们只需要看这两个函数的定义域和对应法则是否相同就可以了，这是因为一个函数的定义域和对应法则确定后，函数的值域就确定了。如果两个函数的定义域和对应法则相同，那么这两个函数就是同一个函数，否则就不是同一个函数。例如，$y=\sqrt{x^2}$ 和 $y=|x|$ 就为同一个函数。

许多函数是由解析表达式给出的，没有明确给出函数的定义域，在这种情况下，函数的定义域是指使函数表达式有意义的一切实数所组成的集合，这种定义域称为函数的**自然定义域**。

例 1.2.8 求函数 $y=\sqrt{1-x^2}$ 的定义域。

解 要使表达式 $y=\sqrt{1-x^2}$ 有意义，必须有 $1-x^2\geqslant 0$，$-1\leqslant x\leqslant 1$，所以函数 $y=\sqrt{1-x^2}$ 的定义域为闭区间 $[-1,1]$，$[-1,1]$ 为函数 $y=\sqrt{1-x^2}$ 的自然定义域。

在实际问题中，函数的定义域还要受到实际条件的约束，所以应根据问题的实际意义来确定。例如，圆面积公式 $A=\pi r^2$ 的定义域 $D=(0,+\infty)$；自由落体下落的路程 s 和下落时间 t 的函数关系为 $s=\dfrac{1}{2}gt^2$（g 为重力加速度），若其落到地面所需的时间为 T，那么这个函数的定义域为 $[0,T]$。

函数的表示方法一般有解析法即算式表示法（如例 1.2.5）、列表法（如例 1.2.6）和图像法（如例 1.2.7）。这三种方法各有特点，解析法简单明了，能够准确地反映整个变化过程中自变量与函数之间的依赖关系，但有些实际问题中的函数关系不能用解析式表示；列表法一目了然，使用起来方便，但列出的对应值是有限的，不易看出自变量与函数之间的对应规律；图像法形象直观，但只能近似地表达两个变量之间的函数关系。三种方法各有优缺点，所以可以结合使用。

1.2.3 函数的基本性质

1.函数的有界性

定义 1.2.3 设函数 $y=f(x)$ 的定义域为 D，且有区间 $I\subset D$。如果存在正数 M，使任意的 $x\in I$，都有

$$|f(x)|\leqslant M$$

则称函数 $f(x)$ 在 I 上有界，$y=f(x)$ 称为**有界函数**。

如果这样的 M 不存在，那么函数 $f(x)$ 在 I 上无界，即若对任意给定的 M，总存在 $x\in I$，使 $|f(x)|>M$，那么函数 $f(x)$ 在 I 上无界。

同样我们还可以定义函数的上界和下界。如果存在常数 $M_1\in\mathbf{R}$，使得对任意的 $x\in I$，都有 $f(x)\leqslant M_1$，则称 $f(x)$ 在 I 上有上界，M_1 是 $f(x)$ 的一个上界；如果存在常数 $M_2\in\mathbf{R}$，使得对任意的 $x\in I$，都有 $f(x)\geqslant M_2$，则称 $f(x)$ 在 I 上有下界，M_2 是 $f(x)$ 的一个下界。**$f(x)$ 在 I 上有界的充分必要条件是：既有上界又有下界。**

函数的有界分为函数在定义域上的有界和函数在定义区间上的有界。例如，函数 $y=\sin x$，因为对任意的 $x\in(-\infty,+\infty)$，都有 $-1\leqslant\sin x\leqslant 1$，即 $|\sin x|\leqslant 1$ 成立，这里 $M=1$（当然也可取大于 1 的任何数作为 M，而 $|\sin x|\leqslant M$ 成立），所以 $y=\sin x$ 在 $x\in(-\infty,+\infty)$ 上既有上界又有下界，是有界函数，且为定义域上的有界函数。

又如函数 $y=\ln x$ 在定义域 $x\in(0,+\infty)$ 上是无界的，但它在区间 $[1,5]$ 上是有界的，因为取 $M=\ln 5$，对任意的 $x\in[1,5]$，都有 $|\ln x|\leqslant\ln 5$ 成立，且为定义区间上的有界函数。

所以，在讨论函数的有界性时，应指明函数所在的区间。一个函数有可能在定义域上有界，也有可能仅在定义区间上有界。

2.函数的单调性

定义 1.2.4 设函数 $f(x)$ 的定义域为 D，区间 $I\subset D$，如果对于任意两点 $x_1,x_2\in I$，当

$x_1 < x_2$ 时，恒有

$$f(x_1) < f(x_2)$$

则称函数 $f(x)$ 在区间 I 上是**单调增加的**；如果恒有

$$f(x_1) > f(x_2)$$

则称函数 $f(x)$ 在区间 I 上是**单调减少的**。单调增加的函数和单调减少的函数统称为**单调函数**。

例如，函数 $f(x)=e^x$ 在区间 $(-\infty,+\infty)$ 上是单调增加的，函数 $f(x)=e^{-x}$ 在区间 $(-\infty,+\infty)$ 上是单调减少的，如图 1.8 所示。函数 $f(x)=x^2$ 在区间 $(-\infty,+\infty)$ 上不具备单调性，但在区间 $[0,+\infty)$ 上是单调增加的，在区间 $(-\infty,0]$ 上是单调减少的，如图 1.9 所示。

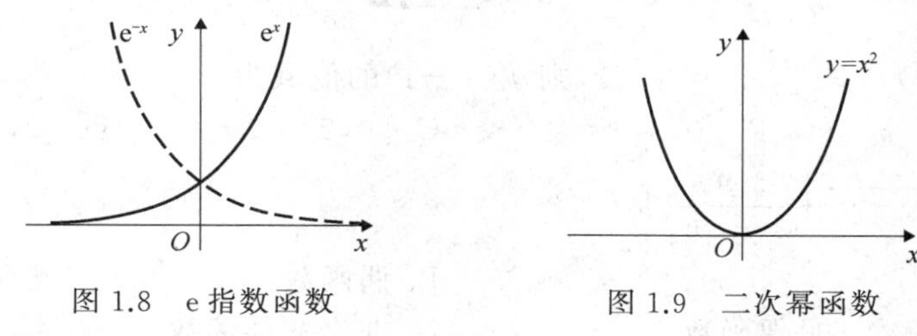

图 1.8　e 指数函数　　　图 1.9　二次幂函数

所以，在讨论函数的单调性时也必须强调自变量所在的区间。

3.函数的奇偶性

定义 1.2.5　设函数 $f(x)$ 的定义域 D 关于原点对称（即若 $x\in D$，则必 $-x\in D$）。如果对于任意 $x\in D$，总有

$$f(-x)=f(x)$$

则称 $f(x)$ 为**偶函数**；如果对于任意 $x\in D$，总有

$$f(-x)=-f(x)$$

则称 $f(x)$ 为**奇函数**。

偶函数的图形关于 y 轴对称，奇函数的图形关于原点对称。例如，$f(x)=x^2$ 是偶函数，其图形关于 y 轴对称；$f(x)=\sqrt[3]{x}$ 是奇函数，其图形关于原点对称，如图 1.10 所示。$f(x)=\sin x+x^2$ 既非奇函数，又非偶函数。

注意： 若 $f(x)$ 在 $x=0$ 有定义，则当 $f(x)$ 为奇函数时，必有 $f(0)=0$，如图 1.11 所示。函数的奇偶性描述了函数的图形关于原点的中心对称性质或关于 y 轴的轴对称性质，所以，对于具有奇偶性质的函数，只需考虑 $x\geqslant 0$ 时的情形即可。

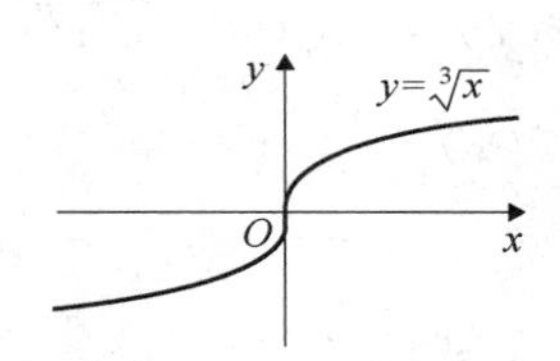

图 1.10　函数 $f(x)=\sqrt[3]{x}$ 的对称性

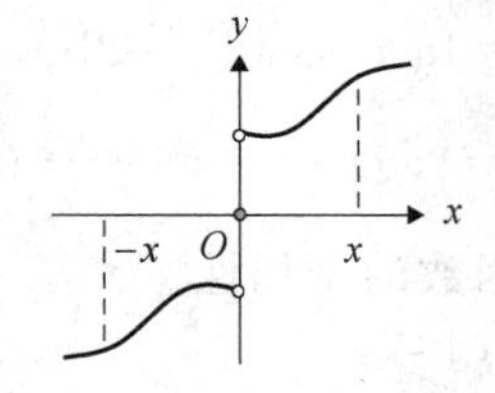

图 1.11　奇函数的对称性

4.函数的周期性

定义 1.2.6　对于函数 $f(x)$，如果存在一个正数 l，使得对于任意的 $x\in D$，且 $x\pm l\in D$，

若

$$f(x\pm l)=f(x)$$

则称 $f(x)$ 为**周期函数**，称 l 为 $f(x)$ 的**周期**（通常指最小正周期，也即基本周期）。例如，函数 $\sin x$ 和 $\cos x$ 都是以 2π 为周期的周期函数；函数 $\tan x$，$\cot x$ 是以 π 为周期的周期函数。

根据周期函数图形的特点，常常只要考查它在一个周期内的性态就可以了。

注意：并不是所有的周期函数都能找到最小正周期，比如常数函数 $f(x)=C$，每一个正实数都是它的周期，所以不存在最小正周期；再比如后面将要讲到的狄利克雷函数，每一个正有理数都是它的周期，但是没有最小正周期。

习题 1.2

1. 若函数 $f(x)=|x|$，$-2<x<2$，则 $f(x-1)$ 的值域为（　　）。

A. $[0,2)$　　B. $[0,3)$　　C. $[0,2]$　　D. $[0,3]$

2. 函数 $y=\sqrt{1-x^2}+\dfrac{9}{1+|x|}$ 是（　　）。

A. 奇函数　　B. 偶函数

C. 既是奇函数又是偶函数　　D. 非奇非偶函数

3. 设函数 $f(x)(x\in\mathbf{R})$ 为奇函数，$f(1)=\dfrac{1}{2}$，$f(x+2)=f(x)+f(2)$ 则 $f(5)=$（　　）。

A. 0　　B. 1　　C. $\dfrac{5}{2}$　　D. 5

4. 如果奇函数 $f(x)$ 在区间 $[3,7]$ 上是增函数且最小值为 5，那么 $f(x)$ 在区间 $[-7,-3]$ 上（　　）。

A. 增函数且最大值为 -5　　B. 增函数且最小值为 -5

C. 减函数且最小值为 -5　　D. 减函数且最大值为 -5

5. 设 $f(x)$ 的定义域是 $[0,1]$，则 $f(\sin x)$ 的定义域为________。

6. 求下列函数的定义域。

(1) $y=\dfrac{1}{1-x^2}$　　(2) $y=\sqrt{2-x}+\ln(\ln x)$

(3) $y=\sin\sqrt{x}$　　(4) $y=\arcsin(x-3)$

(5) $y=\mathrm{e}^{\frac{1}{x}}$　　(6) $y=\ln(x+1)$

7. 下列四组函数中，$f(x)$ 和 $g(x)$ 是否相同？为什么？

(1) $f(x)=\ln x^2$，$g(x)=2\ln x$　　(2) $f(x)=x$，$g(x)=\sqrt{x^2}$

(3) $f(x)=1$，$g(x)=\sec^2 x-\tan^2 x$　　(4) $f(x)=x$，$g(x)=\dfrac{x^2}{x}$

8. 判定下列函数的奇偶性。

(1) $y=x^2(1-x^2)$　　(2) $y=3x^2-x^3$

(3) $y=x(x-1)(x+1)$　　(4) $y=\dfrac{\sin x}{x^2}$

9. 设 $f(x)$ 是定义在 $[-l,l]$ 上的任意函数，证明：$f(x)+f(-x)$ 是偶函数，$f(x)-f(-x)$ 是奇函数。

10. 下列函数是否是周期函数？请指出周期函数的周期。

(1) $y=|\sin x|$　　(2) $y=1+\sin \pi x$

(3) $y=x\tan x$　　(4) $y=\cos^2 x$

1.3　反函数与复合函数

学习目标与要求

(1) 理解反函数和复合函数的概念；

(2) 会求一些简单函数的反函数；

(3) 掌握复合函数的运算；

(4) 会求函数的定义域和值域。

1.3.1　反函数

函数 $y=f(x)$描述的是两个变量之间的对应关系，一般选 x 为自变量，y 为因变量，但自变量和因变量之间的对应关系是相对的。例如，圆面积公式 $S=\pi r^2(r>0)$，若已知圆的半径 r 而求圆的面积 S，则半径 r 是自变量而面积 S 是因变量。有时需要反过来考虑问题，即已知圆的面积 S 而求圆的半径 r，可从上式解得 $r=\sqrt{\dfrac{S}{\pi}}(S\geqslant 0)$，此时圆的面积 S 为自变量而半径 r 为因变量。在数学上，一般把一个函数的自变量和因变量进行对换后所能得到的新函数称为原来函数的反函数。如果将 $S=\pi r^2(r>0)$视为原函数，则 $r=\sqrt{\dfrac{S}{\pi}}(S\geqslant 0)$即为反函数。下面给出反函数的定义。

定义 1.3.1　设函数 $y=f(x)$的定义域是数集 D，值域是 $W=f(D)$。若对任意的 $y\in W$，都有唯一的 $x(x\in D)$与之对应，且满足 $f(x)=y$，则这个对应法则定义了在 W 上的一个新函数，这个新函数称为 $y=f(x)$在 D 上的**反函数**，记作

$$x=f^{-1}(y),y\in W$$

相对于反函数 $x=f^{-1}(y)$来说，原来的函数 $y=f(x)$称为**直接函数**。反函数表达式 $x=f^{-1}(y)$中的 x 表示因变量，y 表示自变量，而一般习惯上用 x 表示自变量，y 表示因变量，所以，在讨论反函数时常常将反函数表达式中的字母 x 和 y 对换，改写为 $y=f^{-1}(x)$。故以后提到反函数都采用这种形式，反函数的定义域为 $W=f(D)$，值域为 D。从反函数的定义可知，直接函数和反函数的定义域和值域互换，且直接函数和反函数是相对而言的，即可以把直接函数看成反函数，那么反函数就成为直接函数。

反函数 $y=f^{-1}(x)$的图形与函数 $y=f(x)$的图形关于直线 $y=x$ 对称，如图 1.12 所示，点 $P(a,b)$在曲线 $y=f(x)$上，则点 $Q(b,a)$一定在曲线 $y=f^{-1}(x)$上，而点 $P(a,b)$与 $Q(b,a)$关于直线$y=x$ 对称。例如，指数函数 $y=e^x,x\in(-\infty,+\infty)$与对数函数 $y=\ln x,x\in(0,+\infty)$互为反函数，其图形关于直线 $y=x$ 对称。

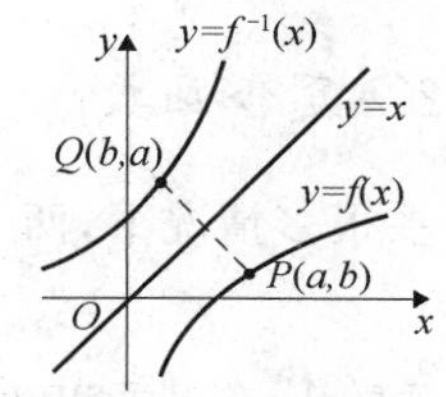

图 1.12　原函数和反函数的关系

根据直接函数和反函数的定义可知，并不是每个函数都有反函数，只有当函数 $y=f(x)$为一一对应时才有反函数。

例如,函数 $y=x^2$ 的定义域为$(-\infty,+\infty)$,值域为$(0,+\infty)$,由于对于任意一个 y 值都有两个 x 值($x=\pm\sqrt{y}$)与之对应,所以函数 $y=x^2$ 在其定义域内没有反函数。若选取函数 $y=x^2$的定义区间为$(-\infty,0]$(或$[0,+\infty)$),函数单调递减(或增),其反函数为 $x=-\sqrt{y}$(或 $x=\sqrt{y}$),也为单调递增(或减)函数,此时 y 与 x 是一一对应的,存在反函数。

再比如,正弦函数 $y=\sin x$ 的定义域为$(-\infty,+\infty)$,值域为$[-1,1]$。由于对于任意的 $y\in[-1,1]$,在$(-\infty,+\infty)$内有无穷多个 x 值(满足 $\sin x=y$)与之对应,因此 $y=\sin x$ 在其定义域不存在反函数。若选取正弦函数的定义域为它的一个单调递增区间$\left[-\frac{\pi}{2},\frac{\pi}{2}\right]$,这样得到的函数 $y=\sin x\left(-\frac{\pi}{2}\leqslant x\leqslant\frac{\pi}{2}\right)$就存在反函数,称为**反正弦函数**,记作 $y=\arcsin x$,它的定义域是$[-1,1]$,值域是$\left[-\frac{\pi}{2},\frac{\pi}{2}\right]$,也为单调递增函数。

类似地,定义在单调递减区间$[0,\pi]$上的余弦函数 $y=\cos x$ 的反函数称为反**余弦函数**,记作 $y=\arccos x$,它的定义域是$[-1,1]$,值域是$[0,\pi]$;还有反正切函数 $y=\arctan x$ 和反余切函数 $y=\operatorname{arccot} x$,它们统称为**反三角函数**,后面会给予详细的介绍。下面给出**反函数存在的充分条件**。

若函数 $y=f(x)$在某个定义区间 I 上单调递增(或减),其反函数 $y=f^{-1}(x)$在该区间上存在,且也单调递增(或减)。

例 1.3.1 求下列函数的反函数。

(1) $y=\ln x+2$　　　　(2) $y=e^{-x}+1$

解 (1) 这是一个单调递增函数,定义域为$(0,+\infty)$,值域为$(-\infty,+\infty)$,从 $y=\ln x+2$ 解出 x 得

$$x=e^{y-2},y\in(-\infty,+\infty)$$

将 x 与 y 互换得反函数

$$y=e^{x-2},x\in(-\infty,+\infty)$$

反函数也为单调递增函数。

(2)这是一个单调递减函数,定义域为$(-\infty,+\infty)$,值域为$[1,+\infty)$,从 $y=e^{-x}+1$ 解出 x 得

$$x=-\ln(y-1),y\in[1,+\infty)$$

将 x 与 y 互换得反函数

$$y=-\ln(x-1),x\in[1,+\infty)$$

反函数也为单调递减函数。

1.3.2 复合函数

在很多情况下,两个变量之间的联系要通过第三个变量也称中间变量来建立。比如,设

$$y=\sin u,而\ u=e^x$$

将 $u=e^x$ 代入 $y=\sin u$,可得

$$y=\sin e^x$$

这个过程称为函数的**复合**,下面给出复合函数的定义。

定义 1.3.2　设函数链由两个函数 $y=f(u),u\in D_1$ 和 $u=g(x),x\in D$ 构成，$u=g(x)$ 的值域为 $g(D)$，且 $g(D)\subset D_1$，则由下式所确定的函数

$$y=f[g(x)],x\in D$$

称为由函数 $y=f(u)$ 与 $u=g(x)$ 复合而成的**复合函数**，u 称为复合函数的**中间变量**。

如图 1.13 所示可以形象地表示出函数复合的过程，图中 $Y=f(D_1)$ 表示函数 $y=f(u)$ 的值域。

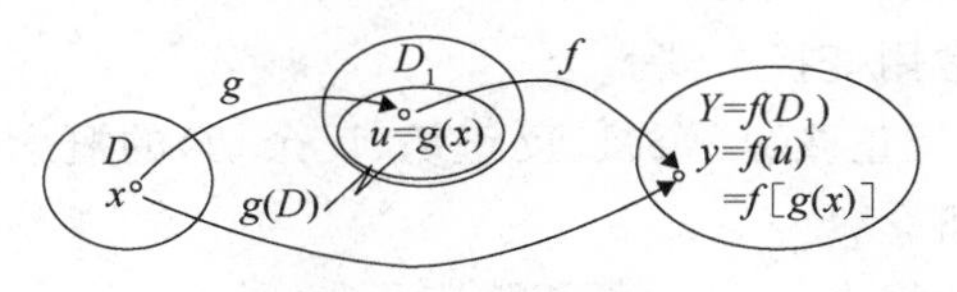

图 1.13　函数的复合

注意：构成复合函数的条件 $g(D)\subset D_1$ 不可少，它表示函数 $g(x)$ 的值域必须包含在函数 $f(u)$ 的定义域内，这保证了两个函数能复合而成复合函数。比如，函数 $y=\arcsin u$ 和 $u=2\sqrt{1-x^2}$ 可以构成复合函数，但函数 $u=2\sqrt{1-x^2}$ 的定义域不能选为$[-1,1]$，这是因为 $y=\arcsin u$ 的定义域为$[-1,1]$，所以要求函数 $u=2\sqrt{1-x^2}$ 的值域包含于区间$[-1,1]$内，也即 $-1<2\sqrt{1-x^2}<1$，解得 $x\in D=\left[-1,-\frac{\sqrt{3}}{2}\right]\cup\left[\frac{\sqrt{3}}{2},1\right]$。再比如，函数 $y=\arcsin u$ 和 $u=2+x^2$ 不能构成复合函数，这是因为函数 $u=2+x^2$ 的值域为$[2,+\infty)$，而 $y=\arcsin u$ 的定义域为$[-1,1]$，不满足复合函数构成的条件。

复合函数的定义可以推广到由 2 个以上的函数复合的情形。比如，复合函数 $y=\sqrt{\ln\sin x}$ 是由 $y=\sqrt{u}$，$u=\ln v$，$v=\sin x$ 三个函数复合而成。这里，u 和 v 为中间变量。

习题 1.3

1. 设 $f(x)$ 的定义域是$[0,1]$，求下列函数的定义域。

(1) $y=f(e^x)$　　(2) $y=f(\ln x)$

2. 求下列函数的反函数及其定义域。

(1) $y=\dfrac{1-x}{1+x}$　　(2) $y=\ln(x+2)$

(3) $y=3^{2x+5}$　　(4) $y=1+\cos^3 x,x\in[0,\pi]$

3. 指出下列函数的复合过程。

(1) $y=(1+x^2)^{\frac{1}{4}}$　　(2) $y=\sin^2(1+2x)$

(3) $y=(1+10^{-x^5})^{\frac{1}{2}}$　　(4) $y=\dfrac{1}{1+\arcsin 2x}$

4. 设 $f(x)=2^x$，$g(x)=x\ln x$，求 $f(g(x))$，$g(f(x))$，$f(f(x))$ 和 $g(g(x))$。

5. 设 $f(x)=\begin{cases}0, & x\leqslant 0\\ x, & x>0\end{cases}$，$g(x)=\begin{cases}0, & x\leqslant 0\\ -x^2, & x>0\end{cases}$，求 $f[f(x)]$，$g[g(x)]$，$f[g(x)]$，$g[f(x)]$。

1.4 初等函数

学习目标与要求

(1) 掌握幂函数,指数函数,对数函数的概念、性质和图像;
(2) 掌握三角函数(正弦、余弦、正切、余切、正割、余割)的概念、性质和图像;
(3) 掌握三角函数的常用变换公式;
(4) 掌握反三角函数(反正弦、反余弦、反正切、反余切)的概念、性质和图像;
(5) 理解初等函数的概念;
(6) 了解非初等函数的概念。

1.4.1 基本初等函数

常数函数、幂函数、指数函数、对数函数、三角函数和反三角函数统称为**基本初等函数**。它们是构成初等函数的基础,所以了解初等函数的性质和图形在微积分的学习中是十分必要的。

1. 常数函数

$$y=C(C\text{ 为任意常数}),x\in\mathbf{R}$$

其图形是平行于 x 轴的直线,如图 1.14 所示。

2. 幂函数

$y=x^{\mu}$,μ 为任意的非零常数。

幂函数的定义域和值域依赖于指数 μ,但在$(0,+\infty)$内都有定义,且都为无界函数。下面分情况讨论,如图 1.15 所示。

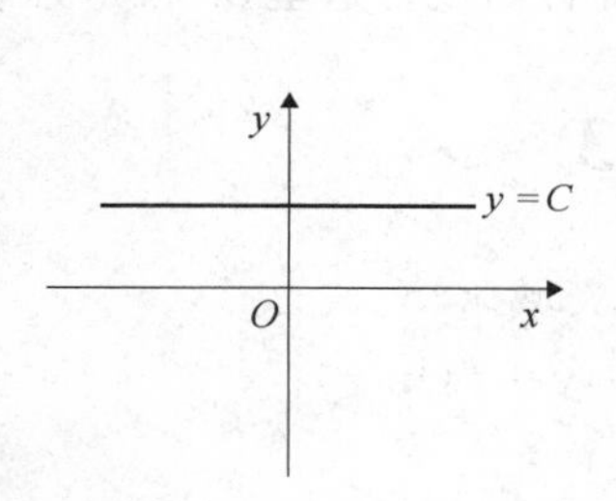

图 1.14 常数函数

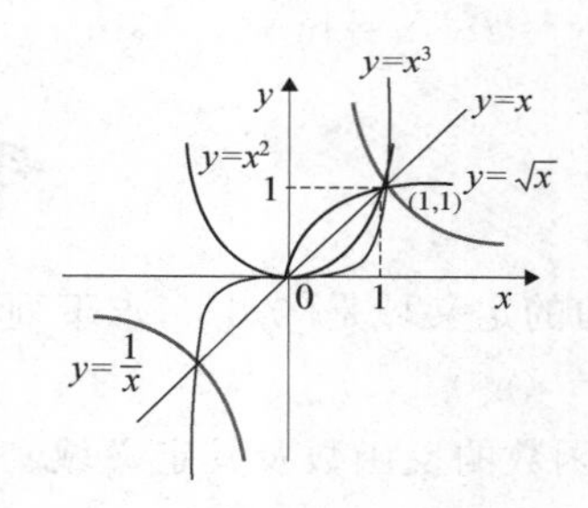

图 1.15 幂函数

(1) 当 μ 为正整数时,函数的定义域为 $x\in(-\infty,+\infty)$,图形都经过原点,当 $\mu>1$ 时,在原点处与 x 轴相切,若 μ 为奇数时,图形关于原点对称,若 μ 为偶数时,则图形关于 y 轴对称;当 μ 为负整数时,函数的定义域为 $x\in(-\infty,0)\cup(0,+\infty)$。

(2) 当 μ 为正有理数$\dfrac{m}{n}$时,n 为偶数时,函数的定义域为$(0,+\infty)$,n 为奇数时,函数的定义域为$(-\infty,+\infty)$,函数的图形均经过原点和$(1,1)$点;如果 $m>n$ 图形与 x 轴相切,如果 $m<n$,图形与 y 轴相切,且 m 为偶数时,还跟 y 轴对称;m,n 均为奇数时,跟原点对称。

(3) 当 μ 为负有理数$\dfrac{m}{n}$,n 为偶数时,函数的定义域为$(0,+\infty)$;n 为奇数时,定义域为

$x \in (-\infty, 0) \cup (0, +\infty)$。

(4) 当 μ 为无理数时，以公式 $x^{\mu} = e^{\mu \ln x}$ 作为 x^{μ} 的定义，故定义域为 $(0, +\infty)$。

一些常见的幂函数的性质，如表 1.2 所示。

表 1.2　一些常见的幂函数的性质

性质	函数					
	$y=x$	$y=x^2$	$y=x^3$	$y=\sqrt{x}$	$y=\sqrt[3]{x}$	$y=x^{-1}$
定义域	**R**	**R**	**R**	$[0,+\infty)$	$(-\infty,+\infty)$	$\{x \mid x\neq 0\}$
值域	**R**	$[0,+\infty)$	**R**	$[0,+\infty)$	$(-\infty,+\infty)$	$\{y \mid y\neq 0\}$
奇偶性	奇	偶	奇	非奇非偶	奇	奇
单调性	增	$[0,+\infty)$增 $(-\infty,0]$减	增	增	增	$(0,+\infty)$减 $(-\infty,0)$减
公共点	(1,1)	(1,1)	(1,1)	(1,1)	(1,1)	(1,1)

3. 指数函数

形如 $y=a^x(a>0, a\neq 1)$ 的函数称为指数函数，如图 1.16 所示。

1) 指数函数的特点

指数函数具有如下特点。

(1) 指数函数的定义域是 $(-\infty,+\infty)$，值域为 $(0,+\infty)$；

(2) 当 $a>1$ 时，函数为单调增函数，当 $0<a<1$ 时，函数为单调减函数；

(3) 不论 x 为何值，y 总是正的，图形在 x 轴上方；

(4) 不论 a 为何值 $(a>0, a\neq 1)$，函数图形都经过点 $(0,1)$；

(5) 底数互为倒数的两个指数函数 $f(x)=a^x$ 和 $f(x)=\left(\frac{1}{a}\right)^x$ $(a\in \mathbf{N}^+)$ 的函数图像关于 y 轴对称，如图 1.16 所示；

(6) 当 $a>1(a\in \mathbf{N}^+)$ 时，a 值越大，$y=a^x$ 的图像越靠近 y 轴，如图 1.17 所示；当 $0<a<1(a\in \mathbf{N}^+)$ 时，a 值越大，$y=a^x$ 的图像越远离 y 轴，如图 1.18 所示。

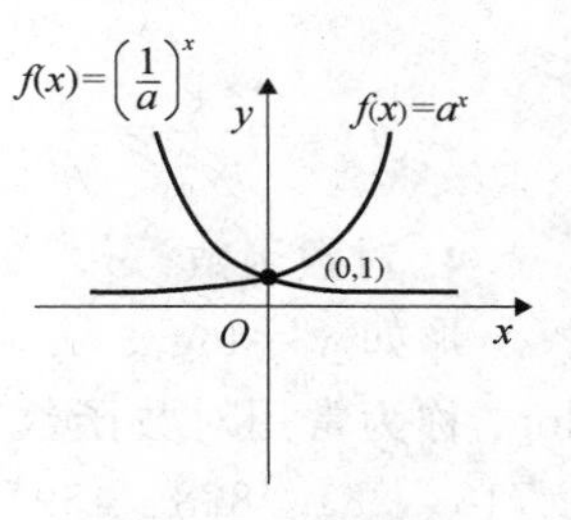

图 1.16　指数函数

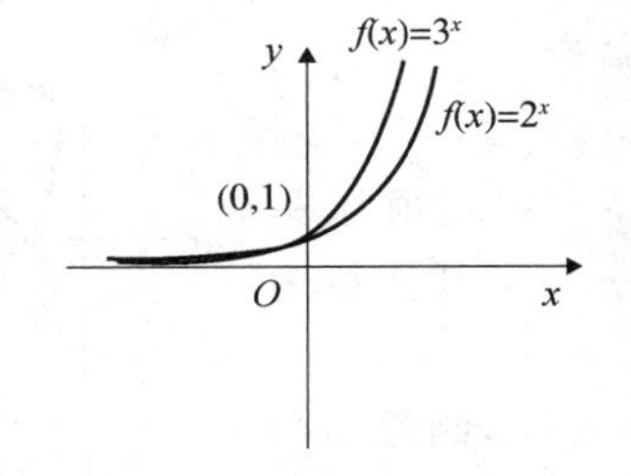

图 1.17　指数函数 $y=a^x(a>1)$

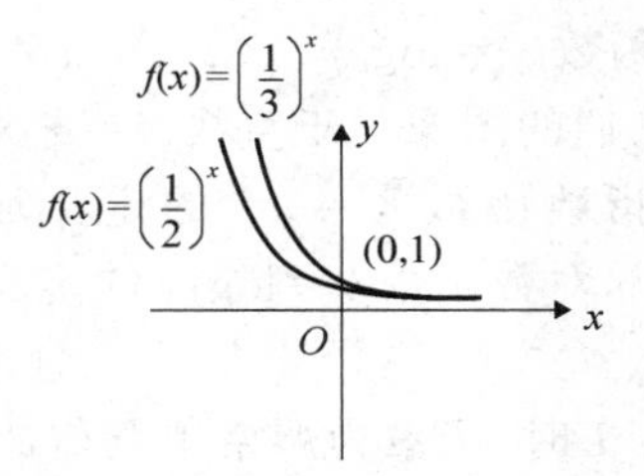

图 1.18　指数函数 $y=a^x(0<a<1)$

2) 指数函数的性质

指数函数的性质，如表 1.3 所示。

表 1.3 指数函数的性质

性质	函数	
	$y=a^x(a>1)$	$y=a^x(0<a<1)$
定义域	$\mathbf{R}$	$\mathbf{R}$
值域	$(0,+\infty)$	$(0,+\infty)$
奇偶性	非奇非偶	非奇非偶
公共点	$(0,1)$	$(0,1)$
单调性	在$(-\infty,+\infty)$是增函数	在$(-\infty,+\infty)$是减函数

3）指数的运算法则

(1) 整数指数幂的运算性质($a\geqslant 0,m,n\in\mathbf{Q}$)：

① $a^m\cdot a^n=a^{m+n}$；

② $a^m\div a^n=a^{m-n}$；

③ $(a^m)^n=a^{nm}=(a^n)^m$；

④ $(ab)^n=a^nb^n$。

(2) 根式$(\sqrt[n]{a})^n$的性质：

当 n 为奇数时，$\sqrt[n]{a^n}=a$；当 n 为偶数时，$\sqrt[n]{a^n}=|a|=\begin{cases}a\,(a\geqslant 0)\\-a\,(a<0)\end{cases}$

(3) 分数指数幂：

① $a^{\frac{m}{n}}=\sqrt[n]{a^m}\,(a>0,m,n\in\mathbf{Z}^+,n>1)$；

② $a^{-\frac{m}{n}}=\dfrac{1}{a^{\frac{m}{n}}}=\dfrac{1}{\sqrt[n]{a^m}}\,(a>0,m,n\in\mathbf{Z}^+,n>1)$

4. 对数函数

形如 $y=\log_a x\,(a>0,a\neq 1)$的函数，称为对数函数，$a$ 称为对数的底，如图 1.19 所示。$\log_{10}^x$称为常用对数函数，为了简便，记作$\lg^x$；$\log_e^x$ 称为自然对数函数，它是使用以无理数 e=2.718 281 828 459 045…为底的对数函数，为了简便，简记作 $\ln x$。

1）对数函数的特点

对数函数具有如下特点。

(1) 对数函数 $y=\log_a x\quad(a>0,a\neq 1)$与指数函数 $y=a^x$ 互为反函数，所以它们的图像关于直线 $y=x$ 对称；

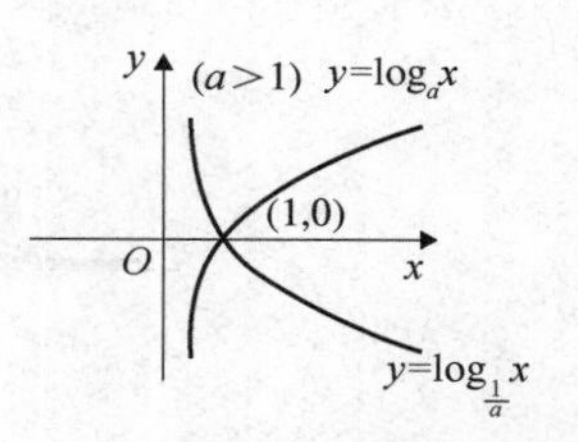

图 1.19 对数函数

(2) 因为指数函数 $y=a^x$ 的定义域为$(-\infty,+\infty)$，值域是$(0,+\infty)$，所以，对数函数$y=\log_a x$的定义域是$(0,+\infty)$，其值域为$(-\infty,+\infty)$；

(3) 当 $a>1$ 时，函数为严格单调增加；当 $0<a<1$ 时，函数为严格单调减少；

(4) 不论 a 为何值($a>0,a\neq 1$)，图形都位于 x 轴的右方，且都经过$(1,0)$点；

(5) 底数互为倒数的两个对数函数 $y=\log_a x$ 和 $y=\log_{\frac{1}{a}} x\,(a\in\mathbf{N}^+)$的函数图像关于 x 轴对称，如图 1.19 所示；

(6) 当 $a>1$ 时，a 值越大，$f(x)=\log_a x$ 的图像越靠近 x 轴，如图1.20所示；当 $0<a<1$ 时，a 值越大，$f(x)=\log_a x$ 的图像越远离 x 轴，如图1.21所示。

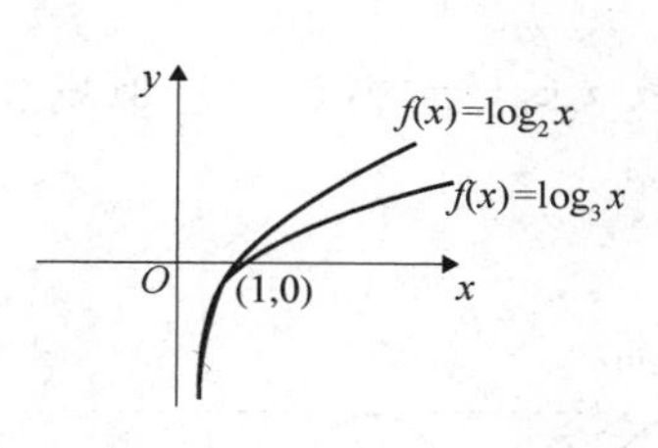

图1.20　对数函数($a>1$)

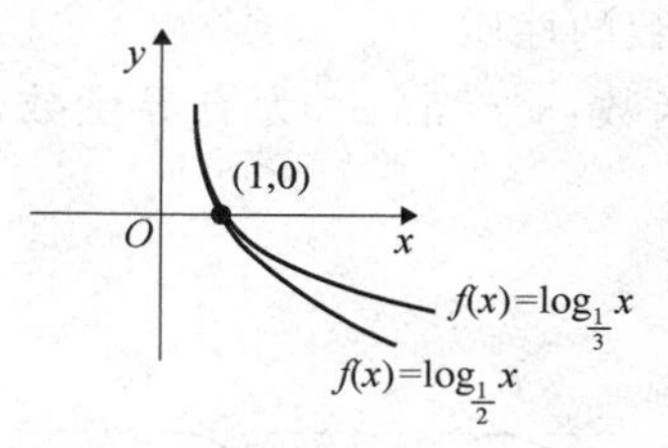

图1.21　对数函数($0<a<1$)

2) 对数函数的性质

对数函数的性质，如表1.4所示。

表1.4　对数函数的性质

性质	函数	
	$y=\log_a x$ ($a>1$)	$y=\log_a x$ ($0<a<1$)
定义域	$(0,+\infty)$	$(0,+\infty)$
值域	R	R
奇偶性	非奇非偶	非奇非偶
公共点	$(1,0)$	$(1,0)$
单调性	在 $(0,+\infty)$ 上是增函数	在 $(0,+\infty)$ 上是减函数

3) 对数的运算法则

(1) 如果 $a>0, a\neq1, M>0, N>0$，那么：

① $\log_a(MN)=\log_a M+\log_a N$；

② $\log_a \dfrac{M}{N}=\log_a M-\log_a N$；

③ $\log_a M^n=n\log_a M$。

(2) 对数恒等式

① $a^{\log_a N}=N$，($a>0$ 且 $a\neq1, N>0$)；

② $e^{\ln N}=N$。

(3) 对数换底公式

① $\log_b N=\dfrac{\log_a N}{\log_a b}$ ($a>0, a\neq1$，一般常常换为e或以10为底的对数，即 $\log_b N=\dfrac{\ln N}{\ln b}$ 或 $\log_b N=\dfrac{\lg N}{\lg b}$)；

② 由公式和运算性质推导的结论：

$$\log_{a^m} b^n=\frac{\log_a b^n}{\log_a a^m}=\frac{n}{m}\log_a b$$

(4) 对数运算性质

① 1的对数是零，即 $\log_a 1=0$；同理 $\ln 1=0$ 或 $\lg 1=0$；

② 底数的对数等于1,即$\log_a a=1$;同理$\ln e=1$或$\lg 10=1$。

5.三角函数

1) 三角函数的性质

(1) 正弦函数:$y=\sin x$,为有界函数,定义域$x\in(-\infty,+\infty)$,值域$y\in[-1,1]$,如图1.22所示。

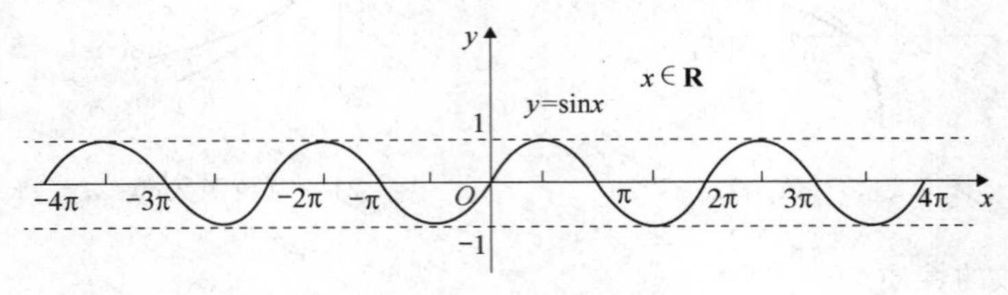

图1.22 正弦函数

(2) 余弦函数:$y=\cos x$,为有界函数,定义域$x\in(-\infty,+\infty)$,值域$y\in[-1,1]$,如图1.23所示。

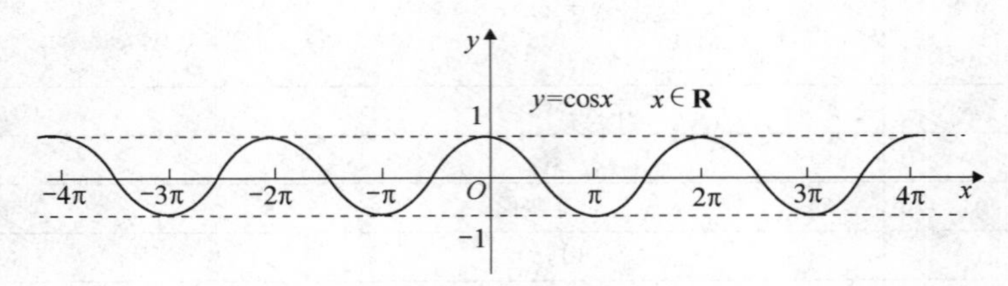

图1.23 余弦函数

正、余弦函数的性质,如表1.5所示。

表1.5 正、余弦函数的性质

性质	函数	
	$y=\sin x(k\in\mathbf{Z})$	$y=\cos x(k\in\mathbf{Z})$
定义域	R	R
值域	$[-1,1]$	$[-1,1]$
有界性	$\|\sin x\|\leqslant 1$	$\|\cos x\|\leqslant 1$
奇偶性	奇函数	偶函数
周期性	$T=2\pi$	$T=2\pi$
对称中心	$(k\pi,0)$	$(k\pi+\frac{\pi}{2},0)$
对称轴	$x=k\pi+\frac{\pi}{2}$	$x=k\pi$
单调性	在$x\in\left[2k\pi-\frac{\pi}{2},2k\pi+\frac{\pi}{2}\right]$上是增函数; 在$x\in\left[2k\pi+\frac{\pi}{2},2k\pi+\frac{3\pi}{2}\right]$上是减函数	在$x\in[2k\pi-\pi,2k\pi]$上是增函数; 在$x\in[2k\pi,2k\pi+\pi]$上是减函数
最值	$x=2k\pi+\frac{\pi}{2}$时,$y_{\max}=1$; $x=2k\pi-\frac{\pi}{2}$时,$y_{\min}=-1$	$x=2k\pi$时,$y_{\max}=1$; $x=2k\pi+\pi$时,$y_{\min}=-1$

(3) 正切函数：$y=\tan x$，为无界函数，定义域$\{x \mid x\neq k\pi+\frac{\pi}{2},(k\in\mathbf{Z})\}$，值域 $y\in(-\infty,+\infty)$，如图1.24所示。

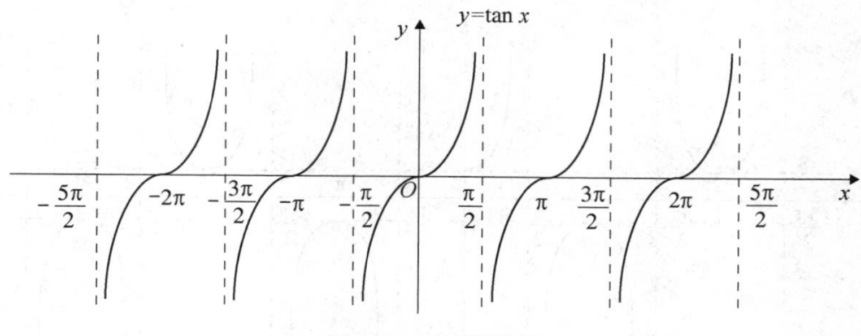

图1.24　正切函数

(4) 余切函数：$y=\cot x$，为无界函数，定义域$\{x \mid x\neq k\pi,k\in\mathbf{Z}\}$，$y\in(-\infty,+\infty)$，如图1.25所示。

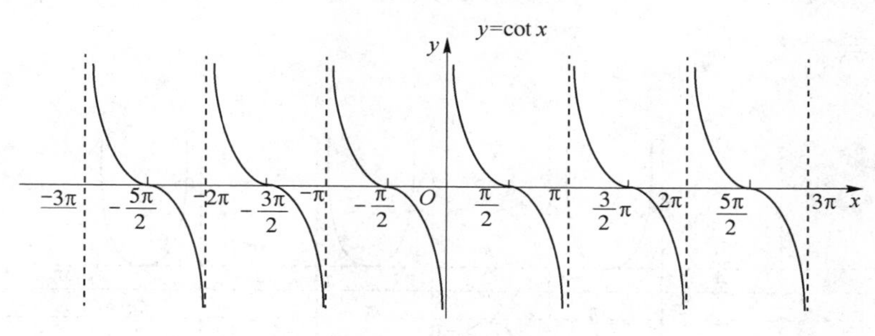

图1.25　余切函数

正、余切函数的性质，如表1.6所示。

表1.6　正、余切函数的性质

性质	函数	
	$y=\tan x(k\in\mathbf{Z})$	$y=\cot x(k\in\mathbf{Z})$
定义域	$x\neq k\pi+\frac{\pi}{2}$	$x\neq k\pi$
值域	R	R
有界性	无界	无界
奇偶性	奇函数	奇函数
周期性	$T=\pi$	$T=\pi$
单调性	在$(k\pi-\frac{\pi}{2},k\pi+\frac{\pi}{2})$上都是增函数	在$(k\pi,k\pi+\pi)$上都是减函数
对称中心	$(k\pi,0)$	$(\frac{k\pi}{2},0)$
零点	$(k\pi,0)$	$(k\pi+\frac{\pi}{2},0)$

(5) 正割函数:$y=\sec x=\dfrac{1}{\cos x}$,为无界函数,定义域$\{x\mid x\neq k\pi+\dfrac{\pi}{2},(k\in\mathbf{Z})\}$,值域$|\sec x|\geqslant 1$,如图 1.26 所示。

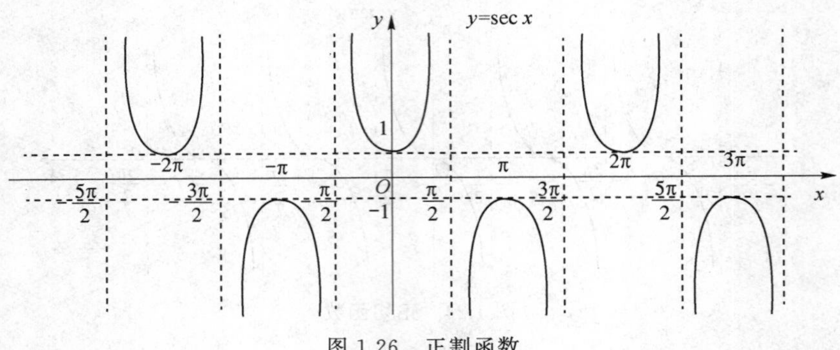

图 1.26 正割函数

(6) 余割函数:$y=\csc x=\dfrac{1}{\sin x}$,为无界函数,定义域$\{x\mid x\neq k\pi,(k\in\mathbf{Z})\}$,值域$|\csc x|\geqslant 1$,如图 1.27 所示。

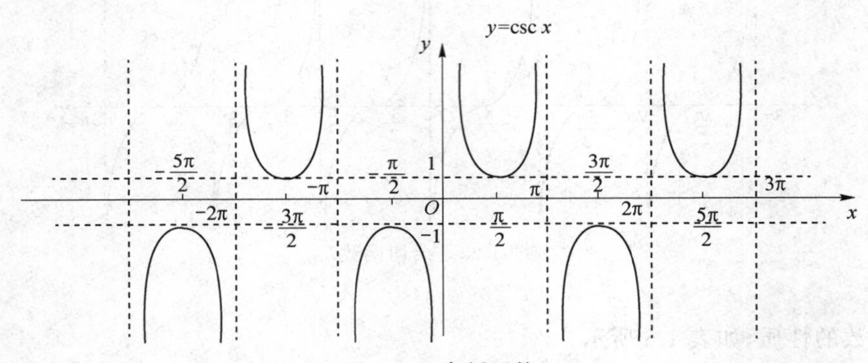

图 1.27 余割函数

正、余割函数的性质,如表 1.7 所示。

表 1.7 正、余割函数的性质

性质	函数	
	$y=\sec x(k\in\mathbf{Z})$	$y=\csc x(k\in\mathbf{Z})$
定义域	$\{x\mid x\neq\frac{\pi}{2}+k\pi\}$	$\{x\mid x\neq k\pi\}$
值域	$(-\infty,-1]\cup[1,+\infty)$	$(-\infty,-1]\cup[1,+\infty)$
有界性	无界	无界
奇偶性	偶函数	奇函数
周期性	$T=2\pi$	$T=2\pi$

续表

性质	函数	
	$y=\sec x(k\in\mathbf{Z})$	$y=\csc x(k\in\mathbf{Z})$
单调性	$\left(2k\pi-\frac{\pi}{2},2k\pi\right)\cup\left(2k\pi+\pi,2k\pi+\frac{3\pi}{2}\right)$减 $\left(2k\pi,2k\pi+\frac{\pi}{2}\right)\cup\left(2k\pi+\frac{\pi}{2},2k\pi+\pi\right)$增	$\left(2k\pi,2k\pi+\frac{\pi}{2}\right)\cup\left(2k\pi+\frac{3\pi}{2},2k\pi+2\pi\right)$减 $\left(2k\pi+\frac{\pi}{2},2k\pi+\pi\right)\cup\left(2k\pi+\pi,2k\pi+\frac{3\pi}{2}\right)$增
对称中心	$\left(k\pi+\frac{\pi}{2},0\right)$	$(k\pi,0)$
对称轴	$x=k\pi$	$x=k\pi+\frac{\pi}{2}$
渐近线	$x=k\pi+\frac{\pi}{2}$	$x=k\pi$

2）三角函数的关系

（1）倒数关系

$\sin x\csc x=1$　　　$\cos x\sec x=1$　　　$\tan x\cot x=1$

（2）商数关系

$\tan x=\dfrac{\sin x}{\cos x}$　　　$\cot x=\dfrac{\cos x}{\sin x}$

（3）平方关系

$\sin^2 x+\cos^2 x=1$　　$1+\tan^2 x=\sec^2 x$　　$1+\cot^2 x=\csc^2 x$

上面的关系属于同角三角函数关系，可以采用六边形记忆法来帮助记忆，如图1.28所示，图形结构"上弦中切下割，左正右余中间1"；记忆方法"对角线上两个函数的积为1；阴影三角形上两顶点的三角函数值的平方和等于下顶点的三角函数值的平方；任意一顶点的三角函数值等于相邻两个顶点的三角函数值的乘积"。

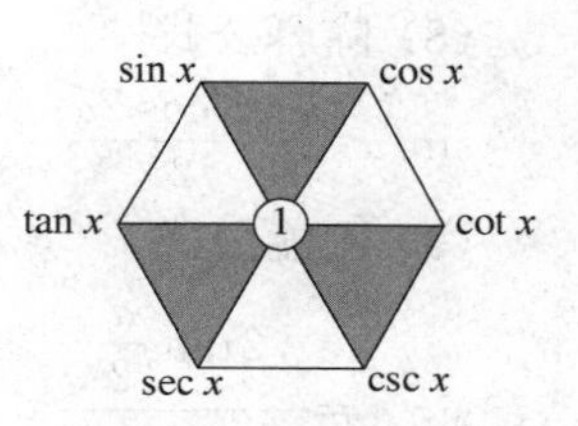

图1.28　六边形记忆法

（4）诱导公式（口诀：奇变偶不变，符号看象限）

$\sin(-\alpha)=-\sin\alpha$；　$\tan(-\alpha)=-\tan\alpha$；　$\sec(-\alpha)=\sec\alpha$；

$\cos(-\alpha)=\cos\alpha$；　$\cot(-\alpha)=-\cot\alpha$；　$\csc(-\alpha)=-\csc\alpha$

$\sin\left(\frac{\pi}{2}\pm\alpha\right)=\cos\alpha$；　$\tan\left(\frac{\pi}{2}\pm\alpha\right)=\mp\cot\alpha$；　$\sec\left(\frac{\pi}{2}\pm\alpha\right)=\mp\csc\alpha$；

$\cos\left(\frac{\pi}{2}\pm\alpha\right)=\mp\sin\alpha$；　$\cot\left(\frac{\pi}{2}\pm\alpha\right)=\mp\tan\alpha$；　$\csc\left(\frac{\pi}{2}\pm\alpha\right)=\sec\alpha$；

$\sin(\pi\pm\alpha)=\mp\sin\alpha$；　$\tan(\pi\pm\alpha)=\pm\tan\alpha$；　$\sec(\pi\pm\alpha)=-\sec\alpha$

$\cos(\pi\pm\alpha)=-\cos\alpha$；　$\cot(\pi\pm\alpha)=\pm\cot\alpha$；　$\csc(\pi\pm\alpha)=\mp\csc\alpha$

$\sin\left(\frac{3\pi}{2}\pm\alpha\right)=-\cos\alpha$；　$\tan\left(\frac{3\pi}{2}\pm\alpha\right)=\mp\cot\alpha$；　$\sec\left(\frac{3\pi}{2}\pm\alpha\right)=\pm\csc\alpha$；

$\cos\left(\frac{3\pi}{2}\pm\alpha\right)=\pm\sin\alpha$；　$\cot\left(\frac{3\pi}{2}\pm\alpha\right)=\mp\tan\alpha$；　$\csc\left(\frac{3\pi}{2}\pm\alpha\right)=-\sec\alpha$

$\sin(2\pi\pm\alpha)=\pm\sin\alpha$；　$\tan(2\pi\pm\alpha)=\pm\tan\alpha$；　$\sec(2\pi\pm\alpha)=\sec\alpha$

$\cos(2\pi\pm\alpha)=\cos\alpha$；　$\cot(2\pi\pm\alpha)=\pm\cot\alpha$；　$\csc(\pi\pm\alpha)=\pm\csc\alpha$

(5) 两角和与差的三角函数公式

$\sin(\alpha\pm\beta)=\sin\alpha\cos\beta\pm\cos\alpha\sin\beta$　　$\cos(\alpha\pm\beta)=\cos\alpha\cos\mp\sin\alpha\sin\beta$

$\tan(\alpha\pm\beta)=\dfrac{\tan\alpha\pm\tan\beta}{1\mp\tan\alpha\tan\beta}$　　$\cot(\alpha\pm\beta)=\dfrac{\cot\alpha\cot\beta\mp1}{\cot\alpha\pm\cot\beta}$

(6) 倍角公式

$\sin2\alpha=2\sin\alpha\cos\alpha$　　$\cos2\alpha=\cos^2\alpha-\sin^2\alpha=1-2\sin^2\alpha=2\cos^2\alpha-1$

$\tan2\alpha=\dfrac{2\tan\alpha}{1-\tan^2\alpha}$　　$\cot2\alpha=\dfrac{1-\cot^2\alpha}{2\cot\alpha}$

$\sec2\alpha=\dfrac{\sec^2\alpha}{1-\tan^2\alpha}=\dfrac{\cot\alpha+\tan\alpha}{\cot\alpha-\tan\alpha}$　　$\csc2\alpha=\dfrac{1}{2}\sec\alpha\csc\alpha=\dfrac{\cot\alpha+\tan\alpha}{2}$

(7) 半角公式

$\sin\dfrac{\alpha}{2}=\pm\sqrt{\dfrac{1-\cos\alpha}{2}}$　　$\cos\dfrac{\alpha}{2}=\pm\sqrt{\dfrac{1+\cos\alpha}{2}}$

$\tan\dfrac{\alpha}{2}=\pm\sqrt{\dfrac{1-\cos\alpha}{1+\cos\alpha}}=\dfrac{1-\cos\alpha}{\sin\alpha}=\dfrac{\sin\alpha}{1+\cos\alpha}$

$\cot\dfrac{\alpha}{2}=\pm\sqrt{\dfrac{1+\cos\alpha}{1-\cos\alpha}}=\dfrac{1+\cos\alpha}{\sin\alpha}=\dfrac{\sin\alpha}{1-\cos\alpha}$

$\sec\dfrac{\alpha}{2}=\pm\sqrt{\dfrac{2\sec\alpha}{\sec\alpha+1}}$　　$\csc\dfrac{\alpha}{2}=\pm\sqrt{\dfrac{2\sec\alpha}{\sec\alpha-1}}$

(8) 降幂公式

$\sin^2\alpha=\dfrac{1-\cos2\alpha}{2}$　　$\cos^2\alpha=\dfrac{1+\cos2\alpha}{2}$

(9) 万能公式

$\sin\alpha=\dfrac{2\tan\frac{\alpha}{2}}{1+\tan^2\frac{\alpha}{2}}$　　$\cos\alpha=\dfrac{1-\tan^2\frac{\alpha}{2}}{1+\tan^2\frac{\alpha}{2}}$　　$\tan\alpha=\dfrac{2\tan\frac{\alpha}{2}}{1-\tan^2\frac{\alpha}{2}}$

(10) 积化和差公式

$\sin\alpha\cos\beta=\dfrac{1}{2}[\sin(\alpha+\beta)+\sin(\alpha-\beta)]$　　$\cos\alpha\cos\beta=\dfrac{1}{2}[\cos(\alpha+\beta)+\cos(\alpha-\beta)]$

$\cos\alpha\sin\beta=\dfrac{1}{2}[\sin(\alpha+\beta)-\sin(\alpha-\beta)]$　　$\sin\alpha\ \sin\beta=\dfrac{1}{2}[\cos(\alpha+\beta)-\cos(\alpha-\beta)]$

(11) 和差化积公式

$\sin\alpha+\sin\beta=2\sin\dfrac{\alpha+\beta}{2}\cos\dfrac{\alpha-\beta}{2}$　　$\sin\alpha-\sin\beta=2\cos\dfrac{\alpha+\beta}{2}\sin\dfrac{\alpha-\beta}{2}$

$\cos\alpha+\cos\beta=2\cos\dfrac{\alpha+\beta}{2}\cos\dfrac{\alpha-\beta}{2}$　　$\cos\alpha-\cos\beta=-2\sin\dfrac{\alpha+\beta}{2}\sin\dfrac{\alpha-\beta}{2}$

6. 反三角函数

反三角函数的性质如下。

(1) 反正弦函数：正弦函数 $y=\sin x$ 在区间 $\left[-\dfrac{\pi}{2},\dfrac{\pi}{2}\right]$ 上的反函数称为反正弦函数，记为 $y=\arcsin x$，定义域 $[-1,1]$，值域 $\left[-\dfrac{\pi}{2},\dfrac{\pi}{2}\right]$，如图 1.29 所示。

(2) 反余弦函数：余弦函数 $y=\cos x$ 在区间 $[0,\pi]$ 上的反函数称为反余弦函数，记为 $y=\arccos x$，定义域为 $[-1,1]$，值域为 $[0,\pi]$，如图 1.30 所示。

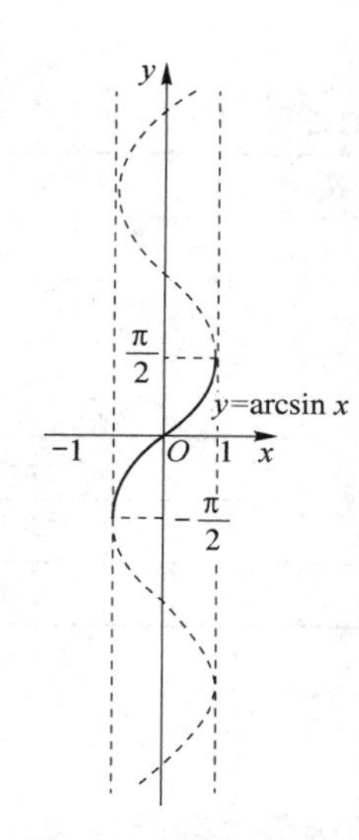

图 1.29　反正弦函数

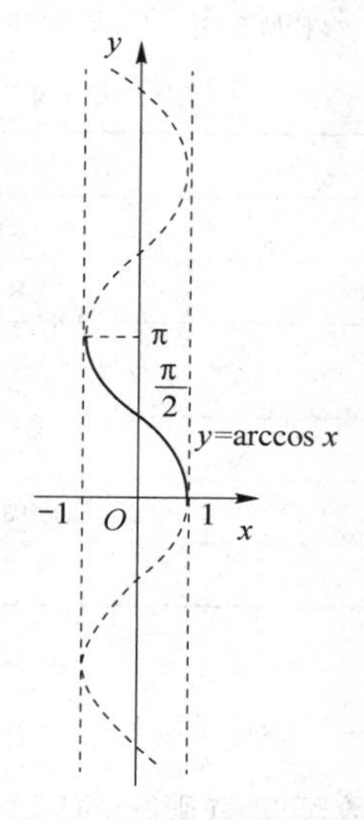

图 1.30　反余弦函数

反正、反余弦函数的性质，如表 1.8 所示。

表 1.8　反正、反余弦函数的性质

性质	函数	
	$y=\arcsin x$	$y=\arccos x$
定义域	$[-1,1]$	$[-1,1]$
值域	$\left[-\frac{\pi}{2},\frac{\pi}{2}\right]$	$[0,\pi]$
有界性	$\lvert\arcsin x\rvert\leqslant\frac{\pi}{2}$	$0\leqslant\lvert\arccos x\rvert\leqslant\pi$
奇偶性	奇函数	非奇非偶函数
单调性	增函数	减函数

(3) 反正切函数：正切函数 $y=\tan x$ 在区间$\left(-\frac{\pi}{2},\frac{\pi}{2}\right)$上的反函数称为反正切函数，记为 $y=\arctan x$，为有界函数，定义域 $x\in(-\infty,+\infty)$，值域$\left(-\frac{\pi}{2},\frac{\pi}{2}\right)$，如图 1.31 所示。

(4) 反余切函数：余切函数 $y=\cot x$ 在区间$(0,\pi)$上的反函数称为反余切函数，记为 $y=\operatorname{arccot} x$，为有界函数，定义域 $x\in(-\infty,+\infty)$，值域$(0,\pi)$，如图 1.32 所示。

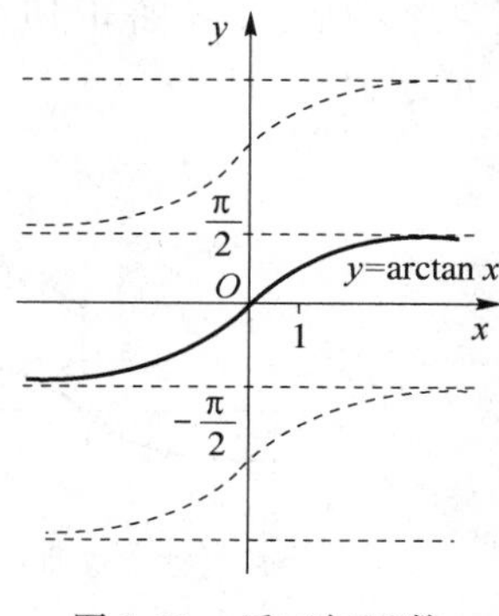

图 1.31　反正切函数

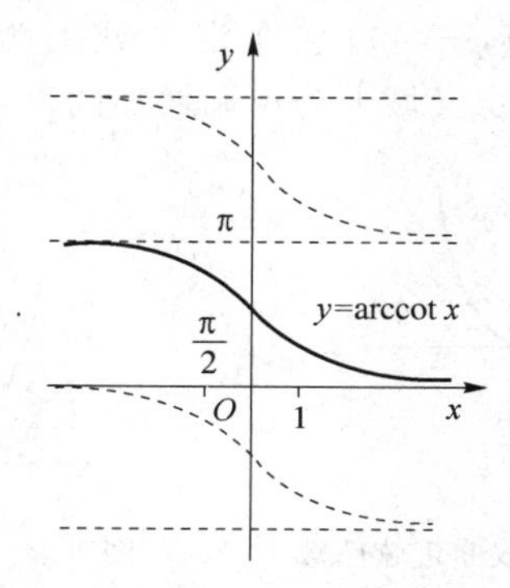

图 1.32　反余切函数

反正、反余切函数的性质,如表 1.9 所示。

表 1.9 反正、反余切函数的性质

性质	函数	
	$y=\arctan x$	$y=\text{arccot}\, x$
定义域	**R**	**R**
值域	$\left(-\frac{\pi}{2},\frac{\pi}{2}\right)$	$(0,\pi)$
有界性	$\lvert\arctan x\rvert<\frac{\pi}{2}$	$0<\lvert\text{arccot}\, x\rvert<\pi$
奇偶性	奇函数	非奇非偶
单调性	增函数	减函数

1.4.2 初等函数

由基本初等函数经过有限次的四则运算及有限次的函数复合所构成并且可以用一个式子表示的函数,称为**初等函数**,否则称为**非初等函数**。先举几个初等函数的例子,如

$$y=\sqrt{1+x^2}\,,y=3\sin^2 x\,,y=\ln(2+e^x)$$

都是初等函数。又比如分段函数

$$y=\begin{cases}x\,,x\geqslant 0\\ -x\,,x<0\end{cases}\text{可表示为 } y=\sqrt{x^2}\text{,或者 } y=|x|$$

也是初等函数,这个例子说明,不能一看到分段函数就认为是非初等函数,而应该看这个函数是否能表示成一个式子,即透过表象看本质。

再举几个工程技术中很有用的初等函数*(这属于选学内容)。

双曲正弦函数 $\text{sh}x=\dfrac{e^x-e^{-x}}{2}$

双曲余弦函数 $\text{ch}x=\dfrac{e^x+e^{-x}}{2}$

双曲正切函数 $\text{th}x=\dfrac{\text{sh}x}{\text{ch}x}=\dfrac{e^x-e^{-x}}{e^x+e^{-x}}$

双曲正弦函数、双曲余弦函数和双曲正切函数的定义域都为 $x\in(-\infty,+\infty)$,双曲正弦函数的值域为$(-\infty,+\infty)$,它在定义域上为单调增加的奇函数,如图 1.33 所示;双曲余弦函数的值域为$[1,+\infty)$,它在定义域上为偶函数,如图 1.34 所示;双曲正切函数的值域为$(-1,1)$,它在定义域上为单调增加的奇函数,如图 1.35 所示。

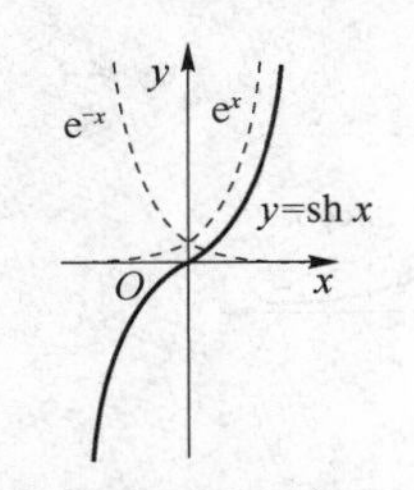

图 1.33 双曲正弦函数

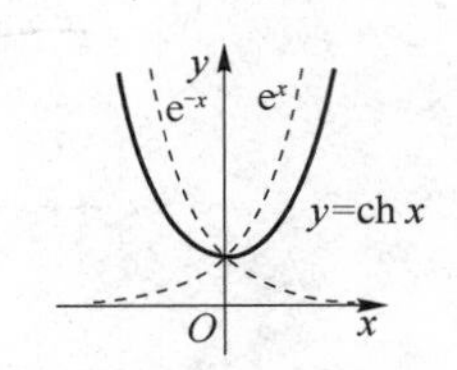

图 1.34 双曲余弦函数

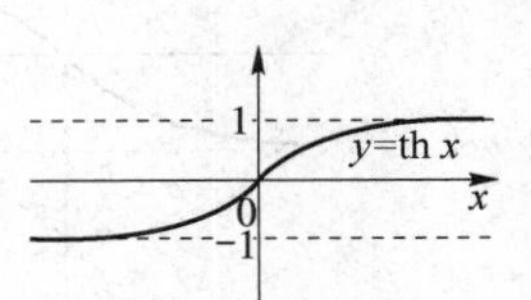

图 1.35 双曲正切函数

双曲函数的反函数称为反双曲函数，$y=\mathrm{sh}x$，$y=\mathrm{ch}x\ (x\geqslant 0)$，$y=\mathrm{th}x$ 的反函数分别为

$$\text{反双曲正弦函数}\quad y=\mathrm{arsh}x$$

$$\text{反双曲余弦函数}\quad y=\mathrm{arch}x$$

$$\text{反双曲正切函数}\quad y=\mathrm{arth}x$$

反双曲正弦函数 $y=\mathrm{arsh}x$ 的定义域为 $x\in(-\infty,+\infty)$，值域为 $(-\infty,+\infty)$，它在定义域上为单调增加的奇函数，如图 1.36 所示；反双曲余弦函数的定义域为 $x\in[1,+\infty)$，值域为 $[0,+\infty)$，在定义域上是单调增加的，如图 1.37 所示；反双曲正切函数的定义域为 $(-1,1)$，值域为 $(-\infty,+\infty)$，它在定义域上为单调增加的奇函数，如图 1.38 所示。

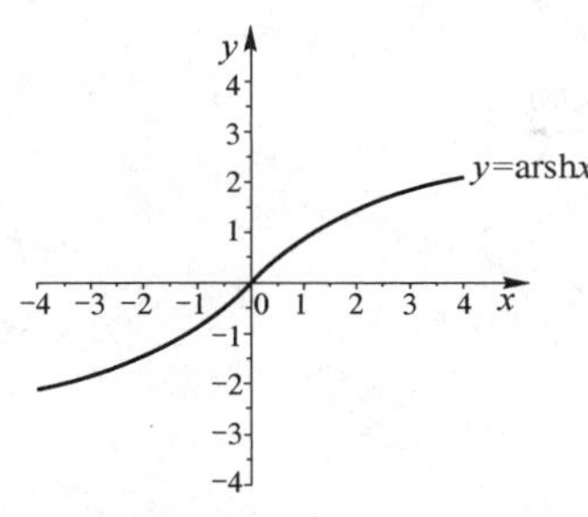

图 1.36　反双曲正弦函数

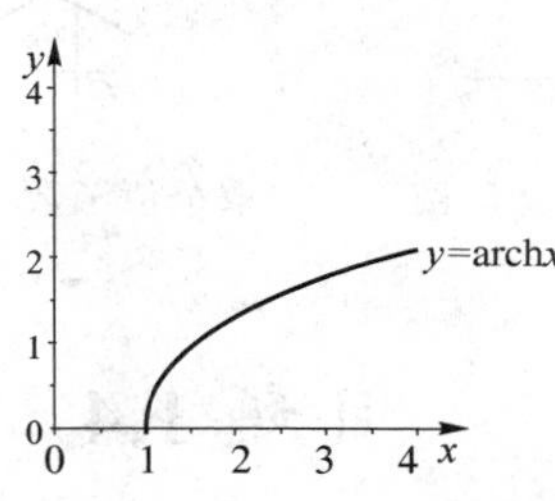

图 1.37　反双曲余弦函数

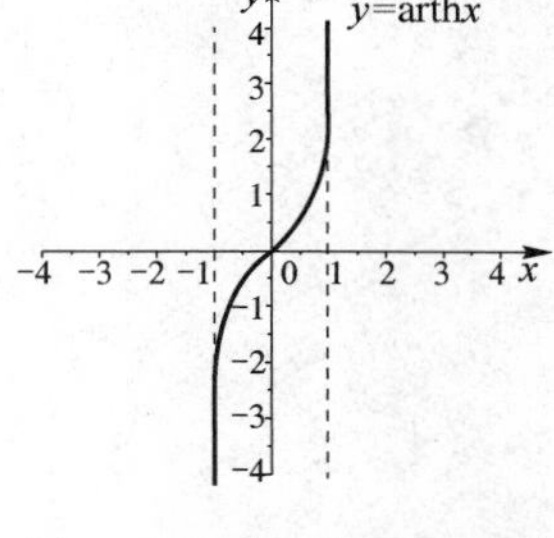

图 1.38　反双曲正切函数

1.4.3　非初等函数

非初等函数有很多，下面举 4 个常见的非初等函数的例子。

例 1.4.1　符号函数。

$$y=\mathrm{sgn}x=\begin{cases}1, x>0\\0, x=0\\-1, x<0\end{cases}$$

为分段函数，定义域为 $(-\infty,+\infty)$，值域为 $\{-1,0,1\}$，如图 1.39 所示，对于任何 $x\in(-\infty,+\infty)$，有 $x=\mathrm{sgn}\cdot|x|$ 或者 $|x|=x\,\mathrm{sgn}\,x$。

例 1.4.2　取整函数。

$$y=[x]=n, n\leqslant x<n+1, n\in\mathbf{Z}$$

这是一个阶梯函数，也是分段函数，定义域为 $\mathbf{R}$，值域是整数 $\mathbf{Z}$，如图 1.40 所示。$[x]$ 称为 x 的整数部分，比如 $[0.95]=0$，$[1.02]=1$，$[-0.95]=-1$，$[-1.02]=-2$。

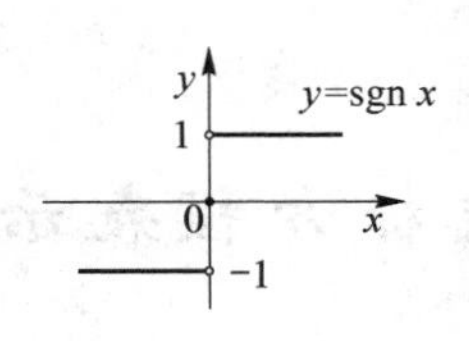

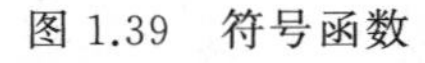

图 1.39　符号函数

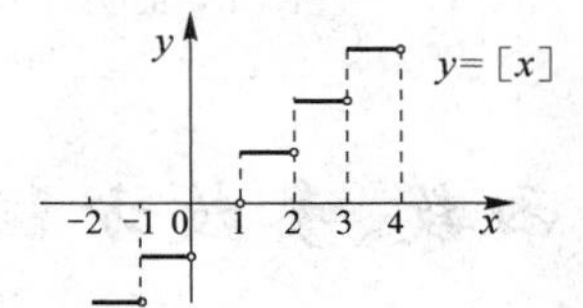

图 1.40　取整函数

例 1.4.3　狄利克雷(Dirichlet)函数。

$$y=D(x)=\begin{cases}1, & x\text{ 是有理数时}\\0, & x\text{ 是无理数时}\end{cases}$$

是分段函数，定义域为$(-\infty,+\infty)$，值域是$\{0,1\}$，由于任意两个有理数之间都有无理数，并且任意两个无理数之间也都有有理数，所以它的函数图形无法描绘。

例 1.4.4 取最值函数。

取最大值函数 $y=\max\{f(x),g(x)\}$

取最小值函数 $y=\min\{f(x),g(x)\}$

取最大值函数和取最小值函数简称为取最值函数，都是分段函数，如图 1.41 所示。

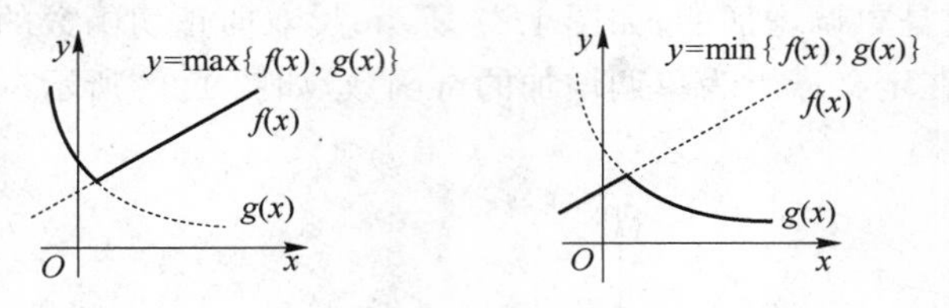

图 1.41 取最值函数

习题 1.4

1. 函数 $f(x)=\ln(3x+1)+\sqrt{5-2x}+\arcsin x$ 的定义域是(　　)。

A. $\left(-\dfrac{1}{3},\dfrac{5}{2}\right)$　　B. $\left(-1,\dfrac{5}{2}\right)$　　C. $\left(-\dfrac{1}{3},1\right)$　　D. $(-1,1)$

2. 若函数 $f(x)=|x|,-2<x<2$，则 $f(x-1)$的值域为(　　)。

A. $[0,2)$　　B. $[0,3)$　　C. $[0,2]$　　D. $[0,3]$

3. 设函数 $f(x)=\mathrm{e}^x(x\neq 0)$，那么 $f(x_1)\cdot f(x_2)$为(　　)。

A. $f(x_1)+f(x_2)$　　B. $f(x_1+x_2)$　　C. $f(x_1x_2)$　　D. $f\left(\dfrac{x_1}{x_2}\right)$

4. 已知函数 $y=f(x)$的定义域是$[0,1]$，则 $f(x^2)$的定义域是__________。

5. 设 $f\left(\dfrac{1}{x}\right)=x+\sqrt{1+x^2}$，则 $f(x)=$__________。

6. 已知 $f\left(x+\dfrac{1}{x}\right)=x^2+\dfrac{1}{x^2}$，求 $f(x)$。

7. 若 $f(t)=2t^2+\dfrac{2}{t^2}+\dfrac{5}{t}+5t$，证明 $f(t)=f\left(\dfrac{1}{t}\right)$。

1.5 隐函数、参数方程和极坐标方程表示的函数

学习目标与要求

(1) 理解隐函数的概念；

(2) 了解极坐标函数和参数方程表示的函数；

(3) 会对极坐标方程和直角坐标方程之间进行转换。

1.5.1　隐函数

如果函数 y 对自变量 x 的对应关系是由一个仅含 x 的关系式 $f(x)$ 表示的，即 $y=f(x)$，这种函数表达方式的特点是等号左端是因变量的符号，右端是含有自变量的式子，当自变量取定义域内任一值时，这个式子就能确定对应的函数值，这种函数的表达方式称为直接表示法，这种函数称为**显函数**。前面介绍的函数大多都是由解析式表示的函数，比如 $y=\tan x$，$y=\ln(x+e^x+5)$ 都为显函数，初等函数和分段函数都是显函数。

有些函数的表示并不像上面那么直接，而是隐藏在方程里，比如，$x+y^3-3=0$ 表示一个函数，当 x 在 $(-\infty,+\infty)$ 内取值时，y 在 $(-\infty,+\infty)$ 内有唯一的值与之对应，这样的函数称为隐函数。下面给出隐函数的定义。

定义 1.5.1　设在方程 $F(x,y)=0$ 中，当 x 取某区间内的任意值时，相应地总有满足方程的唯一 y 值存在，那么就说方程 $F(x,y)=0$ 在该区间内确定了一个**隐函数** $y=f(x)$。

例如，$x^2-y^2=1$，$y^3+3y-x^2+2x=0$，$e^{x+y}+xy=1$，$x^3+y^3-3a\cdot xy=0$，以及 $x+y-3=0$ 等都是隐函数方程。

隐函数和显函数不是绝对对立的，有时它们可以相互转化。例如，$x+y-3=0$ 可以转化为显函数 $y=3-x$。圆的方程 $x^2+y^2=4$ 不表示函数，因为圆方程中一个 x 可以对应两个 y 值，不满足函数的条件，但圆的方程可以转化为两个显函数 $y=\pm\sqrt{4-x^2}$，$x\in[-2,2]$，它们的图形分别是上半圆和下半圆；同样椭圆方程 $\dfrac{x^2}{a^2}+\dfrac{y^2}{b^2}=1(a>0,b>0)$，也可以转化为两个显函数 $y=\pm b\sqrt{1-\dfrac{x^2}{a^2}}$，$x\in[-a,a]$，它们的图形分别是上半椭圆和下半椭圆。不用两个显函数而用一个方程来表示圆和椭圆显然是方便的。

把一个隐函数化成显函数，称为隐函数的**显化**，但是，大部分隐函数方程是不能化为显函数的。例如，$e^{x+y}+xy=1$，$y^3+3y-x^2+2x=0$，还有 $x^3+y^3-3a\cdot xy=0$ 等，都不能化为显函数。

1.5.2　参数方程表示的函数

有时候 y 关于 x 的函数关系是通过另一个变量或者参数来建立的，是用间接法表示的函数。

定义 1.5.2　若参数方程

$$\begin{cases}x=\varphi(t)\\y=\psi(t)\end{cases}$$

式中，t 为参数，确定了 y 与 x 的函数关系，则称此函数关系所表达的函数为由**参数方程确定的函数**。

在很多实际问题中，常常用参数方程来表示物体的运动规律，比如，在不计空气阻力的情况下炮弹运动的弹道曲线可用参数方程表示为

$$\begin{cases}x=v_1t\\y=v_2t-\dfrac{1}{2}gt^2\end{cases}$$

式中，v_1，v_2 分别表示炮弹沿水平和垂直方向的初速度；g 为重力加速度；t 为时间；x 与 y 分别表示炮弹在平面内的横坐标和纵坐标。

参数方程给出了 x 与 y 均为 t 的函数，有时可以消去参数 t 而得到一个隐函数方程，或者直接得到一个显函数；反过来，隐函数方程有时也可以化为参数方程。

例如，参数方程 $\begin{cases} x=t+1 \\ y=1-2t^2 \end{cases}$ $(t\in\mathbf{R})$，消去 t，可得

$$y=1-2(x-2)^2, x\in\mathbf{R}$$

这是一个显函数，其图形是一条抛物线。

椭圆方程 $\dfrac{x^2}{a}+\dfrac{y^2}{b}=1$ 可以表示为参数 t 的方程：

$$\begin{cases} x=a\cos t \\ y=b\sin t \end{cases} \quad (0\leqslant t\leqslant 2\pi)$$

1.5.3 极坐标方程函数

在平面上定义由一定点和一条定轴所组成的坐标系称为**极坐标系**。平面上的一点 P 既可用直角坐标 $P(x,y)$ 表示，也可用极坐标 $P(r,\theta)$ 来表示，如图 1.42 所示。定点 O 称为**极点**，定轴 Ox 轴为**极轴**，点 P 到定点 O 的距离 $r=\overline{OP}=\sqrt{x^2+y^2}$ 为**极径**，$\overline{OP}$ 关于极轴 Ox 的倾角 θ 为**极角**，P 在第一象限时对应的极角 $\theta=\arctan\dfrac{y}{x}$。

定义 1.5.3 若取极点作为原点，极轴作为 x 轴建立直角坐标系，这样便可得到极坐标与直角坐标的关系为

$$\begin{cases} x=r\cos\theta \\ y=r\sin\theta \end{cases} \quad 或\ r=\sqrt{x^2+y^2}, \theta=\arctan\frac{y}{x}$$

式中，极径 r 和极角 θ 的变化范围为 $0\leqslant r<+\infty$，$0\leqslant\theta\leqslant 2\pi$，极坐标的点与直角坐标的点之间形成了一一对应关系。建立 r 与 θ 关系的等式称为**极坐标方程**。

在极坐标系中，$\theta=\theta_0$（常数）表示一条射线，$r=r_0$（常数）表示一个圆，如图 1.43 所示。

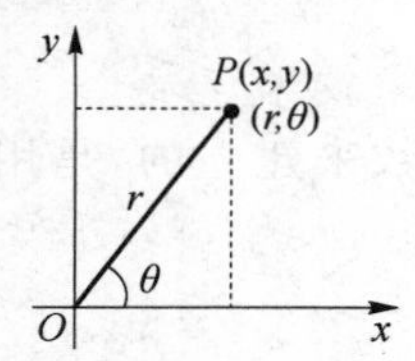

图 1.42 极坐标和直角坐标的关系

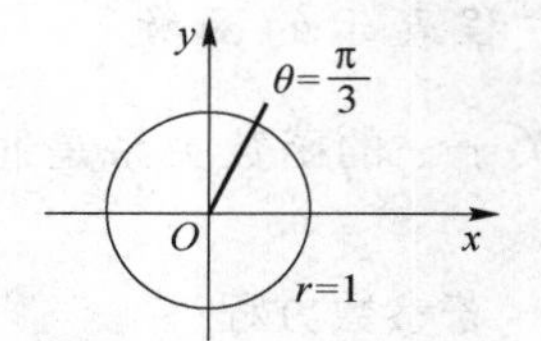

图 1.43 极坐标中的射线和圆

利用直角坐标和极坐标的关系可以将直角坐标表示的函数（显函数或者隐函数）与极坐标表示的函数进行相互的转化。

例 1.5.1 将极坐标方程 $r=2\cos\theta$ 化为直角坐标方程，并说明它表示什么曲线。

解 方程两边同乘以 r 得

$$r^2=2r\cos\theta$$

又由极坐标与直角坐标的关系 $\begin{cases} x=r\cos\theta \\ y=r\sin\theta \end{cases}$，可得 $x^2+y^2=2x$，即 $(x-1)^2+y^2=1$ 所

以，它表示圆心为(1，0)，半径为 1 的圆。

例 1.5.2　将心形线，如图 1.44 所示，$r=a(1+\cos\theta)(a>0)$方程转化为直角坐标方程。

解　方程两边同乘以 r 得

$$r^2=a(r+r\cos\theta)$$

由极坐标与直角坐标的关系$\begin{cases}x=r\cos\theta\\y=r\sin\theta\end{cases}$，可得

$$x^2+y^2-ax=a\sqrt{x^2+y^2}$$

例 1.5.3　将隐函数方程$(x^2+y^2)^2=a^2(x^2-y^2)(a>0)$化为极坐标方程。

解　由直角坐标与极坐标的关系$\begin{cases}x=r\cos\theta\\y=r\sin\theta\end{cases}$，可得

$$r^4=a^2r^2(\cos^2\theta-\sin^2\theta)，即\ r^2=a^2(\cos^2\theta-\sin^2\theta)=a^2\cos 2\theta$$

所以，对应的极坐标方程为

$$r=a\sqrt{\cos 2\theta}$$

因为$\sqrt{\cos 2\theta}$的周期为 2π，其一个周期长度的区间为$\left[-\frac{\pi}{2},\frac{3\pi}{2}\right]$，又由于 $\cos 2\theta\geqslant 0$，所以

$$-\frac{\pi}{4}\leqslant\theta\leqslant\frac{\pi}{4}\ 或\ \frac{3\pi}{4}\leqslant\theta\leqslant\frac{5\pi}{4}$$

所以隐函数$(x^2+y^2)^2=a^2(x^2-y^2)$的极坐标方程为

$$r=a\sqrt{\cos 2\theta},\quad \theta\in\left[-\frac{\pi}{4},\frac{\pi}{4}\right]\cup\left[\frac{3\pi}{4},\frac{5\pi}{4}\right]$$

它表示的是双扭线，如图 1.45 所示。

此外，阿基米德螺线的极坐标方程为 $r=a\theta$，如图 1.46 所示。这些图像将会在第 6 章定积分的应用中出现。

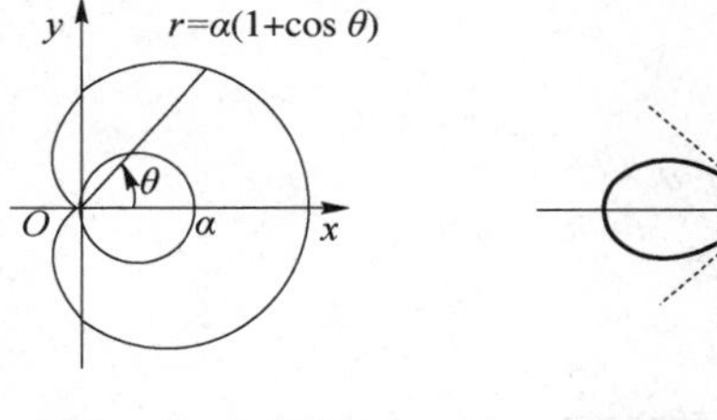

图 1.44　心形线

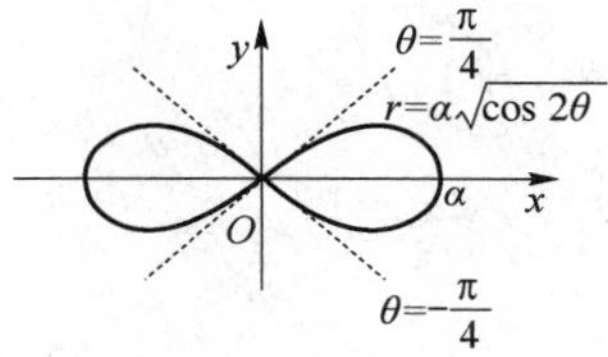

图 1.45　双扭线

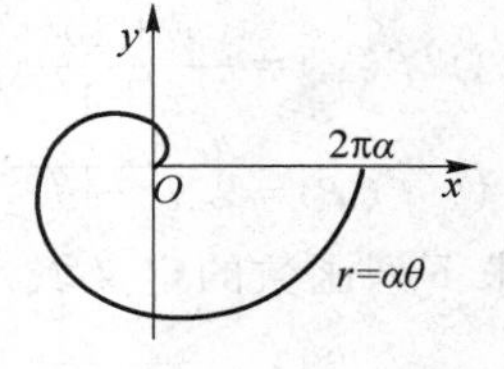

图 1.46　阿基米德螺线

习题 1.5

1. 从极点 O 作圆 $\rho=2\sin\theta$ 的弦 OP，则弦 OP 的中点 M 的轨迹方程为(　　)。

　A. $\rho=\cos\theta$　　B. $\rho=\sin\theta$　　C. $\rho=\tan\theta$　　D. $\rho=2\cos\theta$

2. 可将点 P 的直角坐标$(-3\sqrt{3},3)$化为极坐标(　　)。

　A. $\left(3,\frac{7\pi}{6}\right)$　　B. $\left(6,\frac{5\pi}{3}\right)$　　C. $\left(6,\frac{5\pi}{6}\right)$　　D. $\left(3,\frac{5\pi}{6}\right)$

3. 参数方程$\begin{cases}x=t^2+4t-2\\y=t-1\end{cases}$（$t$ 为参数）化为普通方程为（　　）。

A. $x^2-y+6x+3=0$　　B. $y^2+x+6y-3=0$

C. $x^2+y-6x-3=0$　　D. $y^2-x+6y+3=0$

4. 参数方程$\begin{cases}x=3+2\cos\theta\\y=-2+5\sin\theta\end{cases}$（$\theta$ 为参数）化为普通方程为（　　）。

A. $x^2+y^2=5^2$　　B. $\frac{x^2}{4}+\frac{y^2}{25}=1$

C. $\frac{(x-3)^2}{2^2}+\frac{(y+2)^2}{5^2}=1$　　D. $\frac{(x+3)^2}{2^2}+\frac{(y+2)^2}{25}=1$

5.在极坐标中，两定点 $M_1(\rho_1,\theta_1)$ 与 $M_2(\rho_2,\theta_2)$ 之间的距离 $|M_1M_2|$ 是__________。

6. 设 $x=at$，t 是参数，那么椭圆$\frac{x^2}{a^2}+\frac{y^2}{b^2}=1$ 的参数方程是__________。

7. 求两曲线 $\rho=4(1+\cos\theta)$ 和 $\rho(1+\cos\theta)=9$ 的交点。

8. 求直线$\begin{cases}x=1+t\\y=1-t\end{cases}$与圆$(x-1)^2+y^2=16$ 的交点。

习题一

1. 设 $A=\{1,3,5,7,8\}$，$B=\{2,4,6,8\}$，求 $A\cup B$，$A\cap B$，$A\backslash B$。
2. 设 $A=\{x\,|\,x^2+x-6<0\}$，$B=\{x\,|\,x^2-2x-3\leqslant 0\}$，求 $A\cap B$。
3. 下列各题中，函数 $f(x)$ 与 $g(x)$ 是否相同，为什么？

(1) $f(x)=\sin x$，$g(x)=\sqrt{1-\cos^2 x}$

(2) $f(x)=\ln x^3$，$g(x)=3\ln x$

(3) $f(x)=\frac{(x+1)^2}{x+1}$，$g(x)=x+1$

(4) $f(x)=\sqrt[3]{x^4-x^3}$，$g(x)=x\sqrt[3]{x-1}$

4. 求下列函数的定义域。

(1) $y=\frac{1}{x}-\sqrt{1-x^2}$　　(2) $y=\frac{2x}{x^2-5x+6}$

(3) $y=\arccos(x-3)$　　(4) $y=\frac{x}{\tan x}$

(5) $y=\frac{1}{2}\ln\frac{1+x}{1-x}$　　(6) $y=\mathrm{e}^{\frac{1}{x-2}}$

5. 设 $f(x)=\sqrt{4+x^2}$，分别求函数 $f(0)$，$f(1)$，$f(-1)$，$f(\frac{1}{a})$，$f(x_0)$，$f(x_0+h)$的值。

6. 判断下列函数的奇偶性。

(1) $y=\ln(x+\sqrt{x^2+1})$　　(2) $y=0$

(3) $y=x^3+\tan x$　　(4) $y=x^2+5x^3\sin x$

(5) $y=\frac{x+1}{x-1}$　　(6) $y=3^{x}-3^{-x}$

7. 下列函数中哪些是周期函数？对于周期函数，指出其周期。

(1) $y=\sin(ax+b),a\neq 0$　　(2) $y=1+\tan x$

(3) $y=x\cos x$　　(4) $y=\sin^2 x$

8. 求下列函数的反函数及其定义域。

(1) $y=\frac{1-3x+5}{1+x}$　　(2) $y=2x-3$

(3) $y=2\sin x,x\in\left[-\frac{\pi}{2},\frac{\pi}{2}\right]$　　(4) $y=1+\ln(x+5)$

9. 指出下列函数的复合过程。

(1) $y=\cos^2 x$　　(2) $y=(2x-1)^3$

(3) $y=\arctan^2(2^x)$　　(4) $y=\sqrt[3]{\cot(3x+1)}$

10. 将下列隐函数方程曲线化为参数方程曲线，并指出参数的范围。

(1) $x^2-2x+y^2=3$　　(2) $2x^2-y=0$

11. 将下列曲线方程转化为极坐标方程，并指出角的变化范围。

(1) $x+y=3$　　(2) $x^2-4x+y^2=0$

(3) $x^2-y^2=1$　　(4) $y=x$

12. 设 $f(x)$满足函数方程 $2f(x)+f\left(\frac{1}{x}\right)=\frac{1}{x}$，证明：$f(x)$为奇函数。

自测题一

1. 单项选择题

(1) 区间$[a,+\infty)$表示不等式(　　)。

A. $a<x<+\infty$　　B. $a\leqslant x<+\infty$　　C. $a<x$　　D. $a\geqslant x$

(2) 若 $\varphi(t)=t^3+1$，则 $\varphi(t^3+1)=$(　　)。

A. t^3+1　　B. t^6+2　　C. t^9+2　　D. $t^9+3t^6+3t^3+2$

(3) 下列函数与 $y=x$ 为同一函数的是(　　)。

A. $y=(\sqrt{x})^2$　　B. $y=\sqrt{x^2}$　　C. $y=e^{\ln x}$　　D. $y=\ln e^x$

(4) 若函数 $f(x)=|x-2|,-4<x<4$，则 $f(x-1)$的值域为(　　)。

A. $[0,6)$　　B. $[0,7)$　　C. $[0,6]$　　D. $[0,7]$

(5) 已知 $f(x)$在区间$(-\infty,+\infty)$上单调递减，则 $f(x^2+4)$的单调递减区间是(　　)。

A. $(-\infty,+\infty)$　　B. $(-\infty,0)$　　C. $[0,+\infty)$　　D. 不存在

(6) 下列函数在$(-\infty,+\infty)$内无界的是(　　)。

A. $y=\frac{1}{1+x^2}$　　B. $y=\arctan x$　　C. $y=\sin x+\cos x$　　D. $y=x\sin x$

(7) 已知 φ 是 f 的反函数，则 $f(2x)$的反函数是(　　)。

A. $y=\frac{1}{2}\varphi(x)$　　B. $y=2\varphi(x)$　　C. $y=\frac{1}{2}\varphi(2x)$　　D. $y=2\varphi(2x)$

(8) 设 $f(x)$在$(-\infty,+\infty)$有定义,则下列函数为奇函数的是(　　)。

A. $y=f(x)+f(-x)$　　B. $y=x[f(x)-f(-x)]$

C. $y=x^3 f(x^2)$　　D. $y=f(-x)\cdot f(x)$

(9) 函数 $y=10^{x-1}-2$ 的反函数是(　　)。

A. $y=\lg\dfrac{x}{x-2}$　　B. $y=\log_x 2$

C. $y=\log_2\dfrac{1}{x}$　　D. $y=1+\lg(x+2)$

(10) 函数 $y=\sqrt[5]{\ln\sin^3 x}$ 的复合过程为(　　)。

A. $y=\sqrt[5]{u}$, $u=\ln v$, $v=w^3$, $w=\sin x$

B. $y=\sqrt[5]{u^3}$, $u=\ln\sin x$

C. $y=\sqrt[5]{\ln u^3}$, $u=\sin x$

D. $y=\sqrt[5]{u}$, $u=\ln v^3$, $v=\sin x$

2. 填空题

(1) 已知函数 $y=f(x)$的定义域是$[0,1]$,则 $f(x^2)$的定义域是________;

(2) 设 $f(x+2)=x^2+1$, 则 $f(x)=$________;

(3) 若 $f(x)=\dfrac{1}{1-x}$,则 $f[f(x)]=$________,$f\{f[f(x)]\}=$________;

(4) 设 $f(x)=\begin{cases}2^x, & -1\leqslant x<0\\ 2, & 0\leqslant x<1\\ x-1, & 1\leqslant x\leqslant 3\end{cases}$,则 $f(x)$ 的定义域为________,$f(0)=$________,$f(1)=$________;

(5) 函数 $y=5\sin(\pi x)$的最小正周期 $T=$________。

(6) 函数 $y=\mathrm{e}^{x+1}$ 的反函数为________。

3. 下列函数中哪些是偶函数,哪些是奇函数,哪些既非奇函数又非偶函数?

(1) $y=x^2(1-x^2)$　　(2) $y=\ln\dfrac{1-x}{1+x}$

(3) $y=\dfrac{a^x+a^{-x}}{2}$　　(4) $y=\sin x+\cos x$

4. 求下列函数的反函数。

(1) $y=\dfrac{2^x}{2^x+1}$　　(2) $y=1+2\sin\dfrac{x-1}{x+1}$

5. 写出图 1.47 和图 1.48 所示函数的解析表达式。

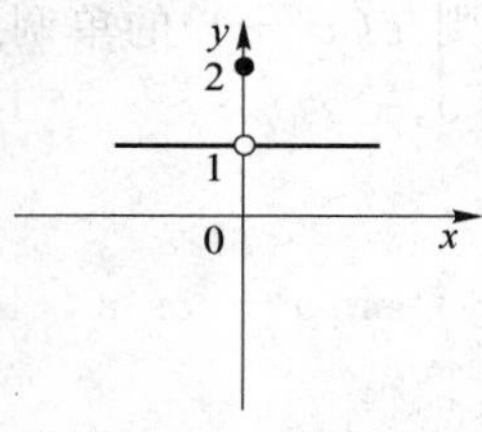

图 1.47　习题 5 图

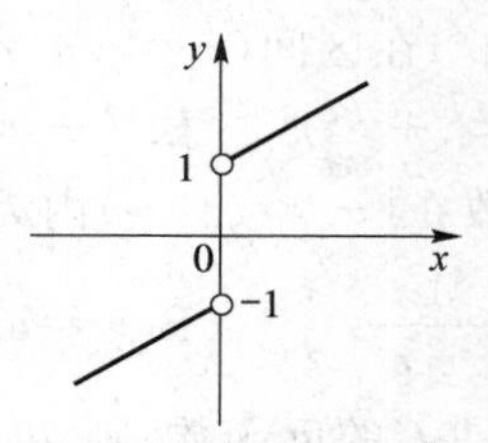

图 1.48　习题 5 图

6. 从一块半径为 R 的圆铁片上挖去一个扇形，把留下的中心角为 φ 的扇形做成一个漏斗，如图 1.49 所示，试将漏斗的容积 V 表示成中心角 φ 的函数。

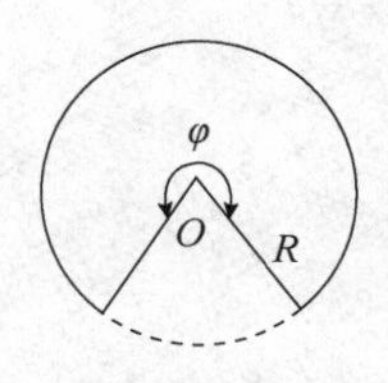

图 1.49　习题 6 图示

7. 设 $f(x)$ 为定义在 $(-\infty,+\infty)$ 的任意函数，证明 $f(x)$ 可表示为一个偶函数与一个奇函数之和。

课外阅读　**李善兰对数学的贡献**

第2章 极限与连续

极限是微积分理论建立所采用的基本研究方法，而连续是采用极限的方法所呈现出函数的一种基本变化性态，连续函数是微积分内容中讨论的主要函数类型。因此，第1章的函数和本章的极限与连续是学习微积分所必须具备的理论基础。本章介绍数列和函数极限的定义、性质和运算法则以及存在的判别准则，并学习几种重要的求极限的方法，随后利用极限的方法研究函数的连续性和间断点，并对闭区间上连续函数的性质进行讨论。

2.1 数列极限

学习目标与要求

(1) 理解数列极限的概念和性质；

(2) 了解单调有界数列的概念。

在很多情况下，我们不能通过有限次的算术运算来求解一些实际问题的精确解，而是需要通过对一个无限变化过程的变化趋势进行分析才能求得，极限的思想就是由此产生的。下面先来看两个具体的例子。

引例 2.1.1 圆的面积问题

魏晋时期的数学家刘徽于公元263年在撰写的《九章算术注》中首创利用圆内接正多边形来推算圆面积的方法，即割圆术，“割之弥细，所失弥少，割之又割，以至于不可割，则与圆周合体而无所失矣”，是用圆内接正多边形的面积去无限逼近圆面积并以此求取圆周率的方法，这是极限思想在几何学上的应用。

如图2.1所示，设有一圆，首先作内接正6边形，把它的面积记为 A_1；再作内接正12边形，其面积记为 A_2；再作内接正24边形，其面积记为 A_3；照此一直作下去，每次边数加倍，把内接正 $6\times 2^{n-1}$ 边形的面积记为 $A_n(n\in\mathbf{N})$。由此，可得一系列内接正多边形的面积：

$$A_1,A_2,A_3,\cdots,A_n,\cdots$$

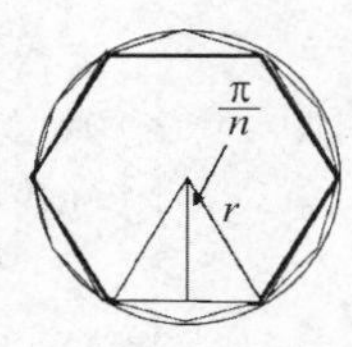

图2.1 圆内接正多边形

这些正多边形的面积构成了一列有次序的数，且 n 越大，内接正多边形的面积与圆的面积差别就越小，以 A_n 作为圆面积的近似值也越精确。但是无论 n 取得多么大，A_n 仍然是多边形的面积，而不是圆的面积。所以，当 n 无限增大(即 $n\to\infty$，读作 n 趋向于无穷大)，内接正多边形将无限接近于圆，从数值上看，内接正多边形的面积 A_n 将无限接近于一个确定的数值，这个数值就是所要求的圆的面积。设有半径为 r 的圆，用其内接正 n 边形的面积 A_n 逼近圆面积 S，A_n 可表示为

$$A_n=nr^2\sin\frac{\pi}{n}\cos\frac{\pi}{n}\quad(n=3,4,5,\cdots)$$

实际上，内接正多边形可以从正三角形开始，因此上面的 n 可以从 3 开始取。

引例 2.1.2　截杖问题

春秋战国时期著名的哲学家庄周在所著的《庄子·天下篇》中记载着慧施的一句名言："一尺之棰，日取其半，万世不竭。"也就是说一根一尺长的木棒，每天截去一半，这样的过程可以一直无限制的进行下去，木棒会越来越短，越来越趋近于零，但又会永远不等于零。将每天截后的木棒排成一列，有

第 1 天截下 $\frac{1}{2}$，第 2 天截下 $\frac{1}{2}\cdot\frac{1}{2}=\frac{1}{2^2}$，第 3 天截下 $\frac{1}{2}\cdot\frac{1}{2^2}=\frac{1}{2^3}$，…，第 n 天截下 $\frac{1}{2}\cdot\frac{1}{2^{n-1}}=\frac{1}{2^n}$，…

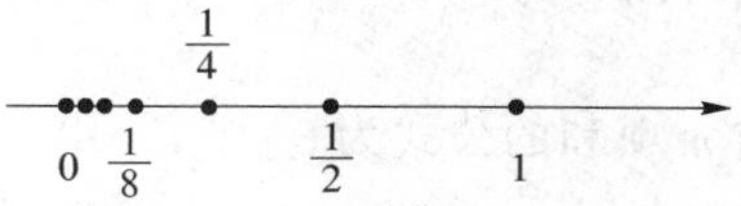

图 2.2　截杖问题

由此得到一个数列：$\frac{1}{2},\frac{1}{2^2},\frac{1}{2^3},\cdots,\frac{1}{2^n}$，不难看出，当 n 无限增大，所截得的木棒无限接近于零，如图 2.2 所示。

这两个例题的结果说明，有些函数在自变量的某一个变化过程中，随着自变量的变化，对应的函数值将无限接近于某个确定的数值。对于函数这一特殊的变化趋势，数学上称为函数在自变量的变化过程中有极限，该数值就称为函数的极限。

2.1.1　数列的概念

定义 2.1.1　如果按照某一法则，对每个 $n\in\mathbf{N}^+$，对应着一个确定的实数 x_n，这些实数 x_n 按照下标 n 从小到大排列得到的一个序列

$$x_1,x_2,x_3\cdots,x_n,\cdots$$

就称为**数列**，简记为数列 $\{x_n\}$。

数列中的每一个数称为数列的**项**，x_1 称作数列的第一项，x_n 称作数列的第 n 项，也称作数列的**一般项(或通项)**。例如：

$$\frac{1}{2},\frac{1}{4},\frac{1}{8},\cdots,\frac{1}{2^n},\cdots;\left\{\frac{1}{2^n}\right\} \tag{2-1}$$

$$2,4,8,\cdots,2^n,\cdots;\{2^n\} \tag{2-2}$$

$$1,-1,1,\cdots,(-1)^{n+1},\cdots;\{(-1)^{n+1}\} \tag{2-3}$$

$$2,\frac{1}{2},\frac{4}{3},\cdots,\frac{n+(-1)^{n-1}}{n},\cdots;\left\{\frac{n+(-1)^{n-1}}{n}\right\} \tag{2-4}$$

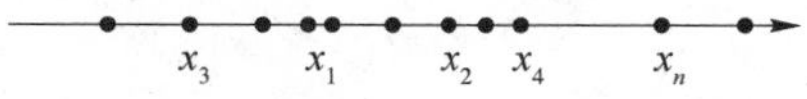

图 2.3　数轴上的数列

在几何上，数列对应着数轴上的一个点列，数列 $\{x_n\}$ 可看作数轴上的一个动点，它依次取数轴上的点 $x_1,x_2,\cdots,x_n,\cdots$，如图 2.3 所示。

下面回顾一下中学学过的等差和等比数列。

(1) 等差数列：如果一个数列从第二项起，每一项与它的前一项的差等于同一个常数，这个数列就称为**等差数列**，这个常数称为等差数列的公差，公差常用字母 d 表示。等差数列的通项公式为

$$x_n=x_{n-1}+d\quad(n=2,3,\cdots)$$

也可以写为

$$x_n=x_1+(n-1)d$$

前 n 项和的公式为

$$S_n=\frac{n(x_1+x_n)}{2}=x_1n+\frac{n(n-1)}{2}d$$

(2) 等比数列：如果一个数列从第二项起，每一项与它的前一项的比等于同一个常数，这个数列就称为**等比数列**，这个常数称为等比数列的公比，公比通常用字母 q 表示($q\neq 0$)。$q=1$ 时，称为**常数列**。等比数列的通项公式为

$$x_n=x_{n-1}q \quad (n=2,3,\cdots)$$

也可以写为

$$x_n=x_1q^{n-1}$$

前 n 项和的公式为

$$S_n=\begin{cases}\dfrac{x_1(1-q^n)}{1-q}=\dfrac{x_1-x_nq}{1-q} & (q\neq 1)\\ x_1n & (q=1)\end{cases}$$

按照函数定义，数列 x_n 可看作自变量为正整数 n 的函数，即

$$x_n=f(n),n\in \mathbf{Z}^+$$

当自变量 n 依次取 $1,2,3,\cdots$ 一切正整数时，对应的函数值就排列成数列 x_n。由第 1 章有界函数和单调函数的概念，相应地可以得到有界数列和单调数列的概念。

定义 2.1.2 给定数列 $\{x_n\}$，若存在常数 $M>0$，使得对一切 $n\in \mathbf{N}^+$，有

$$|x_n|\leqslant M$$

则称数列 $\{x_n\}$ 为**有界数列**，M 为数列 $\{x_n\}$ 的一个界。

数轴上对应于有界数列的点 x_n 都落在闭区间 $[-M,M]$ 上，数列 $\{x_n\}$ 有界等价于 $\{x_n\}$ 既有上界又有下界。

如果数列 $\{x_n\}$ 不是有界的，则称数列 $\{x_n\}$ 为无界数列，即对任何正数 M(无论有多么大)，总有 $n\in \mathbf{N}^+$，使得 $|x_n|\geqslant M$。

定义 2.1.3 给定数列 $\{x_n\}$，如果对一切 $n\in \mathbf{N}^+$，都有

$$x_n\leqslant x_{n+1} \text{ 或 } x_n\geqslant x_{n+1}$$

则称数列 $\{x_n\}$ 为**单调增加**或**单调减少数列**。单调增加或单调减少数列统称为**单调数列**。

例如：

$$\frac{1}{2},\frac{1}{4},\frac{1}{8},\cdots,\frac{1}{2^n},\cdots \tag{2-5}$$

为有界的单调减少数列；

$$2,4,8,\cdots,2^n,\cdots \tag{2-6}$$

为无界数列，单调增加数列；

$$1,-1,1,\cdots,(-1)^{n+1},\cdots;\{(-1)^{n+1}\} \tag{2-7}$$

为有界数列，不具有单调性；

$$2,\frac{1}{2},\frac{4}{3},\cdots,\frac{n+(-1)^{n-1}}{n},\cdots \tag{2-8}$$

为有界数列，但不具有单调性。

2.1.2 数列的极限

1. 数列的极限的定义

下面先观察式(2-5)～式(2-8)的四个数列随 n 无限增大时，数列 $\{x_n\}$ 的变化趋势。

(1) 数列$\left\{\frac{1}{2^n}\right\}$：当 n 无限增大时，它的一般项$\frac{1}{2^n}$无限趋近于零；

(2) 数列$\{2^n\}$：当 n 无限增大时，它的一般项 2^n 也无限增大，不趋近于某个确定的常数；

(3) 数列$\{(-1)^{n+1}\}$：当 n 无限增大时，它的一般项$(-1)^{n+1}$有时等于 1，有时等于-1，不趋近于任何确定的常数；

(4) 数列$\left\{\frac{n+(-1)^{n-1}}{n}\right\}$：当 n 无限增大时，它的一般项$\frac{n+(-1)^{n-1}}{n}$无限趋近于 1。

由上面的四个例子可以看出，当 n 无限增大时，数列$\{x_n\}$的变化趋势可以分为两类，第一类就是当 n 无限增大时，其变化趋势是趋于某个确定的常数，这个确定的常数就是数列的极限，如数列(1)和(4)，它们的极限分别为 0 和 1；第二类就是当 n 无限增大时，其变化趋势是不确定的，即数列并不趋于某个确定的常数，如数列(2)和(3)，所以数列(2)和(3)不存在极限。由上面的讨论可以得出数列极限的初步定义：

对一般的数列$\{x_n\}$，如果当 n 无限增大(即 $n\to\infty$)时，它的一般项 x_n 无限趋近于某个确定的常数 a，那么常数 a 就称为数列 x_n 的极限。

上述四个简单的数列是否存在极限且极限值是多少，是通过观察来判断的，但对于比较复杂的数列是很难通过观察得出数列是否存在极限且极限是多少的，比如本节的例 2.1.1，当 n 无限增大($n\to\infty$)时，圆内接正多边形的面积 $A_n=nr^2\sin\frac{\pi}{n}\cos\frac{\pi}{n}$无限趋近于圆的面积 πr^2，很难通过观察得出 πr^2 为数列 $A_n=nr^2\sin\frac{\pi}{n}\cos\frac{\pi}{n}$的极限。因此有必要寻求用精确的数学语言来对数列的极限加以定义。那么对于“无限趋近”意味着什么，用数学语言如何刻画它，下面以数列 $x_n=\frac{n+(-1)^{n+1}}{n}$为例，来深入分析“当 $n\to\infty$时，x_n 无限接近于某个常数 a”的含义。

由于两个数 a 和 b 之间的接近程度可以用这两个数之差的绝对值$|b-a|$来度量，$|b-a|$在数轴上表示点 a 和点 b 之间的距离，$|b-a|$越小，表示在数轴上点 a 与点 b 之间的距离就越小，a 与 b 就越接近，所以当 $n\to\infty$时，$x_n=\frac{n+(-1)^{n-1}}{n}$无限接近于常数 1，就是说$|x_n-1|$无限接近于零，也即$|x_n-1|$可任意小。下面引入一个希腊字母 ε 来代表任意给定的无限小的正数，并用 ε 来刻画 x_n 与其极限 1 的接近程度，即$|x_n-1|<\varepsilon$。

当 $n\to\infty$时，点 $x_n=\frac{n+(-1)^{n-1}}{n}$与 1 的距离可以表示为

$$|x_n-1|=\left|\frac{n+(-1)^{n-1}}{n}-1\right|=\left|\frac{(-1)^{n-1}}{n}\right|=\frac{1}{n}$$

如果给定 $\varepsilon=\frac{1}{100}$，由$|x_n-1|=\frac{1}{n}<\varepsilon$ 有$\frac{1}{n}<\frac{1}{100}$，只要 $n>100$ 时，即从第 101 项起，以后所有的点 $x_n(x_{101},x_{102},x_{103},\cdots)$与 1 的距离小于$\frac{1}{100}$，即$|x_n-1|<\frac{1}{100}$；

如果给定 $\varepsilon=\frac{1}{1\,000}$，由不等式$\frac{1}{n}<\frac{1}{1\,000}$，只要 $n>1\,000$ 时，即从第 1 001 项起，以后所有的点 $x_n(x_{1\,001},x_{1\,002},x_{1\,003},\cdots)$与 1 的距离小于$\frac{1}{1\,000}$，即$|x_n-1|<\frac{1}{1\,000}$；

如果给定 $\varepsilon=\frac{1}{10\,000}$，由不等式 $\frac{1}{n}<\frac{1}{10\,000}$，只要 $n>10\,000$ 时，即从第 10 001 项起，以后所有的点 $x_n(x_{10\,001},x_{10\,002},x_{10\,003},\cdots)$ 与 1 的距离小于 $\frac{1}{10\,000}$，即 $|x_n-1|<\frac{1}{10\,000}$。

一般地，对于任意给定的正数 ε，由不等式 $\frac{1}{n}<\varepsilon$ 可解得 $n>\frac{1}{\varepsilon}$，又由于 $n\in\mathbf{N}^+$，因此只要取正整数 $N=\left[\frac{1}{\varepsilon}\right]$，当 $n>N$，就可以使 $|x_n-1|<\varepsilon$，也即从第 $N+1$ 项起以后的一切项 x_n 均满足不等式 $|x_n-1|<\varepsilon$。

由上面的讨论可推广为，若数列 $\{x_n\}$ 的极限为 a，则对于任意给定的正数 ε（无论它多么小，或要多小有多小），总能找到一个正整数 N，使得当 $n>N$ 时，点 x_n 与点 a 的距离都小于给定的 ε，即 $|x_n-1|<\varepsilon$。由此给出如下的数列极限的严格定义。

定义 2.1.4 设有数列 $\{x_n\}$，如果存在常数 a，对于任意给定的正数 ε（不论它多么小），总存在正整数 N，使得当 $n>N$ 时，不等式 $|x_n-a|<\varepsilon$ 都成立，那么就称常数 a 是数列 $\{x_n\}$ 的极限，或者称数列 $\{x_n\}$ **收敛**于 a，记为

$$\lim_{n\to\infty}x_n=a,\text{或 } x_n\to a\quad(n\to\infty)$$

如果数列没有极限，就说数列是**发散**的。

关于数列极限概念的几点说明。

(1) “对于任意给定的正数 ε”应理解为 ε 具有任意给定性，它描述点 x_n 与点 a 无限接近的程度。只有 ε 是任意的，$|x_n-a|<\varepsilon$ 才能描述随着 n 的无限增大，点 x_n 与点 a 无限接近；另外，只有 ε 给定，才能找到正整数 N，使得 $n>N$ 的所有点都满足不等式 $|x_n-a|<\varepsilon$。

(2) 定义中，给定 ε 后，数列 $\{x_n\}$ 总存在第 N 项，其后的所有项 $(n>N)$ 都有 $|x_n-a|<\varepsilon$。因此，N 与 ε 有关，即 $N=N(\varepsilon)$，且 N 并不唯一，找到一个即可，在极限的证明问题中，常取较大的正整数 N。

2. 数列极限的几何解释

由于当 $n>N$ 时，数列 $\{x_n\}$ 中从第 $N+1$ 项开始，以后所有各项 $x_{N+1},x_{N+2},x_{N+3},\cdots$，都满足不等式 $|x_n-a|<\varepsilon$，也即 $a-\varepsilon<x<a+\varepsilon$。若将常数 a 及数列 $x_1,x_2,\cdots,x_n,\cdots$ 在数轴上用它们对应的点来表示，任意给定一个正数 ε，并在数轴上作出点 a 的 ε 邻域 $U(a,\varepsilon)$，即开区间 $(a-\varepsilon,a+\varepsilon)$，那么这些下角标大于 N 的无限多个点 $x_{N+1},x_{N+2},x_{N+3},\cdots$ 将全部落在邻域 $U(a,\varepsilon)$ 中，而落在该邻域外的只有有限个点（至多只有 N 个），如图 2.4 所示。

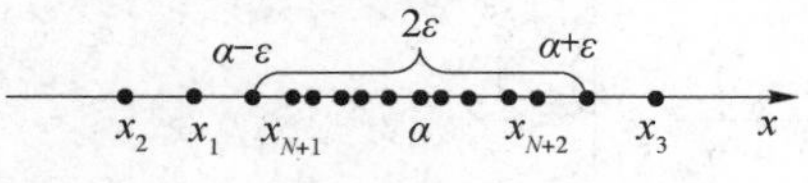

图 2.4 数列极限的几何意义

引入逻辑符号“$\forall$”和存在“$\exists$”（详见 1.1.2），极限 $\lim\limits_{n\to\infty}x_n=a$ 的定义可以用“$\varepsilon-N$”语言简洁地表示为

$\forall\varepsilon>0$，$\exists N>0$，当 $n>N$ 时，恒有 $|x_n-a|<\varepsilon$ 成立。

下面举例说明如何根据极限的严格定义去证明数列 $\{x_n\}$ 的极限是 a，需要说明的是这里是用定义证明数列 $\{x_n\}$ 的极限值是 a，而不是求出数列 $\{x_n\}$ 的极限值是 a，数列极限值的求法后面会讲到。

证明思路：用定义证明数列 $\{x_n\}$ 的极限值关键是找 N，由于 x_n 是关于 n 的函数，a 是常数，ε 是给定的常数，所以由 $|x_n-a|<\varepsilon$ 出发，通过化简也可以适当放大找到 n 大于一个关于 ε 的函数，这个函数取整即为要找的 N。

例 2.1.1　证明数列

$$2,\frac{1}{2},\frac{4}{3},\frac{3}{4},\cdots,\frac{n+(-1)^{n+1}}{n},\cdots$$

的极限是 1。

证明　因为

$$|x_n-1|=\left|\frac{n+(-1)^{n-1}}{n}-1\right|=\frac{1}{n}$$

所以，对 $\varepsilon>0$，要使 $|x_n-a|<\varepsilon$，即要使 $\frac{1}{n}<\varepsilon$，只要 $n>\frac{1}{\varepsilon}$ 即可，因此可取 $N=\left[\frac{1}{\varepsilon}\right]$，则当 $n>N$ 时，有

$$\left|\frac{n+(-1)^{n+1}}{n}-1\right|<\varepsilon$$

所以有 $\lim\limits_{n\to\infty}\frac{n+(-1)^{n+1}}{n}=1$。

例 2.1.2　已知 $x_n=\frac{(-1)^n}{(n+1)^2}$，证明 $\lim\limits_{n\to\infty}x_n=0$。

证明　因为

$$|x_n-0|=\left|\frac{(-1)^n}{(n+1)^2}-0\right|=\frac{1}{(n+1)^2}<\frac{1}{n+1}$$

所以，对 $\varepsilon>0$，要使 $|x_n-a|<\varepsilon$，即要使 $\frac{1}{n+1}<\varepsilon$，只要 $n>\frac{1}{\varepsilon}-1$ 即可，因此可取 $N=\left[\frac{1}{\varepsilon}-1\right]$，则当 $n>N$ 时，有

$$\left|\frac{(-1)^n}{(n+1)^2}-0\right|<\varepsilon$$

故 $\lim\limits_{n\to\infty}x_n=\lim\limits_{n\to\infty}\frac{(-1)^n}{(n+1)^2}=0$。

注：本题也可由 $|x_n-0|=\frac{1}{(n+1)^2}<\varepsilon$，取 $N=[\frac{1}{\sqrt{\varepsilon}}-1]$，也可由 $|x_n-0|=\frac{1}{(n+1)^2}<\frac{1}{n+1}<\frac{1}{n}<\varepsilon$，取 $N=[\frac{1}{\varepsilon}]$，所以 N 不唯一，且 $N=N(\varepsilon)$，不一定要取最小的 N，本题中最小的 N 为 $\left[\frac{1}{\sqrt{\varepsilon}}-1\right]$。

例 2.1.3　证明 $\lim\limits_{n\to\infty}q^n=0$，$|q|<1$。

证明　(1)若 $q=0$，结果显然成立；

(2) 若 $0<|q|<1$，可令 $|q|=\frac{1}{1+h}(h>0)$

由于

$$|q^n|=|q|^n=\frac{1}{(1+h)^n}\leqslant\frac{1}{1+nh}<\frac{1}{nh}$$

所以，对 $\forall\varepsilon>0$，要使 $|q^n-0|<\varepsilon$，即要使 $\frac{1}{nh}<\varepsilon$，只要 $n>\frac{1}{\varepsilon h}$ 即可，因此可取 $N=\left[\frac{1}{\varepsilon h}\right]$，当 $n>N$ 时，有 $|q^n-0|<\varepsilon$

故 $\lim\limits_{n\to\infty}q^n=0$

注：本题中用到了伯努利不等式 $(1+h)^n\geqslant 1+nh$。

2.1.3 收敛数列的性质

收敛数列具有以下性质。

定理 2.1.1(极限的唯一性) 如果数列 $\{x_n\}$ 收敛，那么它的极限唯一。

证明 用反证法。假设同时有 $\lim\limits_{n\to\infty}x_n=a$ 及 $\lim\limits_{n\to\infty}x_n=b$，且 $a<b$ 取 $\varepsilon=\frac{b-a}{2}$。因为 $\lim\limits_{n\to\infty}x_n=a$，故存在正整数 N_1，使得对于当 $n>N_1$ 的一切 x_n，不等式

$$|x_n-a|<\frac{b-a}{2} \tag{2-9}$$

都成立。因此，可解得 $x_n<\frac{a+b}{2}$。

同理，因为 $\lim\limits_{n\to\infty}x_n=b$，故存在正整数 N_2，使得对于 $n>N_2$ 的一切 x_n，不等式

$$|x_n-b|<\frac{b-a}{2} \tag{2-10}$$

都成立。因此，可解得 $x_n>\frac{a+b}{2}$

取 $N=\max\{N_1,N_2\}$，以上两式都成立，但式(2-9)要求 $x_n<\frac{a+b}{2}$，而式(2-10)要求 $x_n>\frac{a+b}{2}$，这是矛盾的，故假设不成立，因此收敛数列的极限必唯一。

例 2.1.4 证明数列 $x_n=(-1)^{n+1}(n=1,2,\cdots)$ 是发散的。

证明 如果这数列收敛，根据定理 1 它有唯一的极限，设 $\lim\limits_{n\to\infty}x_n=a$. 由数列极限的定义，对于 $\varepsilon=\frac{1}{2}$，则存在着正整数 N，当 $n>N$ 时，$|x_n-a|<\frac{1}{2}$ 成立；即当 $n>N$ 时，x_n 都在开区间 $\left(a-\frac{1}{2},a+\frac{1}{2}\right)$ 内，但这是不可能的，因为当 $n\to\infty$ 时，x_n 无休止地一再重复取得 1 和 -1 这两个数，而这两个数不可能同时属于长度为 1 的开区间 $\left(a-\frac{1}{2},a+\frac{1}{2}\right)$ 内。因此这数列是发散的。

定理 2.1.2(收敛数列的有界性) 如果数列 $\{x_n\}$ 收敛，那么数列 $\{x_n\}$ 一定有界。

证明 因为数列 x_n 收敛，则其极限存在，故可设 $\lim\limits_{n\to\infty}x_n=a$，取 $\varepsilon=1$，根据数列极限的定义，存在正整数 N，使得对于当 $n>N$ 时的一切 x_n，恒有 $|x_n-A|<\varepsilon=1$。于是当 $n>N$ 时，有

$$|x_n|=|x_n-a+a|\leqslant|x_n-a|+|a|<1+|a|$$

取 $M=\max\{|x_1|,|x_2|,|x_3|,\cdots,|x_N|,1+|a|\}$，则对一切正整数 n，都有 $|x_n|\leqslant M$ 成立，所以收敛数列 x_n 是有界的。

注：根据该定理，如果数列 x_n 无界，那么数列 x_n 一定发散，即**无界数列必发散**；但如果数列 x_n 有界，却不能断定它一定收敛，即**有界数列不一定是收敛的**。例如，摆动数列

$$-1,1,-1,\cdots,(-1)^n,\cdots$$

是有界的,但它却是发散的,所以**数列有界是数列收敛的必要非充分条件**。

定理 2.1.3(收敛数列的保号性)　如果$\lim\limits_{n\to\infty}x_n=a$,且$a>0$(或$a<0$),那么存在正整数$N$,当$n>N$时,都有$x_n>0$(或$x_n<0$)。

证明　就$a>0$的情形证明

由数列极限的定义,对$\varepsilon=\dfrac{a}{2}>0$,$\exists N>0$,当$n>N$时,有

$$|x_n-a|<\frac{a}{2}$$

从而有

$$x_n>a-\frac{a}{2}=\frac{a}{2}>0$$

同理可证$a<0$的情形。

注:收敛数列的保号性只保证$n>N$时,数列的符号与极限值的符号一致,并不保证整个数列的符号与极限值符号一致,也即数列中从第$N+1$项开始后的各项符号与极限值一致,而数列中第一项到第N各值的符号根据定理无从判断。

推论:如果数列$\{x_n\}$从某项起有$x_n\geqslant 0$(或$x_n\leqslant 0$),且$\lim\limits_{n\to\infty}x_n=a$,那么$a\geqslant 0$(或$a\leqslant 0$)。

证明　设数列$\{x_n\}$从第N_1项起,即当$n>N_1$时,有$x_n\geqslant 0$。

用反证法:　若$\lim\limits_{n\to\infty}x_n=a<0$,由定理 2.1.3 知,$\exists N_2>0$,当$n>N_2$时,有$x_n<0$,取$N=\max\{N_1,N_2\}$;当$n>N$时,按假定有$x_n\geqslant 0$,按定理 2.1.3 有$x_n<0$,从而产生矛盾,所以$a\geqslant 0$。

同理可证$x_n\leqslant 0$的情形。

最后介绍子数列的概念以及收敛数列与其子数列间关系定理。先给出子数列的概念:

定义 2.1.5　从数列$\{x_n\}$中任意抽取无限多项并保持这些项在原数列$\{x_n\}$中的先后次序,这样得到的一个数列称为原数列$\{x_n\}$的**子数列**,简称为**子列**。

设有一数列$x_1,x_2,\cdots,x_n,\cdots$,从中任意选取无穷多项且保持原数列中的先后次序,则可构成数列

$$x_{n_1},x_{n_2},\cdots,x_{n_k},\cdots$$

该数列$\{x_{n_k}\}$就是数列$\{x_n\}$的一个子列。

注:在子列$\{x_{n_k}\}$中的一般项x_{n_k}是子列中的第k项,而x_{n_k}在原数列$\{x_n\}$中却是第n_k项。显然$n_k\geqslant k$。

定理 2.1.4(收敛数列与其子数列间的关系)　如果数列$\{x_n\}$收敛于a,那么它的任一子数列也收敛,且极限也是a。

证明　设数列$\{x_{n_k}\}$是数列$\{x_n\}$的任一子数列。

由于$\lim\limits_{n\to\infty}x_n=a$,故对任意给定的正数$\varepsilon$,存在正整数$N$,当$n>N$时,$|x_n-a|<\varepsilon$成立。

现取正整数K,使$n_K\geqslant N$,则当$k>K$时,$n_k>n_K=n_N\geqslant N$,从而有$|x_{n_k}-a|<\varepsilon$,由此证明了$\lim\limits_{k\to\infty}x_{n_k}=a$。

由定理 2.1.4 可知,如果数列$\{x_n\}$有两个子数列收敛于不同的极限,那么数列$\{x_n\}$一定是发散的。例如摆动数列

$$-1,1,-1,\cdots,(-1)^n,\cdots$$

的子数列$\{x_{2k-1}\}$收敛于1,而子数列$\{x_{2k}\}$收敛于-1,因此数列$x_n=(-1)^{n+1}(n=1,2,\cdots)$是发散的。同时这个例子也说明,一个发散的数列也可能有收敛的子数列。

习题 2.1

1. 写出下列数列的通项公式,并观察其变化趋势。

(1) $0,\frac{1}{3},\frac{2}{4},\frac{3}{5},\frac{4}{6},\cdots$　　(2) $1,0,-3,0,5,0,-7,0,\cdots$

(3) $-3,\frac{5}{3},-\frac{7}{5},\frac{9}{7},\cdots$　　(4) $-1,\frac{1}{2},-\frac{1}{3},\frac{1}{4},-\frac{1}{5},\cdots$

2. 通过观察下列数列来确定极限值a,并求对给定的ε所对应的正整数$N(\varepsilon)$,使其对所有$n>N(\varepsilon)$,有$|x_n-a|<\varepsilon$。

(1) $x_n=\frac{1}{n}\sin\frac{n\pi}{2}$,　$\varepsilon=0.001$　　(2) $x_n=\sqrt{n+2}-\sqrt{n}$,　$\varepsilon=0.0001$

3. 根据数列极限的定义证明。

(1) $\lim\limits_{n\to\infty}\frac{1}{n^2}=0$　　(2) $\lim\limits_{n\to\infty}\frac{3n+1}{2n+1}=\frac{3}{2}$

(3) $\lim\limits_{n\to\infty}\frac{\sqrt{n^2+a^2}}{n}=1$　　(4) $\lim\limits_{n\to\infty}\sqrt[n]{a}=1$,其中$a>1$

4. 若$\lim\limits_{n\to\infty}x_n=a$,证明$\lim\limits_{n\to\infty}|x_n|=|a|$,并举反例说明反之不一定成立。

5. 设数列$\{x_n\}$有界,又$\lim\limits_{n\to\infty}y_n=0$。证明:$\lim\limits_{n\to\infty}x_ny_n=0$。

2.2　函数的极限

学习目标与要求

(1) 理解函数极限的概念和性质;

(2) 理解单侧极限的概念;

(3) 掌握左右极限的求法;

(4) 掌握极限存在与左右极限存在的关系;

(5) 掌握分段函数在分段点处极限存在性的讨论方法。

由第2.1节我们可知,按照函数定义,数列x_n可看作自变量为正整数n的函数,即$x_n=f(n),n\in\mathbf{Z}^+$,它有极限$a$指的是:当$n\to\infty$时,有$f(n)\to a$。这种函数的自变量$n$只有一种变化过程,所以它的极限定义只有一种形式。而对于函数$y=f(x)$,自变量x的变化方式较多,因此我们需要按照自变量x的不同变化过程去定义函数$y=f(x)$的极限,由于自变量x的变化过程可归结为两类,所以函数的极限问题分以下两种情况来讨论。

(1) 自变量x趋于有限值x_0(记作$x\to x_0$)时,函数$f(x)$的变化情况;

(2) 自变量x的绝对值$|x|$无限增大(记作$x\to\infty$)时,函数$f(x)$的变化情况。

2.2.1　自变量趋于有限值时函数的极限

1. 函数极限的概念

下面先举一个例子。

引例 2.2.1　测量正方形面积(真值:边长为 x_0;面积为 A)。

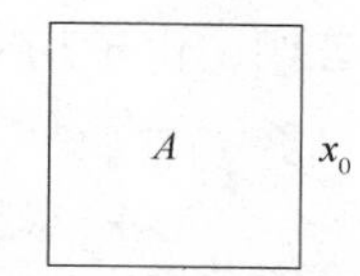

图 2.5　正方形的面积

如图 2.5 所示,要想得到正方形的面积,通常的做法是先测量正方形的边长 x,所以边长 x 是一个直接观测值。正方形面积可由边长的平方求得为 x^2,而 x^2 不是直接观测所得,所以它是一个间接观测值。现任给一间接观测值精度 ε,要求所测得正方形的面积 x^2 和正方形面积的真值 A 之间的误差小于 ε,即 $|x^2-A|<\varepsilon$,x^2 的精度不能直接控制,但 x 的精度可以直接控制,这样问题就由控制面积的精度转化为控制边长的精度,引入直接观测值精度 δ,问题可表述为要使 $|x^2-A|<\varepsilon$ 成立,需要求直接观测值 x 与正方形边长的真值 x_0 之间的误差小于 δ,也即 $|x-x_0|<\delta$,δ 的取值要受 ε 的限制,也即 $\delta=\delta(\varepsilon)$,且 δ 越小,ε 也越小。

引例 2.2.1 说明 x 任意地趋于 $x_0(x\to x_0)$,对应的函数值 $f(x)=x^2$ 就无限接近于确定的数值 A,那么就说 A 是函数 $f(x)$ 当 $x\to x_0$ 时的极限。下面给出函数极限的定义。

定义 2.2.1　设函数 $f(x)$ 在点 x_0 的某一去心邻域内有定义,如果存在常数 A,对于任意给定的正数 ε(不论它多么小),总存在正数 δ,使得当 x 满足不等式 $0<|x-x_0|<\delta$ 时,对应的函数值 $f(x)$ 都满足不等式 $|f(x)-A|<\varepsilon$,那么常数 A 就称为函数 $f(x)$ 当 $x\to x_0$ 时的极限,记作

$$\lim_{x\to x_0}f(x)=A \text{ 或 } f(x)\to A(x\to x_0)$$

关于自变量趋于有限值时函数极限概念的几点说明。

(1) ε 反映了函数 $f(x)$ 与极限值 A 间的距离,δ 反映了 x 与 x_0 的接近程度;

(2) ε 的任意给定性表示 ε 可以小到没有任何限制,对应的 $|f(x)-A|<\varepsilon$ 表示 $f(x)$ 与 A 无限接近;

(3) 定义中 $0<|x-x_0|$ 表示 $x\neq x_0$,所以 $x\to x_0$ 时函数 $f(x)$ 在点 x_0 处是否有极限与函数在该点处是否有定义无关,有定义时也与 $f(x_0)$ 为何值无关,极限是否存在关键是在 $x\to x_0$ 时,$f(x)\to A$ 是否成立;

(4) ε 任意给定后,才能找到 δ,δ 依赖于 ε,且 $\delta=\delta(\varepsilon)$,$\delta$ 越小,ε 也越小。

2. 函数极限的几何意义

如果函数 $f(x)$ 当 $x\to x_0$ 时极限为 A,以任意给定一正数 ε,作两条平行于 x 轴的直线 $y=A+\varepsilon$ 和 $y=A-\varepsilon$,存在着点 x_0 的一个去心的 δ 邻域 $\mathring{U}(x_0,\delta)((x_0-\delta,x_0+\delta))$,当 $y=f(x)$ 的图形上的点的横坐标落在开区间 $(x_0-\delta,x_0+\delta)$ 内时,这些点的纵坐标 $f(x)$ 满足不等式

$$|f(x)-A|<\varepsilon$$

即

$$A-\varepsilon<f(x)<A+\varepsilon$$

从而这些点 $(x,f(x))$ 都落在平行线构成的矩形区域内,如图 2.6所示。

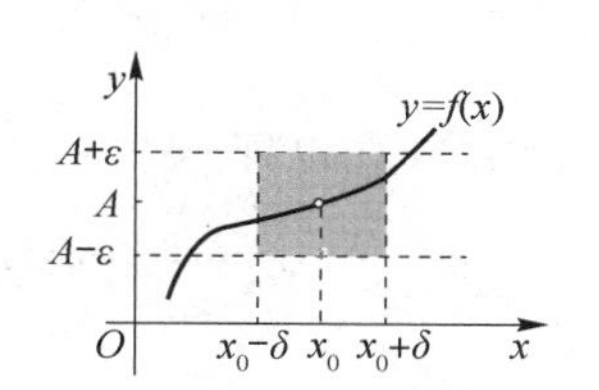

图 2.6　函数极限的几何意义($x\to x_0$)

极限 $\lim\limits_{x\to x_0}f(x)=A$ 的定义可以用"$\varepsilon-\delta$"语言简洁地表示为

$\forall\varepsilon>0,\exists\delta>0$,当 $0<|x-x_0|<\delta$ 时,恒有 $|f(x)-A|<\varepsilon$ 成立。

下面举例说明如何根据极限的定义去严格证明函数的极限。

证明思路:用定义证明函数 $f(x)$在 $x\to x_0$ 时的极限值为 A,关键是找 δ,由于 $f(x)$是关于 x 的函数,A 是常数,ε 是给定的常数,所以由$|f(x)-A|<\varepsilon$ 出发,通过化简也可以适当缩小找到$|x-x_0|$小于一个关于 ε 的函数,这个函数即为要找的 δ。

例 2.2.1 证明$\lim\limits_{x\to x_0}C=C$,($C$ 为常数)。

证明 由于$|f(x)-A|=|C-C|=0$,因此对于任意给定的正数 ε,可任取一正数作为 δ,当 $0<|x-x_0|<\delta$ 时,可使不等式

$$|f(x)-A|=0<\varepsilon$$

成立。所以$\lim\limits_{x\to x_0}C=C$。

例 2.2.2 证明$\lim\limits_{x\to x_0}x=x_0$。

证明 由于$|f(x)-A|=|x-x_0|=0$,因此对于任意给定的正数 ε,可取 $\delta=\varepsilon$,当 $0<|x-x_0|<\delta$ 时,可使不等式

$$|f(x)-A|=|x-x_0|<\varepsilon$$

成立。所以$\lim\limits_{x\to x_0}x=x_0$。

例 2.2.3 证明$\lim\limits_{x\to 1}\dfrac{x^2-1}{x-1}=2$。

证明 函数 $f(x)=\dfrac{x^2-1}{x-1}$在点 $x=1$ 处没有定义,但 $f(x)$在当 $x\to 1$ 时的极限与 $f(1)$不存在无关。因为

$$|f(x)-A|=\left|\frac{x^2-1}{x-1}-2\right|=|x-1|$$

所以,对于任意给定的正数 ε,要使$|f(x)-A|<\varepsilon$,只要取 $\delta=\varepsilon$,当 $0<|x-1|<\delta$ 时,对应的函数值 $f(x)=\dfrac{x^2-1}{x-1}$就满足不等式

$$\left|\frac{x^2-1}{x-1}-2\right|<\varepsilon$$

即 $\lim\limits_{x\to 1}\dfrac{x^2-1}{x-1}=2$。

例 2.2.4 证明:当 $x_0>0$ 时,$\lim\limits_{x\to x_0}\sqrt{x}=\sqrt{x_0}$。

证明 函数 $f(x)=\sqrt{x}$的定义域为 $x\geqslant 0$,可用$|x-x_0|\leqslant x_0$ 来保证。

因为

$$|f(x)-A|=|\sqrt{x}-\sqrt{x_0}|=\left|\frac{x-x_0}{\sqrt{x}+\sqrt{x_0}}\right|\leqslant\frac{1}{\sqrt{x_0}}|x-x_0|$$

对$\forall\varepsilon>0$,要使$|f(x)-A|<\varepsilon$,只要$|x-x_0|<\sqrt{x_0}\,\varepsilon$。既要保证函数成立也即$|x-x_0|\leqslant x_0$,又要使$|x-x_0|<\sqrt{x_0}\,\varepsilon$ 成立,故取 $\delta=\min\{\sqrt{x_0}\,\varepsilon,x_0\}$,则当 $0<|x-x_0|<\delta$ 时,必有

$$|\sqrt{x}-\sqrt{x_0}|<\varepsilon$$

因此,$\lim\limits_{x\to x_0}\sqrt{x}=\sqrt{x_0}$。

3. 单侧极限

$x \to x_0$ 是指 x 以任意方式趋于 x_0，由于研究的是一元函数，所以 x 趋于 x_0 包括 x 既从 x_0 的左侧也从 x_0 的右侧趋于 x_0。有时仅需研究函数在 x_0 某一侧的变化情况，便引入了单侧极限的概念。

x 仅从 x_0 的左侧趋于 x_0（记作 $x \to x_0^-$），x 仅从 x_0 的右侧趋于 x_0（记作 $x \to x_0^+$），下面给出单侧极限的定义。

定义 2.2.2　设函数 $f(x)$ 在点 x_0 的某个左（或右）邻域内有定义，如果存在常数 A，对于任意给定的正数 ε（不论它多么小），总存在正数 δ，使得当 x 满足不等式 $x_0-\delta<x<x_0$（或 $x_0<x<x_0+\delta$）时，对应的函数值 $f(x)$ 都满足不等式 $|f(x)-A|<\varepsilon$，那么常数 A 就称为函数 $f(x)$ 在点 x_0 处的**左（或右）极限**。

左极限记作

$$\lim_{x \to x_0^-} f(x)=A \quad \text{或}\ f(x_0^-)=A \quad \text{或}\ f(x_0-0)=A$$

右极限记作

$$\lim_{x \to x_0^+} f(x)=A \quad \text{或}\ f(x_0^+)=A \quad \text{或}\ f(x_0+0)=A$$

根据 $x \to x_0$ 时函数 $f(x)$ 的极限的定义以及左极限和右极限的定义，容易证明：**函数 $f(x)$ 在当 $x \to x_0$ 时极限存在的充分必要条件是左极限及右极限均存在且相等**，即

$$\lim_{x \to x_0} f(x)=A \Leftrightarrow f(x_0-0)=f(x_0+0)=A$$

因此，当 $f(x_0^-)$ 和 $f(x_0^+)$ 中至少有一个不存在，或者两个都存在但不相等时，就可认定 $\lim\limits_{x \to x_0} f(x)$ 不存在。下面举例说明。

例 2.2.5　设函数。

$$f(x)=\begin{cases} x-1, & x<0 \\ 0, & x=0 \\ x+1, & x>0 \end{cases}$$

求 $\lim\limits_{x \to 0^-} f(x)$ 与 $\lim\limits_{x \to 0^+} f(x)$，并由此判断 $\lim\limits_{x \to 0} f(x)$ 是否存在。

解　左极限

$$\lim_{x \to 0^-} f(x)=\lim_{x \to 0^-}(x-1)=-1$$

右极限

$$\lim_{x \to 0^+} f(x)=\lim_{x \to 0^+}(x+1)=1$$

因为左极限和右极限不相等，所以 $\lim\limits_{x \to 0} f(x)$ 不存在，如图 2.7 所示。

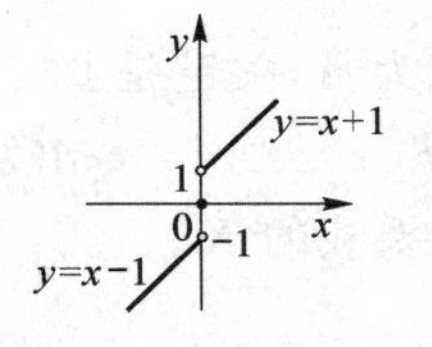

图 2.7　$f(x)$ 在 $x=0$ 处的极限

注：求分段函数在分点处的极限，需要分别求左极限和右极限来判断函数在该点是否存在极限。

2.2.2　自变量趋于无穷大时函数的极限

1. 自变量趋于无穷大时函数的极限的定义

设函数 $f(x)$ 在 $|x|>M$（M 为某一正数）时有定义，如果当 x 的绝对值无限增大（$x \to \infty$）时，函数 $f(x)$ 的值无限接近于一个确定的常数 A，那么 A 称为函数 $f(x)$ 当 $x \to \infty$ 时的极限。

参照自变量趋于有限值时函数的极限定义，可以得出如下的自变量趋于无穷大时函数极限的精确定义。

定义 2.2.3 设函数 $f(x)$ 当 $|x|>M$（M 为某一正数）时有定义，如果存在常数 A，对于任意给定的正数 ε（不论它多么小），总存在正数 X，使得当 x 满足不等式 $|x|>X$，对应的函数值 $f(x)$ 就都满足不等式

$$|f(x)-A|<\varepsilon$$

那么常数 A 就称为函数 $f(x)$ 当 $x\to\infty$ 时的极限，记作

$$\lim_{x\to\infty}f(x)=A \quad 或 \quad f(x)\to A(x\to\infty)$$

如果这样的常数 A 不存在，那么就称 $x\to\infty$ 时 $f(x)$ 没有极限。

关于自变量趋于无穷大时函数极限概念的几点说明。

（1）$x\to\infty$ 的方式有两种：如果 $x>0$ 且无限增大，也即 x 沿 x 轴的正方向无限增大，记作 $x\to+\infty$，只要把上述定义中的 $|x|>X$ 改为 $x>X$，就可得 $\lim\limits_{x\to+\infty}f(x)=A$ 的定义。$x<0$ 而 $|x|$ 无限增大，也即 x 沿 x 轴的负方向无限减小，记作 $x\to-\infty$，只要把 $|x|>X$ 改为 $x<-X$，便得 $\lim\limits_{x\to-\infty}f(x)=A$ 的定义。

（2）函数 $f(x)$ 当 $x\to\infty$ 时的极限存在的充分必要条件是 $f(x)$ 当 $x\to+\infty$ 和 $x\to-\infty$ 时的极限都存在且相等，即 $\lim\limits_{x\to\infty}f(x)=A \Leftrightarrow \lim\limits_{x\to+\infty}f(x)=A$ 且 $\lim\limits_{x\to-\infty}f(x)=A$。若 $\lim\limits_{x\to+\infty}f(x)$ 或 $\lim\limits_{x\to-\infty}f(x)$ 不存在，则 $\lim\limits_{x\to\infty}f(x)$ 不存在；若 $\lim\limits_{x\to+\infty}f(x)\neq\lim\limits_{x\to-\infty}f(x)$，则 $\lim\limits_{x\to\infty}f(x)$ 也不存在。

2. 自变量趋于无穷大时函数极限的几何意义

如果函数 $f(x)$ 当 $x\to\infty$ 时极限为 A，以任意给定一正数 ε，作两条平行于 x 轴的直线 $y=A+\varepsilon$ 和 $y=A-\varepsilon$，则总存在一个正数 X，使得当 $x<-X$ 或 $x>X$ 时，函数 $y=f(x)$ 的图形位于这两条直线之间，如图 2.8所示。

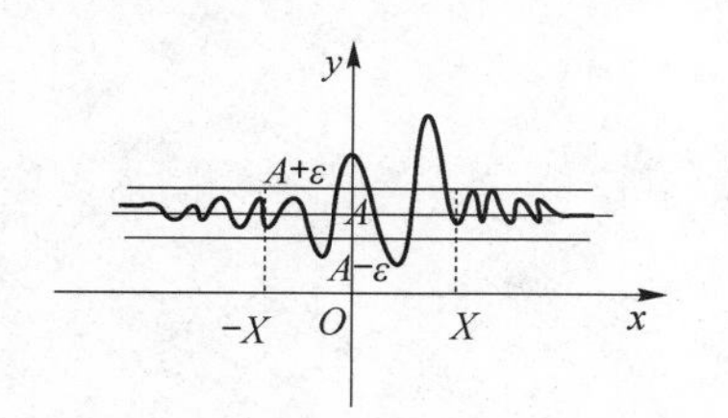

图 2.8 函数极限的几何意义（$x\to\infty$）

极限 $\lim\limits_{x\to\infty}f(x)=A$ 的定义也可以用"$\varepsilon-X$"语言简洁地表示为

$\forall\varepsilon>0$，$\exists X>0$，当 $|x|>X$ 时，恒有 $|f(x)-A|<\varepsilon$ 成立。

下面举例说明如何根据自变量趋于无穷大时函数极限的定义去严格证明函数的极限。

证明思路：用定义证明函数 $f(x)$ 在 $x\to\infty$ 时的极限值为 A，关键是找 X，由于 $f(x)$ 是关于 x 的函数，A 是常数，ε 是给定的常数，所以由 $|f(x)-A|<\varepsilon$ 出发，通过化简也可以适当放大找到 $|x|$ 大于一个关于 ε 的函数，这个函数即为要找的 X。

例 2.2.6 证明 $\lim\limits_{x\to\infty}\dfrac{1}{x}=0$

证明 对任意给定的 $\varepsilon>0$，要使

$$\left|\frac{1}{x}-0\right|=\frac{1}{|x|}<\varepsilon$$

只要 $|x|>\dfrac{1}{\varepsilon}$，故可取 $X=\dfrac{1}{\varepsilon}$，当 $|x|>X$ 时，恒有

$$\left|\frac{1}{x}-0\right|<\varepsilon$$

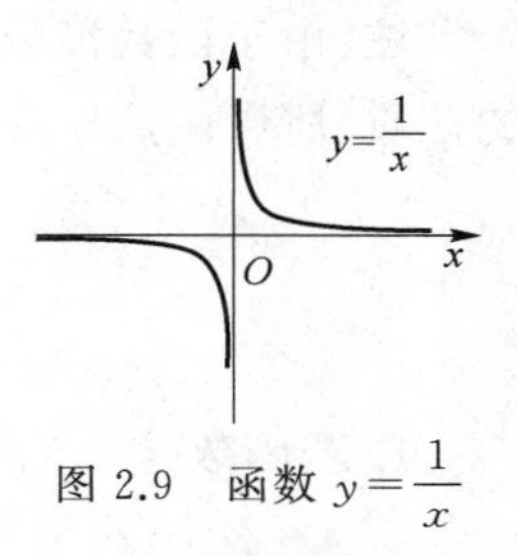

图 2.9　函数 $y=\frac{1}{x}$ 的渐近线

故 $\lim\limits_{x\to\infty}\frac{1}{x}=0$。

当 $x\to\infty$ 时，曲线 $y=\frac{1}{x}$ 与水平直线 $y=0$ 无限接近，称直线 $y=0$ 为函数 $y=\frac{1}{x}$ 的图形的水平渐近线，如图 2.9 所示。一般地，如果 $\lim\limits_{x\to\infty}f(x)=C$，那么直线 $y=C$ 就是函数 $y=f(x)$ 的图形的**水平渐近线**(详见本书第 4 章第 4.5 节)。

2.2.3　函数极限的性质

函数极限与数列极限有相类似的一些性质，其证明方法也与数列极限相应性质的证明方法类似。下面所有性质中的极限都为 $x\to x_0$ 时函数的极限，对于 $x\to\infty$ 时函数的类似极限性质只需稍作修改即可，读者可自行完成。

定理 2.2.1(函数极限的唯一性)　如果 $\lim\limits_{x\to x_0}f(x)$ 存在，则极限必唯一。

定理 2.2.2(函数极限的局部有界性)　如果 $\lim\limits_{x\to x_0}f(x)=A$，则存在常数 $M>0$ 和 $\delta>0$，使得当 $0<|x-x_0|<\delta$ 时，有 $|f(x)|\leqslant M$。

证明　因为 $\lim\limits_{x\to x_0}f(x)=A$，所以对于 $\varepsilon=1$，则存在 $\delta>0$，当 $0<|x-x_0|<\delta$ 时，有

$$|f(x)-A|<1$$

所以

$$|f(x)-A+A|\leqslant|f(x)-A|+|A|<1+|A|$$

取 $M=1+|A|$，则有 $|f(x)|\leqslant M$。

定理 2.2.3(函数极限的局部保号性)　如果 $\lim\limits_{x\to x_0}f(x)=A$，且 $A>0$(或 $A<0$)，那么存在常数 $\delta>0$，使得当 $0<|x-x_0|<\delta$ 时，有 $f(x)>0$(或 $f(x)<0$)。

证明　就 $A>0$ 的情形证明。因为 $\lim\limits_{x\to x_0}f(x)=A>0$，取 $\varepsilon=\frac{A}{2}>0$，则存在 $\delta>0$，当 $0<|x-x_0|<\delta$ 时，有

$$|f(x)-A|<\frac{A}{2}$$

即

$$f(x)>A-\frac{A}{2}=\frac{A}{2}>0$$

类似地可证明 $A<0$ 的情形。

推论 2.2.1　如果在 x_0 的某一去心邻域内 $f(x)\geqslant 0$(或 $f(x)\leqslant 0$)，而且 $\lim\limits_{x\to x_0}f(x)=A$，则 $A\geqslant 0$(或 $A\leqslant 0$)。

注:若定理 2 中的条件改为 $f(x)>0$，未必有 $A>0$，如 $\lim\limits_{x\to 0}x^2=0$。

推论 2.2.2(函数极限的局部保序性)　如果 $\lim\limits_{x\to x_0}f(x)=A$，$\lim\limits_{x\to x_0}g(x)=B$ 且 $A>B$(或 $A<B$)，那么存在常数 $\delta>0$，当 $0<|x-x_0|<\delta$ 时，都有 $f(x)>g(x)$(或 $f(x)<g(x)$)。

注:由于函数极限的概念本来就具有局部性质,函数在一点处的极限只能表示在该点附近的性质,所以函数极限的性质也只能是“局部性质”。

习题 2.2

1. 若函数 $f(x)$在某点 x_0 极限存在,则(　　)。

A. $f(x)$在 x_0 的函数值必存在且等于极限值

B. $f(x)$在 x_0 函数值必存在,但不一定等于极限值

C. $f(x)$在 x_0 的函数值可以不存在

D. 如果 $f(x_0)$存在的话,必等于极限值

2. 当 $x\to1$ 时,$y=x^2+3\to4$。问 δ 等于多少,使当 $|x-1|<\delta$ 时,$|y-4|<0.01$?

3. 当 $x\to\infty$时,$y=\dfrac{2x^2+1}{x^2-3}\to2$。问 X 等于多少,使当 $|x|>X$ 时,$|y-2|<0.001$?

4. 利用函数极限定义证明。

(1) $\lim\limits_{x\to3}(2x-1)=5$　　(2) $\lim\limits_{x\to-2}\dfrac{x^2-4}{x+2}=-4$

(3) $\lim\limits_{x\to0^+}\sqrt{x}\sin\dfrac{1}{x}=0$　　(4) $\lim\limits_{x\to-\frac{1}{2}}\dfrac{1-4x^2}{2x+1}=2$

(5) $\lim\limits_{x\to\infty}\dfrac{3x+5}{x-1}=3$　　(6) $\lim\limits_{x\to+\infty}\dfrac{\sin x}{\sqrt{x}}=0$

(7) $\lim\limits_{x\to\infty}\dfrac{3x^2-1}{x^2+4}=3$　　(8) $\lim\limits_{x\to\infty}\dfrac{1+2x^2}{3x^2}=\dfrac{2}{3}$

5. 用 $\varepsilon-X$ 或 $\varepsilon-\delta$ 语言,写出下列各函数极限的定义。

(1) $\lim\limits_{x\to-\infty}f(x)=1$　　(2) $\lim\limits_{x\to\infty}f(x)=a$

(3) $\lim\limits_{x\to a^+}f(x)=b$　　(4) $\lim\limits_{x\to3^-}f(x)=-8$

2.3　无穷小与无穷大

学习目标与要求

(1) 理解无穷小量和无穷大量的概念和性质;

(2) 了解无穷小与函数极限的关系;

(3) 掌握无穷小和无穷大的运算性质;

(4) 掌握利用“有界函数和无穷小的积仍是无穷小”求极限的方法;

(5) 了解无穷小和无穷大的关系。

函数极限有两种特殊情况:一种是在自变量的变化过程中,函数 $f(x)$的极限值为零;另一种是在自变量的变化过程中,$|f(x)|$无限增大,对应的我们将这两种情况分别称为函数 $f(x)$在自变量的变化过程中为无穷小和无穷大。下面分别讨论这两种情况。

2.3.1　无穷小

1. 无穷小的概念

如果函数 $f(x)$ 当 $x\to x_0$(或 $x\to\infty$)时的极限为零,那么称函数 $f(x)$ 为当 $x\to x_0$(或 $x\to\infty$)时的无穷小。

例如,$\lim\limits_{x\to 2}(x-2)=0$,所以函数 $(x-2)$ 是当 $x\to 2$ 时的无穷小。

$\lim\limits_{x\to\infty}\frac{1}{x}=0$,所以函数 $\frac{1}{x}$ 是当 $x\to\infty$ 时的无穷小。

由于无穷小是指函数 $f(x)$ 在自变量的变化过程中极限值为零,所以无穷小也可以用极限的形式来定义,下面给出无穷小更精确的定义。

定义 2.3.1　如果对于任意给定的正数 ε(不论它多么小),总存在正数 δ(或正数 X),使得当 x 满足不等式 $0<|x-x_0|<\delta$(或 $|x|>X$),对应的函数值 $f(x)$ 都满足不等式 $|f(x)|<\varepsilon$,则称函数 $f(x)$ 为当 $x\to x_0$(或 $x\to\infty$)时的**无穷小**,记作 $\lim\limits_{x\to x_0}f(x)=0$(或 $\lim\limits_{x\to\infty}f(x)=0$)。

关于无穷小定义的几点说明。

(1) 无穷小的 $\varepsilon-\delta$(或 $\varepsilon-X$)语言描述:$\forall\varepsilon>0$,$\exists\delta>0$(或 $X>0$),当 $0<|x-x_0|<\delta$(或 $|x|>X$)时,有 $|f(x)|<\varepsilon$,则 $\lim\limits_{\substack{x\to x_0\\(x\to\infty)}}f(x)=0$;

(2) 此概念对函数的单侧极限和数列极限都适用,例如若 $\lim\limits_{n\to\infty}x_n=0$,称数列 x_n 为 $n\to\infty$ 时的无穷小;

(3) 无穷小是一个变量,而不是一个数。不要和很小的数(例如百万分之一)混淆,但 0 可以作为无穷小的唯一一个常数,因为如果 $f(x)\equiv 0$,那么对任意给定的 $\varepsilon>0$,总有 $|f(x)|<\varepsilon$;

(4) 不能说函数 $f(x)$ 为无穷小,应该说函数 $f(x)$ 是在什么情况下的无穷小,即指出自变量的变化过程。

定理 2.3.1(无穷小与函数极限的关系)　在自变量的同一个变化过程 $x\to x_0$(或 $x\to\infty$)中,函数 $f(x)$ 有极限 A 的充分必要条件是 $f(x)=A+\alpha$,其中 α 是同一变化过程中的无穷小。

证明　就 $x\to x_0$ 时的情形证明。

先证必要性。设 $\lim\limits_{x\to x_0}f(x)=A$,则对于任意给定的正数 ε,存在着正数 δ,使得当 x 满足不等式 $0<|x-x_0|<\delta$ 时,有

$$|f(x)-A|<\varepsilon$$

由极限的定义有 $\lim\limits_{x\to x_0}[f(x)-A]=0$,所以令 $\alpha=f(x)-A$,则有 $\lim\limits_{x\to x_0}\alpha=0$,即 α 是 $x\to x_0$ 时的无穷小,且

$$f(x)=A+\alpha$$

再证充分性。设 $f(x)=A+\alpha$,其中 A 是常数,α 是 $x\to x_0$ 时的无穷小,于是

$$|f(x)-A|=|\alpha|$$

因 α 是 $x\to x_0$ 时的无穷小,即有 $\lim\limits_{x\to x_0}\alpha=0$,于是对任意给定的正数 ε,存在正数 δ,使得当 x 满足不等式 $0<|x-x_0|<\delta$ 时,有

$$|\alpha|<\varepsilon$$

即$|f(x)-A|<\varepsilon$,由极限的定义有

$$\lim_{x \to x_0} f(x)=A$$

类似地可证明$x \to \infty$时的情形。

2. 无穷小的运算性质

定理 2.3.2 有限个无穷小的和也是无穷小。

证明 考虑两个无穷小之和。

设α,β是$x \to x_0$时的两个无穷小,而

$$\gamma=\alpha+\beta$$

任意给定$\varepsilon>0$,因为α是$x \to x_0$时的无穷小,即$\lim\limits_{x \to x_0}\alpha=0$,故对$\dfrac{\varepsilon}{2}>0$,存在$\delta_1>0$,当$0<|x-x_0|<\delta_1$时,有

$$|\alpha|<\frac{\varepsilon}{2}$$

又因β是$x \to x_0$时的无穷小,即$\lim\limits_{x \to x_0}\beta=0$,故对$\dfrac{\varepsilon}{2}>0$,存在$\delta_2>0$,当$0<|x-x_0|<\delta_2$时,有

$$|\beta|<\frac{\varepsilon}{2}$$

取$\delta=\min\{\delta_1,\delta_2\}$(表示$\delta$是$\delta_1$和$\delta_2$这两个数中较小的那个数),则当$0<|x-x_0|<\delta$时,

$$|\alpha|<\frac{\varepsilon}{2} \text{ 和 } |\beta|<\frac{\varepsilon}{2}$$

同时成立,从而有

$$|\gamma|=|\alpha+\beta|\leqslant|\alpha|+|\beta|<\frac{\varepsilon}{2}+\frac{\varepsilon}{2}=\varepsilon$$

故$\lim\limits_{x \to x_0}\gamma=0$,即$\gamma=\alpha+\beta$也是$x \to x_0$时的无穷小。

注:$x \to \infty$时的无穷小的情形可类似证明,上述证明可推广到有限个无穷小。但需要注意**无限个无穷小之和不一定是无穷小!** 比如,$\lim\limits_{n \to \infty}\left(\dfrac{n}{n^2+\pi}+\dfrac{n}{n^2+2\pi}+\cdots+\dfrac{n}{n^2+n\pi}\right)=1$。

定理 2.3.3 有界函数与无穷小的乘积仍是无穷小。

证明 设函数u在x_0的某一去心邻域$\mathring{U}(x_0,\delta_1)$内有界,则存在$M>0,\delta_1>0$,使得当$x$满足不等式$0<|x-x_0|<\delta_1$时,恒有$|u|\leqslant M$。

又设α是$x \to x_0$时的无穷小,则对于任意给定的正数ε,存在$\delta_2>0$,使得当x满足不等式$0<|x-x_0|<\delta_2$时,恒有

$$|\alpha|<\frac{\varepsilon}{M}$$

取$\delta=\min\{\delta_1,\delta_2\}$,则当$0<|x-x_0|<\delta$时,$|u|\leqslant M$和$|\alpha|<\dfrac{\varepsilon}{M}$同时成立,从而有

$$|u\alpha|=|u|\cdot|\alpha|<M\cdot\frac{\varepsilon}{M}=\varepsilon$$

这就证明了$u\alpha$是$x \to x_0$时的无穷小,即$\lim\limits_{x \to x_0}u\alpha=0$。

如果函数u在数集$(-\infty,-K)\cup(K,+\infty)$内是有界的($K$为某一正数),而$\alpha$是$x \to \infty$时的无穷小,则用类似的方法可以证明,函数$u\alpha$是$x \to \infty$时的无穷小。

由定理 2.3.3，可以得出如下的推论。

推论 2.3.1 常数与无穷小的乘积仍是无穷小。

推论 2.3.2 有限个无穷小的乘积也是无穷小。

例 2.3.1 求极限$\lim\limits_{x\to\infty}\frac{\sin x}{x}$。

解 由于$|\sin x|\leqslant 1$，故函数$\sin x$在$x\to\infty$时是有界的。而函数$\frac{1}{x}$是$x\to\infty$时的无穷小，由定理2.3.3可知函数$\frac{1}{x}\sin x$是$x\to\infty$时的无穷小，即

$$\lim_{x\to\infty}\frac{\sin x}{x}=0$$

$y=\frac{\sin x}{x}$也称为$\sin c$函数，即$\sin cx=\frac{\sin x}{x}$。如图 2.10 所示为函数$y=\frac{\sin x}{x}$的图形，由图中可见，当$x\to\infty$时，相应的函数值交替地取正负值，但“振幅”越来越小，并无限地接近于 0。$y=0$是函数$y=\frac{\sin x}{x}$的水平渐近线。

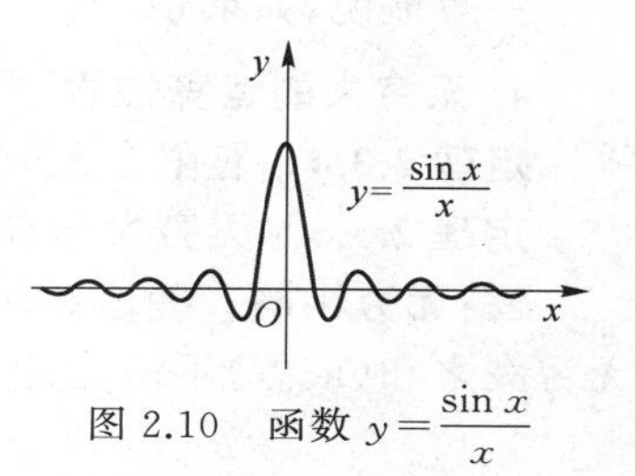

图 2.10 函数 $y=\frac{\sin x}{x}$

3. 无穷大的概念

如果函数$f(x)$当$x\to x_0$（或$x\to\infty$）时，对应的函数值的绝对值$|f(x)|$无限增大，则称函数$f(x)$当$x\to x_0$（或$x\to\infty$）时为无穷大量，简称无穷大。下面给出无穷大更精确的定义。

定义 2.3.2 如果对于任意给定的正数M（不论它多么大），总存在正数δ（或正数X），使得当x满足不等式$0<|x-x_0|<\delta$（或$|x|>X$）时，所对应的函数值$f(x)$总满足不等式$|f(x)|>M$，则称函数$f(x)$当$x\to x_0$（或$x\to\infty$）时为**无穷大**，记作$\lim\limits_{x\to x_0}f(x)=\infty$（或$\lim\limits_{x\to\infty}f(x)=\infty$）。

关于无穷大定义的几点说明。

(1) 无穷大（∞）是变量，不可把它与很大的数（如 10 亿等）混淆；

(2) 由于无穷大是变量，而不是一个确定的数，所以按照函数极限的定义，当$x\to x_0$（或$x\to\infty$）时为**无穷大的函数 $f(x)$ 的极限是不存在的**，但为了描述函数的这一性态，我们也可说“函数$f(x)$的极限是无穷大”；

(3) 无穷大是一种特殊的无界变量，但是**无界变量未必是无穷大**，比如函数$f(x)=x\cos x, x\in(-\infty,+\infty)$，当$n\to\infty$时，$2n\pi\to\infty\left(n\pi+\frac{\pi}{2}\right)\to\infty$，$f(2n\pi)=2n\pi\to\infty$，但$f\left(n\pi+\frac{\pi}{2}\right)=0$，所以$x\to\infty$时，$f(x)$不是无穷大；

(4) 如果在无穷大的定义中，把$|f(x)|>M$换成$f(x)>M$（或$f(x)<-M$），就记作$\lim\limits_{\substack{x\to x_0\\(x\to\infty)}}f(x)=+\infty$（或$\lim\limits_{\substack{x\to x_0\\(x\to\infty)}}f(x)=-\infty$）。

例 2.3.2 证明 $\lim\limits_{x\to 1}\frac{1}{x-1}=\infty$。

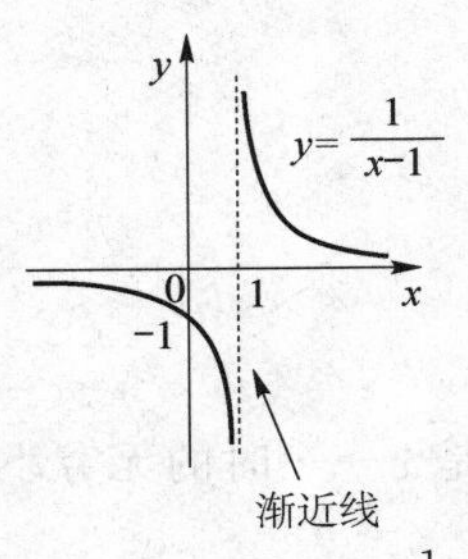

图 2.11　函数 $y=\frac{1}{x-1}$ 的铅直渐近线

证明　设任意给定 $M>0$,要使 $\left|\frac{1}{x-1}\right|>M$,只要 $|x-1|<\frac{1}{M}$,所以,取 $\delta=\frac{1}{M}$,则只要 x 满足不等式 $0<|x-1|<\delta=\frac{1}{M}$,就有

$$\left|\frac{1}{x-1}\right|>M$$

即 $\lim\limits_{x\to1}\frac{1}{x-1}=\infty$。

直线 $x=1$ 就是函数 $y=\frac{1}{x-1}$ 的图形的铅直渐近线,如图 2.11 所示。

一般地说,如果 $\lim\limits_{x\to x_0}f(x)=\infty$,则直线 $x=x_0$ 是函数 $y=f(x)$ 的图形的**铅直渐近线**。

4. 无穷大的运算性质

定理 2.3.4　有限个无穷大的乘积是无穷大。

定理 2.3.5　无穷大与有界量的和仍为无穷大。

注:无穷小的一些运算性质对无穷大不一定成立,如在自变量的同一个变化过程中,两个无穷大之和(或差)不一定是无穷大,但两个正(或负)无穷大之和仍是无穷大。

2.3.2　无穷小和无穷大的关系

定理 2.3.6　在自变量的同一变化过程中,如果 $f(x)$ 为无穷大,则 $\frac{1}{f(x)}$ 为无穷小;反之,如果 $f(x)$ 为无穷小,且 $f(x)\neq0$,则 $\frac{1}{f(x)}$ 为无穷大。

下面就 $x\to x_0$ 时的情况给予证明。

证明　设 $\lim\limits_{x\to x_0}f(x)=\infty$,对于任意给定的 $\varepsilon>0$,根据无穷大的定义,对于 $M=\frac{1}{\varepsilon}$,总存在 $\delta>0$,当 $0<|x-x_0|<\delta$ 时,有

$$|f(x)|>M=\frac{1}{\varepsilon}$$

即 $\left|\frac{1}{f(x)}\right|<\varepsilon$,所以 $\frac{1}{f(x)}$ 为当 $x\to x_0$ 时的无穷小。

反之,设 $\lim\limits_{x\to x_0}f(x)=0$,且 $f(x)\neq0$,任意给定 $M>0$,根据无穷小的定义,对于正数 $\varepsilon=\frac{1}{M}$,存在 $\delta>0$,当 $0<|x-x_0|<\delta$ 时,有

$$|f(x)|<\varepsilon=\frac{1}{M}$$

由于当 $0<|x-x_0|<\delta$ 时,$f(x)\neq0$,从而有

$$\left|\frac{1}{f(x)}\right|>M$$

所以 $\frac{1}{f(x)}$ 当 $x\to x_0$ 时为无穷大。

类似的可证 $x\to\infty$ 的情况。

习题 2.3

1. 下列说法是否正确，为什么？

(1) 两个无穷小的商为无穷小；

(2) 两个无穷大的和为无穷大；

(3) 两个无穷大的差为无穷大；

(4) 无穷小的倒数为无穷大。

2. 自变量 x 在怎样的变化过程中，下列函数为无穷小。

(1) $y=3x+1$　　(2) $y=\frac{1}{x^2+1}$

(3) $y=e^x$　　(4) $y=e^{-x}$

(5) $y=2^{\frac{1}{x}}$　　(6) $y=\ln x$

3. 自变量 x 在怎样的变化过程中，下列函数为无穷大。

(1) $y=3x+1$　　(2) $y=\frac{1}{x^2-1}$

(3) $y=e^x$　　(4) $y=e^{-x}$

(5) $y=2^{\frac{1}{x}}$　　(6) $y=\ln x$

4. 根据无穷大和无穷小的定义证明。

(1) 当 $x\to1$ 时，$y=\frac{x^2-1}{x+1}$ 为无穷小；

(2) 当 $x\to0$ 时，$y=\frac{1+3x}{x}$ 为无穷大。

5. 利用无穷小运算求下列极限。

(1) $\lim\limits_{x\to0}(x+\sqrt[3]{x})$　　(2) $\lim\limits_{x\to0}x^2\sin\frac{1}{x}$　　(3) $\lim\limits_{x\to\infty}\frac{\arctan x}{x}$

2.4　极限的运算法则

学习目标与要求

(1) 掌握极限的四则运算法则；

(2) 理解复合函数的极限运算。

前面讲的是极限的定义，而对于极限如何求并没给出，本节讨论极限的求法，主要讲述极限的四则运算法则，后续还会讲述其他一些求极限的方法。

2.4.1　极限的四则运算法则

先给出函数极限的四则运算法则，为了书写简便，引入“lim”，若其符号下面没有标明自变量的变化过程，则表示下面的结果对 $x\to x_0$ 及 $x\to\infty$ 时都是成立的。

定理 2.4.1(函数极限的四则运算法则) 如果 $\lim f(x)=A$，$\lim g(x)=B$，那么

(1) $\lim[f(x)\pm g(x)]=A\pm B=\lim f(x)\pm\lim g(x)$；

(2) $\lim[f(x)g(x)]=AB=\lim f(x)\lim g(x)$；

(3) 若 $B\neq 0$，则有

$$\lim\frac{f(x)}{g(x)}=\frac{\lim f(x)}{\lim g(x)}=\frac{A}{B}$$

证明 因 $\lim f(x)=A$，$\lim g(x)=B$，由第 2.3 节的定理 2.3.1(无穷小与函数极限的关系)有

$$f(x)=A+\alpha,g(x)=B+\beta$$

式中，α，β 都是自变量在同一变化过程中的无穷小，于是有

(1) $f(x)\pm g(x)=(A+\alpha)\pm(B+\beta)=(A\pm B)+(\alpha\pm\beta)$。

又由第 2.3 节的定理 2.3.2 可知，$\alpha\pm\beta$ 是无穷小，并可得

$$\lim[f(x)\pm g(x)]=A\pm B=\lim f(x)\pm\lim g(x)$$

(2) $f(x)g(x)=(A+\alpha)(B+\beta)=AB+\alpha B+\beta A+\alpha\beta$。

又由第 2.3 节的定理 2.3.3 的推论 2.3.1 和推论 2.3.2 可知，$\alpha\beta$ 和 $\alpha B+\beta A$ 都是无穷小并由定理 2.3.1 可得

$$\lim[f(x)g(x)]=AB=\lim f(x)\lim g(x)$$

结论(3)的证明略。

定理 2.4.1 中的结论(1)和结论(2)可推广到有限个函数的情形，例如，如果 $\lim f(x)$，$\lim g(x)$，$\lim h(x)$都存在，则由结论(1)有

$$\begin{aligned}&\lim[f(x)+g(x)-h(x)]\\=&\lim\{f(x)+[g(x)-h(x)]\}\\=&\lim f(x)+\lim[g(x)-h(x)]\\=&\lim f(x)+\lim g(x)-\lim h(x)\end{aligned}$$

由结论(2)，有

$$\begin{aligned}&\lim[f(x)g(x)h(x)]\\=&\lim\{[f(x)g(x)]h(x)\}\\=&\lim[f(x)g(x)]\lim h(x)\\=&\lim f(x)\lim g(x)\lim h(x)\end{aligned}$$

关于定理 2.4.1 中的结论(2)，有如下推论。

推论 2.4.1 如果 $\lim f(x)$存在，而 C 为常数，则

$$\lim[Cf(x)]=C\lim f(x)$$

推论 2.4.2 如果 $\lim f(x)$存在，而 n 为正整数，则

$$\lim[f(x)]^n=[\lim f(x)]^n$$

推论 2.4.1 表明，在求极限时，常数因子可以提到极限号外来，这是因为常数的极限是它自己，即 $\lim C=C$。

由于数列是以正整数 n 为自变量的函数，所以数列也具有上述的四则运算法则。下面给出具体的形式，证明从略。

定理 2.4.1′(数列极限的四则运算法则) 设有数列$\{x_n\}$和$\{y_n\}$，如果 $\lim\limits_{n\to\infty}x_n=a$，$\lim\limits_{n\to\infty}y_n=b$，那么

(1) $\lim\limits_{n\to\infty}(x_n \pm y_n) = a \pm b = \lim\limits_{n\to\infty} x_n \pm \lim\limits_{n\to\infty} y_n$;

(2) $\lim\limits_{n\to\infty}(x_n y_n) = ab = \lim\limits_{n\to\infty} x_n \lim\limits_{n\to\infty} y_n$;

(3) 若 $y_n \neq 0$,且 $b \neq 0$,则有

$$\lim_{n\to\infty} \frac{x_n}{y_n} = \frac{\lim\limits_{n\to\infty} x_n}{\lim\limits_{n\to\infty} x_n} = \frac{a}{b}$$

注:极限四则运算法则成立的前提条件是:所求极限表达式分开以后每项的极限都存在,若分开项中有极限不存在的项(如下面的例 2.4.7),则极限四则运算法则失效,需变换后再求解。

例 2.4.1　求 $\lim\limits_{x\to1}(2x-1)$。

解　$\lim\limits_{x\to1}(2x-1) = \lim\limits_{x\to1}2x - 1 = 2\lim\limits_{x\to1}x - 1 = 2 - 1 = 1$

注:本题除运用了极限的运算法则外,还运用了极限 $\lim\limits_{x\to x_0} x = x_0$ 和 $\lim\limits_{x\to x_0} C = C$。

例 2.4.2　求 $\lim\limits_{x\to2}\dfrac{3x^2-2}{x^3-x+4}$。

解　$\lim\limits_{x\to2}\dfrac{3x^2-2}{x^3-x+4} = \dfrac{\lim\limits_{x\to2}(3x^2-2)}{\lim\limits_{x\to2}(x^3-x+4)} = \dfrac{3\,(\lim\limits_{x\to2}x)^2 - \lim\limits_{x\to2}2}{(\lim\limits_{x\to2}x)^3 - \lim\limits_{x\to2}x + \lim\limits_{x\to2}4)} = \dfrac{3\times2^2-2}{2^3-2+4} = 1$

上式的运算要求分母的极限不为零,否则极限商的法则不能应用,我们也可得更一般的结论:

$$\lim_{x\to x_0}\frac{a_n x^n + a_{n-1}x^{n-1} + \cdots + a_1 x + a_0}{b_m x^m + a_{m-1}x^{m-1} + \cdots + a_1 x + a_0} = \frac{a_n x_0^n + a_{n-1}x_0^{n-1} + \cdots + a_1 x_0 + a_0}{b_m x_0^m + a_{m-1}x_0^{m-1} + \cdots + a_1 x_0 + a_0}(n, m \in \mathbf{Z}^+)$$

仅要求等式右边分母不等于零,这样极限运算就变成了函数的求值运算了。下面举例说明分母为零时极限如何运算。

例 2.4.3　求 $\lim\limits_{x\to3}\dfrac{x-3}{x^2-9}$。

解　由于 $x\to3$ 时,分母极限是零,所以不能直接把 $x=3$ 代入函数求值,但可在 $x\to3$,$x\neq3$,也即 $x-3\neq0$ 时对函数进行化简,从而有

$$\lim_{x\to3}\frac{x-3}{x^2-9} = \lim_{x\to3}\frac{1}{x+3} = \frac{1}{6}$$

注:在不能直接用极限的四则运算法则时,可先考虑将函数适当变形,再考虑能否用极限的四则运算法则。常用的变形方法有:通分,约去非零因子(本题采用的方法),用非零因子同乘或同除分子、分母,分子或分母有理化,等等。

例 2.4.4　求 $\lim\limits_{x\to\infty}\dfrac{2x^2+x+2}{5x^2+5x-3}$。

解　由于当 $x\to\infty$ 时,分子、分母的极限都为无穷大,这种极限形式也称为"$\dfrac{\infty}{\infty}$"型未定式极限,不能直接利用极限的四则运算法则,但分子分母可以同除以 x^2,从而有

$$\lim_{x\to\infty}\frac{2x^2+x+2}{5x^2+5x-3} = \lim_{x\to\infty}\frac{2+\dfrac{1}{x}+\dfrac{2}{x^2}}{5+\dfrac{5}{x}-\dfrac{3}{x^2}} = \frac{\lim\limits_{x\to\infty}\left(2+\dfrac{1}{x}+\dfrac{2}{x^2}\right)}{\lim\limits_{x\to\infty}\left(5+\dfrac{5}{x}-\dfrac{3}{x^2}\right)} = \frac{2}{5}$$

注:当两个多项式函数相除且分子、分母都趋于无穷大时,可以将分子、分母同除以最高次项,然后就可以运用法则进行计算了,数列极限也可以这样去求。

例 2.4.5 求$\lim\limits_{x\to\infty}\dfrac{2x^2-3x+5}{3x^3+5x^2-2}$。

解 仍然是"$\dfrac{\infty}{\infty}$"型未定式极限,分子、分母可以同除以 x^3,从而有

$$\lim_{x\to\infty}\frac{2x^2-3x+5}{3x^3+5x^2-2}=\lim_{x\to\infty}\frac{\dfrac{2}{x}-\dfrac{3}{x^2}+\dfrac{5}{x^3}}{3+\dfrac{5}{x}-\dfrac{2}{x^3}}=\frac{\lim\limits_{x\to\infty}\left(\dfrac{2}{x}-\dfrac{3}{x^2}+\dfrac{5}{x^3}\right)}{\lim\limits_{x\to\infty}\left(3+\dfrac{5}{x}-\dfrac{2}{x^3}\right)}=\frac{0}{3}=0$$

例 2.4.6 求$\lim\limits_{x\to\infty}\dfrac{3x^3+5x^2-2}{2x^2-3x+5}$。

解 由于被求极限函数的倒数极限值为 0,见例 2.4.5,从而有

$$\lim_{x\to\infty}\frac{3x^3+5x^2-2}{2x^2-3x+5}=\infty$$

由例 2.4.4～例 2.4.6 的求解可以得出下面更一般性的结论,当 $a_0\neq0,b_0\neq0$,且 m 和 n 为非负整数时,有

$$\lim_{x\to\infty}\frac{a_0x^m+a_1x^{m-1}+\cdots+a_m}{b_0x^n+b_1x^{n-1}+\cdots+b_n}=\begin{cases}\dfrac{a_0}{b_0}, & n=m\\ 0, & n>m\\ \infty, & n<m\end{cases}$$

例 2.4.7 求$\lim\limits_{x\to0}\left(\dfrac{1}{x}+\dfrac{1}{x^2-x}\right)$。

解 由于$\lim\limits_{x\to0}\dfrac{1}{x}$和$\lim\limits_{x\to0}\dfrac{1}{x^2-x}$不存在,所以不能直接运用定理 2.4.1(1)的运算法则,需要通分,即

$$\lim_{x\to0}\left(\frac{1}{x}+\frac{1}{x^2-x}\right)=\lim_{x\to0}\frac{x^2}{x(x^2-x)}=\lim_{x\to0}\frac{1}{x-1}=-1$$

注:当两个函数相加减求极限且各自单独均无极限时,可先通分合并成两个函数相除的形式后再求极限。

例 2.4.8 求$\lim\limits_{n\to\infty}(\sqrt{n^2+n}-n)$

解 分子有理化,得

$$\lim_{n\to\infty}(\sqrt{n^2+n}-n)=\lim_{n\to\infty}\frac{(\sqrt{n^2+n}+n)(\sqrt{n^2+n}-n)}{\sqrt{n^2+n}+n}=\lim_{n\to\infty}\frac{n}{\sqrt{n^2+n}+n}$$

$$=\frac{1}{\lim\limits_{n\to\infty}\sqrt{1+\dfrac{1}{n}}+1}=\frac{1}{2}$$

2.4.2 复合函数极限的运算法则

上面举的例子多为多项式相加减乘除的极限问题,复合函数的极限问题如何解决呢?这需要以本节的极限运算法则为基础。下面给出复合函数的极限运算法则。

定理 2.4.2　设函数 $y=f[g(x)]$ 是由函数 $y=f(u)$ 与函数 $u=g(x)$ 复合而成，$f[g(x)]$ 在点 x_0 的某去心邻域内有定义，若 $\lim\limits_{x\to x_0}g(x)=u_0$，$\lim\limits_{u\to u_0}f(u)=A$ 且存在 $\delta_0>0$，当 $x\in \mathring{U}(x_0,\delta_0)$ 时，有 $g(x)\neq u_0$，则

$$\lim_{x\to x_0}f[g(x)]=\lim_{u\to u_0}f(u)=A$$

证明　因为 $\lim\limits_{u\to u_0}f(u)=A$，对 $\forall\varepsilon>0$，$\exists\eta>0$，当 $0<|u-u_0|<\eta$ 时，有

$$|f(u)-A|<\varepsilon$$

又 $\lim\limits_{x\to x_0}g(x)=u_0$，对上述 $\eta>0$，$\exists\delta_2>0$，当 $0<|x-x_0|<\delta_2$ 时，有

$$|g(x)-u_0|<\eta$$

取 $\delta=\min\{\delta_1,\delta_2\}$，则当 $0<|x-x_0|<\delta$ 时，有 $0<|g(x)-u_0|=|u-u_0|<\eta$，

故 $|f[\varphi(x)]-A|=|f(u)-A|<\varepsilon$，即 $\lim\limits_{x\to x_0}f[g(x)]=\lim\limits_{u\to u_0}f(u)=A$。

例 2.4.9　求 $\lim\limits_{x\to 3}\sqrt{\dfrac{x-3}{x^2-9}}$。

解　令 $u=\dfrac{x-3}{x^2-9}$

$$\lim_{x\to 3}u=\lim_{x\to 3}\frac{x-3}{x^2-9}=\lim_{x\to 3}\frac{1}{x+3}=\frac{1}{6}$$

$$\lim_{x\to 3}\sqrt{\frac{x-3}{x^2-9}}=\lim_{u\to\frac{1}{6}}\sqrt{u}=\sqrt{\frac{1}{6}}=\frac{\sqrt{6}}{6}$$

注：极限的复合运算法则实质上就是极限运算中常用的**变量代换法**，可将复杂函数求极限的问题转化为简单函数的求极限，是否采用代换来求极限应根据具体的情况来确定，比较简单的复合函数可直接求极限，较为复杂的复合函数求极限可采用代换。

习题 2.4

1. 下列运算是否正确，为什么？

(1) $\lim\limits_{n\to\infty}\left(\dfrac{1}{n}+\dfrac{1}{n+1}+\cdots+\dfrac{1}{n+n}\right)=\lim\limits_{n\to\infty}\dfrac{1}{n}+\lim\limits_{n\to\infty}\dfrac{1}{n+1}+\cdots+\lim\limits_{n\to\infty}\dfrac{1}{n+n}=0+0+\cdots+0=0$

(2) $\lim\limits_{x\to+\infty}(\sqrt{x+1}-\sqrt{x-1})=\lim\limits_{x\to+\infty}\sqrt{x+1}-\lim\limits_{x\to+\infty}\sqrt{x-1}=\infty-\infty=0$

(3) $\lim\limits_{x\to 0}x\sin\dfrac{1}{x}=\lim\limits_{x\to 0}x\ \lim\limits_{x\to 0}\sin\dfrac{1}{x}=0$

2. 求下列各极限。

(1) $\lim\limits_{n\to\infty}\dfrac{3n^2+n+1}{n^3+4n^2-1}$

(2) $\lim\limits_{n\to\infty}\dfrac{1+2+3+\cdots+(n-1)}{n^2}$

(3) $\lim\limits_{n\to\infty}\left(1+\dfrac{1}{2}+\cdots+\dfrac{1}{2^n}\right)$

(4) $\lim\limits_{n\to\infty}\left[\dfrac{1}{1\cdot 2}+\dfrac{1}{2\cdot 3}+\cdots+\dfrac{1}{n(n+1)}\right]$

(5) $\lim\limits_{n\to\infty}\dfrac{3^n+2^n}{3^{n+1}-2^{n+1}}$

(6) $\lim\limits_{n\to\infty}(\sqrt{n+3}-\sqrt{n})\sqrt{n-1}$

(7) $\lim\limits_{x\to 1}\dfrac{x^2-1}{x^2-5x+4}$

(8) $\lim\limits_{x\to 2}\dfrac{x^3+1}{x^2-5x+3}$

(9) $\lim\limits_{x\to+\infty}(\sqrt{x^2+x}-\sqrt{x^2+1})$　　(10) $\lim\limits_{x\to\infty}\dfrac{2x^2+1}{x^2+5x+3}$

(11) $\lim\limits_{h\to0}\dfrac{(x+h)^3-x^3}{h}$　　(12) $\lim\limits_{x\to1}\dfrac{3x^2+1}{x^2-4x+1}$

(13) $\lim\limits_{x\to1}\left(\dfrac{3}{1-x^3}-\dfrac{1}{1-x}\right)$　　(14) $\lim\limits_{x\to\infty}\dfrac{x^3}{2x+1}$；

3. 若$\lim\limits_{x\to\infty}\left(\dfrac{x^2}{x+1}-ax+b\right)=0$，$a$，$b$ 均为常数，求 a 和 b 的值。

4. 设 $f(x)=\begin{cases}\dfrac{\sin x}{x}, & -\infty<x<0\\(1-x)^2, & 0\leqslant x<+\infty\end{cases}$，求$\lim\limits_{x\to0}f(x)$。

2.5　极限存在准则与两个重要极限

学习目标与要求

(1) 会用夹逼准则求简单极限；

(2) 了解单调有界数列收敛准则；

(3) 掌握用两个重要极限求极限的方法。

前面我们讲了极限的定义，而利用极限的定义来判定极限的存在常常是比较困难的，因此在本节给出两个极限存在的判定准则，并利用准则推出两个重要的极限公式。

2.5.1　极限存在准则

1. 数列极限的夹逼准则

准则 2.5.1(数列极限的夹逼准则)。如果数列$\{x_n\}$，$\{y_n\}$，$\{z_n\}$($n=1,2,3,\cdots$)，满足下列条件：

(1) $y_n\leqslant x_n\leqslant z_n$，

(2) $\lim\limits_{n\to\infty}y_n=a$，$\lim\limits_{n\to\infty}z_n=a$，

那么数列$\{x_n\}$的极限存在，且$\lim\limits_{x\to\infty}x_n=a$。

证明　因为$\lim\limits_{n\to\infty}y_n=a$，$\lim\limits_{n\to\infty}z_n=a$，所以根据数列极限的定义，对于任意给定的正数 ε，存在正整数 N_1 和 N_2，当 $n>N_1$ 时，有

$$|y_n-a|<\varepsilon$$

当 $n>N_2$ 时，有

$$|z_n-a|<\varepsilon$$

取 $N=\max\{N_1,N_2\}$，则当 $n>N$ 时，以上两个不等式同时成立，也即

$$a-\varepsilon<y_n<a+\varepsilon$$
$$a-\varepsilon<z_n<a+\varepsilon$$

同时成立。又因 x_n 介于 y_n 和 z_n 之间，所以当 $n>N$ 时，有

$$a-\varepsilon<y_n\leqslant x_n\leqslant z_n<a+\varepsilon$$

即$|x_n-a|<\varepsilon$ 成立，也即$\lim\limits_{x\to\infty}x_n=a$。

上述数列极限的夹逼准则可推广到函数极限的情形。

准则 2.5.1′　如果函数 $f(x),g(x),h(x)$ 满足下列条件：

(1) 当 $x\in \mathring{U}(x_0,\delta)$（或 $|x|>X$）时，有

$$g(x)\leqslant f(x)\leqslant h(x)$$

(2) $\lim\limits_{\substack{x\to x_0\\(x\to\infty)}} g(x)=A$，　$\lim\limits_{\substack{x\to x_0\\(x\to\infty)}} h(x)=A$，

那么 $\lim\limits_{\substack{x\to x_0\\(x\to\infty)}} f(x)$ 存在，且等于 A。

例 2.5.1　求 $\lim\limits_{n\to\infty}(\frac{n}{n^2+1}+\frac{n}{n^2+2}+\cdots+\frac{n}{n^2+n})$。

解　由于 $\frac{n^2}{n^2+n}<\frac{n}{n^2+1}+\frac{n}{n^2+2}+\cdots+\frac{n}{n^2+n}<\frac{n^2}{n^2+1}$，且

$$\lim_{n\to\infty}\frac{n^2}{n^2+n}=\frac{1}{1+\frac{1}{n}}=1,\lim_{n\to\infty}\frac{n^2}{n^2+1}=\frac{1}{1+\frac{1}{n^2}}=1$$

所以，由夹逼准则可知 $\lim\limits_{n\to\infty}\left(\frac{n}{n^2+1}+\frac{n}{n^2+2}+\cdots+\frac{n}{n^2+n}\right)=1$。

注：求 n 项和的数列极限时常采用夹逼准则，且在使用夹逼准则时需要对极限的值有个猜测。

2. 单调有界数列收敛准则

准则 2.5.2（单调有界数列收敛准则）　单调有界数列必有极限。

准则 2.5.2 表明，如果数列不仅有界，并且是单调的，那么这个数列的极限必定存在，也就是这个数列一定收敛。

3. 单调有界数列收敛准则的几何解释

从数轴上看，单调数列的点 x_n 只可能向一个方向移动，所以只有两种可能情形：第一种情形，点列 x_n 沿数轴移向无穷远（$x_n\to+\infty$ 或 $x_n\to-\infty$）；第二种情形，点 x_n 无限趋近于某一个定点 a，如图 2.12 所示，也就是数列 $\{x_n\}$ 趋向于一个极限。但现在假定数列是有界的，而有界数列对应的点列 x_n 都落在数轴上某个闭区间 $[-M,M]$ 内，所以上述第一种情形就不可能发生了，这就表示这个数列趋向于一个极限，并且这个极限的绝对值不超过 M。

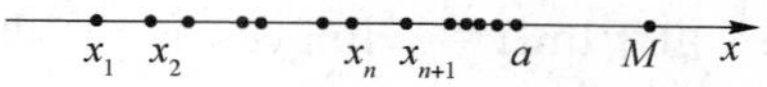

图 2.12　单调有界数列

2.5.2　两个重要极限

1. $\lim\limits_{x\to 0}\frac{\sin x}{x}=1$

这一极限需要用几何的方法并利用上面给出的夹逼准则来证明。

证明　作一半径为 1 的单位圆，如图 2.13 所示，设圆心角 $\angle AOB=x\left(0<x<\frac{\pi}{2}\right)$，点 A 处的切线与 OB 的延长线相交于 D，且 $BC\perp OA$，由于

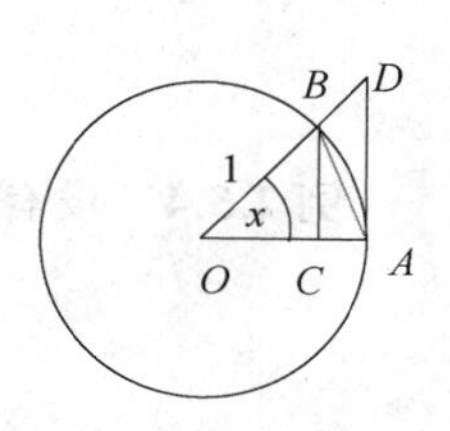

图 2.13　单位圆

$\triangle AOB$ 的面积<圆扇形 AOB 的面积<$\triangle AOD$ 的面积

且 $BC=\sin x$，$\overset{\frown}{AB}=x$，$AD=\tan x$，所以有

$$\frac{1}{2}\sin x<\frac{1}{2}x<\frac{1}{2}\tan x\quad\left(x\in\left(0,\frac{\pi}{2}\right)\right)$$

即　$\sin x<x<\tan x$

将上面的不等式除以 $\sin x$，得

$$1<\frac{x}{\sin x}<\frac{1}{\cos x}$$

取倒数

$$\cos x<\frac{\sin x}{x}<1$$

由于 $\cos x$，$\frac{\sin x}{x}$ 和 1 都为偶函数，所以上述不等式在开区间 $\left(-\frac{\pi}{2},0\right)$ 也成立，即上述不等式在 $\left(-\frac{\pi}{2},\frac{\pi}{2}\right)$ 都成立。

下面证明 $\lim\limits_{x\to 0}\cos x=1$。

因为 $|\cos x|\leqslant 1$，$\sin x<x\left(x\in\left(-\frac{\pi}{2},\frac{\pi}{2}\right)\right)$，故当 $0<|x|<\frac{\pi}{2}$ 时，有

$$0<|\cos x-1|=1-\cos x=2\sin^2\frac{x}{2}<2\left(\frac{x}{2}\right)^2=\frac{x^2}{2}$$

即 $0<1-\cos x<\frac{x^2}{2}$

当 $x\to 0$ 时，$\frac{x^2}{2}\to 0$，即 $\lim\limits_{x\to 0}\frac{x^2}{2}=0$，由极限的夹逼准则知 $\lim\limits_{x\to 0}(1-\cos x)=0$，所以 $\lim\limits_{x\to 0}\cos x=1$。

由于 $\lim\limits_{x\to 0}1=1$，$\lim\limits_{x\to 0}\cos x=1$，再由不等式 $\cos x<\frac{\sin x}{x}<1$ 及极限的夹逼准则，可得

$$\lim_{x\to 0}\frac{\sin x}{x}=1$$

例 2.5.2　求 $\lim\limits_{x\to 0}\frac{\tan x}{x}$。

解　$\lim\limits_{x\to 0}\frac{\tan x}{x}=\lim\limits_{x\to 0}\left(\frac{\sin x}{x}\frac{1}{\cos x}\right)=\lim\limits_{x\to 0}\frac{\sin x}{x}\lim\limits_{x\to 0}\frac{1}{\cos x}=1\times 1=1$

例 2.5.3　求 $\lim\limits_{x\to 0}\frac{\arcsin x}{x}$。

解　令 $t=\arcsin x$，则 $x=\sin t$，当 $x\to 0$ 时，$t\to 0$，于是

$$\lim_{x\to 0}\frac{\arcsin x}{x}=\lim_{t\to 0}\frac{\sin t}{t}=1$$

例 2.5.4　设有半径为 r 的圆，用其内接正 n 边形的面积 A_n 逼近圆面积 S，A_n 可表示为

$$A_n=nr^2\sin\frac{\pi}{n}\cos\frac{\pi}{n}\quad(n=3,4,5,\cdots)$$

求圆的面积 $S=\lim\limits_{n\to\infty}A_n=\lim\limits_{n\to\infty}nr^2\sin\frac{\pi}{n}\cos\frac{\pi}{n}$。

解　$\lim\limits_{n\to\infty} nr^2 \sin\dfrac{\pi}{n}\cos\dfrac{\pi}{n}=\lim\limits_{n\to\infty}\pi r^2\dfrac{\sin\dfrac{\pi}{n}}{\dfrac{\pi}{n}}\cos\dfrac{\pi}{n}=\lim\limits_{n\to\infty}\pi r^2\cdot\lim\limits_{n\to\infty}\dfrac{\sin\dfrac{\pi}{n}}{\dfrac{\pi}{n}}\cdot\lim\limits_{n\to\infty}\cos\dfrac{\pi}{n}=\pi r^2$

注:$n\to\infty$时,$\dfrac{\pi}{n}\to 0$,由公式$\lim\limits_{x\to 0}\dfrac{\sin x}{x}=1$,可得$\lim\limits_{n\to\infty}\dfrac{\sin\dfrac{\pi}{n}}{\dfrac{\pi}{n}}=1$,因此这一重要公式更一般的形式为$\lim\limits_{\varphi(x)\to 0}\dfrac{\sin\varphi(x)}{\varphi(x)}=1$。

例 2.5.5　$\lim\limits_{x\to 0}\dfrac{\tan mx}{nx}\quad(m,n\in\mathbf{Z}^+)$。

解　$\lim\limits_{x\to 0}\dfrac{\tan mx}{nx}=\lim\limits_{x\to 0}\dfrac{\sin mx/\cos mx}{nx}=\lim\limits_{x\to 0}\dfrac{\sin mx}{nx}\ /\lim\limits_{x\to 0}\cos mx$

$$=\frac{m}{n}\lim_{x\to 0}\frac{\sin mx}{mx}\ /\lim_{x\to 0}\cos mx=\frac{m}{n}$$

例 2.5.6　求$\lim\limits_{x\to 0}\dfrac{1-\cos x}{x^2}$。

解　$\lim\limits_{x\to 0}\dfrac{1-\cos x}{x^2}=\lim\limits_{x\to 0}\dfrac{2\left(\sin\dfrac{x}{2}\right)^2}{x^2}=\dfrac{1}{2}\lim\limits_{x\to 0}\dfrac{\left(\sin\dfrac{x}{2}\right)^2}{\left(\dfrac{x}{2}\right)^2}=\dfrac{1}{2}\lim\limits_{x\to 0}\left(\dfrac{\sin\dfrac{x}{2}}{\dfrac{x}{2}}\right)^2=\dfrac{1}{2}$

2. $\lim\limits_{x\to\infty}\left(1+\dfrac{1}{x}\right)^x=\mathrm{e}$

证明　这里只证明 x 取正整数 n,且趋于$+\infty$的情形,即证明数列极限$\lim\limits_{n\to\infty}\left(1+\dfrac{1}{n}\right)^n$存在。

设 $x_n=\left(1+\dfrac{1}{n}\right)^n\quad(n\in\mathbf{Z}^+)$,由牛顿二项式公式,有

$$x_n=(1+n)^n=1+\frac{n}{1!}\cdot\frac{1}{n}+\frac{n(n-1)}{2!}\cdot\left(\frac{1}{n}\right)^2+\cdots+\frac{n(n-1)\cdots(n-n+1)}{n!}\left(\frac{1}{n}\right)^n$$

$$=1+1+\frac{1}{2!}\left(1-\frac{1}{n}\right)+\cdots+\frac{1}{n!}\left(1-\frac{1}{n}\right)\left(1-\frac{2}{n}\right)\cdots\left(1-\frac{n-1}{n}\right)$$

同样,$x_{n+1}=\left(1+\dfrac{1}{n+1}\right)^{n+1}=1+1+\dfrac{1}{2!}\left(1-\dfrac{1}{n+1}\right)+\cdots+\dfrac{1}{n!}\left(1-\dfrac{1}{n+1}\right)\left(1-\dfrac{2}{n+1}\right)\cdot\cdots\cdot\left(1-\dfrac{n-1}{n+1}\right)+\dfrac{1}{(n+1)!}\left(1-\dfrac{1}{n+1}\right)\left(1-\dfrac{2}{n+1}\right)\cdot\cdots\cdot\left(1-\dfrac{n}{n+1}\right)$

两式相比较,除前两项外,x_n 的每项均小于 x_{n+1} 的对应项,且 x_{n+1} 还比 x_n 多了一项(其值大于零),所以

$$x_n<x_{n+1}\quad(n=1,2,\cdots)$$

即数列$\{x_n\}$是单调增加的,如果将 x_n 展开式中各括号用较大的数 1 代替,有

$$x_n<1+1+\frac{1}{2!}+\frac{1}{3!}+\cdots+\frac{1}{n!}<$$

$$2+\frac{1}{2}+\frac{1}{2^2}+\cdots+\frac{1}{2^{n-1}}=2+\frac{\frac{1}{2}\left(1-\frac{1}{2^{n-1}}\right)}{1-\frac{1}{2}}=3-\frac{1}{2^{n-1}}<3$$

所以数列$\{x_n\}$有上界，根据夹逼准则可知$\lim\limits_{n\to\infty}\left(1+\dfrac{1}{n}\right)^n$必存在，此极限通常记作 e，即

$$\lim_{n\to\infty}\left(1+\frac{1}{n}\right)^n=\mathrm{e}$$

当 x 取任意实数趋于$+\infty$或$-\infty$时，函数$\left(1+\dfrac{1}{x}\right)^x$的极限都存在且为 e，即

$$\lim_{x\to\infty}\left(1+\frac{1}{x}\right)^x=\mathrm{e}$$

进一步可以证明 e 是一个无理数，其值是 e=2.718 281 828 459 045…，e 是自然数对数的底。

利用复合函数的极限运算法则，若令$u=\dfrac{1}{x}$，则当$x\to\infty$时，$u\to 0$，故上式的另一种形式为$\lim\limits_{u\to 0}(1+u)^{\frac{1}{u}}=\mathrm{e}$，也即$\lim\limits_{x\to 0}(1+x)^{\frac{1}{x}}=\mathrm{e}$

例 2.5.7 求$\lim\limits_{x\to\infty}\left(1-\dfrac{1}{x}\right)^x$。

解 $\lim\limits_{x\to\infty}\left(1-\dfrac{1}{x}\right)^x=\lim\limits_{x\to\infty}\left[\left(1+\dfrac{1}{-x}\right)^{-x}\right]^{-1}=\mathrm{e}^{-1}$

例 2.5.8 $\lim\limits_{x\to\infty}\left(\dfrac{x+2}{x+1}\right)^{2x}$。

解 $\lim\limits_{x\to\infty}\left(\dfrac{x+2}{x+1}\right)^{2x}=\lim\limits_{x\to\infty}\left(\dfrac{x+1+1}{x+1}\right)^{2x}=\lim\limits_{x\to\infty}\left(1+\dfrac{1}{x+1}\right)^{2x}=\lim\limits_{x\to\infty}\left(1+\dfrac{1}{x+1}\right)^{(x+1)\frac{1}{x+1}2x}$

$=\mathrm{e}^{\lim_{x\to\infty}\frac{2x}{x+1}}=\mathrm{e}^2$

例 2.5.9 $\lim\limits_{x\to 0}(1-5x)^{\frac{1}{x}}$。

解 $\lim\limits_{x\to 0}(1-5x)^{\frac{1}{x}}=\lim\limits_{x\to 0}(1+(-5x))^{\frac{1}{-5x}(-5x)\frac{1}{x}}=\lim\limits_{x\to 0}(1+(-5x))^{\frac{1}{-5x}(-5)}$

$=\lim\limits_{x\to 0}\left[(1+(-5x))^{\frac{1}{-5x}}\right]^{(-5)}=\mathrm{e}^{-5}$

例 2.5.10 求$\lim\limits_{x\to\infty}\left(\sin\dfrac{1}{x}+\cos\dfrac{1}{x}\right)^x$。

解 $\lim\limits_{x\to\infty}\left(\sin\dfrac{1}{x}+\cos\dfrac{1}{x}\right)^x=\lim\limits_{x\to\infty}\left[\left(\sin\dfrac{1}{x}+\cos\dfrac{1}{x}\right)^2\right]^{\frac{x}{2}}=\lim\limits_{x\to\infty}\left(1+2\sin\dfrac{1}{x}\cos\dfrac{1}{x}\right)^{\frac{x}{2}}$

$=\lim\limits_{x\to\infty}\left(1+\sin\dfrac{2}{x}\right)^{\frac{x}{2}}=\lim\limits_{x\to\infty}\left[\left(1+\sin\dfrac{2}{x}\right)^{\frac{1}{\sin\frac{2}{x}}}\right]^{\frac{\sin\frac{2}{x}}{\frac{2}{x}}}=\mathrm{e}$

习题 2.5

1. 利用夹逼准则求下列数列的极限。

(1) $\lim\limits_{n\to\infty}\sqrt{1+\dfrac{3}{n}}$　　(2) $\lim\limits_{n\to\infty}(1+2^n+3^n)^{\frac{1}{n}}$

2. 求下列极限。

(1) $\lim\limits_{x\to 0}x\cot x$　　(2) $\lim\limits_{x\to 0}\dfrac{\sin 2x}{3x}$

(3) $\lim\limits_{x\to 0}\dfrac{\cos x-\cos 3x}{2x^2}$　　(4) $\lim\limits_{x\to 0^+}\dfrac{\cos x-1}{x^2}$

(5) $\lim\limits_{x\to\infty}x\cdot\sin\dfrac{1}{x}$　　(6) $\lim\limits_{n\to\infty}2^n\sin\dfrac{x}{2^n}$($x$ 为不等于零的常数)

(7) $\lim\limits_{x\to\infty}\left(1+\dfrac{1}{x}\right)^{\frac{x}{2}}$　　(8) $\lim\limits_{x\to\infty}\left(1-\dfrac{2}{x}\right)^{2x}$

(9) $\lim\limits_{x\to\infty}\left(\dfrac{x+5}{x-5}\right)^{x}$　　(10) $\lim\limits_{x\to\infty}\left(\dfrac{x+3}{x-2}\right)^{2x+1}$

(11) $\lim\limits_{x\to 0}(1+3\tan^2 x)^{\cot^2 x}$　　(12) $\lim\limits_{x\to 2}\left(\dfrac{x}{2}\right)^{\frac{1}{x-2}}$

2.6　无穷小的比较

学习目标与要求

(1) 掌握无穷小量阶的比较；

(2) 掌握用等价无穷小替换求极限的方法。

由无穷小的性质可知，两个无穷小的和、差及乘积仍是无穷小。但是，对于两个无穷小的商，却会出现不同的情况。例如，当 $x\to 0$ 时，$x,2x,x^2,\sin x,x^2\sin\dfrac{1}{x}$ 都是无穷小，而 $\lim\limits_{x\to 0}\dfrac{x^2}{2x}=0,\lim\limits_{x\to 0}\dfrac{2x}{x^2}=\infty,\lim\limits_{x\to 0}\dfrac{\sin x}{x}=1,\lim\limits_{x\to 0}\dfrac{x^2\sin\frac{1}{x}}{x^2}=\lim\limits_{x\to 0}\sin\dfrac{1}{x}$(极限不存在)，两无穷小之比的极限的各种不同情况，反映了在同一过程中，不同的无穷小趋于 0 的“快慢”程度不一样。从上面的极限值可知，在 $x\to 0$ 的过程中，$x^2\to 0$ 比 $2x\to 0$ 要快得多，反过来 $2x\to 0$ 比 $x^2\to 0$ 要慢得多，而 $\sin x\to 0$ 与 $x\to 0$ 大致相同，$x^2\sin\dfrac{1}{x}\to 0$ 和 $x^2\to 0$ 不可比，为了说明无穷小趋于 0 的快慢程度，本节引入无穷小阶的概念对无穷小的量级建立一个评判法则。

定义 2.6.1　设 $\alpha(x)$ 和 $\beta(x)$ 都是在自变量的同一变化过程中($x\to x_0$ 或 $x\to\infty$)的无穷小：

(1) 如果 $\lim\dfrac{\beta(x)}{\alpha(x)}=0$，则称 $\beta(x)$ 是比 $\alpha(x)$ 高阶的无穷小，记作 $\beta(x)=o(\alpha(x))$；

(2) 如果 $\lim\dfrac{\beta(x)}{\alpha(x)}=\infty$，则称 $\beta(x)$ 是比 $\alpha(x)$ 低阶的无穷小；

(3) 如果 $\lim\dfrac{\beta(x)}{\alpha(x)}=C\neq 0$，则称 $\beta(x)$ 是 $\alpha(x)$ 的同阶无穷小；特别地，当 $C=1$ 时，则称 $\beta(x)$ 与 $\alpha(x)$ 是等价无穷小，记作 $\alpha(x)\sim\beta(x)$；

(4) 如果 $\lim\dfrac{\beta(x)}{\alpha^k(x)}=C\neq 0(k>0)$，则称 $\beta(x)$ 是关于 $\alpha(x)$ 的 k 阶无穷小。

注：(1) 在自变量的同一变化过程中，并不是任何两个无穷小都可以比较，比如在 $x\to 0$ 的过程中，$x^2\sin\dfrac{1}{x}\to 0$ 和 $x^2\to 0$ 不可比，因为它们比值的极限值不存在；

(2) 在自变量的同一变化过程中，无穷大也有类似于无穷小量级比较的概念；

(3) 定义中的 lim 表示函数在 $x\to x_0$ 和 $x\to\infty$ 以及数列在 $n\to\infty$ 时的情况都适用。

根据上述定义，当 $x\to 0$ 时，x^2 是比 $2x$ 更高阶的无穷小，即 $x^2=o(2x)$；而 $2x$ 是比 x^2 更低阶的无穷小；$\lim\limits_{x\to 0}\dfrac{2x}{x}=2$，$2x$ 与 x 是同阶无穷小；$\sin x$ 与 x 是等价无穷小，即 $\sin x\sim x$；$\lim\limits_{x\to 0}\dfrac{x^2}{(\sqrt{x})^4}=1$，$x^2$ 是 $\sqrt{x}$ 的 4 阶无穷小。

直观上，两个无穷小之间的比较情况反映了两个无穷小趋于 0 的速度的快慢。如若 $\beta(x)$ 是比 $\alpha(x)$ 高阶的无穷小，则 $\beta(x)$ 比 $\alpha(x)$ 趋于 0 的速度要"快"得多，若 $\beta(x)$ 与 $\alpha(x)$ 是同阶无穷小，则 $\beta(x)$ 与 $\alpha(x)$ 趋于 0 的速度差不多。

根据等价无穷小的定义，可以得到 $x\to 0$ 时常用的等价无穷小：

$$\sin x\sim x\quad \tan x\sim x$$

$$\arcsin x\sim x\quad \arctan x\sim x\quad 1-\cos x\sim\frac{1}{2}x^2$$

$$\ln(1+x)\sim x\quad \mathrm{e}^x-1\sim x\quad a^x-1\sim x\ln a\,(a>0)$$

$(1+x)^\alpha-1\sim\alpha x$（$\alpha\neq 0$ 是常数）　也可表示为　$(1-\alpha x)^{\frac{1}{n}}-1\sim-\dfrac{\alpha}{n}x$

注： 上述等价无穷小中的 x 也可以换成某个 x 的函数 $\varphi(x)$，只要在变化的过程中 $\varphi(x)\to 0$ 即可，比如

$$\arcsin\sqrt{x}\sim\sqrt{x}\,(x\to 0),\ \mathrm{e}^{x^2}-1\sim{}^{2}(x\to 0),\ \ln(1+x^3)\sim x^3\,(x\to 0)$$

例 2.6.1　证明当 $x\to 0$ 时，$\sqrt[n]{1+x}-1\sim\dfrac{1}{n}x$。

证明　$\lim\limits_{x\to 0}\dfrac{\sqrt[n]{1+x}-1}{\dfrac{1}{n}x}$

利用公式 $a^n-b^n=(a-b)(a^{n-1}+a^{n-2}b+\cdots+b^{n-1})$ 将上式有理化，得

$$=\lim_{x\to 0}\frac{(\sqrt[n]{1+x})^n-1}{\dfrac{1}{n}x[(\sqrt[n]{1+x})^{n-1}+(\sqrt[n]{1+x})^{n-2}+\cdots+1]}$$

$$=\lim_{x\to 0}\frac{x}{\dfrac{1}{n}x[(\sqrt[n]{1+x})^{n-1}+(\sqrt[n]{1+x})^{n-2}+\cdots+1]}$$

$$=\lim_{x\to 0}\frac{n}{\sqrt[n]{(1+x)^{n-1}}+\sqrt[n]{(1+x)^{n-2}}+\cdots+1}=1$$

例 2.6.2　证明当 $x\to 0$ 时，(1) $\arcsin x\sim x$；(2) $\ln(1+x)\sim x$；(3) $\mathrm{e}^x-1\sim x$

证明　(1) 令 $y=\arcsin x$，则 $x=\sin y$，因 $x\to 0$，所以 $y\to 0$，故有

$$\lim_{x\to 0}\frac{\arcsin x}{x}=\lim_{y\to 0}\frac{y}{\sin y}=\lim_{y\to 0}\frac{1}{\dfrac{\sin y}{y}}=1$$

所以 $\arcsin x\sim x$。

(2) 由复合函数的运算法则，有

$$\lim_{x\to 0}\frac{\ln(1+x)}{x}=\lim_{x\to 0}[\ln(1+x)^{\frac{1}{x}}]=\ln \mathrm{e}=1$$

所以 $\ln(1+x)\sim x$。

(3) 令 $y=e^x-1$，则 $x=\ln(y+1)$，因 $x\to 0$，所以 $y\to 0$，故有

$$\lim_{x\to 0}\frac{e^x-1}{x}=\lim_{y\to 0}\frac{y}{\ln(1+y)}=\lim_{y\to 0}\frac{1}{\ln(1+y)^{\frac{1}{y}}}=\frac{1}{\ln e}=1$$

所以 $e^x-1\sim x$。

等价无穷小是同阶无穷小的特殊情况，有着广泛的应用，下面给出关于等价无穷小的两个重要定理。

定理 2.6.1　在自变量的某一变化过程中，β 与 α 是等价无穷小的充分必要条件为 $\beta=\alpha+o(\alpha)$，称 α 是 β 的主要部分。

证明　(1)必要性：设 $\alpha\sim\beta$，即 $\lim\frac{\beta}{\alpha}=1$，则

$$\lim\frac{\beta-\alpha}{\alpha}=\lim\left(\frac{\beta}{\alpha}-1\right)=\lim\frac{\beta}{\alpha}-1=0$$

因此 $\beta-\alpha=o(\alpha)$，即 $\beta=\alpha+o(\alpha)$。

(2) 充分性：设 $\beta=\alpha+o(\alpha)$，即 $\lim\frac{\beta-\alpha}{\alpha}=0$，则

$$\lim\frac{\beta}{\alpha}=\lim\frac{\alpha+o(\alpha)}{\alpha}=\lim\left(1+\frac{o(\alpha)}{\alpha}\right)=1$$

因此 $\alpha\sim\beta$。

注：两个等价无穷小不一定相等，它们的差为其中的一个高阶无穷小，也即 β 与 α 的差为比 β(或 α)高阶的无穷小。

定理 2.6.2(等价无穷小代换定理)　设 $\alpha(x),\alpha_1(x),\beta(x),\beta_1(x)$ 是同一个自变量变化过程中的无穷小，又 $\alpha(x)\sim\alpha_1(x),\beta(x)\sim\beta_1(x)$，且 $\lim\frac{\beta_1(x)}{\alpha_1(x)}$ 存在，则

$$\lim\frac{\beta(x)}{\alpha(x)}=\lim\frac{\beta_1(x)}{\alpha_1(x)}$$

证明　由于 $\lim\frac{\alpha(x)}{\alpha_1(x)}=1,\lim\frac{\beta(x)}{\beta_1(x)}=1$，根据极限的四则运算法则，有

$$\lim\frac{\beta(x)}{\alpha(x)}=\lim\left(\frac{\beta(x)}{\beta_1(x)}\cdot\frac{\beta_1(x)}{\alpha_1(x)}\cdot\frac{\alpha_1(x)}{\alpha(x)}\right)=\lim\frac{\beta(x)}{\beta_1(x)}\cdot\lim\frac{\beta_1(x)}{\alpha_1(x)}\cdot\lim\frac{\alpha_1(x)}{\alpha(x)}=\lim\frac{\beta_1(x)}{\alpha_1(x)}$$

定理中 lim 表示，对函数($x\to x_0$ 或 $x\to\infty$)和数列($n\to\infty$)都成立，且定理表明，在求两个无穷小之比的极限时，分子、分母中的无穷小可分别用它们的等价无穷小代替，以简化求极限的过程。

例 2.6.3　求 $\lim\limits_{x\to 0}\frac{\tan 2x}{\sin 3x}$。

解　当 $x\to 0$ 时，$\tan 2x\sim 2x$，$\sin 3x\sim 3x$，所以

$$\lim_{x\to 0}\frac{\tan 2x}{\sin 3x}=\lim_{x\to 0}\frac{2x}{3x}=\frac{2}{3}$$

例 2.6.4　求 $\lim\limits_{x\to 0}\frac{\sin x}{x^3+3x}$。

解　$\lim\limits_{x\to 0}\frac{\sin x}{x^3+3x}=\lim\limits_{x\to 0}\frac{x}{x^3+3x}=\lim\limits_{x\to 0}\frac{1}{x^2+3}=\frac{1}{3}$

例 2.6.5 求$\lim\limits_{x\to 0}\dfrac{(1+x^2)^{\frac{1}{3}}-1}{\cos x-1}$。

解 当$x\to 0$时，$(1+x^2)^{\frac{1}{3}}-1\sim\dfrac{1}{3}x^2$，$\cos x-1\sim-\dfrac{1}{2}x^2$，所以

$$\lim_{x\to 0}\frac{(1+x^2)^{\frac{1}{3}}-1}{\cos x-1}=\lim_{x\to 0}\frac{\frac{1}{3}x^2}{-\frac{1}{2}x^2}=-\frac{2}{3}$$

例 2.6.6 求$\lim\limits_{x\to 0}\dfrac{\tan x-\sin x}{x^3}$。

解 $\lim\limits_{x\to 0}\dfrac{\tan x-\sin x}{x^3}\neq\lim\limits_{x\to 0}\dfrac{x-x}{x^3}=0$

上面的做法是错误的，这是由于当$x\to 0$时，$\tan x-\sin x$与$x-x=0$不是等价无穷小，正确的解法是

$$\lim_{x\to 0}\frac{\tan x-\sin x}{x^3}=\lim_{x\to 0}\frac{\tan x(1-\cos x)}{x^3}=\lim_{x\to 0}\frac{x\cdot\frac{1}{2}x^2}{x^3}=\frac{1}{2}$$

注：运用定理 2.6.2 时，乘除运算中的无穷小可用其等价无穷小替换，但加减运算中的无穷小却不能随意用其等价无穷小替换。

习题 2.6

1. 当$x\to 0$时，下列与x同阶（不等价）的无穷小量是（　　）。

   A. $\sin x-x$　　B. $\ln(1-x)$　　C. $x^2\sin x$　　D. e^x-1

2. 如果$x\to 0$时，要无穷小$(1-\cos x)$与$a\sin^2\dfrac{x}{2}$等价，a应等于________。

3. 当$x\to 0$时，$x-2x^2$与$3x^2-2x^3$相比，哪一个是高阶无穷小？

4. 当$x\to 1$时，无穷小量$1-x$与$1-x^2$和$\dfrac{1}{2}(1-x^2)$是否同阶？是否等价？

5. 利用等价无穷小求下列极限。

(1) $\lim\limits_{x\to 0}\dfrac{\tan(nx)}{\sin mx}$　　(2) $\lim\limits_{x\to 0}x\cot x$

(3) $\lim\limits_{x\to 0}\dfrac{1-\cos x}{x^2\cos x}$　　(4) $\lim\limits_{x\to 0}\dfrac{\tan x-\sin x}{\sin x^3}$

(5) $\lim\limits_{x\to 0}\dfrac{\arctan 3x}{x}$　　(6) $\lim\limits_{x\to 0}\dfrac{\arcsin x}{\ln(1-x)}$

(7) $\lim\limits_{x\to 0}\dfrac{\sqrt{1+2x}-1}{\sin 3x}$　　(8) $\lim\limits_{x\to 0}\dfrac{\ln(1+2x-3x^2)}{4x}$

(9) $\lim\limits_{x\to 0}\dfrac{e^{\sin x}-1}{\arctan x}$　　(10) $\lim\limits_{x\to 0}\dfrac{\ln(1+e^x\sin^2 x)}{\sqrt{1+x^2-1}}$

2.7　函数的连续性

学习目标与要求

（1）理解增量的概念；
（2）理解函数连续性的概念；
（3）掌握连续性与左右连续的关系；
（4）理解函数连续性与极限之间的关系；
（5）理解函数间断点的概念；
（6）掌握求函数间断点的方法并判断其类型；
（7）掌握分段函数在分段点处连续性的讨论方法。

连续函数是高等数学重要的一类函数，连续函数是刻画变量连续变化的数学模型。微积分中的主要概念、定理、公式和法则都需要以函数的连续性为前提条件。函数是微积分研究的主要对象，极限是微积分研究所采用的方法，连续是微积分研究的桥梁。本节研究函数的连续性和间断性。

2.7.1　函数的连续性

连续变化是自然界中的普遍规律之一，比如气温的变化，动植物的生长，物体的运动等，都是连续地变化着的，这种现象用函数关系来反映的话，就是函数的连续性。比如就气温的变化这种现象来看，当时间变化很微小时，气温的变化也很微小，其图像又如坐标系中一条连续而无间隙的曲线上的点，当横坐标变化很小时，它的纵坐标变化也很小，为了便于描述连续这一自然现象的本质特性，一般需要先引入增量的概念，然后描述函数的连续性。

定义 2.7.1　设变量 u 从它的一个初值 u_1 变到终值 u_2，终值与初值的差 u_2-u_1 就称为变量 u 的**增量**，记作 Δu，即

$$\Delta u=u_2-u_1$$

增量可以是正的，也可以是负的. 当 Δu 为正时，变量 u 从 u_1 变到 $u_2=u_1+\Delta u$ 时是增大的；当 Δu 为负时，变量 u 从 u_1 变到 $u_2=u_1+\Delta u$ 时是减小的。

设函数 $y=f(x)$在点 x_0 的某一个邻域内有定义，当自变量 x 在这邻域内从 x_0 变到点 $x=x_0+\Delta u$时，相应的函数值 y 从 $f(x_0)$变到 $f(x_0+\Delta x)$，一般称 Δx 为自变量的增量(即改变量)，而称

$$\Delta y=f(x)-f(x_0)=f(x_0+\Delta x)-f(x_0)$$

为函数的增量(即改变量)。

函数 $y=f(x)$的增量 Δy 表示当自变量从 x_0 变到 $x_0+\Delta x$ 时，曲线上相应点的纵坐标的增量，如图 2.14 所示。

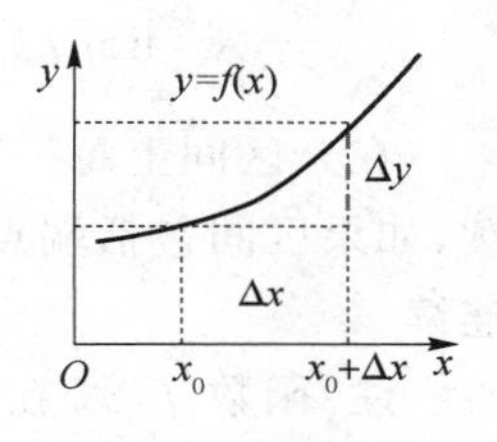

图 2.14　函数的增量

从图 2.14 可以看出，若保持自变量 x_0 不变而让自变量的增量 $\Delta x\to 0$ 时，相应地函数 y 的增量 Δy 也要随着变动且 Δy 也趋于零，那么就称函数在点 x_0 处是连续的。下面给出连续的定义。

定义 2.7.2　设函数 $y=f(x)$在点 x_0 的某一邻域内有定义，如果

当自变量的增量 $\Delta x=x-x_0$ 趋于 0 时,对应的函数的增量 $\Delta y=f(x_+\Delta x)-f(x_0)$ 也趋于零,即有

$$\lim_{\Delta x\to 0}\Delta y=\lim_{\Delta x\to 0}[f(x_0+\Delta x)-f(x_0)]=0$$

那么就称函数 $y=f(x)$ 在点 x_0 处连续。

若设 $\Delta x=x-x_0$,则 $\Delta x\to 0$,也就是 $x\to x_0$,又因为

$$\Delta y=f(x_0+\Delta x)-f(x_0)=f(x)-f(x_0)$$

即
$$f(x)=f(x_0)+\Delta y$$

所以 $\Delta y\to 0$ 也就是 $f(x)\to f(x_0)$,因此定义 2 中 $\lim\limits_{\Delta x\to 0}\Delta y=\lim\limits_{\Delta x\to 0}[f(x_0+\Delta x)-f(x_0)]=0$ 也可表示为

$$\lim_{x\to x_0}f(x)=f(x_0)$$

因此下面给出函数在一点处连续定义的另一种表述。

定义 2.7.3 设函数 $y=f(x)$ 在点 x_0 的某一邻域内有定义,如果

$$\lim_{x\to x_0}f(x)=f(x_0)$$

那么就称函数 $f(x)$ 在点 x_0 处连续。

注:根据函数连续性的定义,函数 $f(x)$ 在点 x_0 处连续必须具备下列三个条件。

(1) 函数 $f(x)$ 在点 x_0 处有定义,即 $f(x_0)$ 存在;

(2) 极限 $\lim\limits_{x\to x_0}f(x)$ 存在;

(3) $\lim\limits_{x\to x_0}f(x)=f(x_0)$。

由于函数的连续性也是以极限的形式来表述的,所以函数的连续也可以用"$\varepsilon-\delta$"语言来描述:$\forall\varepsilon>0,\exists\delta>0$,当 $|x-x_0|<\delta$,恒有 $|f(x)-f(x_0)|<\varepsilon$。

类似于函数的左右极限,函数也有左右连续,下面给出左连续和右连续的概念。

函数 $f(x)$ 在点 x_0 的某左侧邻域内有定义,如果 $\lim\limits_{x\to x_0^-}f(x)=f(x_0^-)$ 存在且等于 $f(x_0)$,即

$$f(x_0^-)=f(x_0)$$

就说函数 $f(x)$ 在点 x_0 处左连续。

函数 $f(x)$ 在点 x_0 的某右侧邻域内有定义,如果 $\lim\limits_{x\to x_0^+}f(x)=f(x_0^+)$ 存在且等于 $f(x_0)$,即

$$f(x_0^+)=f(x_0)$$

就说函数 $f(x)$ 在点 x_0 处右连续。

函数 $f(x)$ 在点 x_0 处连续的充分必要条件是:函数 $f(x)$ 在点 x_0 处既左连续又右连续,即

$$\lim_{x\to x_0^-}f(x)=\lim_{x\to x_0^+}f(x)=f(x_0)\quad 或\quad f(x_0^-)=f(x_0^+)=f(x_0)$$

在开区间上每一点都连续的函数,称为在该区间上的连续函数,或者说函数在该区间上连续,如果区间包括端点即闭区间,那么函数在右端点连续是指左连续,在左端点连续是指右连续。

注:函数 $f(x)$ 在点 x_0 的某一邻域内有定义和极限 $\lim\limits_{x\to x_0}f(x)$ 存在是函数 $f(x)$ 在点 x_0 处连续的必要条件。

从几何上看,连续函数的图形是一条连续而不间断的曲线。

例 2.7.1　证明多项式函数 $P(x)=a_0+a_1x+\cdots+a_nx^n$ 在任意实数 x_0 处连续。

证明　因为

$$\lim_{x\to x_0}P(x)=\lim_{x\to x_0}(a_0+a_1x+\cdots+a_nx^n)=a_0+a_1\lim_{x\to x_0}x+\cdots+a_n\lim_{x\to x_0}x^n=a_0+a_1x_0+\cdots+a_nx_0^n=P(x_0)$$

所以多项式函数 $P(x)=a_0+a_1x+\cdots+a_nx^n$ 在任意实数 x_0 处连续。

有理分式函数 $R(x)=\dfrac{P(x)}{Q(x)}$（$P(x)$，$Q(x)$ 为多项式函数）。当 $Q(x_0)\neq 0$ 时，对定义域内的任意实数 x_0 都有 $\lim\limits_{x\to x_0}R(x)=R(x_0)$，所以有理函数在其定义域内的每一点都是连续的。

例 2.7.2　证明函数 $y=\sin x$ 在区间$(-\infty,+\infty)$内是连续的。

证明　设 x 是区间$(-\infty,+\infty)$内任意取定的一点，当 x 有增量 Δx 时，对应的函数增量为

$$\Delta y=\sin(x+\Delta x)-\sin x=2\sin\frac{\Delta x}{2}\cdot\cos\left(x+\frac{\Delta x}{2}\right)$$

因为$\left|\cos\left(x+\dfrac{\Delta x}{2}\right)\right|\leqslant 1$，$\left|\sin\dfrac{\Delta x}{2}\right|\leqslant\dfrac{1}{2}\left|\Delta x\right|$

所以 $0\leqslant|\Delta y|\leqslant 2\left|\sin\dfrac{\Delta x}{2}\right|\leqslant\left|\Delta x\right|$

由夹逼定理得，当 $\Delta x\to 0$ 时，$|\Delta y|\to 0$，进而有 $\Delta y\to 0$，

这便证明了函数 $y=\sin x$ 对于任何 $x\in(-\infty,+\infty)$是连续的。

类似地，可以仿此方法证明 $y=\cos x$ 在$(-\infty,+\infty)$上的连续性。

例 2.7.3　讨论函数 $f(x)=\begin{cases}x\sin\dfrac{1}{x}, & x\neq 0\\ 0, & x=0\end{cases}$ 在 $x=0$ 处的连续性。

解　根据有界函数和无穷小的乘积仍为无穷小，有

$$\lim_{x\to 0}f(x)=\lim_{x\to 0}x\sin\frac{1}{x}=0=f(0)$$

所以函数 $f(x)$在 $x=0$ 处是连续的。

例 2.7.4　讨论函数 $f(x)=\begin{cases}2x+2, & x\geqslant 0\\ x^2-2, & x<0\end{cases}$ 在 $x=0$ 处的连续性。

解　因为 $\lim\limits_{x\to 0^+}f(x)=\lim\limits_{x\to 0^+}(2x+2)=2=f(0)$

$$\lim_{x\to 0^-}f(x)=\lim_{x\to 0^-}(x^2-2)=-2\neq f(0)$$

$f(x)$在 $x=0$ 右连续，但不左连续，所以 $f(x)$在 $x=0$ 不连续。

2.7.2　函数的间断点

如果 x_0 不是函数 $f(x)$的连续点，则称 x_0 为 $f(x)$的**不连续点**或**间断点**。只要将函数连续的概念给予否定即得函数间断的概念。

定义 2.7.4　设函数 $f(x)$在点 x_0 的某一去心邻域内有定义，如果 $f(x)$有下列三种情形之一：

(1) $f(x)$在点 x_0 处没有定义，即 $f(x_0)$不存在；

(2) $f(x)$在点 x_0 处有定义，但$\lim\limits_{x\to x_0}f(x)$不存在；

(3) $f(x)$在点 x_0 处有定义，$\lim\limits_{x\to x_0}f(x)$也存在，但$\lim\limits_{x\to x_0}f(x)\neq f(x_0)$；

则函数 $f(x)$在点 x_0 不连续，点 x_0 称为函数 $f(x)$的不连续点或间断点。

下面举例说明函数间断点的几种常见类型，并给出函数间断点的分类。

例 2.7.5 讨论正切函数 $y=\tan x$ 在点 $x=\dfrac{\pi}{2}$处的连续性。

解 正切函数 $y=\tan x$ 在点 $x=\dfrac{\pi}{2}$处没有定义，所以点 $x=\dfrac{\pi}{2}$是函数 $y=\tan x$ 的间断点。又因为

$$\lim_{x\to\frac{\pi}{2}}\tan x=\infty$$

所以一般称 $x=\dfrac{\pi}{2}$为函数的**无穷间断点**，如图 2.15 所示。

例 2.7.6 讨论函数 $y=\sin\dfrac{1}{x}$在点 $x=0$ 处的连续性。

解 因为函数 $y=\sin\dfrac{1}{x}$在点 $x=0$ 处没有定义，所以 $x=0$ 是函数 $y=\sin\dfrac{1}{x}$的间断点。又因为当 $x\to 0$ 时，函数值在-1 与$+1$ 之间变动无限多次，如图 2.16 所示，所以将点$x=0$称为函数 $y=\sin\dfrac{1}{x}$的**振荡间断点**。

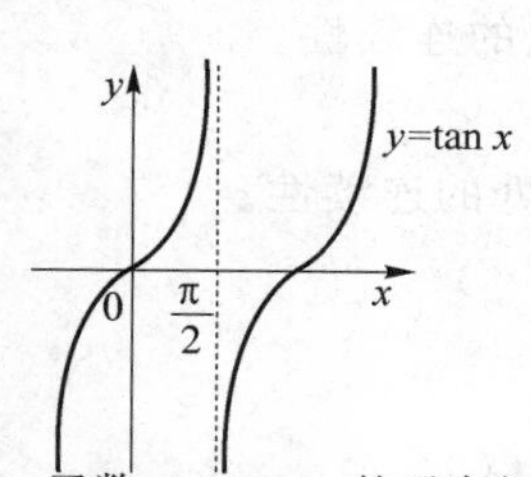

图 2.15 函数 $y=\tan x$ 的无穷间断点

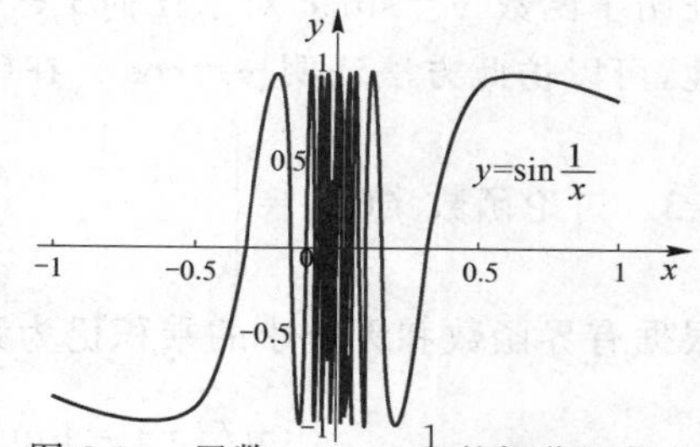

图 2.16 函数 $y=\sin\dfrac{1}{x}$的振荡间断点

例 2.7.7 讨论函数 $y=\dfrac{x^2-1}{x-1}$在点 $x=1$ 处的连续性。

解 因为函数 $y=\dfrac{x^2-1}{x-1}$在点 $x=1$ 处没有定义，所以 $x=1$ 是这函数的间断点，如图 2.17 所示，又因为

$$\lim_{x\to 1}\frac{x^2-1}{x-1}\lim_{x\to 1}(x+1)=2$$

如果补充在 $x=1$ 处的定义：令 $x=1$ 时，$y=2$，则函数在点 $x=1$ 就成为连续。因此，点 $x=1$ 称为函数 $y=\dfrac{x^2-1}{x-1}$的**可去间断点**。

例 2.7.8 讨论函数 $y=f(x)=\begin{cases}x, & x\neq 1\\ \dfrac{1}{2}, & x=1\end{cases}$ 在 $x=1$ 处的连续性。

解　因为$\lim\limits_{x\to1}f(x)=\lim\limits_{x\to1}x=1$,又 $f(1)=\dfrac{1}{2}$,所以

$$\lim_{x\to1}f(x)\neq f(1)$$

所以,点 $x=1$ 是函数 $f(x)$的间断点,如图 2.18 所示,如果改变函数 $f(x)$在 $x=1$ 处的定义,令 $f(1)=1$,则 $f(x)$在 $x=1$ 处成为连续。

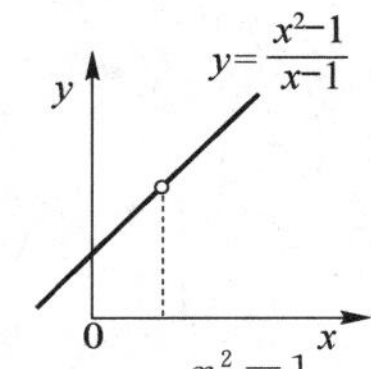

图 2.17　函数 $y=\dfrac{x^2-1}{x-1}$的可去间断点

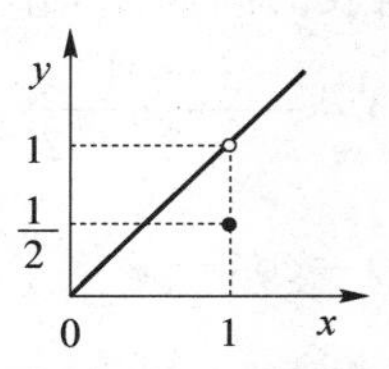

图 2.18　函数 $f(x)$在 $x=1$ 处的间断点

例 2.7.9　讨论函数 $f(x)=\begin{cases}x-1, & x<0\\ 0, & x=0\\ x+1, & x>0\end{cases}$在 $x=0$ 处的连续性。

解　当 $x\to0$ 时,$\lim\limits_{x\to0+}f(x)=\lim\limits_{x\to0-}(x-1)=-1$

$$\lim_{x\to0+}f(x)=\lim_{x\to0+}(x+1)=1$$

左极限和右极限都存在,但不相等,故极限$\lim\limits_{x\to0}f(x)$不存在,所以 $x=0$ 是 $f(x)$的间断点。因为 $y=f(x)$的图形在 $x=0$ 处产生跳跃现象,一般称 $x=0$ 为函数 $f(x)$的**跳跃间断点**。

根据间断点的原因,函数的间断点可以分为以下几种类型。

设 x_0 为函数 $f(x)$的间断点:

(1) 如果 $f(x)$在 x_0 处的左极限($f(x_0^-)$)、右极限($f(x_0^+)$)都存在,则称点 x_0 为函数$f(x)$的第一类间断点,若左、右极限存在但不相等,即 $f(x_0^-)\neq f(x_0^+)$,则称点 x_0 为第一类跳跃间断点;若左、右极限存在且相等即 $f(x_0^-)=f(x_0^+)$,则称点 x_0 为第一类可去间断点。

(2) 不是第一类间断点的任何间断点,都称为第二类间断点,其特点是 $f(x)$在 x_0 处的左极限($f(x_0^-)$)、右极限($f(x_0^+)$)至少有一个不存在。若左右极限中有一个为∞,则称 x_0 为第二类无穷间断点;若左右极限中有一个为振荡的,则称 x_0 为第二类振荡间断点。

习题 2.7

1. 设 $f(x)$在 **R** 上有定义,函数 $f(x)$在点 x_0 左、右极限都存在且相等是函数 $f(x)$在点 x_0 连续的(　　)。

A. 充分条件　　　　B. 充分且必要条件

C. 必要条件　　　　D. 非充分也非必要条件

2. 设函数 $f(x)=\begin{cases}x^{\frac{1}{3}}\sin x, & x\neq0\\ 0, & x=0\end{cases}$,则点 0 是函数 $f(x)$的(　　)。

A. 第一类不连续点　　　　B. 第二类不连续点

C. 可去不连续点　　　　D. 连续点

3. 函数 $f(x)=\dfrac{1}{x^2-1}$ 的连续区间是________。

4. 函数 $f(x)=\begin{cases} x, & x<1 \\ x-1, & 1\leqslant x<2 \\ 3-x, & x\geqslant 2 \end{cases}$ 的间断点为________。

5. 求下列函数的间断点,并判别间断点的类型。

(1) $f(x)=\dfrac{x^2-1}{x^2-3x+2}$　　(2) $f(x)=\dfrac{x}{\tan x}$

(3) $f(x)=\cos\dfrac{1}{x^2}$　　(4) $f(x)=\begin{cases} x-1, & x\leqslant 1 \\ 3-x, & x>1 \end{cases}$

(5) $f(x)=\dfrac{1}{1-e^{\frac{x}{x-1}}}$　　(6) $f(x)=\arctan\dfrac{1}{x}$

6. 设函数 $f(x)=\begin{cases} \dfrac{\sin 2x}{x}, & x<0, \\ x^2+a, & x\geqslant 0, \end{cases}$ 试确定 a 的值,使函数 $f(x)$ 在 $x=0$ 处连续。

7. 设函数 $f(x)=\begin{cases} \dfrac{\ln(1+3x)}{\sin ax}, & x>0 \\ bx+1, & x\leqslant 1 \end{cases}$ 在点 $x=0$ 处连续,求 a 和 b 的值。

8. 设 $f(x)=\begin{cases} x, & 0<x<1 \\ \dfrac{1}{2}, & x=1 \\ 1, & 1<x<2 \end{cases}$,问:(1) $\lim\limits_{x\to 1}f(x)$ 存在吗?(2) $f(x)$ 在 $x=1$ 处连续吗?若不连续,说明是哪类间断?若可去,则补充定义,使其在该点连续。

2.8 连续函数的运算与初等函数的连续性

学习目标与要求

(1) 理解连续函数的运算;

(2) 理解反函数和复合函数的连续性;

(3) 理解初等函数在其定义区间连续的结论;

(4) 掌握利用函数连续性求极限的方法。

2.8.1 连续函数的运算

由于函数在某一点的连续是以极限的形式来定义的,且极限有四则运算法则,所以很自然得到连续的四则运算法则。

定理 2.8.1 若函数 $f(x)$,$g(x)$ 在点 x_0 处连续,则 $f(x)\pm g(x)$,$f(x)g(x)$,$\dfrac{f(x)}{g(x)}$ $(g(x_0)\neq 0)$ 在点 x_0 处也连续。

证明 下面证明和的情况,其余的可类似证明。

因为函数 $f(x)$ 和 $g(x)$ 均在点 x_0 处连续,即 $\lim\limits_{x\to x_0}f(x)=f(x_0)$,$\lim\limits_{x\to x_0}g(x)=g(x_0)$,则由

极限的加减法运算法则，得

$$\lim_{x \to x_0}[f(x) \pm g(x)] = \lim_{x \to x_0} f(x) \pm \lim_{x \to x_0} g(x) = f(x_0) \pm g(x_0)$$

所以函数 $f(x) \pm g(x)$ 在点 x_0 处连续。

由例 2.7.2 可知，$\sin x$，$\cos x$ 在其定义域$(-\infty, +\infty)$内连续，由上述定理得

$\tan x = \dfrac{\sin x}{\cos x}$在其定义域$\left\{x \mid x \neq k\pi + \dfrac{\pi}{2}, k \in \mathbf{Z}\right\}$内连续，$\cos x = \dfrac{\cos x}{\sin x}$在其定义域$\{x \mid x \neq k\pi, k \in \mathbf{Z}\}$内连续，$\sec x = \dfrac{1}{\cos x}$在其定义域$\left\{x \mid x \neq k\pi + \dfrac{\pi}{2}, k \in \mathbf{Z}\right\}$内连续，$\csc x = \dfrac{1}{\sin x}$在其定义域$\{x \mid x \neq k\pi, k \in \mathbf{Z}\}$内连续。

2.8.2　反函数与复合函数的连续性

由第 1 章函数我们可知，区间 I 上的单调增（或减）函数 $y = f(x)$ 的反函数 $x = \varphi(y)$ 必存在，且 $x = \varphi(y)$ 在值域区间 $f(I)$ 上也是单调增加（或减少）的。又因为函数与其反函数的图像关于 $y = x$ 对称，所以，如果 $y = f(x)$ 是一条连续而不间断的曲线，那么它的反函数 $x = \varphi(y)$ 也是一条连续而不间断的曲线，因此可得下面的反函数连续性定理。

定理 2.8.2　如果函数 $y = f(x)$ 在区间 I_x 上单调增加（或减少）且连续，那么它的反函数 $x = \varphi(y)$ 也在对应的区间 $I_y\{y \mid y = f(x), x \in I_x\}$ 上单调增加（或减少）且连续。

例 2.8.1　由于 $y = \sin x$ 在区间$\left[-\dfrac{\pi}{2}, \dfrac{\pi}{2}\right]$单调增加且连续，根据上述定理，其反函数 $y = \arcsin x$ 在区间$[-1, 1]$上连续。

同理可得 $y = \arccos x$ 在区间$[-1, 1]$上单调减少且连续，$y = \arctan x$ 在区间$(-\infty, +\infty)$内单调增加且连续；$y = \operatorname{arccot} x$ 在区间$(-\infty, +\infty)$内单调减少且连续。总之，反三角函数在其定义域内连续。

指数函数 $a^x (a > 0, a \neq 1)$ 与 e^x 在区间$(-\infty, +\infty)$内是单调和连续的，它的值域为$(0, +\infty)$，由反函数连续性定理 2.8.2 可得，它的反函数 $y = \log_a x (a > 0, a \neq 1)$ 与 $\ln x$ 在定义区间$(0, +\infty)$内单调且连续。

2.8.3　复合函数的连续性

定理 2.8.3　设函数 $u = g(x)$ 当 $x \to x_0$ 时的极限存在且等于 a，即 $\lim\limits_{x \to x_0} g(x) = a$，而函数 $y = f(u)$ 在点 $u = a$ 处连续，即$\lim\limits_{u \to a} f(u) = f(a)$，那么复合函数 $y = f[g(x)]$ 当 $x \to x_0$ 时的极限也存在且等于 $f(a)$，即

$$\lim_{x \to x_0} f(g(x)) = f(a) = f[\lim_{x \to x_0} g(x)]$$

证明　因为 $y = f(u)$ 在点 $u = a$ 处连续，所以对 $\forall \varepsilon > 0$，$\exists \eta > 0$ 当 $|u - a| < \eta$ 时，恒有 $|f(u) - f(a)| < \varepsilon$ 成立。

又因为$\lim\limits_{x \to x_0} g(x) = a$，所以对 $\forall \eta > 0$，$\exists \delta > 0$，当$< |x - x_0| < \delta$ 时，恒有

$$|g(x)-a|=|u-a|<\eta$$

成立。

将上两步合起来，得

$$\forall\varepsilon>0,\exists\delta>0$$

当 $0<|x-x_0|<\delta$ 时，恒有

$$|f(u)-f(a)|=|f[g(x)]-f(a)|<\varepsilon$$

成立。

所以，$\lim\limits_{x\to x_0}f(g(x))=f(a)=f[\lim\limits_{x\to x_0}g(x)]$。

注：定理 2.8.3 表明，在满足该定理的条件下，求复合函数 $y=f[g(x)]$ 的极限时，函数符号与极限符号可以交换次序。

例 2.8.2 求 $\lim\limits_{x\to3}\sqrt{\dfrac{x-3}{x^2-9}}$。

解 由定理 2.8.3，有

$$\lim_{x\to3}\sqrt{\frac{x-3}{x^2-9}}=\sqrt{\lim_{x\to3}\frac{x-3}{x^2-9}}=\sqrt{\frac{1}{6}}=\frac{\sqrt{6}}{6}$$

例 2.8.3 求 $\lim\limits_{x\to0}\dfrac{\ln(1+x)}{x}$。

解 $\lim\limits_{x\to0}\dfrac{\ln(1+x)}{x}=\lim\limits_{x\to0}\ln(1+x)^{\frac{1}{x}}=\ln[\lim\limits_{x\to0}(1+x)^{\frac{1}{x}}]=\ln e=1$

例 2.8.4 求 $\lim\limits_{x\to0}(1+2x)^{\frac{3}{\sin x}}$

解 $\lim\limits_{x\to0}(1+2x)^{\frac{3}{\sin x}}=\lim\limits_{x\to0}(1+2x)^{\frac{1}{2x}\cdot\frac{2x}{\sin x}\cdot3}=\lim\limits_{x\to0}e^{\frac{6x}{\sin x}\ln(1+2x)^{\frac{1}{2x}}}=e^{\lim\limits_{x\to0}\left[\frac{6x}{\sin x}\ln(1+2x)^{\frac{1}{2x}}\right]}$

$$=e^{\lim\limits_{x\to0}\left[\frac{6x}{\sin x}\lim\limits_{x\to0}\ln(1+2x)^{\frac{1}{2x}}\right]}=e^{\lim\limits_{x\to0}\frac{6x}{\sin x}\ln\left(\lim\limits_{x\to0}(1+2x)^{\frac{1}{2x}}\right)}=e^{6\ln e}=e^6$$

一般地，对于形如 $u(x)^{v(x)}$ $(u(x)>0,u(x)\neq1)$ 的函数（通常称为**幂指函数**），如果 $\lim u(x)=a>0,\lim v(x)=b$，则 $\lim u(x)^{v(x)}=a^b$。所以，上例可以简化为

$$\lim_{x\to0}(1+2x)^{\frac{3}{\sin x}}=\lim_{x\to0}[(1+2x)^{\frac{1}{2x}}]^{\frac{6x}{\sin x}}$$

因为

$$\lim_{x\to0}(1+2x)^{\frac{1}{2x}}=e,\lim_{x\to0}\frac{6x}{\sin x}=6$$

所以

$$\lim_{x\to0}(1+2x)^{\frac{3}{\sin x}}=e^6$$

定理 2.8.4 设函数 $u=g(x)$ 在点 $x=x_0$ 连续，且 $g(x_0)=u_0$，而函数 $y=f(u)$ 在点 $u=u_0$ 连续，那么复合函数 $y=f[g(x)]$ 在点 $x=x_0$ 也连续。

证明 定理 2.8.4 的条件要强于定理 2.8.3，$g(x_0)=u_0$ 表示 $g(x)$ 在点 x_0 连续，根据定理 2.8.3 可得

$$\lim_{x\to x_0}f(g(x))=f(u_0)=f[g(x_0)]$$

即复合函数 $y=f[g(x)]$ 在点 $x=x_0$ 连续。

注：定理 2.8.4 是定理 2.8.3 的特殊情况。

例 2.8.5 幂函数 $y=x^\mu$（μ 为常数）的定义域随 μ 值的变化而变化，但无论 μ 为何值，在

区间$(0,+\infty)$内总有定义，设$x>0$，则

$$y=x^{\mu}=e^{\mu\ln x}$$

所以，幂函数$y=x^{\mu}$可看作$y=e^{u}$与$u=\mu\ln x$构成的复合函数，根据定理2.8.4，它在$(0,+\infty)$内连续。对于μ取各种不同值的情形，可以证明幂函数在它的定义域内是连续的。

例2.8.6　讨论函数$y=\sin\dfrac{1}{x}$的连续性。

解　函数$y=\sin\dfrac{1}{x}$可看作由$y=\sin u$与$u=\dfrac{1}{x}$复合而成，$\sin u$在$-\infty<u<\infty$时是连续的，$\dfrac{1}{x}$在$-\infty<x<0$和$0<x<\infty$时是连续的。根据定理2.8.4可知，函数$\sin\dfrac{1}{x}$在区间$(-\infty,0)$和$(0,+\infty)$内是连续的。

2.8.4　初等函数的连续性

由上面的讨论可知，三角函数及反三角函数在它们的定义域内是连续的。

指数函数$a^{x}(a>0,a\neq1)$与e^{x}在其定义域$(-\infty,+\infty)$内是连续的，它的反函数对数函数$y=\log_{a}x(a>0,a\neq1)$与$\ln x$在其定义域$(0,+\infty)$内是连续的。

幂函数$y=x^{\mu}$在其定义域内是连续的。

所以给出下面的定理。

定理2.8.5　基本初等函数在其定义域内是连续的。

由于初等函数是由基本初等函数经过有限次四则运算和有限次复合构成的，所以由定理2.8.1和定理2.8.4可以得出下面另一个结论。

定理2.8.6　一切初等函数在其定义区间内都是连续的。

定义区间是指包含在定义域内的区间。

注：(1) 初等函数仅在其定义区间内连续，在其定义域内不一定连续；

例如，$y=\sqrt{\cos x-1}$，其定义域为$D：x=0,\pm2\pi,\pm4\pi\cdots$，这些孤立点的邻域内没有定义，所以$y=\sqrt{\cos x-1}$在定义域内不连续；

再如，$y=\sqrt{x^{2}(x-1)^{3}}$，其定义域为$D：x=0$，及$x\geqslant1$，在0点的邻域内没有定义，所以函数在其定义域内不连续，但函数在区间$[1,+\infty)$上是连续的。

(2) 由函数在一点连续的定义即初等函数的连续性，可得初等函数求极限的方法可采用代入法，即若$f(x)$是初等函数，x_{0}是其定义区间内的点，则$\lim\limits_{x\to x_0}f(x)=f(x_{0})$。

例2.8.7　求$\lim\limits_{x\to x_0}\sqrt{x^{2}-2x+5}$。

解　函数$\sqrt{x^{2}-2x+5}$为初等函数，$x=0$是它的连续点，所以有

$$\lim_{x\to x_0}\sqrt{x^{2}-2x+5}=\sqrt{x^{2}-2x+5}\,\Big|_{x=0}=\sqrt{5}$$

例2.8.8　求$\lim\limits_{x\to x_0}\dfrac{\sqrt{1+x^{2}}-1}{x}$

解　$\lim\limits_{x\to x_0}\dfrac{\sqrt{1+x^{2}}-1}{x}=\lim\limits_{x\to0}\dfrac{(\sqrt{1+x^{2}}-1)(\sqrt{1+x^{2}}+1)}{x(\sqrt{1+x^{2}}+1)}=\lim\limits_{x\to0}\dfrac{x}{\sqrt{1+x^{2}}+1}=\dfrac{0}{2}=0$

例 2.8.9 函数 $f(x)=\begin{cases}\cos x, & x<0,\\ a+x, & x\geqslant 0,\end{cases}$ 在 $x=0$ 处连续,求 a 的值。

解 因为 $\lim\limits_{x\to 0^-}f(x)=\lim\limits_{x\to 0^-}\cos x=1$,$\lim\limits_{x\to 0^+}f(x)=\lim\limits_{x\to 0^+}(a+x)=a$,$f(0)=a$ 要使 $f(0^-)=f(0^+)=f(0)$,即可得 $a=1$。

所以,当且仅当 $a=1$ 时,函数 $f(x)$ 在 $x=0$ 处连续。

习题 2.8

1. 若函数 $f(x)\begin{cases}a+bx^2, & x\leqslant 0\\ \dfrac{\sin bx}{x}, & x>0\end{cases}$ 在 $(-\infty,+\infty)$ 内连续,则 a 和 b 的关系是( )。

A. $a=b$ B. $a>b$ C. $a<b$ D. 不能确定

2. 研究下列函数的连续性。

(1) $f(x)=\begin{cases}x^2, & 0\leqslant x\leqslant 1\\ 2-x, & 1<x<2\end{cases}$ (2) $f(x)=\begin{cases}x, & |x|\leqslant 1\\ 1, & |x|>1\end{cases}$

(3) $f(x)=x^2\cos x+e^x$ (4) $f(x)=\sqrt{-x^2-x+12}$

3. 求下列极限。

(1) $\lim\limits_{x\to 0}\sqrt{3x^2-5x+6}$ (2) $\lim\limits_{x\to\frac{\pi}{6}}\ln(2\cos 2x)$

(3) $\lim\limits_{x\to 0}(1-4x)^{\frac{1-x}{x}}$ (4) $\lim\limits_{x\to 0}[1+\ln(1+x)]^{\frac{2}{x}}$

(5) $\lim\limits_{x\to 0}(1+x^2e^x)^{\frac{1}{1-\cos x}}$ (6) $\lim\limits_{x\to 0}(\cos x)^{\cot^2 x}$

(7) $\lim\limits_{x\to 1}\dfrac{\frac{1}{2}+\ln(2-x)}{\arctan x}$ (8) $\lim\limits_{x\to 1}\sin\left(\pi\sqrt{\dfrac{x+1}{3x+5}}\right)$

(9) $\lim\limits_{x\to+\infty}\arcsin(\sqrt{x^2+x}-x)$ (10) $\lim\limits_{x\to\frac{\pi}{4}}\dfrac{\sin 2x}{2\cos(\pi-x)}$

4. 设 $\lim\limits_{x\to\infty}\left(\dfrac{x+2a}{x-a}\right)^x=8$ 且 $a\neq 0$,求常数 a 的值。

2.9 闭区间上连续函数的性质

学习目标与要求

(1) 理解闭区间上连续函数的性质;

(2) 掌握用零点定理判断方程根的存在性。

由第 2.7 节可知,如果函数 $f(x)$ 在开区间 (a,b) 内连续,且在右端点 b 左连续,在左端点 a 右连续,那么函数 $f(x)$ 在闭区间 $[a,b]$ 上连续。闭区间上的连续函数有很多重要性质,是高等数学理论与应用研究的理论基础,本节给出几个闭区间上连续函数的性质定理。

2.9.1　有界性与最大值、最小值定理

定义 2.9.1　对于在区间 I 上有定义的函数 $f(x)$，如果有 $x_0 \in I$，使得对于任一 $x \in I$，都有

$$f(x) \leqslant f(x_0) \text{ 或 } f(x) \geqslant f(x_0)$$

则称 $f(x_0)$是函数 $f(x)$在区间 I 上的**最大值或最小值**。

函数的最大值和最小值统称为函数的最值，最大值用 M 来表示，最小值用 m 来表示。使函数取得最大值或最小值的点称为函数的**最大值点**或**最小值点**。函数的最大值点和最小值点统称为函数的最值点。

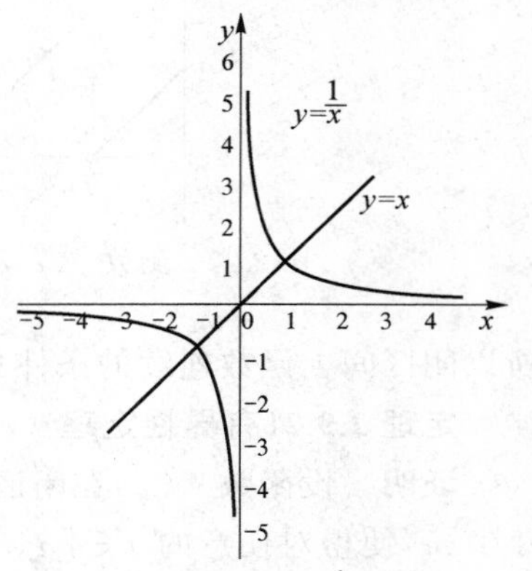

图 2.19　函数 $y=\dfrac{1}{x}$ 和 $y=x$

例如，函数 $y=1+\cos x$ 在区间$[0,2\pi]$上有最大值 $M=y_{\max}(0)=2$，最小值 $m=y_{\min}(\pi)=0$；函数 $y=\dfrac{1}{x}$ 在闭区间$[1,2]$上有最大值 $M=y_{\max}(1)=1$，最小值 $M=y_{\max}(2)=\dfrac{1}{2}$，但在$(0,1]$上没有最大值，如图 2.19 所示。

函数 $y=x$ 在开区间(a,b)内没有最大值和最小值，如图 2.19所示。函数 $y=C$ 在开区间$(-\infty,+\infty)$上的最大值和最小值都等于 C，即 $M=m=C$(最大值和最小值可以相等)。函数具有什么样的条件肯定存在最大值和最小值呢？下面给出函数具有最值的充分条件。

定理 2.9.1(最大值和最小值定理)　在闭区间上连续的函数在该区间上一定有最大值和最小值。

定理 2.9.1 的几何意义：若 $f(x)$为闭区间$[a,b]$上的连续函数，则存在 $\xi_1,\xi_2 \in [a,b]$，使得任意的 $x \in [a,b]$有 $f(\xi_1) \geqslant f(x)$和 $f(\xi_2) \leqslant f(x)$，也即最大值 $M=f(\xi_1)$，最小值 $m=f(\xi_3)$，如图 2.20 所示。

注：(1) 若区间是开区间，定理不一定成立，即有的成立有的不成立；

例如，函数 $y=\sin x$ 在$\left(0,\dfrac{\pi}{2}\right)$连续，无最大值和最小值，如图 2.21 所示；函数 $y=\sin x$ 在$(0,2\pi)$连续，有最大值 $M=1$ 和最小值 $m=-1$。

(2) 若区间内有间断点，定理不一定成立；

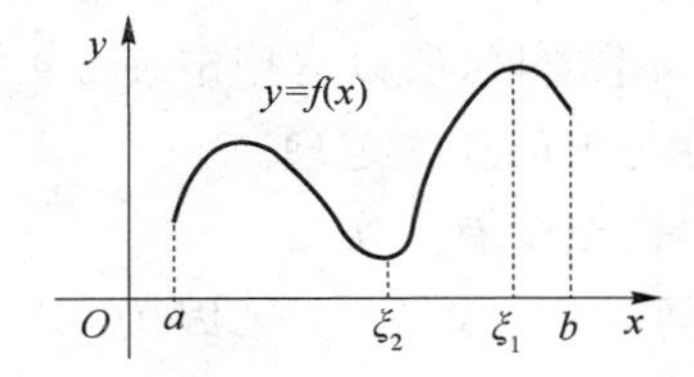

图 2.20　定理 2.9.1 的几何意义

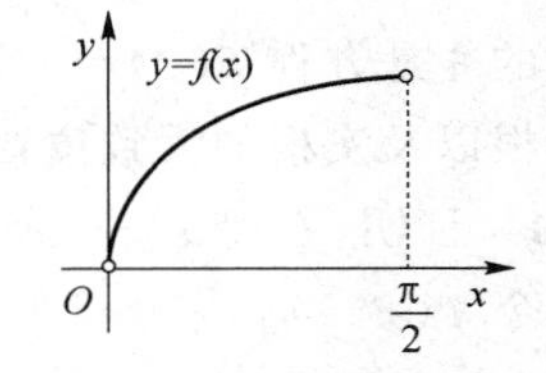

图 2.21　函数 $y=\sin x$ 的最值情况

例如，若函数 $f(x)=\begin{cases} -x+1, & 0 \leqslant x < 1 \\ 1, & x=1 \\ -x+3 & 1 < x \leqslant 2 \end{cases}$ 在区间$[0,2]$上有间断点 $x=1$，则没有最大值

和最小值，如图 2.22 所示。

而函数 $f(x)=\begin{cases}x-1, & -1\leqslant x<0\\ x+1, & 0\leqslant x\leqslant 1\end{cases}$ 在$[-1,1]$上有间断点 $x=0$，也仍有最大值 $M=2$，最小值 $m=-2$，如图 2.23 所示。

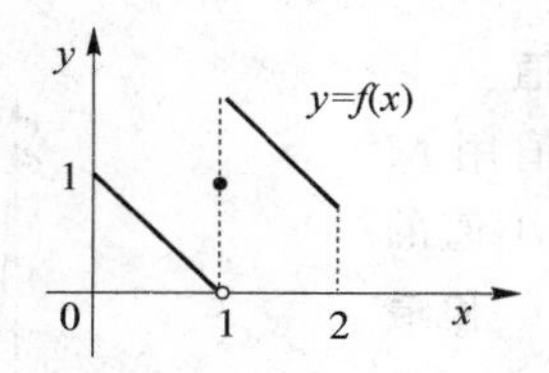

图 2.22　函数 $f(x)$在 $x=1$ 处间断

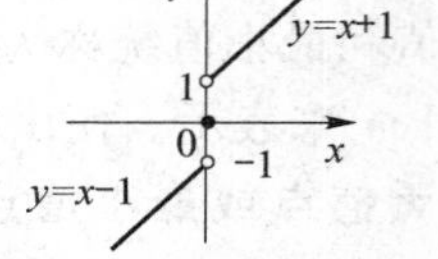

图 2.23　函数 $f(x)$在 $x=0$ 处间断

所以闭区间上函数连续的条件只是充分条件，而不是必要条件。

定理 2.9.2(有界性定理)　在闭区间上连续的函数一定在该区间上有界。

证明　设函数 $f(x)$在闭区间$[a,b]$上连续，由定理 2.9.1 可知，一定存在最大值 M 和最小值 m，使得对任意的 $x\in[a,b]$，都有

$$m\leqslant f(x)\leqslant M$$

取 $K=\max\{|m|,|M|\}$，则对任意的 $x\in[a,b]$都有

$$|f(x)|\leqslant K$$

所以，函数 $f(x)$在闭区间$[a,b]$上有界。

2.9.2　零点定理与介值定理

如果存在点 x_0 使 $f(x_0)=0$，那么点 x_0 就称为函数 $f(x)$的零点。

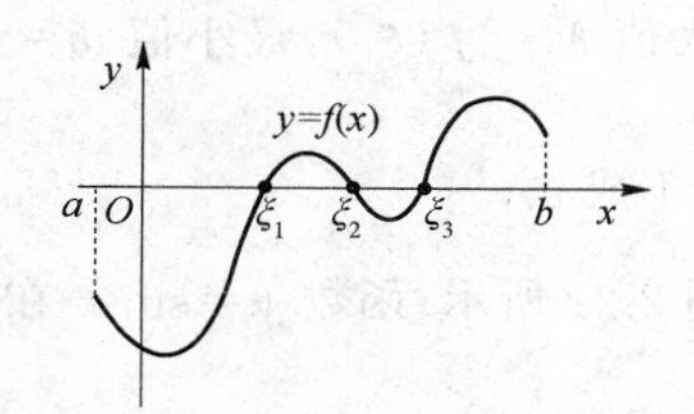

图 2.24　定理 2.9.3 的几何解释

定理 2.9.3(零点定理)　设函数 $f(x)$在闭区间$[a,b]$上连续，且 $f(a)$与 $f(b)$异号(即$f(a)f(b)<0$)，那么在开区间(a,b)内至少有函数 $f(x)$的一个零点，即至少有一点 $\xi(a<\xi<b)$使得 $f(\xi)=0$。

定理 2.9.3 的几何解释：如果连续曲线 $y=f(x)$的两个端点位于 x 轴的不同侧，则曲线与 x 轴至少有一个交点，如图 2.24 所示。

定理中的 ξ 是方程 $f(x)=0$ 在开区间(a,b)内的一个实根，所以常用定理 2.9.3 讨论方程是否存在实根以及实根的大致位置，所以该定理也被称为根的存在定理。

例 2.9.1　证明：方程 $x^3-4x^2+1=0$ 在区间$(0,1)$内至少有一实根。

证明　令 $f(x)=x^3-4x^2+1$，则 $f(x)$在闭区间$[0,1]$上连续，又因为 $f(0)=1>0$，$f(1)=-2<0$，由零点定理有，至少存在一点 $\xi\in(0,1)$使得 $f(\xi)=0$，即 $\xi^3-4\xi^2+1=0$，所以方程 $x^3-4x^2+1=0$ 在区间$(0,1)$内至少有一实根 ξ。

例 2.9.2　设函数 $f(x)$在区间$[a,b]$上连续，且 $f(a)<a$，$f(b)>b$，证明该函数存在 $\xi\in(a,b)$，使得 $f(\xi)=\xi$。

证明　令 $F(x)=f(x)-x$，则 $F(x)$在闭区间$[a,b]$上连续，又 $F(a)=f(a)-a<0$，

$F(b)=f(b)-b>0$,由零点定理有,至少存在一点 $\xi\in(a,b)$,使得 $F(\xi)=f(\xi)-\xi=0$,即 $f(\xi)=\xi$。

例 2.9.3　证明方程 $x=a\sin x+b(a>0,b>0)$ 至少有一个正根,并且它不超过 $a+b$。

证明　令 $f(x)=x-a\sin x-b$,则 $f(x)$ 在 $[0,a+b]$ 上连续,又

$$f(a+b)=a+b-a\sin(a+b)-b=a\cdot[1-\sin(a+b)]\geqslant 0$$
$$f(0)=-b<0$$

若 $f(a+b)=0$,则取 $\zeta=a+b$;

若 $f(a+b)>0$,且 $f(0)<0$,则由零点定理有,至少存在一点 $\eta\in(0,a+b)$,使得 $f(\eta)=0$。

综合上面两种情况可得,至少存在一点 $\xi\in(0,a+b]$,使得 $f(\xi)=0$,
即方程 $x=a\sin x+b$ 至少有一个不超过 $a+b$ 的正根。

零点定理中的条件要求区间端点的函数值异号限制了定理的应用范围。下面给出应用更为广泛的介质定理。

定理 2.9.4(介值定理)　设函数 $f(x)$ 在闭区间 $[a,b]$ 上连续,且在这区间的端点取不同的函数值

$$f(a)=A \quad 及 \quad f(b)=B$$

那么,对于 A 与 B 之间的任意一个常数 C,在开区间 (a,b) 内至少有一点 ξ,使得

$$f(\xi)=C \quad (a<\xi<b)$$

证明　设 $F(x)=f(x)-C$,则 $F(x)$ 在闭区间 $[a,b]$ 上连续,又由于 C 是介于 A 与 B 之间的任意一个数,所以 $F(a)=f(a)-C$ 与 $F(b)=f(b)-C$ 异号,也即 $F(a)F(b)<0$,则由零点定理有,至少存在一点 $\xi\in(a,b)$,使得 $F(\xi)=0$,即 $f(\xi)=C$。

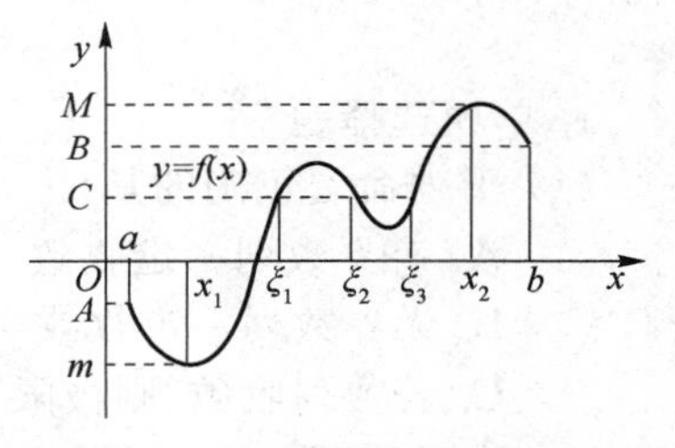

图 2.25　介质定理和介质定理推论的几何解释

定理 2.9.4 的几何解释: 在闭区间 $[a,b]$ 上的连续曲线 $y=f(x)$ 与介于 $y=f(a)$ 和 $y=f(b)$ 之间的任意一条直线 $y=C$ 至少有一个交点,如图 2.25 所示。

例如,气温的变化,从 -5 ℃变化到 10 ℃,温度变化必然经过 -5 ℃到 10 ℃之间的一切温度值。

推论 2.9.1　在闭区间上连续的函数必取得介于最大值 M 与最小值 m 之间的任何值。

证明　设 $m=f(x_1)$,$M=f(x_2)$,而 $m\neq M$,在闭区间 $[x_1,x_2]$(或 $[x_2,x_1]$)上应用介值定理,即得上述结论。

例 2.9.4　若 $f(x)$ 在闭区间 $[a,b]$ 上连续,且 $a<x_1<x_2<\cdots<x_n<b$,证明:在区间 $[x_1,x_n]$ 内至少存在一点 $\xi\in(a,b)$,使得

$$f(\xi)=\frac{f(x_1)+f(x_2)+\cdots+f(x_n)}{n}$$

证明　因为 $f(x)$ 在闭区间 $[a,b]$ 上连续,所以 $f(x)$ 在 $[x_1,x_n]$ 上连续。由最值定理有 $f(x)$ 在 $[x_1,x_n]$ 上有最大值 M 和最小值 m,即

$$m\leqslant f(x_1),f(x_2),\cdots,f(x_n)\leqslant M$$

也即

$$m\leqslant\frac{f(x_1),f(x_2)+\cdots+f(x_n)}{n}\leqslant M$$

由介质定理的推论有，至少存在一点 $\xi\in(a,b)$，使得

$$f(\xi)=\frac{f(x_1)+f(x_2)+\cdots+f(x_n)}{n}$$

习题 2.9

1. 证明方程 $x\ln x=2$ 在 $(1,\mathrm{e})$ 内至少有一实根。
2. 证明方程 $x^5+x=1$ 有正实根。
3. 试证：方程 $x\cdot 2^x=1$ 至少有一个小于 1 的正根。
4. 设 $f(x)$ 在 $[0,2a]$ 上连续，且 $f(0)=f(2a)$，证明：方程 $f(x)=f(x+a)$ 在 $[0,a]$ 内至少有一根。
5. 设 $f(x)$ 在 $[0,1]$ 上连续，且 $0\leqslant f(x)\leqslant 1$，证明：至少存在一点 $\xi\in[0,1]$，使 $f(\xi)=\xi$。
6. 根据连续函数的性质，验证方程 $x^5-3x=1$ 至少有一个根介于 1 和 2 之间。
7. 设 $f(x)$ 在闭区间 $[0,2a]$ 上连续，且 $f(0)=f(2a)$，则在 $[0,a]$ 上至少存在一个 x，使 $f(x)=f(x+a)$。
8. 求证方程 $x+1+\sin x=0$ 在区间 $\left(-\frac{\pi}{2},\frac{\pi}{2}\right)$ 上至少有一个根。

习题二

1. 单项选择题

(1) 下列命题正确的是(　　)。

A. 有界数列一定收敛

B. 无界数列一定收敛

C. 若数列收敛，则极限唯一

D. 若函数 $f(x)$ 在 $x=x_0$ 处的左右极限都存在，则 $f(x)$ 在此点处的极限存在

(2) 观察下列数列的变化趋势，其中极限是 1 的数列是(　　)。

A. $x_n=\frac{n}{n+1}$　　B. $x_n=2-(-1)^n$

C. $x_n=3+\frac{1}{n}$　　D. $x_n=\frac{1}{n^2}-1$

(3) 下列极限错误的是(　　)。

A. $\lim\limits_{x\to 0+}(1+x)^{\frac{1}{x}}=\mathrm{e}$　　B. $\lim\limits_{x\to+\infty}\left(1+\frac{1}{x}\right)^{-x}=\mathrm{e}^{-1}$

C. $\lim\limits_{x\to\infty}\frac{\sin x}{x}=1$　　D. $\lim\limits_{x\to 0}\frac{\sin x}{x}=1$

(4) 当 $x\to 0$ 时，下列四个无穷小量中，比其他三个更高阶的无穷小的是(　　)。

A. x^2　　B. $1-\cos x$

C. $\sqrt{1-x^2}-1$　　D. $x-\tan x$

(5) 极限 $\lim\limits_{x\to 1}\frac{x^2-1}{x-1}\mathrm{e}^{\frac{1}{x-1}}$ 为(　　)。

A. 1　　B. 0　　C. ∞　　D. 不存在但不为 ∞

(6) 若当 $x\to x_0$ 时，$\alpha(x)$ 和 $\beta(x)$ 都是无穷小，则当 $x\to x_0$ 时，下列表达式中不一定是无穷小的是(　　)。

A. $|\alpha(x)|+|\beta(x)|$　　　　B. $\alpha^2(x)$ 和 $\beta^2(x)$

C. $\ln[1+\alpha(x)\cdot\beta(x)]$　　　　D. $\dfrac{\alpha^2(x)}{\beta(x)}$

(7) 极限 $\lim\limits_{x\to 0}\dfrac{\sin x}{|x|}$ 的值为(　　)。

A. 1　　B. -1　　C. 0　　D. 不存在

(8) 设 $\{a_n\},\{b_n\},\{c_n\}$ 均为非负数列，且 $\lim\limits_{n\to\infty}a_n=0,\lim\limits_{n\to\infty}b_n=1,\lim\limits_{n\to\infty}c_n=\infty$，则必有(　　)。

A. $a_n<b_n$ 对任意 n 的成立　　　　B. $b_n<c_n$ 对任意 n 成立

C. 极限 $\lim\limits_{n\to\infty}a_nc_n$ 不存在　　　　D. 极限 $\lim\limits_{n\to\infty}b_nc_n$ 不存在

(9) 函数 $f(x)=\dfrac{x^2-1}{x^2-3x+2}$，下列说法正确的是(　　)。

A. $x=1$ 为其第二类间断点　　　　B. $x=1$ 为其可去间断点

C. $x=2$ 为其跳跃间断点　　　　D. $x=2$ 为其振荡间断点

(10) 设 $f(x)=\begin{cases}x^2+1 & x<0\\ 2x+1 & x\geqslant 0\end{cases}$，则下列结论正确的是(　　)。

A. $f(x)$ 在 $x=0$ 处连续　　　　B. $f(x)$ 在 $x=0$ 处不连续，但有极限

C. $f(x)$ 在 $x=0$ 处无极限　　　　D. $f(x)$ 在 $x=0$ 处连续，但无极限

2. 填空题

(1) 极限 $\lim\limits_{n\to 0}\dfrac{(4+3n)^2}{n(1-n)}=$________________；

(2) 极限 $\lim\limits_{x\to 0}\dfrac{\sqrt{x^2+1}-1}{x}=$________________；

(3) $\lim\limits_{x\to 0}x^k\sin\dfrac{1}{x}=0$ 成立的 k 为________________；

(4) $\lim\limits_{x\to\infty}e^x\arctan x=$________________；

(5) 若当 $x\to 1$ 时，$f(x)$ 是 $x-1$ 的等价无穷小，则 $\lim\limits_{x\to 1}\dfrac{f(x)}{(x-1)(x+1)}=$____________；

(6) 极限 $\lim\limits_{x\to 0}\dfrac{x^2(e^x-1)}{\tan x-\sin x}$________________；

(7) 已知当 $x\to 0$ 时，$(1+ax^2)^{\frac{1}{3}}-1$ 与 $\cos x-1$ 是等价无穷小，则常数 $a=$________；

(8) 设 $\lim\limits_{x\to\infty}\left(\dfrac{x+2a}{x-a}\right)^x=8$，则 $a=$________________；

(9) $x=0$ 是函数 $f(x)=\dfrac{\sin x}{|x|}$ 的____________间断点；

(10) $f(x)=\begin{cases}e^x+1, & x>0\\ x+b, & x\leqslant 0\end{cases}$ 在 $x=0$ 处连续，则 $b=$____________。

3. 计算题

(1) $\lim\limits_{n\to\infty}(1+\frac{1}{6}+\cdots+\frac{1}{6^n})$　　(2) $\lim\limits_{x\to 0}\frac{\sin^2 x\cos\frac{1}{x}}{x}$

(3) $\lim\limits_{x\to 0}\frac{\sqrt{1+6x}-\sqrt{1-2x}}{x^2+4x}$　　(4) $\lim\limits_{x\to 0}\frac{1-\cos(\sin x)}{2\ln(1+x^2)}$

(5) $\lim\limits_{x\to\infty}(x\sin\frac{1}{x}+\frac{1}{x}\sin x)$　　(6) $\lim\limits_{x\to 0}\sqrt[x]{\cos\sqrt{x}}$

(7) $\lim\limits_{x\to 0}\frac{\csc x-\cot x}{x}$　　(8) $\lim\limits_{x\to\infty}(\frac{2x+1}{2x-1})^{3x}$

(9) $\lim\limits_{x\to 2}\frac{\ln(1+\sqrt[3]{2-x})}{\arctan\sqrt[3]{4-x^2}}$　　(10) $\lim\limits_{x\to 0}\frac{\sqrt{1+x\sin x}-\sqrt{\cos x}}{x\tan x}$

4. 解答题

(1) 已知 $\lim\limits_{x\to+\infty}\left(\frac{x^2+1}{x+1}-ax-b\right)=\frac{1}{2}$,求 a 与 b 的值。

(2) 已知 $\lim\limits_{x\to 2}\frac{x^3+ax+b}{x-2}=8$,求 a 与 b 的值。

5. 证明题

(1) 设当 $x\to x_0$ 时,$f(x)$是比 $g(x)$高阶的无穷小。证明:当 $x\to x_0$ 时,$f(x)+g(x)$与 $g(x)$是等价无穷小。

(2) 设 $f(x)$在$[a,b]$上连续,且 $a<f(x)<b$,证明在(a,b)内至少有一点 ξ,使 $f(\xi)=\xi$。

自测题二

1. 单项选择题

(1) 若数列$\{x_n\}$有极限 a,则在 a 的 ε 邻域之外,数列中的点(　　)。

A. 必不存在　　B. 至多只有限多个

C. 必定有无穷多个　　D. 可以有有限个,也可以有无限多个

(2) 下列极限正确的是(　　)。

A. $\lim\limits_{x\to\infty}x\sin\frac{1}{x}=1$　　B. $\lim\limits_{x\to 0^+}e^{\frac{1}{x}}=0$

C. $\lim\limits_{x\to 0}(1+\cos x)^{\sec x}=e$　　D. $\lim\limits_{x\to\infty}(1+x)^{\frac{1}{x}}=e$

(3) 若$\lim\limits_{x\to 0}\frac{f(2x)}{x}=2$,则$\lim\limits_{x\to 0}\frac{x}{f(3x)}$的值为(　　)。

A. 3　　B. $\frac{1}{3}$　　C. 2　　D. $\frac{1}{2}$

(4) 当 $x\to 0$ 时,下列与 x 同阶(不等价)的无穷小量是(　　)。

A. $\sin x-\tan x$　B. $\sqrt{1-x}-1$　　C. $x^2\ln(1-x)$　　D. e^x-1

(5) 方程 $x^4-x-1=0$ 至少有一根的区间是(　　)。

A. $\left(0,\frac{1}{2}\right)$　　B. $\left(\frac{1}{2},1\right)$　　C. $(2,3)$　　D. $(1,2)$

2. 填空题

(1) 若 $\lim\limits_{x\to-1}\dfrac{x^3-ax^2-x+4}{x+1}=b$ 为有限值，a，b 均为常数，则 $a=$________，$b=$________；

(2) 若 $\lim\limits_{x\to\infty}\left(1+\dfrac{k}{x}\right)^x=\mathrm{e}^3$，则 $k=$________；

(3) 当 $x\to 0$ 时，要使无穷小 $\sin x^2$ 与 $a(\sqrt{1-x^2}-1)$ 等价，$a=$________；

(4) $x=0$ 函数 $f(x)=\mathrm{e}^{\frac{1}{x}}$ 是第________类________间断点；

(5) 为使函数 $f(x)=\begin{cases}x^2+3, & x>0\\ x+a, & x\leqslant 0\end{cases}$ 在定义域内连续，则 $a=$________。

3. 计算题

(1) $\lim\limits_{n\to\infty}\sqrt{n}(\sqrt{n+1}-\sqrt{n-2})$

(2) $\lim\limits_{n\to\infty}\dfrac{3n^2+5}{5n+3}\sin\dfrac{2}{n}$

(3) $\lim\limits_{x\to\infty}\left(\dfrac{x}{1+x}\right)^x$

(4) $\lim\limits_{x\to\infty}\dfrac{(2x-1)(3x+2)}{(3x+1)^2}$

(5) $\lim\limits_{x\to 0}\dfrac{\sin^2(\sin x)}{\sqrt{1-2x^2}-1}$

(6) $\lim\limits_{x\to 0}\dfrac{2\sin x-\sin 2x}{x^3}$

(7) $\lim\limits_{x\to\infty}\left(\dfrac{x+2}{x+1}\right)^{\frac{x}{2}}$

(8) $\lim\limits_{x\to 0}\dfrac{1}{x}\ln(1+x+x^2+x^3)$

4. 解答题

(1) 当 $x\to 0$ 时，$\sqrt[3]{1+x^2}-1$ 与 $1-\cos\sqrt{a}\,x$ 互为等价无穷小，求 a 值。

(2) 确定常数 a 与 b 的值，使函数 $f(x)=\begin{cases}\dfrac{\sin 6x}{2x}, & x<0\\ a+3x, & x=0\\ (a+bx)^{\frac{1}{x}}, & x>0\end{cases}$ 处处连续

5. 证明题

(1) 证明：$\lim\limits_{n\to+\infty}\left(\dfrac{1}{\sqrt{n^2+1}}+\dfrac{1}{\sqrt{n^2+2}}+\cdots+\dfrac{1}{\sqrt{n^2+n}}\right)=1$。

(2) 证明：方程 $x=2\sin x$ 在 $\left(\dfrac{\pi}{2},\pi\right)$ 内至少有一实根。

课外阅读　中国数学家对圆周率的贡献

第 3 章　导数与微分

在学习了函数极限与连续的知识后，本章将在函数极限思想的基础上引入一元函数的导数和微分的概念，讨论函数的基本求导法则（四则运算求导法则，反函数和复合函数的求导法则），给出不同表示形式函数（显函数、隐函数和由参数方程确定的函数）的求导方法，从而建立起一整套初等函数的导数和微分法则与公式。

微分学是从微观上研究函数的工具，微分学包括导数和微分，导数与微分是微分学的两个最基本的概念，导数描述的是函数相对于自变量变化的快慢程度，即函数的变化率；而微分描述的是当自变量有微小变化时函数变化的程度，即函数大体上变化了多少；本章和第 4 章所研究的对象是一元函数，所以本章和第 4 章一起构成了一元函数微分学。

3.1　导数的概念

学习目标与要求

(1) 理解导数的定义及几何意义；

(2) 会用定义求导数；

(3) 理解函数的可导性与连续性之间的关系。

3.1.1　问题的提出

微分学的基本概念——导数，来源于实际生活，在自然科学的许多领域都有着广泛的应用，导数的概念最初是从确定变速直线运动的瞬时速度及寻找平面曲线的切线斜率产生的。下面来看以下两个例子。

引例 3.1.1　变速直线运动中某时刻的瞬时速度问题。

在自然界和日常生活中，人们经常会遇到直线运动，对于匀速运动来说，物体走完某一段路程的平均速度可表示为

$$速度=\frac{路程}{时间}$$

但是在实际问题中，往往遇到的是非匀速运动，平均速度不能描述物体在某一时刻的运动状态，为了准确描述物体在运动过程中的这种变化，就必须讨论物体在运动过程中某一时刻的速度，即瞬时速度，如图 3.1 所示。

设一物体做变速直线运动，其运动方程为

$$S=S(t)$$

它表示物体运动的路程 S 与经历的时间 t 之间的函数关系，如图 3.2 所示。当 $t=t_0$ 时，其对应的路程为 $S(t_0)$，当自变量 t 获得增量 Δt 时，相应物体运动路程 S 的增量为

$$\Delta S=S(t_0+\Delta t)-S(t_0)$$

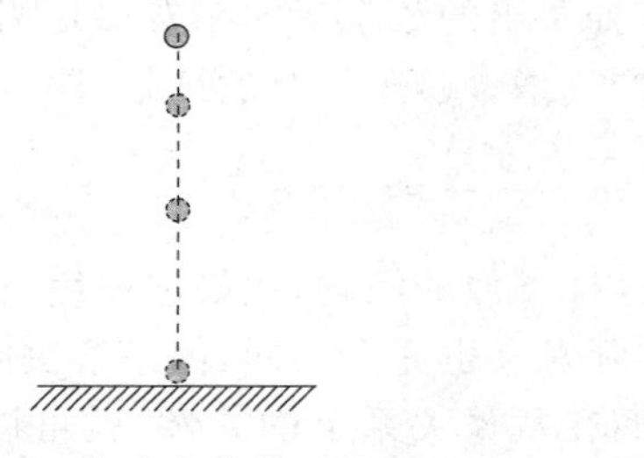
图 3.1　自由落体运动

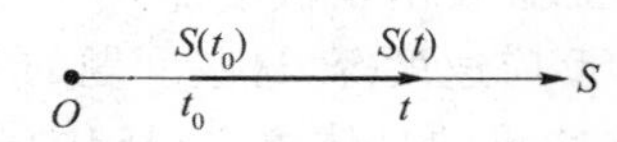

图 3.2　物体运动图示

在时间段 Δt 内,物体运动的平均速度为

$$\bar{v}=\frac{\Delta S}{\Delta t}=\frac{S(t_0+\Delta t)-S(t_0)}{\Delta t}$$

它反映了在时间段$[t_0,t_0+\Delta t]$内物体运动的平均速度,并不能精确反映在 t_0 时刻的速度,很显然,当$|\Delta t|$无限小时,$\bar{v}$ 越接近物体在 t_0 时刻的瞬时速度,若令 $\Delta t\to 0$,对上式取极限,则有

$$\lim_{\Delta t\to 0}\bar{v}=\lim_{\Delta t\to 0}\frac{\Delta S}{\Delta t}=\lim_{\Delta t\to 0}\frac{S(t_0+\Delta t)-S(t_0)}{\Delta t}$$

如果极限存在,记为 $\bar{v}(t_0)$,即

$$v(t_0)=\lim_{\Delta t\to 0}\bar{v}=\lim_{\Delta t\to 0}\frac{\Delta S}{\Delta t}=\lim_{\Delta t\to 0}\frac{S(t_0+\Delta t)-S(t_0)}{\Delta t}$$

此时这个极限值 $v(t_0)$称为物体在 t_0 时刻的瞬时速度。

引例 3.1.2　平面曲线在某点处切线的斜率问题。

曲线的切线和割线的关系如图 3.3 所示,设一曲线 $y=f(x)$,在其上一点 M 附近任取一点 N,作割线 MN,当点 N 沿曲线移动而趋向于点 M 时,割线 MN 的极限位置 MT 就称为曲线在点 M 处的切线。也即切线 MT 为当割线 MN 趋于零($\angle NMT$ 也趋于零)时,割线的极限位置。下面以极限的形式来表示。

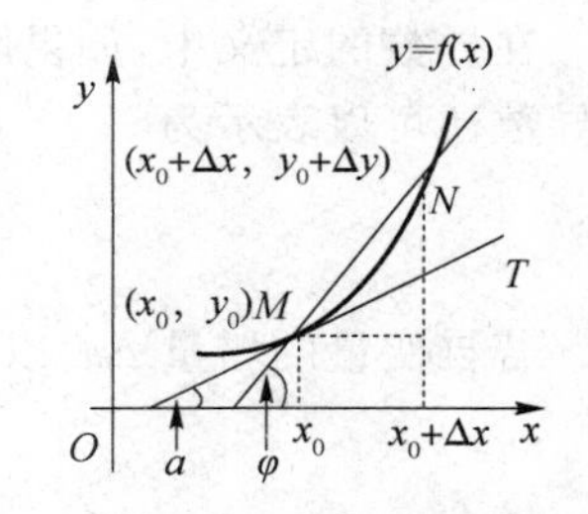

图 3.3　曲线的切线与割线关系

设曲线在定点 $M(x_0,f(x_0))$处的切线斜率为 $\tan\alpha$,α 为切线 MT 与 x 轴的夹角。点 N 为点 M 的一个邻近点,其坐标为$(x_0+\Delta x,f(x_0+\Delta x))$,设割线 MN 与 x 轴的夹角为 φ,则割线 MN 的斜率为

$$\tan\varphi=\frac{f(x_0+\Delta x)-f(x_0)}{\Delta x}$$

令点 N 沿曲线 $y=f(x)$移动并无限趋近于定点 M,即令 $\Delta x\to 0$(同时有 $\Delta y\to 0$),使割线 MN 绕 M 点转动,无限趋近于切线 MT 的位置,若在 $\Delta x\to 0$ 时,上面式子的极限存在,并设为 k,即

$$k=\tan\alpha=\lim_{\Delta x\to 0}\tan\varphi=\lim_{\Delta x\to 0}\frac{\Delta y}{\Delta x}=\lim_{\Delta x\to 0}\frac{f(x_0+\Delta x)-f(x_0)}{\Delta x}$$

极限值 k 是割线斜率的极限,也就是切线的斜率。

3.1.2　导数的概念

从上述两个例子可以看出,变速直线运动在某时刻的瞬时速度和平面曲线在某点处切线的斜率这两类问题的具体意义各不相同，但从抽象出的数学形式来看都是相同的，它们都可归结为计算函数的增量与自变量增量之比当自变量增量趋于零时的极限，即

$$\lim_{\Delta x\to 0}\frac{f(x_0+\Delta x)-f(x_0)}{\Delta x}=\lim_{\Delta x\to 0}\frac{\Delta y}{\Delta x}$$

在自然科学和工程技术领域中都会碰到这样类似的问题，比如加速度、线密度、面密度、电流强度、比热、化学反应速度等，这些问题的实际意义也完全不同，但是解决问题的方法却是一样的，为此，剔除这些量的具体意义，抓住它们在数量关系上的共性，就可以得出函数导数的概念。

1. 函数在某一点处的导数

定义 3.1.1 设函数 $y=f(x)$ 在点 x_0 的某个邻域内有定义，当自变量 x 在 x_0 处取得增量 $\Delta x(\Delta x\neq 0, x_0+\Delta x$ 也在该邻域内)，相应地函数 y 取得增量 $\Delta y=f(x_0+\Delta x)-f(x_0)$；若 Δy 与 Δx 之比当 $\Delta x\to 0$ 时极限存在，则称函数 $y=f(x)$ 在 x_0 处可导，并称这个极限为函数$y=f(x)$在点 x_0 处的**导数**，记作 $f'(x_0)$，即

$$f'(x_0)=\lim_{\Delta x\to 0}\frac{\Delta y}{\Delta x}=\lim_{\Delta x\to 0}\frac{f(x_0+\Delta x)-f(x_0)}{\Delta x}$$

也可以记作$y'\big|_{x=x_0}$，$\left.\dfrac{\mathrm{d}y}{\mathrm{d}x}\right|_{x=x_0}$ 或者$\left.\dfrac{\mathrm{d}f}{\mathrm{d}x}\right|_{x=x_0}$。

上述极限存在时，就称函数 $f(x)$ 在点 x_0 处可导或导数存在；若上述极限值不存在，就称 $f(x)$ 在点 x_0 处不可导或者导数不存在；若不可导的原因是因为$\lim\limits_{\Delta x\to 0}\dfrac{\Delta y}{\Delta x}=\infty$，为了方便也称函数 $f(x)$ 在点 x_0 处的导数为无穷大。

在导数的定义中，如果固定 x_0，令 $x_0+\Delta x=x$，当 $\Delta x\to 0$ 时，$x\to x_0$，则 $f(x)$ 在点 x_0 处的导数还可以表示为

$$f'(x_0)=\lim_{x\to x_0}\frac{f(x)-f(x_0)}{x-x_0}$$

若自变量的增量 Δx 以 h 来表示时，$f(x)$ 在点 x_0 处的导数又可以表示为

$$f'(x_0)=\lim_{h\to 0}\frac{f(x_0+h)-f(x_0)}{h}$$

有了导数的定义，前面两个实例就可以表示如下：

(1) 变速直线运动的物体在 t_0 时刻的瞬时速度为路程 s 在 t_0 时刻对时间 t 的导数，即

$$v(t_0)=\left.\frac{\mathrm{d}S}{\mathrm{d}t}\right|_{t=t_0}$$

(2)平面曲线上点(x_0, y_0)处切线的斜率 k 为曲线纵坐标 y 在 x_0 处对横坐标 x 的导数，即

$$k=\left.\frac{\mathrm{d}y}{\mathrm{d}x}\right|_{x=x_0}$$

例 3.1.1 求函数 $f(x)=x^2-2x$ 在 $x_0=2$ 处的导数。

解 利用导数的定义，在 $x_0=2$ 处，当自变量的增量为 Δx 时，函数 y 相应的增量 Δy 为

$$\Delta y=(x+\Delta x)^2-2(x+\Delta x)-(x^2-2x)=2x\Delta x+(\Delta x)^2-2\Delta x$$

$$\frac{\Delta y}{\Delta x}=2x+\Delta x-2$$

所以，在点 $x_0=2$ 处，函数 $f(x)=x^2-2x$ 的导数为

$$f'(2)=\lim_{\Delta x\to 0}\frac{\Delta y}{\Delta x}=\lim_{\Delta x\to 0}\frac{f(2+\Delta x)-f(2)}{\Delta x}=\lim_{\Delta x\to 0}(2+\Delta x)=2$$

2. 单侧导数

由导数的定义可知，导数是用一个极限式来定义的，极限有左、右极限之分，类似地导数也有左导数和右导数之别。

定义 3.1.2　如果以下两个极限

$$\lim_{\Delta x\to 0-}\frac{f(x_0+\Delta x)-f(x_0)}{\Delta x} \text{ 和 } \lim_{\Delta x\to 0+}\frac{f(x_0+\Delta x)-f(x_0)}{\Delta x}$$

都存在，则把这两个极限分别称为函数 $f(x)$ 在点 x_0 处的**左导数**和**右导数**，记作 $f'_-(x_0)$ 和 $f'_+(x_0)$，即 $f'_-(x_0)=\lim\limits_{\Delta x\to 0-}\frac{f(x_0+\Delta x)-f(x_0)}{\Delta x}$

$$f'_+(x_0)=\lim_{\Delta x\to 0+}\frac{f(x_0+\Delta x)-f(x_0)}{\Delta x}$$

左导数和右导数统称为**单侧导数**。

定理 3.1.1　函数 $f(x)$ 在点 x_0 处可导的充分必要条件是左导数 $f'_-(x_0)$ 和右导数 $f'_+(x_0)$ 都存在且相等，即

$$f'_-(x_0)=f'_+(x_0)=A$$

例 3.1.2　讨论函数 $y=|x|$ 在点 $x=0$ 处的可导性，如图 3.4 所示。

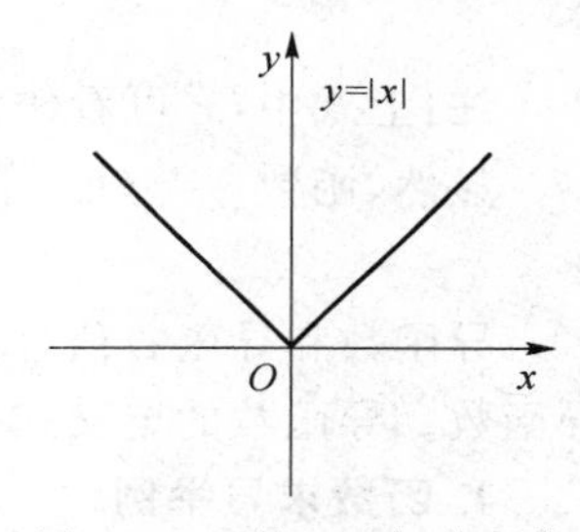

图 3.4　函数 $y=|x|$ 图像

解　由导数在某一点处的定义，得

$$\begin{aligned} y' &= \lim_{\Delta x\to 0}\frac{f(0+\Delta x)-f(0)}{\Delta x} \\ &= \lim_{\Delta x\to 0}\frac{|0+\Delta x|-|0|}{\Delta x}=\lim_{\Delta x\to 0}\frac{|\Delta x|}{\Delta x} \end{aligned}$$

当 $\Delta x>0$ 时，$\frac{|\Delta x|}{\Delta x}=1$，则

$$\lim_{\Delta x\to 0}\frac{|\Delta x|}{\Delta x}=1$$

当 $\Delta x<0$ 时，$\frac{|\Delta x|}{\Delta x}=-1$，则

$$\lim_{\Delta x\to 0}\frac{|\Delta x|}{\Delta x}=-1$$

所以 $\lim\limits_{\Delta x\to 0}\frac{f(0+\Delta x)-f(0)}{\Delta x}$ 不存在，即函数 $y=|x|$ 在点 $x=0$ 处不可导。

例 3.1.3　讨论分段函数 $f(x)=\begin{cases}\sin x, & x<0\\ x & x\geqslant 0\end{cases}$ 在分段点 $x_0=0$ 处的可导性。

解　利用左导数定义，得

$$f'_-(0)=\lim_{\Delta x\to 0-}\frac{f(0+\Delta x)-f(0)}{\Delta x}=\lim_{\Delta x\to 0-}\frac{\sin\Delta x-0}{\Delta x}=1$$

同样利用右导数定义，得

$$f'_+(0)=\lim_{\Delta x\to 0+}\frac{f(0+\Delta x)-f(0)}{\Delta x}=\lim_{\Delta x\to 0+}\frac{(0+\Delta x)-(0)}{\Delta x}=1$$

因为左导数 $f'_-(0)=1=$ 右导数 $f'_+(0)=1$，所以分段函数 $f(x)$ 在分段点 $x_0=0$ 处的导数为 $f'(0)=1$。

注：由例 3.1.3 可知，求分段函数在分段点(也称为分界点)处的导数时，需先求分段点处的左导数和右导数，若左右导数都存在且相等，则函数在分段点处可导，若左右导数至少有一个不存在或者两个都存在但不相等，则函数在分段点处不可导。这里需注意区分什么是分段点。

3. 导函数

若函数 $y=f(x)$ 在开区间 (a,b) 内的每一点都可导，则称函数 $f(x)$ 在开区间 (a,b) 内可导；若函数 $y=f(x)$ 在开区间 (a,b) 上可导，且在区间的右端点左导数 $f'_-(b)$ 存在，在区间的左端点右导数 $f'_+(a)$ 存在，则称函数 $y=f(x)$ 在闭区间 $[a,b]$ 上可导。

若函数 $y=f(x)$ 在开区间 (a,b) 内可导，则对于任一个 $x\in(a,b)$，都有一个确定导数值 $f'(x)$ 与 x 对应，这就得到一个定义在 (a,b) 上的一个新函数 $f'(x)$，它称为原函数 $y=f(x)$ 的导函数，记作 $f'(x)$，y'，$\dfrac{\mathrm{d}y}{\mathrm{d}x}$ 或者 $\dfrac{\mathrm{d}f}{\mathrm{d}x}$。

将导数定义式中的 x_0 换成 x 即得导函数的定义为

$$f'(x)=\lim_{\Delta x\to 0}\frac{f(x+\Delta x)-f(x)}{\Delta x}$$

注：上式中，x 可看作常量，Δx 为变量，这是根据极限号下的量来确定的。

显然，函数 $y=f(x)$ 在 x_0 处的导数就是导函数 $f'(x)$ 在 $x=x_0$ 处的函数值，即

$$f'(x_0)=f'(x)\big|_{x=x_0}$$

导函数和导函数值合称导数，在求导数时，若没有指明是哪一定点处的导数值，则是指求导函数。导函数的定义式一般用来推导基本初等函数的求导公式。

4. 函数求导举例

由导数的定义可知，求函数 $y=f(x)$ 的导数可以分为以下三个步骤：

(1) 求增量：$\Delta y=f(x+\Delta x)-f(x)$；

(2) 算比值：$\dfrac{\Delta y}{\Delta x}=\dfrac{f(x+\Delta x)-f(x)}{\Delta x}$；

(3) 取极限：$y'=\lim\limits_{\Delta x\to 0}\dfrac{\Delta y}{\Delta x}$。

下面根据这三个步骤求常数和一些基本初等函数的导数。

例 3.1.4 求函数 $y=C$(C 为任意常数)的导数。

解 利用导数的定义，得

$$y'=\lim_{\Delta x\to 0}\frac{\Delta y}{\Delta x}=\lim_{\Delta x\to 0}\frac{f(x+\Delta x)-f(x)}{\Delta x}=\lim_{\Delta x\to 0}\frac{C-C}{\Delta x}=\lim_{\Delta x\to 0}\frac{0}{\Delta x}=0$$

即

$$(C)'=0$$

这就是说，常数函数的导数为零。

例 3.1.5 求函数 $y=\sin x$ 的导数。

解 利用导数的定义，得

$$y'=\lim_{\Delta x\to 0}\frac{\Delta y}{\Delta x}=\lim_{\Delta x\to 0}\frac{f(x+\Delta x)-f(x)}{\Delta x}=\lim_{\Delta x\to 0}\frac{\sin(x+\Delta x)-\sin(x)}{\Delta x}$$

$$= \lim_{\Delta x \to 0} \frac{2\sin \frac{x+\Delta x - x}{2} \cos \frac{x+\Delta x + x}{2}}{\Delta x}$$

$$= \lim_{\Delta x \to 0} \frac{2\sin \frac{\Delta x}{2} \cos \left(x + \frac{\Delta x}{2}\right)}{\Delta x}$$

$$= \lim_{\Delta x \to 0} \frac{2\left(\frac{\Delta x}{2}\right) \cos \left(x + \frac{\Delta x}{2}\right)}{\Delta x}$$

$$= \lim_{\Delta x \to 0} \cos \left(x + \frac{\Delta x}{2}\right) = \cos x$$

即

$$(\sin x)' = \cos x$$

这就是说正弦函数的导数是余弦函数，类似可求得余弦函数的导数是负的正弦函数，即

$$(\cos x)' = -\sin x$$

例 3.1.6　求函数 $y = x^n (n \in \mathbf{N}^+)$ 的导数

解　利用导数的定义，得

$$y' = \lim_{\Delta x \to 0} \frac{\Delta y}{\Delta x} = \lim_{\Delta x \to 0} \frac{f(x+\Delta x) - f(x)}{\Delta x} = \lim_{\Delta x \to 0} \frac{(x+\Delta x)^n - (x)^n}{\Delta x}$$

$$= \lim_{\Delta x \to 0} \frac{x^n + C_n^1 x^{n-1} (\Delta x)^1 + C_n^2 x^{n-2} (\Delta x)^2 + \cdots + C_n^n x^{n-n} (\Delta x)^n - (x)^n}{\Delta x}$$

$$= \lim_{\Delta x \to 0} (C_n^1 x^{n-1} + C_n^2 x^{n-2} (\Delta x)^1 + \cdots + C_n^n x^{n-n} (\Delta x)^{n-1}) = n x^{n-1}$$

更一般地，对于幂函数 $y = x^\mu$（μ 为常数），有

$$(x^\mu)' = \mu x^{\mu-1}$$

这就是幂函数的导数公式，这个公式在本章第 3.2 节中将给予证明。利用这个公式可以很便利地求出幂函数的导数，比如

$$\left(\sqrt{x\sqrt{x}}\right)' = (x^{\frac{3}{4}})' = \frac{3}{4} x^{-\frac{1}{4}}$$

例 3.1.7　求指数函数 $y = a^x (a > 0, a \neq 1)$ 的导数。

解　利用导数的定义，得

$$y' = \lim_{\Delta x \to 0} \frac{\Delta y}{\Delta x} = \lim_{\Delta x \to 0} \frac{f(x+\Delta x) - f(x)}{\Delta x}$$

$$= \lim_{\Delta x \to 0} \frac{a^{(x+\Delta x)} - a^{(x)}}{\Delta x} = a^x \lim_{\Delta x \to 0} \frac{a^{\Delta x} - 1}{\Delta x}$$

$$= a^x \ln a$$

令当 $a^{\Delta x} - 1 = t$ 时，$\Delta x = \log_a(1+t)$，当 $\Delta x \to 0$ 时，$t \to 0$，所以有

$$\lim_{\Delta x \to 0} \frac{a^{\Delta x} - 1}{\Delta x} = \lim_{t \to 0} \frac{t}{\log_a(1+t)} = \lim_{t \to 0} \frac{1}{\frac{1}{t} \log_a(1+t)}$$

$$= \frac{1}{\lim\limits_{t \to 0} \log_a (1+t)^{\frac{1}{t}}} = \frac{1}{\log_a \lim\limits_{t \to 0} (1+t)^{\frac{1}{t}}}$$

$$= \frac{1}{\log_a \mathrm{e}} = \log_{\mathrm{e}} a = \ln a$$

即

$$(a^x)' = a^x \ln a$$

特别地，当 $a = \mathrm{e}$ 时，因为 $\ln \mathrm{e} = 1$，所以有

$$(\mathrm{e}^x)' = \mathrm{e}^x$$

注:以 e 为底的指数函数的导数就是它本身,这是以 e 为底的指数函数的一个重要特征,这在以后的计算以及其他的专业书中会有很重要的应用。

例 3.1.8 求对数函数 $y=\log_a x(a>0,a\neq1)$的导数。

解 由导数的定义,得

$$y'=\lim_{\Delta x\to0}\frac{\log_a(x+\Delta x)-\log_a(x)}{\Delta x}=\lim_{\Delta x\to0}\left[\frac{1}{\Delta x}\log_a\left(\frac{x+\Delta x}{x}\right)\right]$$

$$=\lim_{\Delta x\to0}\log_a\left(1+\frac{\Delta x}{x}\right)^{\frac{1}{\Delta x}}=\log_a\lim_{\Delta x\to0}\left(1+\frac{\Delta x}{x}\right)^{\frac{x}{\Delta x}\frac{1}{x}}$$

$$=\log_a e^{\frac{1}{x}}=\frac{1}{x}\cdot\log_a e=\frac{1}{x\ln a}$$

即
$$(\log_a x)'=\frac{1}{x\ln a}$$

特别地,当 $a=e$ 时,$\ln e=1$,可得自然对数函数的导数公式为

$$(\ln x)'=\frac{1}{x}$$

注:在第 3.2 节反函数求导内容中,$y=\log_a x(a>0,a\neq1)$可作为 $y=a^x(a>0,a\neq1)$的反函数来求导。

3.1.3 可导与连续的关系

若函数 $y=f(x)$在 $x=x_0$ 处可导,则由导数的定义,有

$$f'(x_0)=\lim_{\Delta x\to0}\frac{\Delta y}{\Delta x}$$

由无穷小与函数极限的关系(定理 2.3.1)可知

$$\frac{\Delta y}{\Delta x}=f'(x_0)+\alpha$$

式中,α 为 $\Delta x\to0$ 时的无穷小,则有

$$\Delta y=f'(x_0)\Delta x+\alpha\Delta x$$

上式左右两端取极限,有

$$\lim_{\Delta x\to0}\Delta y=\lim_{\Delta x\to0}f'(x_0)\Delta x+\lim_{\Delta x\to0}\alpha\Delta x=0$$

由函数在一点处连续的定义可知函数 $f(x)$在 $x=x_0$ 处连续。所以有如下定理。

定理 3.1.2 若函数 $f(x)$在 $x=x_0$ 处可导,则函数 $f(x)$在 $x=x_0$ 处连续。

注:虽然可导必连续,但是连续不一定可导,即函数 $f(x)$在 $x=x_0$ 处连续,仅仅是函数 $f(x)$在 $x=x_0$ 处可导的必要条件,而不是充分条件,同时还可以得出:函数 $f(x)$在 $x=x_0$ 处不连续,则函数 $f(x)$在 $x=x_0$ 处一定不可导;函数 $f(x)$在 $x=x_0$ 处不可导,则函数 $f(x)$在 $x=x_0$ 处不一定连续。下面举例说明连续性和可导性的关系。

例 3.1.9 讨论函数 $f(x)=|\sin x|$在点 $x=0$ 处的连续性与可导性。

解 先讨论函数 $f(x)$在 $x=0$ 处的连续性,由于 $f(0)=|\sin0|=0$

$$\lim_{x\to0}|\sin x|=0=f(0)$$

所以 $f(x)=|\sin x|$在 $x=0$ 处连续

再讨论 $f(x)$在 $x=0$ 处的可导性,由于

左导数 $f'_{-}(0)=\lim\limits_{x\to 0^-}\dfrac{f(x)-f(0)}{x-0}=\lim\limits_{x\to 0^-}\dfrac{|\sin x|}{x}=\lim\limits_{x\to 0^-}\dfrac{-\sin x}{x}=-1$

右导数 $f'_{+}(0)=\lim\limits_{x\to 0^+}\dfrac{f(x)-f(0)}{x-0}=\lim\limits_{x\to 0^+}\dfrac{|\sin x|}{x}=\lim\limits_{x\to 0^+}\dfrac{\sin x}{x}=1$

显然 $f'_{-}(0)\neq f'_{+}(0)$，所以 $f(x)=|\sin x|$ 在 $x=0$ 处不可导。

3.1.4　导数的几何意义

由前述平面曲线的切线斜率问题和导数的定义可知，函数 $y=f(x)$ 在点 x_0 处的导数 $f'(x_0)$，在几何上表示函数曲线 $y=f(x)$ 的图形在定点 (x_0,y_0) 处的切线斜率，即

$$k=\tan\alpha=f'(x_0)$$

如图 3.5 所示，其中，α 为切线的倾斜角，这就是导数的几何意义。

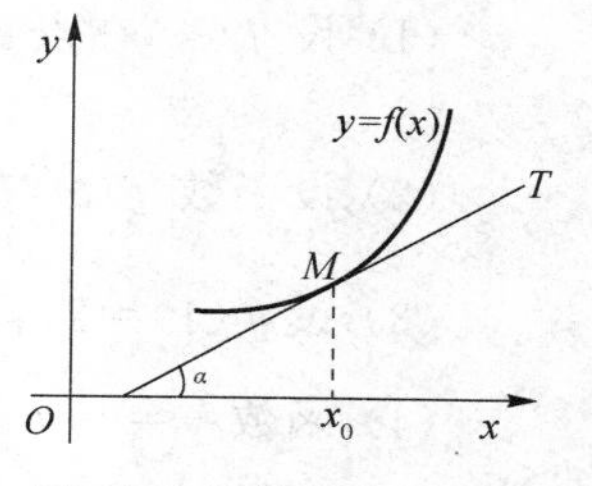

图 3.5　导数的几何意义

有了曲线在点 (x_0,y_0) 处的切线斜率，很容易写出曲线在该点的切线方程，若 $f'(x_0)$ 存在，则根据导数的几何意义和直线的点斜式方程可以写出曲线 C 上点 (x_0,y_0) 处的切线方程为

$$(y-y_0)=f'(x_0)(x-x_0)$$

若 $f'(x_0)\neq 0$，函数曲线 $y=f(x)$ 在点 (x_0,y_0) 处的法线方程为

$$(y-y_0)=\frac{-1}{f'(x_0)}(x-x_0)$$

若 $f'(x_0)=\infty$，则切线垂直于 x 轴，切线方程就是 x 轴的垂线 $x=x_0$；若 $f'(x_0)=0$，则切线垂直于 y 轴，切线方程就是 y 轴的垂线 $y=y_0$。

例 3.1.10　求等边双曲线 $y=\dfrac{1}{x}$ 在点 $\left(\dfrac{1}{2},2\right)$ 处的切线的斜率，并写出在该点处的切线方程和法线方程。

解　由导数的几何意义得，曲线 $y=\dfrac{1}{x}$ 在点 $\left(\dfrac{1}{2},2\right)$ 的切线斜率为

$$f'\left(\frac{1}{2}\right)=f'(x)\Big|_{x=\frac{1}{2}}=\left(\frac{1}{x}\right)'\Big|_{x=\frac{1}{2}}=\left(-\frac{1}{x^2}\right)\Big|_{x=\frac{1}{2}}=-4$$

所以，切线方程为

$$y-2=-4\left(x-\frac{1}{2}\right)，即\ 4x+y-4=0$$

法线方程为

$$y-2=\frac{1}{4}\left(x-\frac{1}{2}\right)，即\ 2x-8y+15=0$$

习题 3.1

1. 下列命题是否正确，不正确请说明理由。

(1) 若 $y=f(x)$ 在点 x_0 不连续，则 $f'(x_0)$ 不存在。

(2) 若曲线 $y=f(x)$处处有切线,则 $f'(x_0)$必处处存在。

(3) 若 $y=f(x)$在点 x_0 处可导,则 $f'(x_0)=[f(x_0)]'$。

2. 函数 $f(x)$在点 x_0 连续,是 $f(x)$在点 x_0 可导的(　　)。

A. 必要不充分条件　　B. 充分不必要条件

C. 充分必要条件　　D. 既不充分也不必要条件

3. 若 $f(x)$为$(-l,l)$内的可导奇函数,则 $f'(x)$(　　)。

A. 必有$(-l,l)$内的奇函数　　B. 必为$(-l,l)$内的偶函数

C. 必为$(-l,l)$内的非奇非偶函数　　D. 可能为奇函数,也可能为偶函数

4. 填空题。

(1) 设 $f(x)$在点 $x=a$ 处可导,则$\lim\limits_{n\to 0}\dfrac{f(a)-f(a-h)}{h}=$________________;

(2) 设函数 $f(x)$在点 0 可导,且 $f(0)=0$,则$\lim\limits_{x\to 0}\dfrac{f(x)}{x}=$________________;

(3) 设 $f(1)=2$,且 $f'(1)=3$,则 $\lim\limits_{x\to 1}f(x)=$________________;

(4) 函数 $y=|x(x-1)|$导数不存在的点为________________。

5. 已知 $f'(x_0)$存在,求下列极限式的结果。

(1) $\lim\limits_{\Delta x\to 0}\dfrac{f(x_0-2\Delta x)-f(x_0)}{\Delta x}$　　(2) $\lim\limits_{\Delta x\to 0}\dfrac{f(x_0-\Delta x)-f(x_0)}{\Delta x}$

(3) $\lim\limits_{h\to 0}\dfrac{f(x_0+2h)-f(x_0-h)}{2h}$　　(4) $\lim\limits_{x\to x_0}\dfrac{f(x_0)-f(x)}{x-x_0}$

6. 求下列函数的导数。

(1) $y=\sqrt[3]{x^2}$　　(2) $y=x^3\sqrt[5]{x}$

(3) $y=2^x$　　(4) $y=\log_3 x$

7. 讨论下列函数在 $x=0$ 处的连续性与可导性。

(1) $y=\begin{cases} x\sin\dfrac{1}{x}, & x\neq 0 \\ 0, & x=0 \end{cases}$　　(2) $y=\begin{cases} x^2\sin\dfrac{1}{x}, & x\neq 0 \\ 0, & x=0 \end{cases}$

8. 求下列曲线在指定点处的切线方程和法线方程。

(1) 过曲线 $y=\sin x$ 上的点$(\pi,0)$

(2) 过曲线 $y=\ln x$ 上的点$(\mathrm{e},1)$.

9. 求曲线 $y=x^{\frac{3}{2}}$的通过点$(0,-4)$的切线方程。

10. 一物体的运动方程为 $s=11+2t+t^2$,其中,s 以 m 为单位,t 以 s 为单位。求 $t=2$s 时,运动物体的速度和加速度。

11. 设函数 $f(x)=\begin{cases} \mathrm{e}^{ax}, & x<0 \\ b+\sin 2x, & x\geqslant 0 \end{cases}$,为了使函数 $f(x)$在 $x=0$ 处可导,求系数 a 和 b 的值。

3.2　函数的求导法则和求导公式

学习目标与要求

(1) 掌握导数的基本公式；

(2) 掌握导数的四则运算法则；

(3) 了解反函数的求导方法；

(4) 掌握复合函数的求导方法。

3.2.1　求导法则

利用导数的定义可以推导任何函数的导数，但实际上却比较复杂，有时候是非常困难的，为了便于应用，本节将介绍一些函数的基本求导法则，借助于这些法则，可方便地求出常见函数的导数，从而归纳出一些常用的基本初等函数的求导公式。

1. 四则运算求导法则

定理 3.2.1　设函数 $u=u(x)$，$v=v(x)$都在点 x 处具有导数，那么它们的和、差、积和商(除分母为零外)都在点 x 处具有导数，且

(1) 和差　$[u(x)\pm v(x)]'=u'(x)\pm v'(x)$

(2) 积　$[u(x)v(x)]'=u'(x)v(x)+u(x)v'(x)$

特别地　$(Cu(x))'=Cu'(x)$

(3) 商　$\left[\dfrac{u(x)}{v(x)}\right]'=\dfrac{u'(x)v(x)-u(x)v'(x)}{v^2(x)}$　$(v(x)\neq 0)$

特别地　$\left(\dfrac{C}{v(x)}\right)'=C\left(\dfrac{1}{v(x)}\right)'=C\dfrac{-v'(x)}{v^2(x)}$ $(v(x)\neq 0)$

四则运算法则可简写为

$$(u\pm v)'=u'\pm v';(uv)'=u'v+uv';\left(\frac{u}{v}\right)'=\frac{u'v-uv'}{v^2}$$

下面给出法则的证明。

证明：

(1) 设函数 $y=u(x)\pm v(x)$在动点 x 处取得改变量 Δx，相对应地 y 的改变量为 Δy

$$\begin{aligned}\Delta y&=[u(x+\Delta x)\pm v(x+\Delta x)]-[u(x)\pm v(x)]\\&=[u(x+\Delta x)-u(x)]\pm[v(x+\Delta x)-v(x)]\end{aligned}$$

所以
$$\begin{aligned}y'&=\lim_{\Delta x\to 0}\frac{\Delta y}{\Delta x}=\lim_{\Delta x\to 0}\frac{u(x+\Delta x)-u(x)}{\Delta x}\pm\lim_{\Delta x\to 0}\frac{v(x+\Delta x)-v(x)}{\Delta x}\\&=u'(x)\pm v'(x)\end{aligned}$$

(2) 设函数 $y=u(x)v(x)$在动点 x 处取得改变量 Δx，相对应地 y 的改变量为 Δy

$$\begin{aligned}\Delta y&=u(x+\Delta x)v(x+\Delta x)-u(x)v(x)\\&=u(x+\Delta x)v(x+\Delta x)-u(x)v(x+\Delta x)+u(x)v(x+\Delta x)-u(x)v(x)\\&=[u(x+\Delta x)-u(x)]v(x+\Delta x)+u(x)[v(x+\Delta x)-v(x)]\end{aligned}$$

所以

$$y' = \lim_{\Delta x \to 0} \frac{\Delta y}{\Delta x} = \lim_{\Delta x \to 0} \frac{u(x+\Delta x)-u(x)}{\Delta x} \lim_{\Delta x \to 0} v(x+\Delta x) + \lim_{\Delta x \to 0} u(x) \lim_{\Delta x \to 0} \frac{v(x+\Delta x)-v(x)}{\Delta x}$$
$$= u'(x)v(x) + u(x)v'(x)$$

式中，$\lim\limits_{\Delta x \to 0} v(x+\Delta x) = v(x)$是由于 $v(x)$在 x 处可导，所以 $v(x)$在点 x 处必然连续。

(3) 设函数 $y = \dfrac{u(x)}{v(x)}$在动点 x 处取得改变量 Δx，相对应地 y 的改变量为 Δy

$$\Delta y = \frac{u(x+\Delta x)}{v(x+\Delta x)} - \frac{u(x)}{v(x)}$$
$$= \frac{u(x+\Delta x)v(x) - u(x)v(x+\Delta x)}{v(x+\Delta x)v(x)}$$
$$= \frac{[u(x+\Delta x)-u(x)]v(x) - u(x)[v(x+\Delta x)-v(x)]}{v(x+\Delta x)v(x)}$$

所以 $$y' = \lim_{\Delta x \to 0} \frac{\Delta y}{\Delta x} = \lim_{\Delta x \to 0} \frac{[u(x+\Delta x)-u(x)]v(x) - u(x)[v(x+\Delta x)-v(x)]}{v(x+\Delta x)v(x)\Delta x}$$
$$= \lim_{\Delta x \to 0} \frac{\dfrac{u(x+\Delta x)-u(x)}{\Delta x}v(x) - u(x)\dfrac{v(x+\Delta x)-v(x)}{\Delta x}}{v(x+\Delta x)v(x)}$$
$$= \frac{u'(x)v(x) - u(x)v'(x)}{v^2(x)}$$

式中，$\lim\limits_{\Delta x \to 0} v(x+\Delta x) = v(x)$是由于 $v(x)$在 x 处可导，所以 $v(x)$在 x 处必然连续。

设 k_1, k_2 为两个常数，则由法则(1)和(2)可得

$$[k_1 u(x) \pm k_2 v(x)]' = k_1 u'(x) \pm k_2 v'(x)$$

此即为求导运算的线性性质。

法则(1)、(2)和(3)可以推广到任意有限个可导函数的情形，例如，设函数 $u = u(x)$，$v = v(x)$，$w = w(x)$都是 x 的可导函数，则其和差的导数为

$$[u(x) \pm v(x) \pm w(x)]' = u'(x) \pm v'(x) \pm w'(x)$$

乘积的导数为

$$[u(x)v(x)w(x)]' = u'(x)v(x)w(x) + u(x)v'(x)w(x) + u(x)v(x)w'(x)$$

注： 在求多个函数乘积的导数时，每次不重复地只取其中一个函数求导，其余函数不变，再将所有可能的乘积相加即可。

例 3.2.1 设 $y = x^3 \ln x - 2\sin x + 3e^x - 6$，求 y'。

解 由和、差与积的求导法则，得

$$y' = (x^3 \ln x)' - (2\sin x)' + (3e^x) - (6)'$$
$$= (x^3)' \ln x + x^3 (\ln x)' - 2(\sin x)' + 3(e^x) - (6)'$$
$$= 3x^2 \ln x + x^2 - 2\cos x + 3e^x$$

例 3.2.2 设 $f(x) = (\sin x + \cos x)(3x^3 + 2x^2)$，求 $f'(x)$。

解 由积与和、差的求导法则，得

$$f'(x) = [(\sin x + \cos x)(3x^3 + 2x^2)]'$$
$$= (\sin x + \cos x)'(3x^3 + 2x^2) + (\sin x + \cos x)(3x^3 + 2x^2)'$$
$$= (\cos x - \sin x)(3x^3 + 2x^2) + (\sin x + \cos x)(9x^2 + 4x)$$
$$= (3x^3 + 11x^2 + 4x)\cos x + (7x^2 + 4x - 3x^3)\sin x$$

例 3.2.3　求函数 $y=\dfrac{1+\ln x}{x}$ 的导数。

解　由商的求导法则，得

$$
\begin{aligned}
y' &= \left(\frac{1+\ln x}{x}\right)' \\
&= \frac{(1+\ln x)'x-(1+\ln x)(x)'}{(x)^2} \\
&= \frac{\left(0+\dfrac{1}{x}\right)x-(1+\ln x)}{x^2} \\
&= \frac{-\ln x}{x^2}
\end{aligned}
$$

例 3.2.4　求 $y=\tan x$ 的导数。

解　由商的求导法则，得

$$
\begin{aligned}
y' &= (\tan x)' = \left(\frac{\sin x}{\cos x}\right)' \\
&= \frac{(\sin x)'\cos x-\sin x(\cos x)'}{(\cos x)^2} \\
&= \frac{\cos^2 x+\sin^2 x}{\sin^2 x} \\
&= \frac{1}{\cos^2 x}=\sec^2 x
\end{aligned}
$$

即

$$(\tan x)'=\sec^2 x$$

用类似的方法可得

$$(\cot x)'=-\csc^2 x$$

例 3.2.5　求 $y=\sec x$ 的导数。

解　$y'=(\sec x)'=\left(\dfrac{1}{\cos x}\right)'=\dfrac{-(\cos x)'}{(\cos x)^2}=\dfrac{\sin x}{\cos^2 x}=\sec x\tan x$

即

$$(\sec x)'=\sec x\tan x$$

用类似的方法可得

$$(\csc x)'=-\csc x\cot x$$

2. 反函数求导法则

由第 2 章反函数的连续性可知，如果函数 $x=f(y)$ 在区间 I_y 内单调且连续，则反函数在对应的区间 $I_x=\{x\,|\,x=f(y),y\in I_y\}$ 内也是单调且连续的，下面给出反函数的求导法则。

定理 3.2.2　如果函数 $x=f(y)$ 在某区间 I_y 内单调、可导，且 $f'(y)\neq 0$，则它的反函数 $y=f^{-1}(x)$ 在对应的区间 $I_x=\{x\,|\,x=f(y),y\in I_y\}$ 内也可导，且导数为

$$[f^{-1}(x)]'=\frac{1}{f'(y)} \quad \text{或者} \quad \frac{\mathrm{d}y}{\mathrm{d}x}=\frac{1}{\dfrac{\mathrm{d}x}{\mathrm{d}y}}$$

即反函数的导数等于直接函数导数的倒数。

证明　由于函数 $x=f(y)$ 在某区间 I_y 内单调、可导，所以由第 1 章反函数的性质以及可导和连续的关系可知其反函数 $y=f^{-1}(x)$ 在区间 I_x 内也是单调且连续的。

任取 $x\in I_x$，给 x 以增量 $\Delta x(\Delta x\neq 0,x+\Delta x\in I_x)$，由 $y=f^{-1}(x)$ 的单调性可知

$$\Delta y=f^{-1}(x+\Delta x)-f^{-1}(x)\neq 0$$

所以

$$\frac{\Delta y}{\Delta x}=\frac{1}{\dfrac{\Delta x}{\Delta y}}$$

又由于 $y=f^{-1}(x)$是连续函数，所以 $\Delta x\to 0$ 时，$\Delta y\to 0$，若 $f'(y)\neq 0$，则有

$$[f^{-1}(x)]'=\lim_{\Delta x\to 0}\frac{\Delta y}{\Delta x}=\lim_{\Delta y\to 0}\frac{1}{\dfrac{\Delta x}{\Delta y}}=\frac{1}{f'(y)}$$

下面利用反函数的求导法则求出一些常用的反三角函数的导数。

例 3.2.6 求函数 $y=\arcsin x(-1<x<1)$的导数。

解 $y=\arcsin x$ 是 $x=\sin y$ 在 $y\in\left(-\dfrac{\pi}{2},\dfrac{\pi}{2}\right)$上的反函数，$x=\sin y$ 单调、可导，且

$$\frac{\mathrm{d}x}{\mathrm{d}y}=\frac{\mathrm{d}\sin y}{\mathrm{d}y}=\cos y>0$$

所以，由反函数的求导法则在对应区间 $x\in(-1,1)$，有

$$(\arcsin x)'=\frac{1}{(\sin y)'}=\frac{1}{\cos y}=\frac{1}{\sqrt{1-\sin^2 y}}=\frac{1}{\sqrt{1-x^2}}$$

即

$$(\arcsin x)'=\frac{1}{\sqrt{1-x^2}}$$

用类似的方法可得

$$(\arccos x)'=-\frac{1}{\sqrt{1-x^2}}$$

注：实际上可由三角公式 $\arcsin x+\arccos x=\dfrac{\pi}{2}$，即 $\arccos x=\dfrac{\pi}{2}-\arcsin x$，利用例3.2.6的结论，也可求得上述反余弦的导数公式。

例 3.2.7 求函数 $y=\arctan x(-\infty<x<+\infty)$的导数。

解 $y=\arctan x$ 是 $x=\tan y$ 在 $y\in\left(-\dfrac{\pi}{2},\dfrac{\pi}{2}\right)$上的反函数，$x=\tan y$ 单调、可导，且

$$\frac{\mathrm{d}x}{\mathrm{d}y}=\frac{\mathrm{d}\tan y}{\mathrm{d}y}=\sec^2 y>0$$

所以，由反函数的求导法则在对应区间 $x\in(-\infty,+\infty)$内，有

$$(\arctan x)'=\frac{1}{(\tan y)'}=\frac{1}{\sec^2 y}$$

又由于$\sec^2 y=1+\tan^2 y=1+x^2$，所以

即

$$(\arctan x)'=\frac{1}{1+x^2}$$

用类似的方法可得

$$(\operatorname{arccot} x)'=-\frac{1}{1+x^2}$$

注：实际上由三角公式 $\arctan x+\operatorname{arccot} x=\dfrac{\pi}{2}$，即 $\operatorname{arccot} x=\dfrac{\pi}{2}-\arctan x$，利用例 3.2.7 的结论，也可求得上述反余切的导数公式。

例 3.2.8 求函数 $y=\log_a x(a>0,a\neq 1)$的导数。

解 $y=\log_a x$ 是 $x=a^y$ 在 $y\in(-\infty,+\infty)$上的反函数，$x=a^y$ 单调、可导，且

$$\frac{\mathrm{d}x}{\mathrm{d}y}=\frac{\mathrm{d}a^{y}}{\mathrm{d}y}=a^{y}\ln a\neq 0$$

所以，由反函数的求导法则在对应区间 $x\in(0,+\infty)$ 内，有

$$(\log_a x)'=\frac{1}{(a^y)'}=\frac{1}{a^y\ln a}$$

又由于 $a^y=x$，所以

即
$$(\log_a x)'=\frac{1}{x\ln a}$$

在第 3.1 节中利用导数的定义也求得了这个公式。

3. 复合函数求导法则

前面利用导数定义和求导法则求出了一些简单初等函数的导数，但我们并未解决初等函数的求导问题，因为从初等函数的构成来看，除了常数和基本初等函数可以通过四则运算构成初等函数外，复合也是构成函数的一个重要手段，因而复合函数的求导方法是初等函数求导不可或缺的工具，它可以求出形如 $\sin\frac{2x}{1+x^2}$，$\ln\left(\tan\frac{x}{2}\right)$，$\mathrm{e}^{\cos 2x}$ 等复合函数的导数，下面给出复合函数的求导法则。

定理 3.2.3　若函数 $u=g(x)$ 在点 x 处可导，而函数 $y=f(u)$ 在相应点 u 处可导，则复合函数 $y=f[g(x)]$ 在点 x 处可导，且

$$\frac{\mathrm{d}y}{\mathrm{d}x}=\frac{\mathrm{d}y}{\mathrm{d}u}\cdot\frac{\mathrm{d}u}{\mathrm{d}x}\text{ 或者 }\{f[g(x)]\}'=f'(u)g'(x)$$

证明　因为 $y=f(u)$ 在 u 处可导

所以 $\lim\limits_{\Delta u\to 0}\frac{\Delta y}{\Delta u}=f'(u)$，由无穷小与函数极限的关系（定理 2.3.2），有

$$\frac{\Delta y}{\Delta u}=f'(u)+o(\Delta u)$$

式中，$o(\Delta u)$ 是 $\Delta u\to 0$ 时的无穷小，以 Δu 乘以上式两边得

$$\Delta y=f'(u)\Delta u+o(\Delta u)\Delta u$$

上式两边同时除以 Δx（$\Delta x\neq 0,\Delta x\to 0$）得

$$\frac{\Delta y}{\Delta x}=f'(u)\frac{\Delta u}{\Delta x}+o(\Delta u)\frac{\Delta u}{\Delta x}$$

上式两边同时取极限得

$$\lim_{\Delta x\to 0}\frac{\Delta y}{\Delta x}=f'(u)\lim_{\Delta x\to 0}\frac{\Delta u}{\Delta x}+\lim_{\Delta x\to 0}o(\Delta u)\lim_{\Delta x\to 0}\frac{\Delta u}{\Delta x}$$

由于函数 $u=g(x)$ 在点 x 处可导，所以 $u=g(x)$ 在点 x 处连续，也即 $\Delta x\to 0$ 时，$\Delta u\to 0$，从而有

$$\lim_{\Delta x\to 0}o(\Delta u)=\lim_{\Delta u\to 0}o(\Delta u)=0$$

所以

$$\frac{\mathrm{d}y}{\mathrm{d}x}=f'(u)\frac{\mathrm{d}u}{\mathrm{d}x}=\frac{\mathrm{d}y}{\mathrm{d}u}\cdot\frac{\mathrm{d}u}{\mathrm{d}x}\quad\text{或者 }\{f[g(x)]\}'=f'(u)g'(x)$$

注：复合函数的求导法则可以推广到多个中间变量的情形，也即有限次复合的情形。设复合函数 $y=f\{g[h(x)]\}$ 是由三个可导函数 $y=f(u)$，$u=g(v)$，$v=h(x)$ 复合而成，则复合函数 $y=f\{g[h(x)]\}$ 的导数为

$$\frac{\mathrm{d}y}{\mathrm{d}x}=\frac{\mathrm{d}y}{\mathrm{d}u}\cdot\frac{\mathrm{d}u}{\mathrm{d}v}\cdot\frac{\mathrm{d}v}{\mathrm{d}x}=f'(u)\cdot g'(v)\cdot h'(x)$$

所以,复合函数的求导法则也称为链式求导法则。

例 3.2.9 求函数 $y=\sin\frac{2x}{1+x^2}$的导数。

解 $y=\sin\frac{2x}{1+x^2}$,可看作由 $y=\sin u$,$u=\frac{2x}{1+x^2}$复合而成,则由复合函数的求导法则,得

$$\frac{\mathrm{d}y}{\mathrm{d}u}=\cos u$$

$$\frac{\mathrm{d}u}{\mathrm{d}x}=\frac{2(1+x^2)-2x\cdot 2x}{(1+x^2)^2}=\frac{2(1-x^2)}{(1+x^2)^2}$$

所以 $$\frac{\mathrm{d}y}{\mathrm{d}x}=\frac{\mathrm{d}y}{\mathrm{d}u}\cdot\frac{\mathrm{d}u}{\mathrm{d}x}=\cos u\,\frac{2(1-x^2)}{(1+x^2)^2}=\frac{2(1-x^2)}{(1+x^2)^2}\cos\frac{2x}{1+x^2}$$

例 3.2.10 求函数 $y=(\arcsin x)^2$ 的导数。

解 $y=(\arcsin x)^2$ 可看作由 $y=u^2$,$u=\arcsin x$ 复合而成,由复合函数的求导法则,得

$$\frac{\mathrm{d}y}{\mathrm{d}u}=2u$$

$$\frac{\mathrm{d}u}{\mathrm{d}x}=\frac{1}{\sqrt{1-x^2}}$$

所以

$$\frac{\mathrm{d}y}{\mathrm{d}x}=\frac{\mathrm{d}y}{\mathrm{d}u}\cdot\frac{\mathrm{d}u}{\mathrm{d}x}=2u\,\frac{1}{\sqrt{1-x^2}}=2\arcsin x\,\frac{1}{\sqrt{1-x^2}}$$

例 3.2.11 求函数 $y=\sqrt{1-x^3}$ 的导数。

解 $y=\sqrt{1-x^3}$可看作由 $y=\sqrt{u}$,$u=1-x^3$ 复合而成,由复合函数的求导法则,得

$$\frac{\mathrm{d}y}{\mathrm{d}u}=\frac{1}{2\sqrt{u}}$$

$$\frac{\mathrm{d}u}{\mathrm{d}x}=-3x^2$$

所以

$$\frac{\mathrm{d}y}{\mathrm{d}x}=\frac{\mathrm{d}y}{\mathrm{d}u}\cdot\frac{\mathrm{d}u}{\mathrm{d}x}=\frac{1}{2\sqrt{u}}(-3x^2)=\frac{-3x^2}{2\sqrt{1-x^2}}$$

例 3.2.12 求函数 $y=\ln\left(\tan\frac{x}{2}\right)$的导数。

解 $y=\ln\left(\tan\frac{x}{2}\right)$,可看作由 $y=\ln u$,$u=\tan v$,$v=\frac{x}{2}$复合而成,则由复合函数的求导法则,有

$$\frac{\mathrm{d}y}{\mathrm{d}u}=\frac{1}{u}$$

$$\frac{\mathrm{d}u}{\mathrm{d}v}=\sec^2 v$$

$$\frac{\mathrm{d}v}{\mathrm{d}x}=\frac{1}{2}$$

所以
$$\frac{dy}{dx}=\frac{dy}{du}\cdot\frac{du}{dv}\cdot\frac{dv}{dx}=\frac{1}{u}\sec^2 v\cdot\frac{1}{2}$$
$$=\frac{1}{\tan\frac{x}{2}}\left(\sec^2\frac{x}{2}\right)\cdot\frac{1}{2}=\frac{\cos\frac{x}{2}}{\sin\frac{x}{2}}\left(\frac{1}{\cos^2\frac{x}{2}}\right)\cdot\frac{1}{2}$$
$$=\frac{1}{2\sin\frac{x}{2}\cos\frac{x}{2}}=\frac{1}{\sin x}=\csc x$$

例 3.2.13　求函数 $y=e^{\cos^2 x}$ 的导数。

解　$y=e^{\cos^2 x}$，可看作由 $y=e^u$，$u=v^2$，$v=\cos x$ 复合而成，则由复合函数的求导法则，有
$$\frac{dy}{du}=e^u$$
$$\frac{du}{dv}=2v$$
$$\frac{dv}{dx}=-\sin x$$
所以
$$\frac{dy}{dx}=\frac{dy}{du}\cdot\frac{du}{dv}\cdot\frac{dv}{dx}=e^u 2v(-\sin x)$$
$$=(e^{\cos^2 x})(2\cos x)(-\sin x)=-\sin 2x\, e^{\cos^2 x}$$

注：复合函数的分解比较熟悉之后，可以不必每次都给出中间变量，而是直接进行求导计算，求导时要由外向里，逐层求导。

例 3.2.14　设 μ 为实常数，求出幂函数 $y=x^\mu$ 的导数。

解　先将 $y=x^\mu$ 写成指数式 $y=e^{\ln x^\mu}=e^{\mu\ln x}$，则有
$$y'=(x^\mu)'_x=(e^{\mu\ln x})'_x=(e^{\mu\ln x})'_{\mu\ln x}(\mu\ln x)'_x=e^{\mu\ln x}\left(\mu\frac{1}{x}\right)$$
$$=x^\mu\left(\mu\frac{1}{x}\right)=x^{\mu-1}\mu=\mu x^{\mu-1}$$

在第 3.1 节中的例 3.1.4 里利用导数定义并未给出上述公式的普遍证明，这里给出了普遍的证明。

总之，求复合函数的导数，要由外向内，一层一层去求导，这就像剥竹笋一样，一层一层剥下去，一直剥到最里层就能找到竹笋，但一次只能剥一层，否则由于竹笋皮是交错的，一次剥两层就会把竹笋皮剥坏，求导也是这样，一层一层导就能求出导数，若一下导两层就会出错，比如求 $y=f^n[\varphi(x)]$的导数：
$$y'=\{f^n[\varphi(x)]\}'_{f[\varphi(x)]}[\varphi(x)]'_x=nf^{n-1}[\varphi(x)]\varphi'(x)$$
上面的做法是错误的，因为它一次导了两层，正确的做法应该是
$$y'=\{f^n[\varphi(x)]\}'_{f[\varphi(x)]}\{f[\varphi(x)]\}'_{\varphi(x)}[\varphi(x)]'_x=nf^{n-1}[\varphi(x)]f'[\varphi(x)]\varphi'(x)$$

例 3.2.15　求函数 $y=\ln[\ln(\ln x)]$的导数。

解　$y'=\{\ln[\ln(\ln x)]\}'_x=\{\ln[\ln(\ln x)]\}'_{\ln(\ln x)}[\ln(\ln x)]'_{\ln x}(\ln x)'_x$
$$=\frac{1}{\ln(\ln x)}\cdot\frac{1}{\ln x}\cdot\frac{1}{x}=\frac{1}{x\ln x\ln(\ln x)}$$

例 3.2.16 求下列双曲函数的导数。

(1) 双曲正弦函数 $\mathrm{sh}x=\dfrac{\mathrm{e}^{x}-\mathrm{e}^{-x}}{2}$ (2) 双曲余弦函数 $\mathrm{ch}x=\dfrac{\mathrm{e}^{x}+\mathrm{e}^{-x}}{2}$

解 由和差和积的求导法则,得

$$(\mathrm{sh}x)'=\left(\frac{\mathrm{e}^{x}-\mathrm{e}^{-x}}{2}\right)'=\frac{(\mathrm{e}^{x})'-(\mathrm{e}^{-x})'}{2}$$

又$(\mathrm{e}^{x})'=\mathrm{e}^{x}$,利用复合函数求导法则得$(\mathrm{e}^{-x})'=-\mathrm{e}^{-x}$,所以

$$(\mathrm{sh}x)'=\left(\frac{\mathrm{e}^{x}-\mathrm{e}^{-x}}{2}\right)'=\frac{(\mathrm{e}^{x})'-(\mathrm{e}^{-x})'}{2}=\frac{\mathrm{e}^{x}+\mathrm{e}^{-x}}{2}=\mathrm{ch}x$$

即

$$(\mathrm{sh}x)'=\mathrm{ch}x$$

同样可得

$$(\mathrm{ch}x)'=\left(\frac{\mathrm{e}^{x}+\mathrm{e}^{-x}}{2}\right)'=\frac{(\mathrm{e}^{x})'+(\mathrm{e}^{-x})'}{2}=\frac{\mathrm{e}^{x}-\mathrm{e}^{-x}}{2}=\mathrm{sh}x$$

即

$$(\mathrm{ch}x)'=\mathrm{sh}x$$

3.2.2 初等函数的导数公式

通过前面的内容,首先根据导数的定义,求出了几个基本初等函数——常数函数、正弦函数、余弦函数、幂函数、指数函数和对数函数的导数;然后利用导数的定义推出了函数的四则运算求导法则、反函数的求导法则和复合函数的求导法则,利用反函数的求导法则解决了反三角函数的求导问题,借助于函数的四则运算求导法则和复合函数的求导法则以及基本初等函数的导数公式解决了初等函数的求导问题。为了便于查阅,在此将十八个初等函数的导数公式列举如下。

1. $(C)'=0$ (C 为任意常数);
2. $(x^{\mu})=\mu x^{\mu-1}$ ($\mu\in\mathbf{R}$);
3. $(a^{x})'=a^{x}\ln a$ ($a>0,a\neq1$);
4. $(\mathrm{e}^{x})'=\mathrm{e}^{x}$;
5. $(\log_{a}x)'=\dfrac{1}{x\ln a}$ ($a>0,a\neq1$);
6. $(\ln x)'=\dfrac{1}{x}$;
7. $(\sin x)'=\cos x$;
8. $(\cos x)'=-\sin x$;
9. $(\tan x)'=\sec^{2}x$;
10. $(\cot x)'=-\csc^{2}x$;
11. $(\sec x)'=\sec x\tan x$;
12. $(\csc x)'=-\csc x\cot x$;
13. $(\arcsin x)'=\dfrac{1}{\sqrt{1-x^{2}}}$;
14. $(\arccos x)'=\dfrac{-1}{\sqrt{1-x^{2}}}$;
15. $(\arctan x)'=\dfrac{1}{1+x^{2}}$;
16. $(\mathrm{arccot}\, x)'=\dfrac{-1}{1+x^{2}}$;

*17. $(\mathrm{sh}x)'=\mathrm{ch}x$;

*18. $(\mathrm{ch}x)'=\mathrm{sh}x$。

注:前十六个求导公式中的函数都是基本初等函数,是以后函数求导的基础,一定要熟记。同时建议大家既要正着记也要倒着记,为以后的求积分作准备,后两个公式属于选学内容。

习题 3.2

1. 下列命题是否正确,不正确请说明理由。

(1) 若 $f(x)$与 $g(x)$在点 x_0 处不可导,则 $f(x)+g(x)$在点 x_0 处也不可导。

(2) 若 $f(x)$在点 x_0 处可导,$g(x)$在点 x_0 处不可导,则 $f(x)+g(x)$在点 x_0 处也不可导。

2. 求下列函数的导数。

(1) $y=3x^3-\frac{2}{x^2}-3$　　(2) $y=\frac{x}{2}+\frac{2}{x}+2\sqrt{x}+\frac{2}{\sqrt{x}}$

(3) $y=x^3+3^x+3^3$　　(4) $y=5^x e^x$

(5) $y=\frac{\ln x}{x}$　　(6) $y=(x^2+1)\ln x$

(7) $y=\sin x+x^2\cos x$　　(8) $y=x\tan x-\cot x$

(9) $y=\frac{x\ln x}{1+x^2}$　　(10) $y=x\sin x\ln x$

(11) $y=\frac{x}{\sin x}+\frac{\sin x}{x}$　　(12) $y=\frac{\sin x}{1+\cos x}$.

(13) $y=\ln x\arcsin x$　　(14) $y=e^x\arccos x$

(15) $y=\ln(a^2+x^2)$　　(16) $y=\ln(x+\sqrt{x^2+2})$

(17) $y=\sin(x^2+1)$　　(18) $y=\cos(5x-2)$

(19) $y=e^{-3x^2}$　　(20) $y=e^{3\sin x}$

(21) $y=(\arcsin x)^2$　　(22) $y=\arctan e^{x^2}$

(23) $y=\arccos(1-2x)$　　(24) $y=\operatorname{arccot}\sqrt{x}$

(25) $y=e^{-x}\cos 3x$　　(26) $y=\cos e^{x^2}$

(27) $y=\sqrt{1-x^2}\arccos x$　　(28) $y=\ln\sqrt{\frac{1-x}{1+x}}$

(29) $y=2^{\sin 2x}$　　(30) $y=a^{\tan x^2}$

(31) $y=\csc\sqrt{x}$　　(32) $y=\sec\frac{1}{x}$

3. 求下列函数在指定点处的导数。

(1) $f(x)=x^2e^{-x}+5(1-x)$,求 $f'(0)$。　　(2) $f(x)=\frac{x}{4^x}+\frac{x}{1+x}$,求 $f'(1)$ 。

(3) $f(x)=x^2\ln x$, 求 $f'(e)$。　　(4) $f(x)=\sin\left(2x+\frac{\pi}{2}\right)$,求 $f'\left(\frac{\pi}{4}\right)$。

4. 设 $f(u)$为已知的可导函数,求下列函数的导数$\frac{dy}{dx}$ 。

(1) $y=f(x^3)$　　(2) $y=\arctan f^2(x)$

(3) $y=f\{f[f(x)]\}$　　(4) $y=f(\sin^2 x)+f(\cos^2 x)$

(5) $y=f(e^x+x^e)$　　(6) $y=f(e^x)e^{f(x)}$

5. 利用反函数求导法则推导下列导数公式。

(1) $(\arccos x)'=\frac{-1}{\sqrt{1-x^2}}$　　(2) $(\operatorname{arccot} x)'=\frac{-1}{1+x^2}$

6. 设 $f(x)$在$(-l,l)$内可导,证明:如果 $f(x)$为偶函数,则 $f'(x)$是奇函数;如果 $f(x)$为奇函数,则 $f'(x)$是偶函数。

3.3　隐函数和由参数方程确定的函数的求导方法

学习目标与要求

（1）掌握隐函数的求导方法；

（2）掌握对数求导法；

（3）会求参数方程所确定的函数的导数。

在前面两节的学习中所遇到的函数都是显函数，比如初等函数和分段函数等，它们采用的是函数的直接表示方法，利用前面学习的导数公式和求导法则可以解决这类函数的求导问题。函数的表示还有另一种方法，称为间接表示方法，其特点是函数隐藏在方程中，常见的函数间接表示方法有两种：一种是隐函数；另一种是由参数方程所确定的函数。本节解决的就是采用间接法表示的函数的求导问题。

3.3.1　隐函数的导数

由第1.5节可知，部分隐函数可以显化变成显函数，但大部分隐函数不能显化变为显函数，隐函数不易显化或不能显化如何求导？下面给出具体的求导方法。

隐函数的求导法则具体分为三步。

（1）方程两边同时关于 x 求导，明确 y 是 x 的函数；

（2）采用复合函数求导法则求导；

（3）整理方程，求出 y' 的表达式。

下面通过实例来说明这种方法。

例 3.3.1　已知方程 $\mathrm{e}^y+xy-\mathrm{e}=0$ 确定隐函数 $y=y(x)$，求$\dfrac{\mathrm{d}y}{\mathrm{d}x}$。

解　（1）方程两边同时关于 x 求导：

$$(\mathrm{e}^y+xy-\mathrm{e})'=(0)'$$

（2）利用复合函数求导法则求导：

$$\mathrm{e}^y y'+y+xy'=0$$

（3）整理得：

$$\frac{\mathrm{d}y}{\mathrm{d}x}=-\frac{y}{x+\mathrm{e}^y}\quad (x+\mathrm{e}^y\neq 0)$$

注：在隐函数导数的表达式中，一般仍含有 x 和 y，因此仍然是一个隐函数，这是隐函数导数的特点。

例 3.3.2　已知隐函数方程 $y^5+2y-x-3x^7=0$ 确定隐函数 $y=y(x)$，求$\left.\dfrac{\mathrm{d}y}{\mathrm{d}x}\right|_{x=0}$。

解　（1）方程两边同时关于 x 求导：

$$(y^5+2y-x-3x^7)'=(0)'$$

（2）利用复合函数求导法则求导：

$$5y^4y'+2y'-1-21x^6=0$$

（3）整理得

$$y'(5y^4+2)=1+21x^6$$

$$y'=\frac{dy}{dx}=\frac{1+21x^6}{5y^4+2}$$

当 $x=0$ 时，代入隐函数方程 $y^5+2y-x-3x^7=0$，得 $y=0$，将 $x=0$ 和 $y=0$ 代入 y'，得

$$\left.\frac{dy}{dx}\right|_{x=0}=\left.\frac{dy}{dx}\right|_{x=0,y=0}=\left.\frac{1+21x^6}{5y^4+2}\right|_{x=0,y=0}=\frac{1}{2}$$

例 3.3.3　求椭圆 $\frac{x^2}{16}+\frac{y^2}{9}=1$，在点 $\left(2,\frac{3}{2}\sqrt{3}\right)$ 处的切线方程。

解　本题的关键是利用隐函数的直接求导法求点 $\left(2,\frac{3}{2}\sqrt{3}\right)$ 处的导数值，先采用隐函数求导法。

椭圆方程的两边分别对 x 求导，有

$$\frac{x}{8}+\frac{2}{9}y\cdot\frac{dy}{dx}=0$$

整理，得

$$\frac{dy}{dx}=-\frac{9x}{16y}$$

所以，切线斜率值为

$$y'\Big|_{(2,\frac{3}{2}\sqrt{3})}=-\frac{9x}{16y}\Big|_{(2,\frac{3}{2}\sqrt{3})}=-\frac{\sqrt{3}}{4}$$

利用点斜式直线方程 $(y-y_0)=y'(x-x_0)$ 得到所求的切线方程为

$$y-\frac{3}{2}\sqrt{3}=-\frac{\sqrt{3}}{4}(x-2)，即\ \sqrt{3}x+4y-8\sqrt{3}=0$$

3.3.2　对数求导法

由隐函数求导方法还可以得到一种新的求导方法——**对数求导法**，它是指将函数 $y=f(x)$ 看成一个等式，两边取对数后，利用隐函数求导方法求出函数的导数，它适用于幂指函数（形如 $y=u(x)^{v(x)}$ 的函数）及由若干因子通过乘、除、乘方、开方所构成的比较复杂的函数的求导问题，使用对数求导法解题的具体步骤是：先将函数 $y=f(x)$ 两边取对数，化乘、除为加减，化乘方、开方为乘积，然后利用隐函数求导法求导。

例 3.3.4　求 $y=x^{\sin x}$ 的导数。

解　两边取对数，得

$$\ln y=\ln x^{\sin x}=\sin x\ln x$$

按照隐函数求导法将方程左右两端同时对 x 求导：

$$(\ln y)'=(\sin x\ln x)'$$

$$\frac{1}{y}y'=\cos x\ln x+\sin x\ \frac{1}{x}$$

整理，得

$$y'=y\left(\cos x\ln x+\frac{\sin x}{x}\right)$$

$$y'=x^{\sin x}\left(\cos x\ln x+\frac{\sin x}{x}\right)$$

例 3.3.5 求 $y=\dfrac{\sqrt[5]{x-1}\sqrt[3]{(x+2)^2}}{\sqrt{x+1}}$ 的导数。

解 两边取对数，得

$$\begin{aligned}\ln y&=\ln\left(\frac{\sqrt[5]{x-1}\sqrt[3]{(x+2)^2}}{\sqrt{x+1}}\right)\\&=\frac{1}{5}\ln(x-1)+\frac{2}{3}\ln(x+2)-\frac{1}{2}\ln(x+1)\end{aligned}$$

按照隐函数求导法将方程左右两端同时对 x 求导：

$$(\ln y)'=\frac{1}{5}[\ln(x-1)]'+\frac{2}{3}[\ln(x+2)]'-\frac{1}{2}[\ln(x+1)]'$$

$$\frac{1}{y}y'=\frac{1}{5}\frac{1}{(x-1)}+\frac{2}{3}\frac{1}{(x+2)}-\frac{1}{2}\frac{1}{(x+1)}$$

整理，得

$$y'=y\left[\frac{1}{5}\frac{1}{(x-1)}+\frac{2}{3}\frac{1}{(x+2)}-\frac{1}{2}\frac{1}{(x+1)}\right]$$

$$y'=\frac{\sqrt[5]{x-1}\sqrt[3]{(x+2)^2}}{\sqrt{x+1}}\cdot\left[\frac{1}{5}\frac{1}{(x-1)}+\frac{2}{3}\frac{1}{(x+2)}-\frac{1}{2}\frac{1}{(x+1)}\right]$$

例 3.3.6 求 $y=\left(\dfrac{a}{b}\right)^x\left(\dfrac{b}{x}\right)^a\left(\dfrac{x}{a}\right)^b\left(a>0,b>0,\dfrac{a}{b}\neq1\right)$ 的导数。

解 两边取对数，得

$$\ln y=x\ln\frac{a}{b}+a[\ln b-\ln x]+b[\ln x-\ln a]$$

按照隐函数求导法将方程左右两端同时对 x 求导：

$$\frac{y'}{y}=\ln\frac{a}{b}-\frac{a}{x}+\frac{b}{x}$$

整理，得

$$y'=\left(\frac{a}{b}\right)^x\left(\frac{b}{x}\right)^a\left(\frac{x}{a}\right)^b\left(\ln\frac{a}{b}-\frac{a}{x}+\frac{b}{x}\right)$$

3.3.3 由参数方程确定的函数的导数

由第 1 章的第 1.5 节可知，对于由参数方程确定的函数，如果能够消去参数 t，也就是将 y 表示成 x 的显函数，那么由参数方程确定的函数的求导问题就可以解决了。但事实并非如此，有时候消去参数 t 很困难甚至是不可行的，这就要求我们直接从参数方程来计算它所确定的函数的导数。下面来讨论由参数方程确定函数的求导方法。

如果函数 $x=\varphi(t)$ 具有单调连续的反函数 $t=\varphi^{-1}(x)$，且能与函数 $y=\psi(t)$ 构成复合函数，则 y 与 x 的函数关系就可以用复合函数 $y=\psi[\varphi^{-1}(x)]$ 表示，若 $x=\varphi(t)$ 和 $y=\psi(t)$ 都可导，且 $\varphi'(t)\neq0$，则根据复合函数和反函数的求导法则，有

$$\frac{\mathrm{d}y}{\mathrm{d}x}=\frac{\mathrm{d}y}{\mathrm{d}t}\cdot\frac{\mathrm{d}t}{\mathrm{d}x}=\frac{\mathrm{d}y}{\mathrm{d}t}\cdot\frac{1}{\frac{\mathrm{d}x}{\mathrm{d}t}}=\frac{\frac{\mathrm{d}y}{\mathrm{d}t}}{\frac{\mathrm{d}x}{\mathrm{d}t}}=\frac{\psi'(t)}{\varphi'(t)}$$

此即为由参数方程确定的函数的求导方法，下面举例说明。

例 3.3.7　已知椭圆的参数方程为$\begin{cases}x=a\cos t\\ y=b\sin t\end{cases}$，求椭圆在$t=\frac{\pi}{4}$时相应点处的切线方程。

解　$t=\frac{\pi}{4}$时，对应点的坐标为

$$x_0=a\cos\frac{\pi}{4}=\frac{a\sqrt{2}}{2}$$

$$y_0=b\sin\frac{\pi}{4}=\frac{b\sqrt{2}}{2}$$

利用参数方程确定的函数求导法求出相应点的斜率为

$$\left.\frac{\mathrm{d}y}{\mathrm{d}x}\right|_{t=\frac{\pi}{4}}=\left.\frac{(b\sin t)'}{(a\cos t)'}\right|_{t=\frac{\pi}{4}}=\left.\frac{b\cos t}{-a\sin t}\right|_{t=\frac{\pi}{4}}=-\frac{b}{a}$$

代入点斜式方程，可得$t=\frac{\pi}{4}$时的切线方程为

$$y-\frac{b\sqrt{2}}{2}=-\frac{b}{a}\left(x-\frac{a\sqrt{2}}{2}\right)$$

即

$$bx+ay-\sqrt{2}ab=0$$

例 3.3.8　已知抛射物体的运动轨迹的参数方程为$\begin{cases}x=v_1t\\ y=v_2t-\frac{1}{2}gt^2\end{cases}$，求抛射体在时刻$t$的运动速度的大小和方向。

解　先求运动速度的大小，抛射物体的速度可以分解为水平分量$\frac{\mathrm{d}x}{\mathrm{d}t}=v_1$，垂直分量$\frac{\mathrm{d}y}{\mathrm{d}t}=v_2-gt$，所以抛射体运动速度的大小为

$$v=\sqrt{\left(\frac{\mathrm{d}x}{\mathrm{d}t}\right)^2+\left(\frac{\mathrm{d}y}{\mathrm{d}t}\right)^2}=\sqrt{v_1^2+(v_2-gt)^2}$$

再求运动速度的方向，也即运动轨迹的切线方向，设α是切线的倾角，则由导数的几何意义，有

$$\tan\alpha=\frac{\mathrm{d}y}{\mathrm{d}x}=\frac{\frac{\mathrm{d}y}{\mathrm{d}t}}{\frac{\mathrm{d}x}{\mathrm{d}t}}=\frac{v_2-gt}{v_1}$$

习题 3.3

1. 求下列隐函数方程所确定的隐函数的导数。

(1) $y^2-2xy+9=0$　　(2) $y=1-xe^y$

(3) $ye^x+\sin(xy)=0$　　(4) $y=\tan(x+y)$

(5) $\ln(\sqrt{x^2+y^2})=\arctan\frac{y}{x}$　　(6) $xy=e^{x+y}$

(7) $xy=x-e^{xy}$　　(8) $\sqrt{x}-\sqrt{y}=\sqrt{a}\quad(a>0)$

2. 设隐函数 $y=y(x)$ 由隐函数方程 $ye^y=e^{x-1}$ 所确定，求 $y'\Big|_{x=1}$ 的值。

3. 求隐函数曲线 $(5y+2)^3=(2x+1)^5$ 在点 $\left(0,-\dfrac{1}{5}\right)$ 处的切线方程。

4. 用对数求导法求下列函数的导数。

(1) $y=(\ln x)^x$　　(2) $y=x^{\sin x}$

(3) $y=\left(\dfrac{x}{1+x}\right)^x$　　(4) $y=\dfrac{\sqrt{x+2}(3-x)^4}{(1+x)^5}$

(5) $y^x=x^y$　　(6) $y=\left(\dfrac{a}{b}\right)^x\left(\dfrac{b}{x}\right)^a\left(\dfrac{x}{a}\right)^b\quad\left(a>0,b>0,\dfrac{a}{b}\neq 1\right)$

5. 求下列参数方程所确定的函数的导数。

(1) $\begin{cases}x=\ln(1+t^2)\\y=t-\arctan t\end{cases}$　　(2) $\begin{cases}x=2(\theta-\sin\theta)\\y=3(1-\cos\theta)\end{cases}$

(3) $\begin{cases}x=2t^2-1\\y=\sqrt{1+t^2}\end{cases}$　　(4) $\begin{cases}x=\cos^2 t\\y=\sec t\end{cases}$

6. 求曲线 $\begin{cases}x=t\\y=t^3\end{cases}$ 在点 $(1,1)$ 处切线的斜率。

7. 求曲线 $\begin{cases}x=e^t\sin 2t\\y=e^t\cos t\end{cases}$ 在点 $(0,1)$ 处的法线方程。

8. 求由曲线 $\begin{cases}x=2e^t\\y=e^{-t}\end{cases}$ 在相应 $t=0$ 点处的切线方程和法线方程。

3.4　高阶导数

学习目标与要求

(1) 理解高阶导数的概念；

(2) 掌握求初等函数的二阶导数；

(3) 了解常用函数的高阶导数公式。

在运动学中，人们不仅需要了解物体的运动速度，还需要了解运动速度的变化率，即加速度。由本章第3.1节的学习可知，变速直线运动的速度 $v(t)$ 是位移函数 $s(t)$ 对时间 t 的导数，即 $v(t)=\dfrac{ds(t)}{dt}$ 或者 $v(t)=s'(t)$，而加速度 $a(t)$ 是速度 $v(t)$ 对时间 t 的变化率，也即加速度 $a(t)$ 等于位移函数 $s(t)$ 对时间 t 的导数的导数，即 $a(t)=\dfrac{dv(t)}{dt}=\dfrac{d}{dt}\left(\dfrac{ds(t)}{dt}\right)$ 或者 $a(t)=[s'(t)]'$。在工程技术中，常常还需要了解曲线斜率的变化率以求得曲线的弯曲程度以及弯曲的方向，也即需要讨论曲线斜率的导数问题。在进一步研究函数的性态时，也需要研究一个可导函数求导之后所得的导函数的导数问题，由此便有了高阶导数的概念。

3.4.1　函数的高阶导数

1. 高阶导数的定义

定义 3.4.1　一般地，函数 $y=f(x)$ 的导数 $y'=f'(x)$ 仍是 x 的函数，若导数 $f'(x)$ 还可以对 x 求导，则称 $f'(x)$ 的导数为函数 $y=f(x)$ 的**二阶导数**。记作 y'' 或者 $\dfrac{\mathrm{d}^2 y}{\mathrm{d}x^2}$，即

$$y''=(y')' \quad 或 \quad \frac{\mathrm{d}^2 y}{\mathrm{d}x^2}=\frac{\mathrm{d}}{\mathrm{d}x}\left(\frac{\mathrm{d}y}{\mathrm{d}x}\right)$$

还可以记作 $f''(x)=[f'(x)]'$ 或者 $\dfrac{\mathrm{d}^2 f}{\mathrm{d}x^2}=\dfrac{\mathrm{d}}{\mathrm{d}x}\left(\dfrac{\mathrm{d}f}{\mathrm{d}x}\right)$。类似地，二阶导数的导数称为三阶导数，三阶导数的导数称为四阶导数，依此类推，一般地，$n-1$ 阶导数的导数称为 ***n* 阶导数**，分别记作

$$y''',y^{(4)},y^{(n)} 或者 \quad \frac{\mathrm{d}^3 y}{\mathrm{d}x^3},\frac{\mathrm{d}^4 y}{\mathrm{d}x^4},\frac{\mathrm{d}^n y}{\mathrm{d}x^n}$$

如果 $y=f(x)$ 在 x 处有 n 阶导数，那么 $y=f(x)$ 在 x 的某一邻域内必定具有一切低于 n 阶的导数；二阶及二阶以上的导数，统称为**高阶导数**。为统一起见，将 $y=f(x)$ 的导数 $f'(x)$ 称为函数 $y=f(x)$ 的一阶导数，$f(x)$ 本身称为函数 $y=f(x)$ 的零阶导数。

求函数高阶导数的方法就是逐次求导，所以仍可用前面学习过的方法来计算高阶导数。从几何上分析，若函数一阶可导，即函数每一点都有切线，则曲线是比较光滑的，若函数二阶可导，由于一阶导数(函数的切线)是光滑的，所以函数本身的图形具有更好的光滑性，因此，如果函数具有导数的阶越高，那么其曲线具有的性态就越好。

例 3.4.1　求 $y=\mathrm{e}^{x^2}+\tan x$ 的二阶导数 y''。

解　一阶导数为

$$y'=2x\mathrm{e}^{x^2}+\sec^2 x$$

二阶导数为

$$y''=2\mathrm{e}^{x^2}+4x^2\mathrm{e}^{x^2}+2\sec^2 x\tan x$$

例 3.4.2　设函数 $y=x^4$，求 $y',y'',y''',y^{(4)},y^{(5)},y^{(6)},\cdots$

解　$y'=(x^4)'=4x^{4-1}=4x^3$

$y''=(y')'=(4x^3)'=12x^2$

$y'''=(y'')'=(12x^2)'=24x$

$y^{(4)}=(y''')'=(24x)'=24$

$y^{(5)}=(y^{(4)})'=(24)'=0$

$y^{(6)}=y^{(7)}=\cdots=0$

一般地，若 $y=x^n$，$n\in\mathbf{N}^+$，则

$$(x^n)^{(n)}=n!,(x^n)^{(n+1)}=(x^n)^{(n+2)}=\cdots=0$$

$$(x^n)^{(p)}=A_n^p x^{n-p} \quad (其中：p\in\mathbf{N}^+,0<p\leqslant n)$$

式中，排列数 $A_n^p=n(n-1)(n-2)\cdots(n-p+1)$。

2. 隐函数的二阶导数

在第 3.3 节学习了利用隐函数直接求导法求隐函数的一阶导数，具体分为三步，读者可参看上一节的内容。下面给出隐函数的二阶求导方法。

例 3.4.3 求由方程 $x-y+\frac{1}{2}\sin y=0$ 所确定的隐函数的二阶导数。

解 利用隐函数的直接求导方法，两边同时对 x 求导，得

$$1-\frac{dy}{dx}+\frac{1}{2}\cos y\frac{dy}{dx}=0$$

整理后，可得

$$\frac{dy}{dx}=\frac{2}{2-\cos y}$$

上式右端仍然是隐函数，所以可将上式两边按照隐函数的求导运算法则再对 x 求导，得

$$\frac{d^2y}{dx^2}=\frac{-2\sin y\frac{dy}{dx}}{(2-\cos y)^2}=\frac{-4\sin y}{(2-\cos y)^3}$$

例 3.4.4 设 $y=y(x)$ 由方程 $e^y+xy=e$ 确定，求 $y'(0)$，$y''(0)$。

解 利用隐函数的直接求导方法，两边同时对 x 求导，得

$$e^y y'+y+xy'=0 \tag{3-1}$$

将式(3-1)两边再对 x 求导，得

$$e^y y'^2+e^y y''+y'+y'+xy''=0$$

即

$$e^y y'^2+(e^y+x)y''+2y'=0 \tag{3-2}$$

将 $x=0$ 代入方程 $e^y+xy=e$，可得 $y=1$，并将其代入式(3-1)，得

$$y'(0)=-\frac{1}{e}$$

将上式连同 $x=0$ 和 $y=1$ 一起代入式(3-2)，得

$$y''(0)=\frac{1}{e^2}$$

注：本题若先求出 y' 和 y'' 的表达式，再求 $y'(0)$ 和 $y''(0)$，反而显得麻烦。

3. 由参数方程确定函数的二阶导数

由参数方程确定的函数的一阶导数可以看出，参数方程所确定的函数的一阶导数仍然是参数方程确定的函数，即

$$\begin{cases} x=\varphi(t) \\ y'=\frac{dy}{dx}=\frac{\psi'(t)}{\varphi'(t)} \end{cases}$$

若 $x=\varphi(t)$，$y=\psi(t)$ 二阶可导，还可以求参数方程所确定的函数 $y=y(x)$ 的二阶导数，则有

$$\begin{aligned}\frac{d^2y}{dx^2}&=\frac{d}{dx}\left(\frac{dy}{dx}\right)=\frac{d}{dt}\left(\frac{dy}{dx}\right)\frac{dt}{dx}=\frac{d}{dt}\left(\frac{\psi'(t)}{\varphi'(t)}\right)\frac{dt}{dx}\\&=\frac{\psi''(t)\varphi'(t)-\psi'(t)\varphi''(t)}{\varphi'^2(t)}\frac{1}{\varphi'(t)}\\&=\frac{\psi''(t)\varphi'(t)-\psi'(t)\varphi''(t)}{\varphi'^3(t)}\end{aligned}$$

即

$$\frac{d^2y}{dx^2}=\frac{\psi''(t)\varphi'(t)-\psi'(t)\varphi''(t)}{\varphi'^3(t)}$$

此即为由参数方程确定的函数二阶导数求导方法,下面举例说明。

例 3.4.5　计算由摆线的参数方程

$$\begin{cases} x=a(t-\sin t) \\ y=a(1-\cos t) \end{cases}$$

所确定的函数 $y=y(x)$ 的二阶导数。

解　先求参数方程确定函数的一阶导数,得

$$\frac{\mathrm{d}y}{\mathrm{d}x}=\frac{\dfrac{\mathrm{d}y}{\mathrm{d}t}}{\dfrac{\mathrm{d}x}{\mathrm{d}t}}=\frac{a\sin t}{a-a\cos t}=\frac{\sin t}{1-\cos t}=\cot\frac{t}{2}$$

再求参数方程确定函数的二阶导数,得

$$\frac{\mathrm{d}^2y}{\mathrm{d}x^2}=\frac{\mathrm{d}}{\mathrm{d}t}\left(\cot\frac{t}{2}\right)\frac{1}{\dfrac{\mathrm{d}x}{\mathrm{d}t}}=-\frac{1}{2\sin^2\dfrac{t}{2}}\cdot\frac{1}{a(1-\cos t)}$$

$$=-\frac{1}{a(1-\cos t)^2}\ (t\neq 2n\pi, n\in\mathbf{Z})$$

注:由例 3.4.5 可知,在具体求参数方程确定的函数的一阶和二阶导数时,应掌握下面的计算公式:

$$\frac{\mathrm{d}y}{\mathrm{d}x}=\frac{\mathrm{d}y}{\mathrm{d}t}\frac{\mathrm{d}t}{\mathrm{d}x}=\frac{\dfrac{\mathrm{d}y}{\mathrm{d}t}}{\dfrac{\mathrm{d}x}{\mathrm{d}t}}$$

和

$$\frac{\mathrm{d}^2y}{\mathrm{d}x^2}=\frac{\mathrm{d}}{\mathrm{d}x}\left(\frac{\mathrm{d}y}{\mathrm{d}x}\right)=\frac{\mathrm{d}}{\mathrm{d}t}\left(\frac{\mathrm{d}y}{\mathrm{d}x}\right)\frac{\mathrm{d}t}{\mathrm{d}x}=\frac{\dfrac{\mathrm{d}}{\mathrm{d}t}\left(\dfrac{\mathrm{d}y}{\mathrm{d}x}\right)}{\dfrac{\mathrm{d}x}{\mathrm{d}t}}$$

4. 常见初等函数的 *n* 阶导数举例

下面使用递推并加以归纳的方法给出几个常见初等函数的 $n(n\in\mathbf{N}^+)$ 阶导数。

例 3.4.6　求函数 $y=\mathrm{e}^x$ 的 n 阶导数。

解　$y'=\mathrm{e}^x, y''=\mathrm{e}^x, y'''=\mathrm{e}^x, y^{(4)}=\mathrm{e}^x$

一般地,可得

$$y^{(n)}=\mathrm{e}^x$$

即

$$(\mathrm{e}^x)^{(n)}=\mathrm{e}^x$$

例 3.4.7　求函数 $y=a^x$,$(a>0, a\neq 1)$ 的 n 阶导数。

解　$y'=a^x\ln a, y''=a^x(\ln a)^2, y'''=a^x(\ln a)^3, y^{(4)}=a^x(\ln a)^4$

一般地,可得

$$y^{(n)}=a^x(\ln a)^n$$

即

$$(a^x)^{(n)}=a^x(\ln a)^n$$

例 3.4.8　求函数 $y=\sin x$ 的 n 阶导数。

解

$$y'=\cos x=\sin\left(x+\frac{\pi}{2}\right)$$

$$y''=\cos\left(x+\frac{\pi}{2}\right)=\sin\left(x+\frac{\pi}{2}+\frac{\pi}{2}\right)=\sin\left(x+2\cdot\frac{\pi}{2}\right)$$

$$y'''=\cos\left(x+2\cdot\frac{\pi}{2}\right)=\sin\left(x+3\cdot\frac{\pi}{2}\right)$$

$$y^{(4)}=\cos\left(x+3\cdot\frac{\pi}{2}\right)=\sin\left(x+4\cdot\frac{\pi}{2}\right)$$

一般地,可得

$$y^{(n)}=\sin\left(x+n\cdot\frac{\pi}{2}\right)$$

即
$$(\sin x)^{(n)}=\sin\left(x+\frac{n\pi}{2}\right)$$

例 3.4.9 求函数 $y=\cos x$ 的 n 阶导数。

解
$$y'=-\sin x=\cos\left(x+\frac{\pi}{2}\right)$$

$$y''=-\sin\left(x+\frac{\pi}{2}\right)=\cos\left(x+\frac{\pi}{2}+\frac{\pi}{2}\right)=\cos\left(x+2\cdot\frac{\pi}{2}\right)$$

$$y'''=-\sin\left(x+2\cdot\frac{\pi}{2}\right)=\cos\left(x+3\cdot\frac{\pi}{2}\right)$$

$$y^{(4)}=-\sin\left(x+3\cdot\frac{\pi}{2}\right)=\cos\left(x+4\cdot\frac{\pi}{2}\right)$$

一般地,可得

$$y^{(n)}=\cos\left(x+n\cdot\frac{\pi}{2}\right)$$

即
$$(\cos x)^{(n)}=\cos\left(x+\frac{n\pi}{2}\right)$$

例 3.4.10 求函数 $y=\ln(1+x)(x>-1)$的 n 阶导数。

解
$$[\ln(1+x)]'=\frac{1}{1+x}$$

$$[\ln(1+x)]''=\left(\frac{1}{1+x}\right)'=\frac{-1}{(1+x)^2}$$

$$[\ln(1+x)]'''=\left[\frac{-1}{(1+x)^2}\right]'=(-1)(-2)(1+x)^{-3}$$

$$[\ln(1+x)]^{(4)}=(-1)(-2)(-3)(1+x)^{-4}=(-1)^{4-1}(4-1)!\ (1+x)^{-4}=\frac{(-1)^{4-1}(4-1)!}{(1+x)^4}$$

一般地,可得

$$[\ln(1+x)]^{(n)}=(-1)^{n-1}(n-1)!\ (1+x)^{-n}=\frac{(-1)^{n-1}(n-1)!}{(1+x)^n}$$

例 3.4.11 求函数 $y=\dfrac{1}{x+a}\quad(x\neq -a)$的 n 阶导数。

解
$$\left(\frac{1}{x+a}\right)'=\frac{-1}{(x+a)^2}$$

$$\left(\frac{1}{x+a}\right)''=(-1)(-2)(x+a)^{-3}$$

$$\left(\frac{1}{x+a}\right)'''=(-1)(-2)(-3)(x+a)^{-4}=\frac{(-1)^3 3!}{(x+a)^{3+1}}$$

$$\left(\frac{1}{x+a}\right)^{(4)}=(-1)(-2)(-3)(-4)(x+a)^{-5}=\frac{(-1)^4 4!}{(x+a)^{4+1}}$$

一般地,可得

$$\left(\frac{1}{x+a}\right)^{(n)}=\frac{(-1)^n n!}{(x+a)^{n+1}}$$

3.4.2 高阶导数的运算法则

若函数 $u=u(x)$ 和 $v=v(x)$ 均在点 x 处具有 n 阶导数,则有

(1) $(u\pm v)^{(n)}=u^{(n)}\pm v^{(n)}$

(2) $(Cu)^{(n)}=Cu^{(n)}$

(3) $$(u\cdot v)^{(n)}=u^{(n)}v+nu^{(n-1)}v'+\frac{n(n-1)}{2!}u^{(n-2)}v''+\frac{n(n-1)\cdot\cdots\cdot(n-k+1)}{k!}u^{(n-k)}v^{(k)}+\cdots+uv^{(n)}=\sum_{k=0}^{n}C_n^k u^{(n-k)}v^{(k)}$$

式中,$u^{(0)}=u$,$v^{(0)}=v$,式(3)称为莱布尼茨(Leibniz)公式,可用数学归纳法证明,类似于牛顿(Newton)二项式定理。

例 3.4.12 设函数 $y=x^2\sin x$,求 $y^{(20)}$。

解 设 $u=x^2$,$v=\sin x$,则

$$u'=2x,u''=2,u^{(k)}=0\quad(k=3,4,\cdots,20)$$

$$v^{(n)}=\sin\left(x+\frac{n\pi}{2}\right)(n=0,1,2,\cdots,20)\quad(k=1,2,\cdots,20)$$

代入莱布尼茨公式,得

$$\begin{aligned}y^{(20)}&=(\sin x)^{(20)}x^2+20\,(\sin x)^{(19)}(x^2)'+\frac{20(20-1)}{2!}(\sin x)^{(18)}(x^2)''+0\\&=\sin(x+10\pi)x^2+20\sin(x+\frac{19}{2}\pi)2x+\frac{20\cdot19}{2!}\sin(x+9\pi)2\\&=x^2\sin x-40x\cos x-380\sin x\end{aligned}$$

习题 3.4

1. 求下列函数的二阶导数。

(1) $y=2x^2+\ln x+e^x$

(2) $y=x\sin x$

(3) $y=e^{-x}\cos x$

(4) $y=\ln(1-x^2)$

(5) $y=x^2e^x$

(6) $y=x\arctan x$

(7) $y=\dfrac{\sin x}{x}$

(8) $y=\sqrt{a^2-x^2}$

(9) $y=\tan x$

(10) $S(t)=\dfrac{e^t-e^{-t}}{2}$

2. 设 $f''(x)$ 存在，求下列函数的二阶导数。

(1) $y=\ln[f(x)]$　　(2) $y=f(e^{-x})$

3. 验证函数 $y=e^{x}\sin x$ 满足关系式 $y''-2y'+2y=0$。

*4. 求下列函数的 n 阶导数。

(1) $y=2^{x}$　　(2) $y=e^{2x}$

(3) $y=\sin 2x$　　(4) $y=xe^{x}$

(5) $y=x\ln x$　　(6) $y=\dfrac{1}{x^{2}-a^{2}}$

5. 求由下列方程所确定的隐函数的二阶导数。

(1) $x^{2}-y^{2}=1$　　(2) $y=1-xe^{y}$

(3) $y=\tan(x+y)$　　(4) $xy=e^{x+y}$

6. 求由下列参数方程所确定的函数的二阶导数。

(1) $\begin{cases}x=\dfrac{t^{2}}{2}\\ y=1-t\end{cases}$　　(2) $\begin{cases}x=a\cos t\\ y=b\sin t\end{cases}$

(3) $\begin{cases}x=\sin t\\ y=\cos 2t\end{cases}$　　(4) $\begin{cases}x=f'(t)\\ y=tf'(t)-f(t)\end{cases}$，其中 $f''(t)$ 存在且不为零

7. 求下列函数指定阶的导数。

(1) $y=e^{x}\cos x$，求 $y^{(4)}$。　　(2) $y=x^{2}\sin 2x$，求 $y^{(50)}$。

3.5　函数的微分

学习目标与要求

(1) 理解函数微分的概念及其几何意义；

(2) 掌握可微与可导的关系；

(3) 掌握微分运算法则；

(4) 掌握求函数(含隐函数)的微分；

(5) 了解微分在近似计算中的应用。

微分是微积分学中与导数密切相关又有区别的一个重要的基本概念，本节主要介绍微分的概念、计算及简单的应用，主要体现“在微小局部”用线性函数代替非线性函数是微积分的一种基本思想方法。

3.5.1　微分的定义

在很多问题中，常常要研究函数 $y=f(x)$ 的微小改变量 $\Delta y=f(x+\Delta x)-f(x)$ 与自变量改变量 Δx 之间的关系，主要是为了求得函数的改变量 Δy。对线性函数 $y=kx+b$ 而言，Δy 是 Δx 的线性函数，即 $\Delta y=k\Delta x$；对非线性函数而言，一般 Δy 与 Δx 的关系比较复杂，比如 $y=x^{2}$，则 $\Delta y=(x+\Delta y)^{2}-x^{2}=2x\Delta x+(\Delta x)^{2}$，其中 $2x\Delta x$ 为线性部分，$(\Delta x)^{2}$ 是非线性部分，非线性部分往往不易求其值，而在好多实际问题中，只需要计算它的线性部分去近似代替函数的改变量 Δy，而这个近似的线性部分可以用微分来表示。下面以实例引入微分的概念。

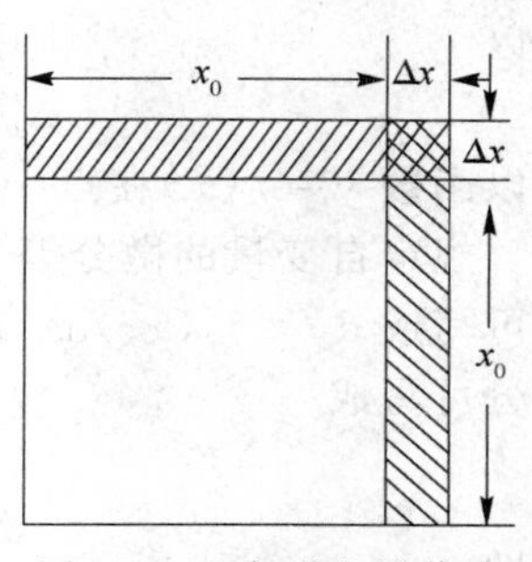

图3.6　正方形金属薄片面积的改变

引例 3.5.1　一块边长为 x_0 的正方形金属薄片受温度变化的影响，其边长由 x_0 变化到 $x_0+\Delta x$，如图3.6所示，问此薄片的面积改变了多少？

正方形金属薄片的面积为 x_0^2，均匀加热后薄片边长伸长 Δx，其对应的面积改变量也即面积的增量为

$$\Delta S=(x_0+\Delta x)^2-x_0^2=2x_0\Delta x+(\Delta x)^2$$

ΔS 由两部分组成：一部分是长为 x_0，宽为 Δx 的两个长方形面积之和；另一部分是边长为 Δx 的小正方形的面积。当 Δx 很小时，$(\Delta x)^2$ 更小，是 Δx 的高阶无穷小，是面积改变量 ΔS 的次要部分，所以可以忽略不计，这样面积改变量 ΔS 的大小就取决于第一部分 $2x_0\Delta x$，它是 Δx 的线性部分，称为线性主部，可以作为面积改变量 ΔS 的近似值，即

$$\Delta S=(x_0+\Delta x)^2-x_0^2\approx 2x_0\Delta x=(x^2)'\Big|_{x=x_0}\Delta x$$

线性主部 $2x_0\Delta x$ 称为面积函数 $S=x^2$ 在点 x_0 处的微分。一般地，有如下的微分定义。

定义 3.5.1　若函数 $y=f(x)$在某区间内有定义，x_0 和 $x_0+\Delta x$ 都在这个区间内，若自变量有增量 Δx 时，相应的函数的增量 Δy 可表示为

$$\Delta y=f(x_0+\Delta x)-f(x_0)=A\Delta x+o(\Delta x)$$

式中，A 是不依赖于 Δx 的常数，那么称函数 $y=f(x)$在点 x_0 处可微，线性主部 $A\Delta x$ 称为函数 $y=f(x)$在 x_0 相应于自变量增量 Δx 的**微分**，记作 $\mathrm{d}y$ 或 $\mathrm{d}f(x_0)$，即

$$\mathrm{d}y=A\Delta x \quad 或 \quad \mathrm{d}f(x_0)=A\Delta x$$

函数在某点可微是需要一定的条件的，这个条件就是可导，虽然函数在某点可导是由极限定义的，而可微是按照函数的改变量是否能表示为自变量改变量的线性函数及其高阶无穷小之和($\Delta y=A\Delta x+o(\Delta x)$)定义的，但事实上，这两个概念只是从不同侧面揭示了问题的同一本质。在一元函数中，函数可导与可微是等价的，下面以定理的形式给出。

定理 3.5.1　函数 $y=f(x)$在点 x_0 处可微的充分必要条件是函数 $y=f(x)$在 x_0 处可导，且当 $f(x)$在点 x_0 处可微时，其微分一定是

$$\mathrm{d}y=f'(x_0)\Delta x$$

证明　必要性：因为 $y=f(x)$在点 x_0 处可微，所以有

$$\Delta y=A\Delta x+o(\Delta x)$$

式中，A 是不依赖于 Δx 的常数，$o(\Delta y)$是 $\Delta x\to 0$ 时的高阶无穷小，所以

$$\frac{\Delta y}{\Delta x}=A+\frac{o(\Delta x)}{\Delta x}$$

$$\lim_{\Delta x\to 0}\frac{\Delta y}{\Delta x}=A+\lim_{\Delta x\to 0}\frac{o(\Delta x)}{\Delta x}=A$$

即函数 $y=f(x)$在 x_0 处可导，且 $A=f'(x_0)$

充分性：因为函数 $y=f(x)$在 x_0 处可导，所以有

$$\lim_{\Delta x\to 0}\frac{\Delta y}{\Delta x}=f'(x_0)$$

由函数极限与无穷小的关系定理可得

$$\frac{\Delta y}{\Delta x}=f'(x_0)+\alpha \quad (\Delta x\to 0,\alpha\to 0)$$

所以

$$\Delta y = f'(x_0)\Delta x + \alpha\Delta x = f'(x_0)\Delta x + o(\Delta x)$$

所以函数 $y=f(x)$ 在点 x_0 处可微，且 $f'(x_0)=A$。

规定自变量的微分等于自变量的改变量，即 $dx=\Delta x$，所以，函数 $y=f(x)$ 在点 x_0 处的微分可写成 $dy=f'(x_0)dx$ 或 $df(x_0)=f'(x_0)dx$；函数 $y=f(x)$ 在区间 I 上任意一点 x 处的微分可写成

$$dy = f'(x)dx$$

也即

$$\frac{dy}{dx} = f'(x)$$

这就是说，函数的导数等于函数的微分与自变量的微分之商，因此，导数也称为“微商”，这正是把导数记作 $\frac{dy}{dx}$ 的一个原因。

注： 由定理 3.5.1 可知，对一元函数来说，函数可导性与可微性是两个等价的概念，以后我们不再区分它们；而且，求出函数的导数之后，只要再乘以 dx，就得到相应的微分。但是，函数的导数与微分是两个不同的概念。

例 3.5.1 求函数 $y=x^3$，在 $x_0=2$，$\Delta x=0.02$ 时，函数的改变量 Δy 和函数的微分 dy。

解 函数的改变量

$$\Delta y = f(x_0+\Delta x) - f(x_0) = (2+0.02)^3 - 2^3 = 0.242408$$

函数的微分

$$dy = f'(x_0)\cdot\Delta x = (x^3)'\Big|_{x=1}\cdot\Delta x = (3\times 2^2)\cdot(0.02) = 0.24$$

注： $\Delta y - dy = 0.002408$，所以可用 Δy 近似代替 dy，即 $\Delta y \approx dy$。

3.5.2 微分的几何意义

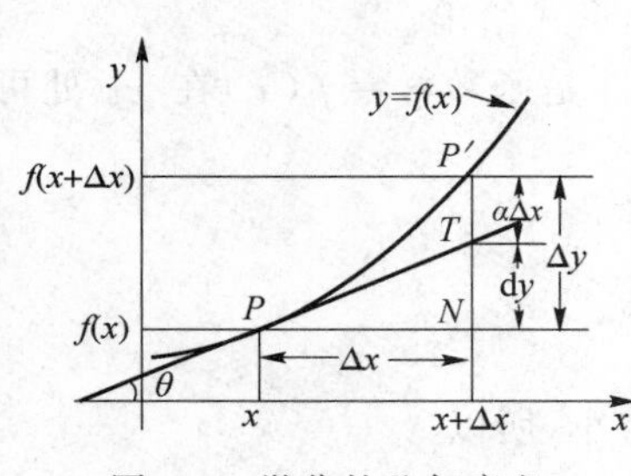

图 3.7 微分的几何意义

为了更直观地理解微分，下面给出微分的几何意义。如图 3.7 所示，在直角坐标系中，函数 $y=f(x)$ 的图形是一条曲线，对于某一固定点 x，曲线上有一个确定的点 $P(x,y)$ 与之对应，当自变量 x 有微小增量 Δx 时，就得到曲线上的另一点 $P'(x+\Delta x, y+\Delta y)$，从而有

$$PN = \Delta x \quad NP' = \Delta y$$

过 $P(x,y)$ 点作曲线的切线 PT，它的倾角为 θ，则

$$NT = PN\tan\theta = \Delta x f'(x)$$

即

$$dy = NT$$

它表示曲线 $y-f(x)$ 在 P 点处的切线增量，而函数的增量为 $\Delta y=NP'$，它表示曲线 $y=f(x)$ 在 P 点处的割线增量，当 $|\Delta x|$ 很小时，$|\Delta y - dy|$ 比 $|\Delta x|$ 小得多为 $|\Delta x|$ 的高阶无穷小，也即当 $\Delta x\to 0$ 时，切线增量 dy 是割线增量 Δy 的线性主部，即有 $dy\approx\Delta y$，因此在点 P 附近，可以用切线段来近似代替曲线段。在定积分的应用里，微元法就是这样的思想：在微小局部范围内用线性函数近似代替非线性函数，或者，在几何上用切线段近似代替曲线段，这在数学上称为非线性函数的局部线性化，是微积分的基本思想方法之一。这种思想方法在自然科学和工程问题的研究中被经常采用。

3.5.3　微分的基本公式与运算法则

从函数微分的表达式 $dy=f'(x)dx$ 可知，要计算函数的微分，只要计算函数的导数，再乘以自变量的微分，即得函数的微分。因此由导数的基本公式和运算法则可得如下的微分基本公式和微分运算法则。

1. 微分的基本公式

由导数的基本公式可直接写出微分的基本公式，为了便于对照，列于表 3.1 中。

表 3.1　导数与微分的基本公式对照表

序号	导数的基本公式	微分的基本公式
1	$(C)'=0$ （C 为常数）	$d(C)=0$ （C 为常数）
2	$(x^{\mu})=\mu x^{\mu-1}(\mu\in\mathbf{R})$	$d(x^{\mu})=\mu x^{\mu-1}dx \quad (\mu\in\mathbf{R})$
3	$(a^{x})'=a^{x}\ln a \quad (a>0, a\neq 1)$	$d(a^{x})=a^{x}\ln a\ dx \quad (a>0, a\neq 1)$
4	$(e^{x})'=e$	$d(e^{x})=e^{x}\ dx$
5	$(\log_{a}x)'=\frac{1}{x\ln a} \quad (a>0, a\neq 1)$	$d(\log_{a}x)=\frac{1}{x\ln a}dx \quad (a>0, a\neq 1)$
6	$(\ln x)'=\frac{1}{x}$	$d(\ln x)=\frac{1}{x}dx$
7	$(\sin x)'=\cos x$	$d(\sin x)=\cos x\ dx$
8	$(\cos x)'=-\sin x$	$d(\cos x)=-\sin x\ dx$
9	$(\tan x)'=\sec^{2}x$	$d(\tan x)=\sec^{2}x\ dx$
10	$(\cot x)'=-\csc^{2}x$	$d(\cot x)=-\csc^{2}x\ dx$
11	$(\sec x)'=-\sec x\tan x$	$d(\sec x)=\sec x\tan x\ dx$
12	$(\csc x)'=-\csc x\cot x$	$d(\csc x)=-\csc x\cot x\ dx$
13	$(\arcsin x)'=\frac{1}{\sqrt{1-x^{2}}}$	$d(\arcsin x)=\frac{1}{\sqrt{1-x^{2}}}dx$
14	$(\arccos x)'=\frac{-1}{\sqrt{1-x^{2}}}$	$d(\arccos x)=\frac{-1}{\sqrt{1-x^{2}}}dx$
15	$(\arctan x)'=\frac{1}{1+x^{2}}$	$d(\arctan x)=\frac{1}{1+x^{2}}dx$
16	$(\text{arccot}\ x)'=\frac{-1}{1+x^{2}}$	$d(\text{arccot}\ x)=\frac{-1}{1+x^{2}}dx$
17	* $(\text{sh}\ x)'=\text{ch}x$	* $d(\text{sh}x)=\text{ch}\ x\ dx$
18	* $(\text{ch}\ x)'=\text{sh}x$	* $d(\text{ch}x)=\text{sh}\ x\ dx$

注：前十六个公式中的函数都是基本初等函数，是学习微积分的基础，一定要熟记，后两个公式属于选学内容。

2. 微分运算法则

由函数和、差、积、商的求导法则，可推得相应的微分运算法则，为便于对照，列于表 3.2 中（表中所示法则，假设 $u=u(x)$，$v=v(x)$都可导，C 为常数）。

表 3.2 求导法则与微分运算法则对照表

序号	函数的求导法则	微分运算法则
1	$[u\pm v]=u'\pm v'$	$d[u\pm v]=du\pm dv$
2	$[uv]'=u'v+uv'$	$d(uv)=v\,du+u\,dv$
3	$[cu]'=cu'$	$d(cu)=c\,du$
4	$\left[\dfrac{u}{v}\right]'=\dfrac{u'v-uv'}{v^2}\quad(v\neq0)$	$d\left(\dfrac{u}{y}\right)=\dfrac{v\,du-u\,dv}{v^2}\quad(v\neq0)$

例 3.5.2 求函数 $y=x^3+3\tan x+e$ 的微分。

解 根据微分的定义有

$$dy=y'dx$$

由于

$$y'=(x^3+3\tan x+e)'=3x^2+3\sec^2 x$$

所以

$$dy=(3x^2+3\sec^2 x)dx$$

3.5.4 复合函数的微分法则

利用复合函数的求导法则和函数微分的计算公式,可推得复合函数的微分法则。

定理 3.5.2(微分形式的不变性) 设函数 $y=f(u)$ 和 $u=g(x)$ 都可导,则复合函数 $y=f[g(x)]$ 的微分是

$$dy=(f[g(x)])'dx=f'(u)g'(x)dx$$

由于 $du=g'(x)dx$,所以复合函数 $y=f[g(x)]$ 的微分也可以写成

$$dy=f'(u)du$$

所以,函数 $y=f(u)$ 不管 u 是自变量还是中间变量,函数 $y=f(u)$ 的微分形式总是 $dy=f'(u)du$,这一性质称为函数的微分形式不变性。下面举例说明。

例 3.5.3 求函数 $y=\sin(2x+1)$ 的微分。

解 根据微分的定义,有

$$dy=[\sin(2x+1)]'dx=2\cos(2x+1)dx$$

另解,根据微分形式的不变性,有

$$dy=d\sin(2x+1)=\cos(2x+1)d(2x+1)=2\cos(2x+1)dx$$

例 3.5.4 求函数 $y=\arctan e^{2x}$ 的微分。

解 根据微分的定义,有

$$dy=(\arctan e^{2x})dx=\frac{2e^{2x}}{1+e^{4x}}dx$$

另解,根据微分形式的不变性,有

$$dy=d(\arctan e^{2x})=\frac{1}{1+e^{4x}}d(e^{2x})=\frac{e^{2x}}{1+e^{4x}}d(2x)=\frac{2e^{2x}}{1+e^{4x}}dx$$

例 3.5.5 在下列等式左端的括号内填入适当的函数,使等式成立。

(1) $d(\quad)=x^2dx$ (2) $d(\quad)=\sin\omega t\,dt$

解 (1) 因为 $d(x^3)=3x^2dx$,所以

$$x^2dx=\frac{1}{3}d(x^3)=d\left(\frac{1}{3}x^2\right)$$

即
$$\mathrm{d}\left(\frac{x^3}{3}\right)=x^3\mathrm{d}x$$
一般地，有
$$d\left(\frac{x^3}{3}+C\right)=x^2\mathrm{d}x \quad (C\text{ 为任意常数})$$

(2) 因为 $\mathrm{d}(\cos\omega t)=-\omega\sin\omega t\ \mathrm{d}t$，所以
$$\sin\omega t\ \mathrm{d}t=\frac{1}{\omega}\mathrm{d}(\cos\omega t)=\mathrm{d}\left(-\frac{1}{\omega}\cos\omega t\right)$$
即
$$\mathrm{d}\left(-\frac{1}{\omega}\cos\omega t\right)=\sin\omega t\ \mathrm{d}t$$
一般地，有
$$\mathrm{d}\left(-\frac{1}{\omega}\cos\omega t+C\right)=\sin\omega t\ \mathrm{d}t \quad (C\text{ 为任意常数})$$

注：本题采用的是逆向思维，上述微分的反问题正是不定积分要研究的内容。

3.5.5　微分在近似计算中的应用

1. 函数值的近似计算

用微分进行近似计算的基本思想是：在微小局部将给定的函数线性化，即在 x_0 的小邻域内，函数的增量 Δy 可用它的线性主部 $\mathrm{d}y=f'(x)\mathrm{d}x$ 来代替。

由于当 Δx 很小时，微分是函数改变量的主要部分且容易计算，所以微分常用于近似计算函数的增量。因为 $\Delta y\approx\mathrm{d}y$，而
$$\Delta y=f(x_0+\Delta x)-f(x_0),\quad \mathrm{d}y=f'(x_0)\Delta x$$
所以当 $|\Delta x|$ 很小时，有下面的近似计算公式
$$f(x_0+\Delta x)\approx f(x_0)+f'(x_0)\Delta x$$
若令 $x=x_0+\Delta x$，则有
$$f(x)\approx f(x_0)+f'(x_0)\Delta x$$
应用上述公式时，需要注意 x_0 和 Δx 的选择，一般应遵循如下规则。

(1) 容易计算出 $f(x_0)$ 和 $f'(x_0)$；

(2) $|\Delta x|$ 应较小，且 $|\Delta x|$ 越小求出的近似值越精确。

特别地，当 $x_0=0$ 且 $\Delta x=x-x_0=x$，$|\Delta x|=|x|$ 其值很小时，此时的近似计算公式变为
$$f(x)\approx f(0)+f'(0)x$$
利用上式，当 $|x|$ 很小时，可以推导出下列常用的近似计算公式：

① $\sin x\approx x$ （x 为弧度）；

② $\tan x\approx x$ （x 为弧度）；

③ $\mathrm{e}^x\approx 1+x$；

④ $\ln(1+x)\approx x$；

⑤ $(1+x)^\alpha\approx 1+\alpha x$（$\alpha$ 为非零实常数）。

要记住这些公式，可由这些公式联想到等价无穷小量关系式。由第2章第2.6节可知，当 $x\to 0$ 时，有以下等价无穷小关系式：

$\sin x\sim x$；　$\tan x\sim x$；　$(\mathrm{e}^x-1)\sim x$；　$\ln(1+x)\sim x$；　$[(1+x)^\alpha-1]\sim\alpha x$

在比较等价无穷小和近似计算公式后发现它们有相通之处，但需要注意符号和表示形式的区别。

例 3.5.6 求 $\sin 44°$ 的近似值。

解 设 $f(x)=\sin x$，则由近似公式 $f(x_0+\Delta x)\approx f(x_0)+f'(x_0)\Delta x$，有

$$\sin x\approx\sin x_0+\cos x_0(x-x_0)$$

令 $x_0=45°=\frac{\pi}{4}$，$x=44°=\frac{\pi}{4}-\frac{\pi}{180}$，$x-x_0=\frac{\pi}{100}$，于是有

$$\sin 44°\approx\sin\frac{\pi}{4}-\frac{\pi}{180}\cos\frac{\pi}{4}=\frac{\sqrt{2}}{2}-\frac{\pi}{180}\cdot\frac{\sqrt{2}}{2}\approx 0.6948$$

例 3.5.7 求 $\sqrt[3]{1.02}$ 的近似值。

解 设 $f(x)=\sqrt[3]{x}$，则由近似公式 $f(x_0+\Delta x)\approx f(x_0)+f'(x_0)\Delta x$，有

$$\sqrt[3]{x}\approx\sqrt[3]{x_0}+\frac{1}{3\sqrt[3]{x_0^2}}(x-x_0)$$

令 $x_0=1$，$x=1.02$，$x-x_0=0.02$，于是有

$$\sqrt[3]{1.02}\approx 1+\frac{1}{3}\times(0.02)\approx 1.0067$$

另解，也可直接利用近似公式 $(1+x)^\alpha\approx 1+\alpha x$，得

$$\sqrt[3]{1.02}\approx 1+\frac{1}{3}\times(0.02)\approx 1.0067$$

例 3.5.8 有一批半径为 1 cm 的球，为了提高球面的光洁度，要镀上一层厚度为0.01 cm的铜，估计需要用铜多少 g?（铜的密度是 8.9g/cm^2）

解 先求出铜层的体积，再乘以铜的密度就是需要用铜的质量。因为镀层的体积等于两个球体体积之差，所以也就是球体体积 $V=\frac{4}{3}\pi R^3$ 当 R 自 R_0 取得增量 ΔR 时的增量 ΔV，求 V 对 R 的导数，得

$$V'\Big|_{R=R_0}=\left(\frac{4}{3}\pi R^3\right)'\Big|_{R=R_0}=4\pi R_0^2$$

所以

$$\Delta V\approx \mathrm{d}V=V'\Big|_{R=R_0}\Delta R=4\pi R_0^2\Delta R$$

将 $R_0=1$ 和 $\Delta R=0.01$ 代入上式，得

$$\Delta V\approx 4\times 3.14\times 1^2\times 0.01=0.1256(\text{cm}^3)$$

故所用铜的质量为　$0.1256\times 8.9=1.11784(\text{g})$

***2. 误差估计**

在实际问题中，经常需要得到某个量 y 的数据，但一般 y 的数据不易直接测量，需要建立函数关系 $y=f(x)$，且 x 的数据易通过测量得到。由于测量条件和测量方法等因素的限制，测得的数据 x_0 是 x 的近似值，因而 $y_0=f(x_0)$ 也是 y 的近似值，y_0 近似为 y 所产生的误差称为间接测量误差。根据测量仪器的精度，有时可以确定 $|x-x_0|$ 的上限 δ_x，即 $|x-x_0|<\delta_x$，δ_x 称为 x 的绝对误差限，$\frac{\delta_x}{|x_0|}$ 称为 x 的相对误差限。相应地，产生的 y 的误差 $|f(x)-f(x_0)|<\delta_y$，δ_y 称为 y 的绝对误差限，$\frac{\delta_y}{|y_0|}$ 称为 y 的相对误差限。

利用微分近似函数的增量，如果知道了 x 的绝对误差限，就可以确定 y 的间接测量误差限，这是因为

$$|f(x)-f(x_0)|=|\Delta y|\approx|\mathrm{d}y|=|f'(x_0)(x-x_0)|\leqslant|f'(x_0)|\delta_x$$

所以 y 的绝对误差限为 $\delta_y=|f'(x_0)|\delta_x$，相对误差限为

$$\frac{\delta_y}{|y_0|}=\frac{\delta_y}{|f(x_0)|}=\frac{|f'(x_0)|}{|f(x_0)|}\delta_x$$

例 3.5.9　设测量圆的半径 r 的绝对误差是 0.1 cm，测得的 r 值为 11.5 cm，问圆面积的绝对误差和相对误差分别是多少？

解　圆面积公式为

$$S=\pi r^2$$

则 $S'(\mathrm{r})=2\pi r$，又 $r_0=11.5$ cm，$\delta_r=0.1$ cm，因此 S 的绝对误差限为

$$\delta_s=S'(\mathrm{r}_0)\delta_r=2\pi\times11.5\times0.1=2.3\pi(\mathrm{cm}^2)$$

相对误差限为

$$\frac{\delta_s}{|S(r_0)|}=\frac{S'(r_0)}{S(r_0)}\delta_r=\frac{2\pi r_0}{\pi r_0^2}\delta_r=\frac{2}{11.5}\times0.1\approx1.74\%$$

习题 3.5

1. 若 $f(x)$ 为可微分函数，当 $\Delta x\to0$ 时，则在点 x 处的 $\Delta y-\mathrm{d}y$ 是关于 Δx 的(　　)。

   A. 高阶无穷小　　B. 等价无穷小　　C. 低价无穷小　　D. 不可比较

2. 函数 $y=f(x)$ 在某点处有增量 $\Delta x=0.2$，对应的函数增量的主部等于 0.8，则 $f'(x)=$(　　)。

   A. 4　　B. 0.16　　C. 4　　D. 1.6

3. 求下列函数的微分。

   (1) $y=x^2+\sin x$　　(2) $y=x\mathrm{e}^x$

   (3) $y=\sqrt{1+x^2}$　　(4) $y=\dfrac{3x}{1+x^2}$

   (5) $y=\mathrm{e}^{-x}\cos(3-x)$　　(6) $y=[\ln(1-x)]^2$

   (7) $y=x\sin 2x$　　(8) $y=\mathrm{e}^{-x}\sin^2(2x)$

   (9) $y=\mathrm{e}^{\arcsin\sqrt{x}}$　　(10) $y=5^{\ln\tan x}$

   (11) $y=\arccos\dfrac{1}{x}$　　(12) $y=\arctan(\ln x)$

4. 求下列函数方程所确定的隐函数 $y=y(x)$ 的微分 $\mathrm{d}y$。

   (1) $xy=\mathrm{e}^{x+y}$　　(2) $y=x+\arctan y$

   (3) $y^2-2xy+6=1$　　(4) $xy+\ln y=1$

   (5) $y=\sin(x+y)$　　(6) $\mathrm{e}^{(x+y)}+\cos(xy)=0$

5. 当 x 由 1 变化到 1.02 时，求函数 $y=5x^3$ 的改变量 Δy 和微分 $\mathrm{d}y$。

6. 求由方程 $y=1+x\mathrm{e}^y$ 所确定的隐函数 $y=y(x)$，在任意点 x 的微分 $\mathrm{d}y$ 和定点 $x_0=0$ 处的微分 $\mathrm{d}y\Big|_{x=0}$。

7. 将适当的函数填入括号内,使下列等式成立。

(1) $d(\quad)=2dx$　　(2) $d(\quad)=3x\ dx$

(3) $d(\quad)=\cos x\ dx$　　(4) $d(\quad)=\sin\omega x\ dx$

(5) $d(\quad)=\dfrac{1}{1+x}dx$　　(6) $d(\quad)=e^{-2x}dx$

(7) $d(\quad)=\dfrac{1}{\sqrt{x}}dx$　　(8) $d(\quad)=\sec^2 3x\ dx$

8. 利用微分求下列函数的近似值。

(1) $\arctan 1.04$　　(2) $\sqrt{1.05}$

(3) $\ln(1.002)\approx 0.002$　　(4) $\sqrt[3]{9}$

9. 一圆球形薄壳,其外半径为 2 m,厚度为 0.1 cm。若已知所用材料的比重是 $\rho\mathrm{kg/m^3}$,求此球壳重量的精确值 ΔW 和近似值 dW。

10. 已知单摆的振动周期 $T=2\pi\sqrt{\dfrac{l}{g}}$,其中 $g=980\ \mathrm{cm/s^2}$,l 为摆长(单位为 cm)。设原摆长为 20 cm,为使周期增大 0.05 s,摆长约需要加长多少?

11. 利用近似计算公式 $f(x)\approx f(0)+f'(0)x$,证明:在 $|x|=|\Delta x|$ 较小时,近似公式 $\ln(1+x)\approx x$ 成立。

*12. 测量一个球的半径为 21 cm,该测量值可能的最大误差为 0.05 cm,问通过半径的测量值所求得的球体积的最大误差是多少?

*13. 为了计算出球的体积,要求精确到 2%,问度量球的直径所允许的最大相对误差是多少?

习题三

1. 选择题

(1) 函数 $f(x)$ 在 x_0 处可导是 $f(x)$ 在 x_0 处连续的(　　)。

A. 充分必要条件　　B. 充分而不必要条件

C. 必要而不充分条件　　D. 不必要也不充分条件

(2) 函数 $f(x)$ 在点 x_0 处连续是在该点可微的(　　)。

A. 充分条件　　B. 充分必要条件

C. 必要条件　　D. 不必要也不充分条件

(3) 设函数 $y=f(x)$,则当自变量 x 由 x_0 改变到 $x_0+\Delta x$ 时,相应的函数的改变量 $\Delta y=$(　　)。

A. $f(x_0+\Delta x)$　　B. $f'(x_0)\Delta x$

C. $f(x_0+\Delta x)-f(x_0)$　　D. $f'(x_0)\Delta x+f(x_0)$

(4) 若 $f'(x_0)=A$ 存在,则 $\lim\limits_{h\to 0}\dfrac{f(x_0+h)-f(x_0-3h)}{h}=$(　　)。

A. A　　B. $2A$　　C. $3A$　　D. $4A$

(5) 函数 $f(x)=\begin{cases}x^2-2x+2 & x>1\\ 1 & x\leqslant 1\end{cases}$,则 $f(x)$ 在 $x=1$ 处(　　)。

A. 连续,可导 B. 连续,但不可导 C. 连续 D. 以上均不对

(6) 设函数 $f(x)=\begin{cases}\dfrac{2x}{4+e^{\frac{1}{x}}} & x\neq 0\\ 0 & x=0\end{cases}$,则它在点 $x=0$ 处的导数为( )。

A. 左导数不存在 B.右导数不存在 C. $f'(0)=0$ D. 不存在

(7) 设函数 $f(x)=\begin{cases}g(x) & x\neq 0\\ 0 & x=0\end{cases}$ 在点 $x=0$ 处可导,则 $f'(0)$等于( )。

A. $\lim\limits_{\Delta x\to 0}\dfrac{g(\Delta x)}{\Delta x}$ B. $\lim\limits_{\Delta x\to 0}\dfrac{g(-\Delta x)}{\Delta x}$

C. $\lim\limits_{\Delta x\to 0}\dfrac{g(\Delta x)-g(0)}{\Delta x}$ D. $\lim\limits_{\Delta x\to 0}\dfrac{g(\Delta x)+g(0)}{\Delta x}$

(8) 函数 $f(x)=\begin{cases}\dfrac{1}{2}x^2+1 & x\leqslant 2\\ x+1 & x>2\end{cases}$,在点 $x=2$ 处( )。

A. 可导 B. 连续

C. 左右导数存在且相等 D. 不连续

(9) 下列函数中,在点 $x=2$ 处,不可导的连续函数是( )。

A. $y=|x-3|$ B. $y=(x-2)^{\frac{1}{3}}$

C. $y=2^x$ D. $y=\ln(x+2)$

(10) 下列函数中,在点 $x=1$ 和 $x=0$ 处,可导的函数是( )。

A. $f(x)=|x(x-1)|$ B. $f(x)=\sqrt[3]{x-1}$

C. $f(x)=\begin{cases}(x-1)^2\sin\dfrac{1}{x-1} & x\neq 0\\ 0 & x=0\end{cases}$ D. $f(x)=\dfrac{1}{x-1}$

(11) 若 $f(x)$在 x_0 可导,则 $|f(x)|$ 在 x_0 处( )。

A. 必可导 B. 连续但不一定可导

C. 一定不可导 D. 不连续

(12) 函数 $y=f(x)$在点 x_0 处不可导,则曲线 $y=f(x)$在点(x_0,y_0)处的切线( )。

A. 一定垂直于 x 轴 B. 一定存在

C. 一定不存在 D. 不一定存在

(13) 函数 $y=f(x)$在点 x_0 处可导,过曲线 $y=f(x)$上点(x_0,y_0)的切线平行于 x 轴,则 $f'(x_0)$( )。

A. $=0$ B. >0 C. <0 D. ∞

(14) 设 $f(x)=\arctan\sqrt{x}$,则 $\lim\limits_{h\to 0}\dfrac{f(x_0-h)-f(x_0)}{h}=$( )。

A. $\dfrac{1}{1+x_0}$ B. $-\dfrac{1}{1+x_0}$ C. $-\dfrac{1}{2\sqrt{x_0}(1+x_0)}$ D. $\dfrac{2\sqrt{x_0}}{1+x_0}$

(15) 若 $f(x)$可微, 且 $f'(x)<0$, 则 dy( )。

A. <0 B. >0 C. $\geqslant 0$ D. 不能确定

(16) 当 $|\Delta x|$ 充分小,$f'(x_0)\neq 0$ 时,函数改变量 Δy 与微分 $dy=f'(x_0)\Delta x$ 的关系是( )。

A. $\Delta y = \mathrm{d}y$　　B. $\Delta y < \mathrm{d}y$　　C. $\Delta y > \mathrm{d}y$　　D. $\Delta y \approx \mathrm{d}y$

(17) $\mathrm{e}^{0.01} \approx$(　　)。

A. 0.01　　B. 1.01　　C. e　　D. 1

(18) 已知函数 $y=\cos^2 2x$,则 $\mathrm{d}y$ 的值为(　　)。

A. $2\cos 2x\,\mathrm{d}x$　　B. $4\cos 2x\,\mathrm{d}x$　　C. $-2\sin 4x\,\mathrm{d}x$　　D. $-4\sin 4x\,\mathrm{d}x$

2. 填空题

(1) 曲线 $y=\ln x$ 在点 $P(\mathrm{e},1)$ 处的切线方程是__________;

(2) 设曲线 $y=x^2+x-2$ 在点 M 处的切线斜率为 3,则点 M 的坐标为__________;

(3) 过曲线 $y=f(x)$ 上点 $\left(2,\frac{1}{2}\right)$ 的切线方程为 $y-\frac{1}{2}=3(x-2)$,则 $f'(2)=$__________;

(4) 设 $y=f(\ln x)$,则 $\frac{\mathrm{d}y}{\mathrm{d}x}$__________;

(5) 已知函数 $y=\arccos(x^2)$,则 $y'=$__________;

(6) 设 $y=\frac{1}{\sin 3x}-\frac{1}{x}$,则 $y'=$__________;

(7) 设 $f(x)=\frac{1-\mathrm{e}^x}{1+\mathrm{e}^x}$,则 $f'(0)=$__________;

(8) 设 $f(x)=\sin(\ln x^2)$,则 $[f(2)]'=$__________;

(9) 设 $y=\arctan(\ln x)$,则 $y'=$__________;

(10) 设 $y=(x+1)^2(x+2)(x+3)(x+4)$,则 $f'(-2)=$__________;

(11) 设 $y=x^n+\mathrm{e}^x$,则 $y^{(n+1)}=$__________;

(12) 设 $f(x)=x^{a^a}+a^{x^a}+a^{a^x}$,则 $y'=$__________;

(13) 设函数 $y=f(x)$ 在点 x_0 可导,且 $f'(x_0)=A$,则 $\lim\limits_{\Delta x\to 0}\frac{f(x_0+\Delta x)-f(x_0-2\Delta x)}{\Delta x}=$__________;

(14) 设 $y=x^x+y^x$,则 $y'=$__________;

(15) 曲线 $\begin{cases}x=1+t^2\\ y=t^3\end{cases}$ 在 $t=2$ 处的切线方程为__________;

(16) 设 $y=\operatorname{arccot}\frac{1}{x^2}$,则 $\mathrm{d}y=$__________;

(17) 将半径为 r 的金属圆片加热,如果圆半径伸长 Δr,则圆面积的增加量 $\Delta S\approx$__________;

(18) $\ln 0.999\approx$__________。

3. 计算题

(1) $y=\sqrt{x\sqrt{x\sqrt{x}}}$,求 y'。

(2) $y=a^x x^a$,求 y'。

(3) $y=\sqrt{x}-\arctan\sqrt{x}$,求 y'。

(4) $y=\ln[\ln(\ln x)]$,求 y'。

(5) $y=\sin 2x+\csc x^2$,求 y'。

(6) $y=\sqrt[4]{\frac{(x-1)(x+1)^3}{(x-2)(x-3)}}$,求 y'。

(7) $y=x+\ln y$,求 y'。

(8) $\sqrt{x}+\sqrt{y}=\sqrt{a}$,求 y'。

(9) $\begin{cases}x=a(x-\sin t)\\ y=a(1-\cos t)\end{cases}$,求 $\frac{\mathrm{d}y}{\mathrm{d}x}$。

(10) $y=(1+x^2)\arctan x$,求 y''。

(11) $y=3x^2+\sin 2x+\tan 3x$，求 y''。　　(12) $y=\dfrac{1}{x-a}$，求 $y^{(n)}$。

(13) 已知方程 $e^x-e^y-xy=0$，求 $y'\Big|_{x=0}$。　　(14) 已知方程 $y=1+xe^y$，求 $dy\Big|_{x=0}$。

4. 解答题

(1) 求椭圆$\dfrac{x^2}{a^2}+\dfrac{y^2}{b^2}=1$在点$M(x_0,y_0)$处的切线方程。

(2) 求曲线$\begin{cases}x=te^t\\ e^t+e^y=2\end{cases}$在 $t=0$ 的对应点 M 处的切线方程。

(3) 设 $f(x)=\begin{cases}e^{ax} & x\leqslant 0\\ b(1-x^2) & x>0\end{cases}$，若 $f(x)$ 在 $x=0$ 可导，求 a,b 的值。

(4) 利用微分计算 $\tan 46°$的近似值。

5. 证明题

(1) 证明曲线 $x^2-y^2=a$ 与 $xy=b$(a,b 为常数)在交点处切线相互垂直。

(2) 设函数 $f(x)$在$[a,b]$上连续，$f(a)=f(b)=0$，且 $f'_+(a)<0$，$f'_-(b)<0$，证明 $f(x)$ 在(a,b)内必有一个零点。

自测题三

1. 填空题

(1) 设函数 $f(x)$在点 x_0 处可导，且$\lim\limits_{h\to 0}\dfrac{f(x_0-2h)-f(x_0)}{h}=kf'(x_0)$，则 $k=$________。

(2) 设 $y=f(x)$在点 x_0 处可导，且 $f(x_0)=0$，$f'(x_0)=1$，则$\lim\limits_{h\to\infty}h\cdot f\left(x_0-\dfrac{1}{h}\right)=$________。

(3) $y=\pi^x+x^\pi+\arctan\dfrac{1}{\pi}$，则 $y'\Big|_{x=1}=$________；

(4) 若 $f(u)$可导，且 $y=\sin f(e^{-x})$，则 $dy=$________；

(5) 若 $f(x)$二阶可导，$y=f(\tan x)$，则 $y'=$________，$y''=$________；

(6) $y=\ln[\arctan(x)]$，则 $dy=$________；

(7) $y=\sin^2 x$，则$\dfrac{dy}{dx}=$________，$\dfrac{dy}{dx^2}=$________；

(8) 若 $f(t)=\lim\limits_{x\to\infty}t\left(1+\dfrac{1}{x}\right)^{2tx}$，则 $f'(t)=$________；

(9) 设函数 $y=y(x)$由方程 $e^{x+y}+\cos(xy)=0$ 确定，则$\dfrac{dy}{dx}=$________；

(10) 设$\begin{cases}x=1+t^2\\ y=\cos t\end{cases}$则$\dfrac{d^2y}{dx^2}=$________。

2. 单项选择题

(1) 设 $f(x_2)=x^3(x>0)$，则 $f'(4)$的值为(　　)。

A. 2　　B. 3　　C. 4　　D. 5

(2) 函数 $f(x)=|x^3-x|$不可导点的个数是(　　)。

A. 3　　B. 2　　C. 1　　D. 0

(3) 设函数 $y=y(x)$ 由方程 $xy-e^x+e^y=0$ 所确定,则 $y'(0)$的值为(　　)。

A. 3　　B. 2　　C. 1　　D. 0

(4) 设 $f(x)$可导,则 $\lim\limits_{\Delta x\to 0}\dfrac{f^2(x+\Delta x)-f^2(x)}{\Delta x}$值为(　　)。

A. 0　　B. $2f(x)$　　C. $2f'(x)$　　D. $2f(x)\cdot f'(x)$

(5) 函数 $f(x)$有任意阶导数,且 $f'(x)=[f(x)]^2$,则当 n 为大于2的正整数时 $f^{(n)}(x)=$(　　)。

A. $n[f(x)]^{n+1}$　　B. $n!\ [f(x)]^{n+1}$

C. $(n+1)[f(x)]^{n+1}$　　D. $(n+1)!\ [f(x)]^2$

(6) 设函数 $f(x)$在点 x_0 处存在 $f'_-(x_0)$和 $f'_+(x_0)$,则 $f'_-(x_0)=f'_+(x_0)$是导数 $f'(x_0)$存在的(　　)。

A. 必要非充分条件　　B. 充分非必要条件

C. 充分必要条件　　D. 既非充分又非必要条件

(7) 设 $f(x)=x(x-1)(x-2)\cdots(x-9)$则 $f'(3)=$(　　)。

A. 9　　B. -9　　C. $3!\ 6!$　　D. $-3!\ 6!$

(8) 若函数 $y=e^x(\cos x+\sin x)$,则 $dy=$(　　)。

A. $2e^x\cos x$　　B. $-2e^x\sin x$

C. $2e^x(\cos x+\sin x)$　　D. $2e^x(\cos x-\sin x)$

(9) 若 $f(u)$可导,且 $y=f(-x)^2$,则有 $dy=$(　　)。

A. $xf'(-x^2)dx$　　B. $-2xf'(-x^2)dx$

C. $2f'(-x^2)dx$　　D. $2xf'(-x^2)dx$

(10) 设 $f(x)=\begin{cases}x^2\sin\dfrac{1}{x} & x>0\\ ax+b & x\leqslant 0\end{cases}$在 $x=0$ 处可导,则(　　)。

A. $a=1,b=0$　　B. $a=0,b$ 为任意常数

C. $a=0,b=0$　　D. $a=1,b$ 为任意常数

3. 计算题

(1) $y=5x^3-2^x+3e^x$,求 y'。

(2) $y=2\tan x+\sec x-1$,求 y'。

(3) $y=\arcsin\dfrac{1}{x}$,求 y'。

(4) $y=e^{\sin 2x}$,求 dy。

(5) $x+\arctan y=y$,求$\dfrac{d^2y}{dx^2}$。

(6) $y=\left(\dfrac{\sqrt{x}}{1+x}\right)^x$,求 y'。

(7) $y=\sqrt[7]{x}+\sqrt[x]{7}+\sqrt[7]{7}$,求 y'。

(8) $\begin{cases}x=\ln t\\ y=t^3\end{cases}$,求$\left.\dfrac{d^2y}{dx^2}\right|_{t=1}$。

4. 解答题

(1) $f(x)=(x-a)\varphi(x)$,$\varphi(x)$在 $x=a$ 处有连续的一阶导数,求 $f'(a)$、$f''(a)$。

(2) 设 $f(x)$在 $x=1$ 处有连续的一阶导数,且 $f'(1)=2$,求 $\lim\limits_{x\to 1^+}\dfrac{d}{dx}f(\cos\sqrt{x-1})$。

(3) 试确定常数 a,b 之值,使函数 $f(x)=\begin{cases}b(1+\sin x)+a+2 & x\geqslant 0\\ e^{ax}-1 & x<0\end{cases}$处可导。

(4) 写出曲线 $y=x-\dfrac{1}{x}$与 x 轴交点处的切线方程。

5. 证明题

若函数 $f(x)$对任意实数 x_1,x_2 有 $f(x_1+x_2)=f(x_1)f(x_2)$,且 $f'(0)=1$,证明 $f'(x)=f(x)$。

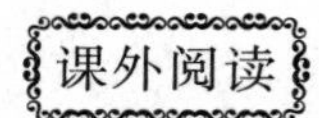

微积分创建人之一——莱布尼茨

第4章　微分中值定理及导数的应用

在第3章中，引入了导数的概念，学习了导数的计算方法。在本章中，首先学习微分中值定理，它是研究复杂函数的一个重要工具，也是导数运用的理论基础；然后讨论如何应用导数的知识来研究函数及其曲线的单调性、凹凸性、极值、最值、渐近线等性态，并能够解决生产生活中一些实际问题。

4.1　微分中值定理

学习目标与要求

(1) 理解罗尔中值定理、拉格朗日中值定理、柯西中值定理；

(2) 掌握利用罗尔中值定理和拉格朗日中值定理证明一些恒等式和不等式；

(3) 了解通过柯西中值定理解决简单问题。

在本节中，先介绍费马引理，然后学习三个微分中值定理，即罗尔(Rolle)中值定理、拉格朗日(Lagrange)中值定理以及柯西(Cauchy)中值定理。

4.1.1　费马引理

在给出费马引理之前，先定义函数的极值。

定义 4.1.1　若函数 $f(x)$ 在点 x_0 的某邻域 $U(x_0)$ 内，对于一切 $x \in U(x_0)$，有

$$f(x) \leqslant f(x_0) \text{ 或 } f(x) \geqslant f(x_0)$$

则称函数 $f(x)$ 在点 x_0 取得极大或极小值 $f(x_0)$，称点 x_0 为**极大或极小值点**。

极大值点、极小值点统称为极值点；极大值、极小值统称为极值，如图4.1所示。

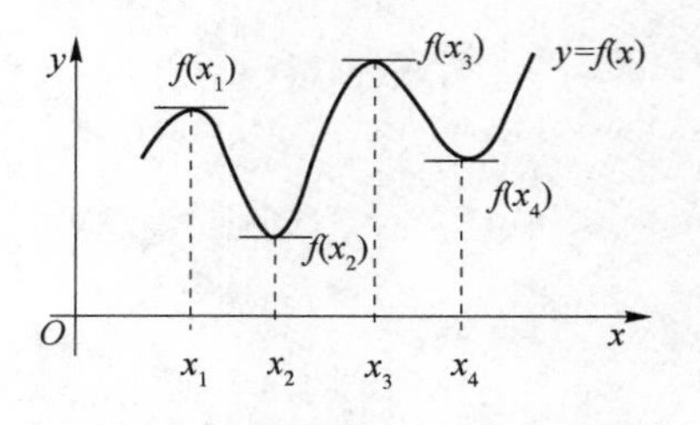

图4.1　函数的极大值、极小值

定理 4.1.1(费马引理)　设函数 $f(x)$ 在点 x_0 的某邻域 $U(x_0)$ 内有定义，且在 x_0 处可导。如果点 x_0 为函数 $f(x)$ 的极值点，那么有 $f'(x_0)=0$。

证明　不妨设点 x_0 是函数 $f(x)$ 的一个极大值点(对于极小值点的情况可以类似地证明)。

根据定义4.1.1存在点 x_0 的某邻域 $U(x_0)$，使对于任意 $x_0+\Delta x \in U(x_0)$，有

$$f(x_0) \geqslant f(x_0+\Delta x)$$

从而，当 $\Delta x>0$ 时

$$\frac{f(x_0+\Delta x)-f(x_0)}{\Delta x} \leqslant 0$$

当 $\Delta x<0$ 时

$$\frac{f(x_0+\Delta x)-f(x_0)}{\Delta x} \geqslant 0$$

又由 $f(x)$ 在 x_0 处可导以及函数极限的保号性，得

$$f'(x_0)=f'_-(x_0)=\lim_{\Delta x\to 0^-}\frac{f(x_0+\Delta x)-f(x_0)}{\Delta x}\geqslant 0$$

同理，

$$f'(x_0)=f'_+(x_0)=\lim_{\Delta x\to 0^+}\frac{f(x_0+\Delta x)-f(x_0)}{\Delta x}\leqslant 0$$

所以，$f'(x_0)=0$。证完

一般称导数等于零的点为函数的**驻点(或稳定点)**。

4.1.2　微分中值定理

1. 罗尔中值定理

定理 4.1.2(罗尔中值定理)　若函数 $f(x)$ 满足：

(1) 在闭区间 $[a,b]$ 上连续；

(2) 在开区间 (a,b) 内可导；

(3) $f(a)=f(b)$。

则在 (a,b) 内至少存在一点 ξ，使 $f'(\xi)=0$。

证明　因为 $f(x)$ 在闭区间 $[a,b]$ 上连续，根据闭区间上连续函数的最大值最小值性质，$f(x)$ 在 $[a,b]$ 上能取得最大值 M 和最小值 m，则有以下两种情形。

① 如果 $M=m$，这时 $f(x)$ 为常函数，$\forall x\in(a,b)$，都有 $f'(x)=0$，所以 $\forall \xi\in(a,b)$，都有 $f'(\xi)=0$。

② 如果 $M\neq m$，这时 M 与 m 中必有一个不等于 $f(a)$ 或 $f(b)$。不妨设 $m\neq f(a)$，有 $m\neq f(b)$，所以必然有一点 ξ 在开区间 (a,b) 内，使得 $f(\xi)=m$。这样，ξ 是 $f(x)$ 在闭区间 $[a,b]$ 上的极小值点，由费马引理知，$f'(\xi)=0$，证完。

注：定理中三个条件缺一不可，但是定理的条件是充分的，而非必要条件。

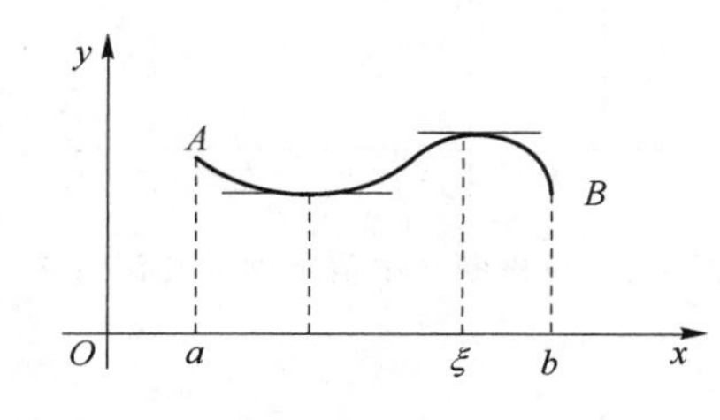

图 4.2　罗尔中值定理的几何意义

罗尔定理的几何意义为：如果一段连续曲线上的每点都存在不垂直于 x 轴的切线，且两端点高度相同，那么在此曲线上至少有一条水平切线，如图 4.2 所示。

例 4.1.1　对函数 $f(x)=x^2-2x-3$ 在区间 $[-1,3]$ 上验证罗尔定理的正确性。

解　显然函数 $f(x)=x^2-2x-3$ 在 $[-1,3]$ 上连续，在 $(-1,3)$ 内可导，且由

$f(x)=(x+1)(x-3)$ 知，$f(-1)=f(3)=0$，因此函数 $f(x)$ 在区间 $[-1,3]$ 上满足罗尔定理的条件，又 $f'(x)=2(x-1)$，故当 $\xi=1$ $(1\in(-1,3))$ 时，有 $f'(\xi)=0$。

例 4.1.2　设 $p(x)$ 为多项式函数，证明：如果方程 $p'(x)=0$ 没有实根，则方程 $p(x)=0$ 至多有一个实根。

证明　假设方程 $p(x)=0$ 有两个实根 x_1 和 $x_2(x_1<x_2)$，则 $p(x_1)=p(x_2)=0$。因为多项式函数 $p(x)$ 在 $[x_1,x_2]$ 上连续，在 (x_1,x_2) 内可导，根据定理 4.1.2，必然存在一点 $\xi\in(x_1,x_2)$，使得 $p'(\xi)=0$，这样就与题设中 $p'(x)=0$ 没有实根相矛盾，所以方程 $p(x)=0$ 至多有一个实根。

例 4.1.3 设 $f(x)$ 在 $[0,1]$ 上连续,在 $(0,1)$ 内可导,且 $f(0)=1, f(1)=\frac{1}{\mathrm{e}}$。求证:在 $(0,1)$ 内至少存在一点 ξ,使 $f'(\xi)=-\mathrm{e}^{-\xi}$。

证明 构造辅助函数 $F(x)=f(x)-\mathrm{e}^{-x}$,由函数 $f(x)$ 在 $[0,1]$ 上连续,在 $(0,1)$ 内可导,可知函数 $F(x)$ 在 $[0,1]$ 上连续,在 $(0,1)$ 内可导,且 $F(0)=f(0)-\mathrm{e}^{-0}=1-1=0, F(1)=f(1)-\mathrm{e}^{-1}=\frac{1}{\mathrm{e}}-\frac{1}{\mathrm{e}}=0$,因此,函数 $F(x)$ 在 $[0,1]$ 上满足罗尔中值定理的条件,则至少存在一点 $\xi\in(0,1)$,使得 $F'(\xi)=0$,由 $F'(x)=f'(x)+\mathrm{e}^{-x}$,即得 $f'(\xi)=-\mathrm{e}^{-\xi}$。

例 4.1.3 中利用了构造辅助函数的方法证明中值问题,怎样去构造辅助函数需要读者在证明过程中不断体会。

2. 拉格朗日中值定理

由于罗尔中值定理中的条件(3)非常特殊,这就使定理 4.1.2 在应用的时候受到一些限制。如果把条件(3)去掉,并适当地改变结论,就得到了拉格朗日中值定理,它在微分学中有很重要的作用。

定理 4.1.3(拉格朗日中值定理) 若函数 $f(x)$ 满足:

(1) 在闭区间 $[a,b]$ 上连续;

(2) 在开区间 (a,b) 内可导;

则在 (a,b) 内至少存在一点 ξ,使

$$f(b)-f(a)=f'(\xi)(b-a)$$

成立。

为了便于证明,应熟记并掌握拉格朗日中值定理的几何意义。如果把定理 4.1.3 的结论改为 $f'(\xi)=\frac{f(b)-f(a)}{b-a}$,那么 $\frac{f(b)-f(a)}{b-a}$ 应该为线段 AB 的斜率,所以,拉格朗日中值定理的几何意义为:如果一段连续曲线上除端点外任意点都具有不垂直于 x 轴的切线,那么曲线上至少有一点的切线与 AB 平行,如图 4.3所示。

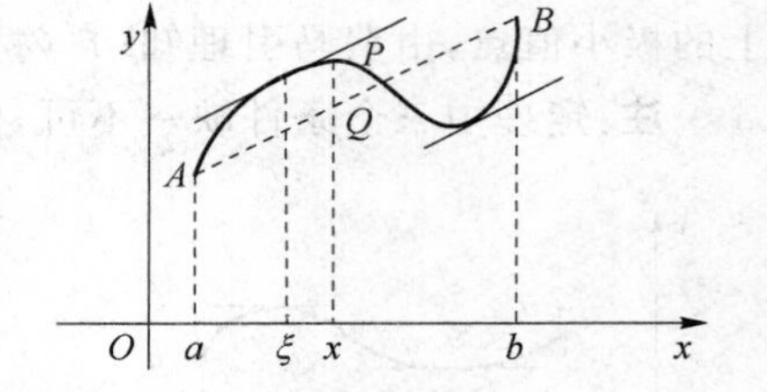

图 4.3 拉格朗日中值定理的几何意义

从几何意义来看,罗尔中值定理和拉格朗日中值定理有着密切的联系,那么能否通过构造满足罗尔定理的函数来证明拉格朗日中值定理呢?答案是肯定的。

从图 4.3 上看,如果把 PQ 两点的纵坐标之差作为新构造的函数 $\varphi(x)$,那么在两个端点时,即当 $x=a$ 和 $x=b$ 时,PQ 两点重合,有 $\varphi(a)=\varphi(b)=0$,由于直线 AB 的方程为 $y=f(a)+\frac{f(b)-f(a)}{b-a}(x-a)$,所以 $\varphi(x)$ 的表达式为

$$\varphi(x)=f(x)-f(a)-\frac{f(b)-f(a)}{b-a}(x-a)$$

这样 $\varphi(x)$ 就满足罗尔定理的三个条件,可以利用它作为辅助函数证明拉格朗日中值定理。

证明 作辅助函数

$$\varphi(x)=f(x)-f(a)-\frac{f(b)-f(a)}{b-a}(x-a)$$

则 $\varphi(x)$ 在闭区间 $[a,b]$ 上连续，在开区间 (a,b) 内可导，并且 $\varphi(a)=\varphi(b)=0$，根据罗尔定理，在 (a,b) 内至少存在一点 ξ，使得 $\varphi'(\xi)=0$。

因为
$$\varphi'(x)=f'(x)-\frac{f(b)-f(a)}{b-a}$$
故有
$$f'(\xi)-\frac{f(b)-f(a)}{b-a}=0$$
即
$$f(b)-f(a)=f'(\xi)(b-a)\text{，证完。}$$

公式 $f(b)-f(a)=f'(\xi)(b-a)$ 称为拉格朗日中值公式，对于 $b<a$ 时也成立。

拉格朗日中值公式精确地表达了函数在一个区间上的增量与函数在这个区间内某点处的导数之间的关系，若函数 $f(x)$ 在 $[a,b]$ 上连续，在 (a,b) 内可导，x_0 和 $x_0+\Delta x$ 都在该区间内，则有
$$f(x_0+\Delta x)-f(x_0)=f'(x_0+\theta\Delta x)\cdot\Delta x\quad(0<\theta<1)$$
把 $f(x)$ 记为 y 时，公式又可写成
$$\Delta y=f'(x_0+\theta\Delta x)\cdot\Delta x\quad(0<\theta<1)$$

与微分 $\mathrm{d}y=f'(x)\cdot\Delta x$ 相比较，$\mathrm{d}y=f'(x)\cdot\Delta x$ 只是函数增量 Δy 的近似表达式，而 $\Delta y=f'(x_0+\theta\Delta x)\cdot\Delta x\quad(0<\theta<1)$ 是函数增量 Δy 的精确表达式。

例 4.1.4 对函数 $f(x)=\arctan x$ 在 $[0,1]$ 上验证拉格朗日中值定理的正确性，并求出 ξ。

解 函数 $f(x)=\arctan x$ 在 $[0,1]$ 上连续，在 $(0,1)$ 内可导，因此函数 $f(x)$ 在区间 $[0,1]$ 上满足拉格朗日中值定理的条件，有 $f(1)-f(0)=f'(\xi)(1-0)$，又 $f'(x)=\dfrac{1}{1+x^2}$，故有 $\dfrac{1}{1+\xi^2}=\dfrac{\pi}{4}$，得 $\xi=\sqrt{\dfrac{4-\pi}{\pi}}$。

例 4.1.5 设 $f(x)$ 在 $[a,b]$ 上可导，$f(a)=f(b)$，证明在 (a,b) 内必存在一点 ξ，使得 $f(a)-f(\xi)=\xi f'(\xi)$。

证明 构造辅助函数 $F(x)=xf(x)$，由题设知，$F(x)$ 在 $[a,b]$ 上满足拉格朗日中值定理的条件，故在 (a,b) 内必存在一点 ξ，使
$$\frac{F(b)-F(a)}{b-a}=F'(\xi)$$
即
$$\frac{bf(b)-af(a)}{b-a}=f(\xi)+\xi f'(\xi)$$
又由题设知 $f(a)-f(b)$，所以有 $f(a)=f(\xi)+\xi f'(\xi)$，即 $f(a)-f(\xi)=\xi f'(\xi)$。

拉格朗日中值定理有一个比较重要的应用，在第2章里讲过，某一区间上的常函数 $f(x)$ 在该区间的导数值恒为零，这个命题的逆命题也是成立的，这样就有：

定理 4.1.4 若函数 $f(x)$ 在某个区间 I 上的导数恒为零，那么 $f(x)$ 在该区间上是一个常数。

证明 在区间 I 上任取不同的两点 x_1,x_2，并且设 $x_1<x_2$，则 $f(x)$ 在以 x_1,x_2 为端点的区间上满足拉格朗日中值定理，故必然存在一点 $\xi\in(x_1,x_2)$，使
$$f(x_2)-f(x_1)=f'(\xi)(x_2-x_1)$$

又因为 $f'(\xi)=0$，所以 $f(x_1)=f(x_2)$。由于 x_1,x_2 是区间 I 上任意两点，知 $f(x)$ 在 I

上的函数值恒相等，从而 $f(x)$ 在 I 上是一个常数，证完。

例 4.1.6 证明恒等式：$\arcsin x+\arccos x=\frac{\pi}{2}(-1\leqslant x\leqslant 1)$。

证明 令 $F(x)=\arcsin x+\arccos x,-1\leqslant x\leqslant 1,F'(x)=\frac{1}{\sqrt{1-x^2}}-\frac{1}{\sqrt{1-x^2}}=0$，根据定理 4.1.4，在 $-1\leqslant x\leqslant 1$ 上，有 $F(x)\equiv C$（C 为常数），又当 $x=0$ 时，$F(x)=\frac{\pi}{2}$，所以有 $\arcsin x+\arccos x=\frac{\pi}{2}(-1\leqslant x\leqslant 1)$

拉格朗日中值定理还有另外一个比较重要的应用，就是可以证明一些不等式。

例 4.1.7 证明不等式 $\frac{b-a}{b}<\ln\frac{b}{a}<\frac{b-a}{a}$，其中 $0<a<b$。

证明 设 $f(x)=\ln x$，由于 $f(x)$ 在 $[a,b]$ 上满足拉格朗日中值定理的条件，则必然存在一点 $\xi\in(a,b)$，使得 $f(b)-f(a)=f'(\xi)(b-a)$，又 $f(b)-f(a)=\ln\frac{b}{a}$，$f'(\xi)=\frac{1}{\xi}$，所以有 $\ln\frac{b}{a}=\frac{1}{\xi}(b-a)$，因为 $a<\xi<b$，故有 $\frac{b-a}{b}<\ln\frac{b}{a}<\frac{b-a}{a}(0<a<b)$。

3. 柯西中值定理

把拉格朗日中值定理中的连续曲线 $f(x)$ 改成参数形式 $\begin{cases}x=g(t)\\y=f(t)\end{cases}$，$t\in[a,b]$，其中 t 为参数，两端点为 $A(g(a),f(a))$，$B(g(b),f(b))$。由拉格朗日中值定理，曲线上必然存在一点，对应的参数 $t=\xi\in(a,b)$，使曲线在该点的切线平行于线段 AB，即 C 点的切线斜率 $\frac{f'(\xi)}{g'(\xi)}$ 等于弦的斜率 $\frac{f(b)-f(a)}{g(b)-g(a)}$，如图 4.4 所示。

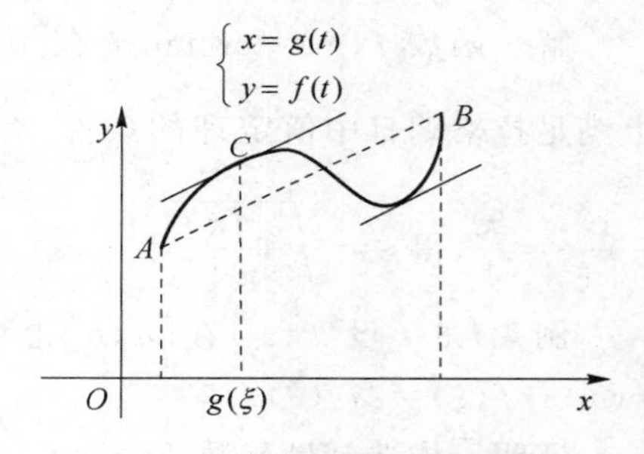

图 4.4 柯西中值定理的几何意义

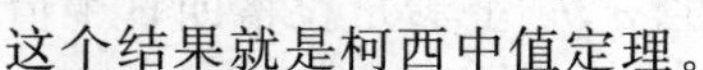

这个结果就是柯西中值定理。

定理 4.1.5(柯西中值定理) 若函数 $f(x)$ 和 $g(x)$ 满足：

(1) 在闭区间 $[a,b]$ 上连续；

(2) 在开区间 (a,b) 内可导；

(3) $\forall x\in(a,b),g'(x)\neq 0$，则在 (a,b) 内至少存在一点 ξ，使 $\frac{f(b)-f(a)}{g(b)-g(a)}=\frac{f'(\xi)}{g'(\xi)}$ 成立。

证明 在柯西中值定理中，令 $g(x)=x$，就是拉格朗日中值定理，并且由图 4.4 可以看出，仍然能够通过构造辅助函数的方法，并利用罗尔中值定理来证明定理 4.1.5。

作辅助函数 $\varphi(x)=f(x)-f(a)-\frac{f(b)-f(a)}{g(b)-g(a)}[g(x)-g(a)]$，则 $\varphi(x)$ 在闭区间 $[a,b]$ 上连续，在开区间 (a,b) 内可导，并且 $\varphi(a)=\varphi(b)=0$，且

$$\varphi'(x)=f'(x)-\frac{f(b)-f(a)}{g(b)-g(a)}g'(x)$$

根据罗尔中值定理，在 (a,b) 内至少存在一点 ξ，使 $\varphi'(\xi)=0$，也就是

$$f'(\xi)-\frac{f(b)-f(a)}{g(b)-g(a)}g'(\xi)=0$$

即
$$\frac{f(b)-f(a)}{g(b)-g(a)}=\frac{f'(\xi)}{g'(\xi)}$$

定理结论中的等式左边一定是有意义的,即必然有 $g(b)-g(a)\neq 0$,事实上,
$$g(b)-g(a)=g'(\eta)(b-a)\neq 0 \quad (a<\eta<b)$$
条件(3)有 $g'(x)\neq 0$,又 $a\neq b$,所以 $g(b)\neq g(a)$,证完。

例 4.1.8　设函数 $f(x)$在$[a,b]$上可导,$0<a<b$。证明:存在点 $\xi\in(a,b)$,使得 $2\xi[f(b)-f(a)]=(b^2-a^2)f'(\xi)$。

证明　设函数 $g(x)=x^2$,显然 $g(x)$在$[a,b]$上可导,又函数 $f(x)$在$[a,b]$上可导,$0<a<b$,根据柯西中值定理,至少存在一点 $\xi\in(a,b)$,使
$$\frac{f(b)-f(a)}{g(b)-g(a)}=\frac{f'(\xi)}{g'(\xi)}$$
因此有
$$\frac{f(b)-f(a)}{b^2-a^2}=\frac{f'(\xi)}{2\xi}$$
即
$$2\xi[f(b)-f(a)]=(b^2-a^2)f'(\xi)$$

本节的三个中值定理是微分学理论中非常重要的内容,读者要在深刻理解的基础上进行熟练运用。

习题 4.1

1. 下面的柯西中值定理的证明方法对吗？错在什么地方？

由于 $f(x)$,$F(x)$在$[a,b]$上都满足拉格朗日中值定理的条件,故存在点 $\xi\in(a,b)$,使得
$$f(b)-f(a)=f'(\xi)(b-a)$$
$$F(b)-F(a)=F'(\xi)(b-a)$$
又对任一 $x\in(a,b)$,$F(x)\neq 0$,所以上述两式相除即得
$$\frac{f(b)-f(a)}{F(b)-F(a)}=\frac{f'(\xi)}{F'(\xi)}$$

2. 验证罗尔中值定理对函数 $y=x^2-5x+4$ 在区间$[2,3]$上的正确性,并求出 ξ。

3. 验证拉格朗日定理对函数 $y=x^4$ 在区间$[1,2]$上的正确性,并求出 ξ。

4. 证明:方程 $x^3-3x+C=0$(C 为常数)在闭区间$[0,1]$上不可能有两个不同的实根。

5. 证明:$\arctan x-\dfrac{1}{2}\arccos\dfrac{2x}{1+x^2}=\dfrac{\pi}{4}(x\geqslant 1)$。

6. 利用拉格朗日中值定理证明下列不等式:

(1) 对任意实数 a,b,有 $|\sin a-\sin b|\leqslant|a-b|$;

(2) 如果函数 $f(x)$在$[a,b]$上可导,且 $|f'(x)|\leqslant M$,则 $|f(b)-f(a)|\leqslant M(b-a)$;

(3) 设 $0<\alpha<\beta<\dfrac{\pi}{2}$,$\dfrac{\beta-\alpha}{\cos^2\alpha}<\tan\beta-\tan\alpha<\dfrac{\beta-\alpha}{\cos^2\beta}$;

(4) 当 $x>0$ 时,$\dfrac{x}{1+x}<\ln(1+x)<x$;

(5) 设 $e<a<b<e^2$，$\ln^2 b-\ln^2 a>\frac{4}{e^2}(b-a)$。

7. 设函数 $f(x)$ 在 $\left[0,\frac{\pi}{2}\right]$ 上连续，在 $\left(0,\frac{\pi}{2}\right)$ 内可导，且 $f\left(\frac{\pi}{2}\right)=0$，证明存在一点 $\xi\in\left(0,\frac{\pi}{2}\right)$，使得 $f(\xi)+\tan\xi\cdot f'(\xi)=0$。

8. 设 $f(x)$ 在区间 $[a,b]$ 上连续，在 (a,b) 内可导，证明：在 (a,b) 内至少存在一个 ξ，使 $\frac{bf(b)-af(a)}{b-a}=f(\xi)+\xi f'(\xi)$。

9. 已知函数 $f(x)$ 在 $[0,1]$ 上连续，在 $(0,1)$ 内可导，且 $f(0)=0$，$f(1)=1$，证明：

(1) 存在 $\xi\in(0,1)$，使 $f(\xi)=1-\xi$；

(2) 存在两个不同的点 $\eta,\zeta\in(0,1)$，使 $f'(\eta)f'(\zeta)=1$。

10. 设 $f(x)$ 在 $[a,b]$ 上可微，$0<a<b$，证明：在 (a,b) 内至少存在一点 ξ，使 $f(b)-f(a)=\xi f'(\xi)\ln\frac{b}{a}$。

11. 设函数 $f(x)$ 在 $[a,b]$ 上连续，在 (a,b) 内可导，且 $0<a<b$，证明：存在 $\xi,\eta\in(a,b)$，使 $f'(\xi)=\frac{a+b}{2\eta}f'(\eta)$。

4.2 洛必达法则

学习目标与要求

(1) 熟练掌握利用洛必达法则求 $\frac{0}{0}$ 型未定式和 $\frac{\infty}{\infty}$ 型未定式；

(2) 掌握利用洛必达法则求 $\infty-\infty$ 型和 $0\cdot\infty$ 型未定式以及 ∞^0，0^0，1^∞ 三种未定式。

当 $x\to a$ 或 $x\to\infty$ 时，函数 $f(x)$ 和 $g(x)$ 都趋近于零或者都趋近于无穷大，此时极限 $\lim\limits_{x\to a}\frac{f(x)}{g(x)}$ 或 $\lim\limits_{x\to\infty}\frac{f(x)}{g(x)}$ 可能存在，也可能不存在。把两个无穷小量或两个无穷大量之比的极限称为“$\frac{0}{0}$ 型”或“$\frac{\infty}{\infty}$ 型”未定式。本节将根据柯西中值定理推导求这类极限的方法。

4.2.1 $\frac{0}{0}$ 型未定式和 $\frac{\infty}{\infty}$ 型未定式

1. $\frac{0}{0}$ 型未定式

定理 4.2.1 如果函数 $f(x)$ 和 $g(x)$ 满足：

(1) $\lim\limits_{x\to a}f(x)=0$，$\lim\limits_{x\to a}g(x)=0$；

(2) $f(x)$ 和 $g(x)$ 在点 a 的某个去心邻域内可导且 $g'(x)\neq 0$；

(3) $\lim\limits_{x\to a}\frac{f'(x)}{g'(x)}$ 存在（或为实数，或为无穷大），

$$\text{则 }\lim_{x\to a}\frac{f(x)}{g(x)}=\lim_{x\to a}\frac{f'(x)}{g'(x)}。$$

证明　由于$\dfrac{f(x)}{g(x)}$当$x\to a$时的极限和$f(a)$与$g(a)$的函数值无关，所以先定义辅助函数

$$f_1(x)=\begin{cases}f(x) & x\neq a\\ 0 & x=a\end{cases}$$

$$g_1(x)=\begin{cases}g(x) & x\neq a\\ 0 & x=a\end{cases}$$

在a的某个邻域内任取一点x，那么在以a和x为端点的区间上，函数$f_1(x)$和$g_1(x)$满足柯西中值定理的条件，故有

$$\frac{f_1(x)}{g_1(x)}=\frac{f_1(x)-f_1(a)}{g_1(x)-g_1(a)}=\frac{f'_1(\xi)}{g'_1(\xi)}\quad(\xi\text{ 在 }a\text{ 与 }x\text{ 之间})$$

对上式两端取极限，当$x\to a$时，有$\xi\to a$，所以

$$\lim_{x\to a}\frac{f'(x)}{g'(x)}=\lim_{\xi\to a}\frac{f'(\xi)}{g'(\xi)}$$

故　$\lim\limits_{x\to a}\dfrac{f(x)}{g(x)}=\lim\limits_{x\to a}\dfrac{f'(x)}{g'(x)}$，证完。

在一定条件下，通过分子、分母分别求导再求极限来确定未定式的值的方法称为洛必达法则。

如果$\lim\limits_{x\to a}\dfrac{f'(x)}{g'(x)}$仍属于$\dfrac{0}{0}$型，且$f'(x)$和$g'(x)$满足洛必达法则中$f(x)$和$g(x)$的条件，则可以继续使用洛必达法则，即

$$\lim_{x\to a}\frac{f(x)}{g(x)}=\lim_{x\to a}\frac{f'(x)}{g'(x)}=\lim_{x\to a}\frac{f''(x)}{g''(x)}=\cdots$$

例 4.2.1　求$\lim\limits_{x\to 0}\dfrac{\sin x}{x}$。

解　这是一个$\dfrac{0}{0}$型未定式，当$x\to 0$时，$\sin x$和x在点0的去心邻域内满足洛必达法则中的条件(1)和(2)，所以有

$$\lim_{x\to 0}\frac{\sin x}{x}=\lim_{x\to 0}\frac{\cos x}{1}=1$$

例 4.2.2　求$\lim\limits_{x\to \pi}\dfrac{1+\cos x}{\tan^2 x}$。

解　$\lim\limits_{x\to \pi}\dfrac{1+\cos x}{\tan^2 x}=\lim\limits_{x\to \pi}\dfrac{-\sin x}{2\tan x\sec^2 x}=\lim\limits_{x\to \pi}\dfrac{-\cos^3 x}{2}=\dfrac{1}{2}$

例 4.2.3　求$\lim\limits_{x\to 1}\dfrac{x^3-3x+2}{x^3-x^2-x+1}$。

解　这是$\dfrac{0}{0}$型未定式，先用洛必达法则进行求解，得

$$\lim_{x\to 1}\frac{x^3-3x+2}{x^3-x^2-x+1}=\lim_{x\to 1}\frac{3x^2-3}{3x^2-2x-1}$$

此时仍为$\dfrac{0}{0}$型未定式，可继续用洛必达法则进行求解，得

$$\lim_{x\to 1}\frac{3x^2-3}{3x^2-2x-1}=\lim_{x\to 1}\frac{6x}{6x-2}$$

此时不是未定式，不能应用洛必达法则进行求解，可根据函数极限的四则运算法则，得原式$=\frac{3}{2}$。

注： 在每次应用洛必达法则时都要检查是否满足条件，否则可能导致错误结论。

例 4.2.4 求$\lim\limits_{x\to 0^+}\frac{\sqrt{x}}{1-e^{\sqrt{x}}}$。

解 原式为$\frac{0}{0}$型未定式，可直接运用洛必达法则进行求解，但对分子分母求导相对麻烦，可以对它进行适当变换。令$t=\sqrt{x}$，当$x\to 0^+$时，$t\to 0$。因此有

$$\lim_{x\to 0^+}\frac{\sqrt{x}}{1-e^{\sqrt{x}}}=\lim_{t\to 0}\frac{t}{1-e^t}=\lim_{t\to 0}\frac{1}{-e^t}=-1$$

从例 4.2.3 和例 4.2.4 可以看出，洛必达法则不一定是求极限的最好办法，通常是把洛必达法则和前面学过的求极限方法结合使用。

定理 4.2.2 如果函数 $f(x)$和 $g(x)$满足：

(1) $\lim\limits_{x\to\infty}f(x)=0$，$\lim\limits_{x\to\infty}g(x)=0$；

(2) $f(x)$和 $g(x)$在$|x|>\mathbf{N}$时都可导且 $g'(x)\neq 0$；

(3) $\lim\limits_{x\to\infty}\frac{f'(x)}{g'(x)}$存在(或为实数，或为无穷大)，

则
$$\lim_{x\to\infty}\frac{f(x)}{g(x)}=\lim_{x\to\infty}\frac{f'(x)}{g'(x)}。$$

例 4.2.5 求$\lim\limits_{x\to+\infty}\frac{\ln\left(1+\frac{1}{x}\right)}{\operatorname{arccot}x}$。

解
$$\lim_{x\to+\infty}\frac{\ln\left(1+\frac{1}{x}\right)}{\operatorname{arccot}x}=\lim_{x\to+\infty}\frac{\frac{x}{x+1}\cdot\left(-\frac{1}{x^2}\right)}{-\frac{1}{1+x^2}}=\lim_{x\to+\infty}\frac{1+x^2}{x^2+x}=\lim_{x\to+\infty}\frac{2x}{2x+1}=1$$

2. $\frac{\infty}{\infty}$型未定式

定理 4.2.3 如果函数 $f(x)$和 $g(x)$满足：

(1) $\lim\limits_{x\to a}f(x)=\infty$，$\lim\limits_{x\to a}g(x)=\infty$；

(2) $f(x)$和 $g(x)$在点 a 的某个去心邻域内可导且 $g'(x)\neq 0$；

(3) $\lim\limits_{x\to a}\frac{f'(x)}{g'(x)}$存在(或为实数，或为无穷大)，

则 $\lim\limits_{x\to a}\frac{f(x)}{g(x)}=\lim\limits_{x\to a}\frac{f'(x)}{g'(x)}$。

此定理对于 $x\to a^+$，$x\to a^-$，$x\to\infty$，$x\to+\infty$，$x\to-\infty$的情况都是适用的。

例 4.2.6 求$\lim\limits_{x\to+\infty}\frac{\ln x}{x^n}$。

解
$$\lim_{x\to+\infty}\frac{\ln x}{x^n}=\lim_{x\to+\infty}\frac{\frac{1}{x}}{nx^{n-1}}=\lim_{x\to+\infty}\frac{1}{nx^n}=0$$

例 4.2.7　求 $\lim\limits_{x\to 1^-}\dfrac{\ln\tan\frac{\pi}{2}x}{\ln(1-x)}$。

解　这是一个$\frac{\infty}{\infty}$型未定式，应用洛必达法则进行求解，得

$$\lim_{x\to 1^-}\frac{\ln\tan\frac{\pi}{2}x}{\ln(1-x)}=\lim_{x\to 1^-}\frac{\dfrac{1}{\tan\frac{\pi}{2}x}\cdot\dfrac{1}{\cos^2\frac{\pi}{2}x}\cdot\dfrac{\pi}{2}}{\dfrac{-1}{1-x}}=\lim_{x\to 1^-}\frac{\pi(x-1)}{\sin\pi x}$$

此时转化为$\frac{0}{0}$型未定式，再次应用洛必达法则进行求解，有

$$\lim_{x\to 1^-}\frac{\pi(x-1)}{\sin\pi x}=\lim_{x\to 1^-}\frac{\pi}{\pi\cos\pi x}=-1,\text{得}\lim_{x\to 1^-}\frac{\ln\tan\frac{\pi}{2}x}{\ln(1-x)}=-1。$$

例 4.2.8　求 $\lim\limits_{x\to +\infty}\dfrac{x+\sin x}{x}$。

解　这是一个很简单的极限运算，用以前的方法，很容易得到：

$$\lim_{x\to +\infty}\frac{x+\sin x}{x}=1$$

在求解极限的过程中不能盲目使用洛必达法则，此式从表面上看也是$\frac{\infty}{\infty}$型，但是由于它不符合洛必达法则的条件，所以直接运用洛必达法则计算：$\lim\limits_{x\to +\infty}\dfrac{x+\sin x}{x}=\lim\limits_{x\to +\infty}\dfrac{1+\cos x}{1}$会产生错误的结论。

未定式中还有一些其他类型，也都可以通过简单的变换化成前面所讨论的$\frac{0}{0}$型或$\frac{\infty}{\infty}$型未定式来计算. 下面举例说明。

4.2.2　可化为$\frac{0}{0}$型和$\frac{\infty}{\infty}$型未定式

型如$\infty-\infty$的未定式可以先转化为$\frac{1}{0}-\frac{1}{0}$型，再转化为$\frac{0-0}{0\cdot 0}$型，最终转化为$\frac{0}{0}$型计算，而$0\cdot\infty$型的未定式可以先转化为$0\cdot\frac{1}{0}$或$\frac{1}{\infty}\cdot\infty$，最终转化为$\frac{0}{0}$型或$\frac{\infty}{\infty}$型来计算。

例 4.2.9　求 $\lim\limits_{x\to 0}\left(\dfrac{1}{\sin x}-\dfrac{1}{x}\right)$。

解　这是$\infty-\infty$型未定式，因为$\dfrac{1}{\sin x}-\dfrac{1}{x}=\dfrac{x-\sin x}{x\sin x}$，所以它可以转化为$\frac{0}{0}$型未定式，应用洛必达法则得

$$\lim_{x\to 0}\left(\frac{1}{\sin x}-\frac{1}{x}\right)=\lim_{x\to 0}\frac{x-\sin x}{x\cdot\sin x}=\lim_{x\to 0}\frac{1-\cos x}{\sin x+x\cos x}=\lim_{x\to 0}\frac{\sin x}{\cos x+\cos x-x\sin x}=0$$

例 4.2.10　求 $\lim\limits_{x\to 0^+}x\ln x$。

解　这是$0\cdot\infty$型未定式，因为$x\ln x=\dfrac{\ln x}{\frac{1}{x}}$，所以它可以转化为$\frac{\infty}{\infty}$型未定式，应用洛必达

法则得，$\lim\limits_{x\to 0+} x\ln x=\lim\limits_{x\to 0+}\dfrac{\ln x}{\dfrac{1}{x}}=\lim\limits_{x\to 0+}\dfrac{\dfrac{1}{x}}{-\dfrac{1}{x^2}}=\lim\limits_{x\to 0+}(-x)=0$。

型如∞^0，0^0，1^∞三种未定式均为指数形式，它们都可以用对数式表示，从而将对数式中指数位置的极限转化为$0\cdot\infty$型，再来求极限。

例 4.2.11 求$\lim\limits_{x\to 0+}\left(1+\dfrac{1}{x}\right)^x$。

解 这是∞^0型未定式，如果将原式用对数式表示就可以得到$\left(1+\dfrac{1}{x}\right)^x=e^{\ln\left(1+\frac{1}{x}\right)^x}=e^{x\ln\left(1+\frac{1}{x}\right)}$，而此式的指数$x\ln\left(1+\dfrac{1}{x}\right)$的极限为$0\cdot\infty$型未定式，可以转化为$\lim\limits_{x\to 0+}\dfrac{\ln\left(1+\dfrac{1}{x}\right)}{\dfrac{1}{x}}$这个$\dfrac{\infty}{\infty}$型未定式，应用洛必达法则得到：

$$\lim_{x\to 0+} x\ln\left(1+\frac{1}{x}\right)=\lim_{x\to 0+}\frac{\ln\left(1+\dfrac{1}{x}\right)}{\dfrac{1}{x}}=\lim_{x\to 0+}\frac{\dfrac{1}{1+\dfrac{1}{x}}\left(-\dfrac{1}{x^2}\right)}{\left(-\dfrac{1}{x^2}\right)}=\lim_{x\to 0+}\frac{1}{1+\dfrac{1}{x}}=0$$

所以，$\lim\limits_{x\to 0+}\left(1+\dfrac{1}{x}\right)^x=e^{\lim_{x\to 0+}\ln\left(1+\frac{1}{x}\right)^x}=e^0=1$。

例 4.2.12 求$\lim\limits_{x\to 0+} x^x$。

解 这是0^0型未定式，将原式用对数形式表示可以写为$x^x=e^{\ln x^x}=e^{x\ln x}$，指数$x\ln x$的极限为$0\cdot\infty$型未定式，可以转化为$\dfrac{\infty}{\infty}$型未定式$\lim\limits_{x\to 0+}\dfrac{\ln x}{\dfrac{1}{x}}$，利用例 4.2.10 的结论，$\lim\limits_{x\to 0+} x\ln x=0$，所以，$\lim\limits_{x\to 0+} x^x=e^0=1$。

注：在利用取对数的办法计算未定式时，不要忘记先求的是指数位置的极限，最后要转化为原式的极限，此过程熟练以后也可以直接完成。

例 4.2.13 求$\lim\limits_{x\to 1+}(2-x)^{\tan\frac{\pi}{2}x}$。

解 这是1^∞型未定式，将原式直接用对数形式表示为$\lim\limits_{x\to 1+} e^{\tan\frac{\pi}{2}x\ln(2-x)}$，即

$$\lim_{x\to 1+}(2-x)^{\tan\frac{\pi}{2}x}=\lim_{x\to 1+} e^{\tan\frac{\pi}{2}x\cdot\ln(2-x)}=\lim_{x\to 1+} e^{\frac{\ln(2-x)}{\cot\frac{\pi}{2}x}}=\lim_{x\to 1+} e^{\frac{\frac{-1}{2-x}}{\frac{-1}{\sin^2\frac{\pi}{2}x}\cdot\frac{\pi}{2}}}=\lim_{x\to 1+} e^{\frac{\sin^2\frac{\pi}{2}x}{2-x}\cdot\frac{2}{\pi}}=e^{\frac{2}{\pi}}$$

本节介绍了利用洛必达法则来求未定式，读者在使用法则时要注意判断所求式子的极限是否为未定式，是否满足洛必达法则的使用条件，洛必达法则是求未定式的一种有效方法，但如果能够结合其他求极限的方法使用，效果会更好。

习题 4.2

1. 判断下列极限解法是否正确，若有错请改错并说明理由。

(1) 求 $\lim\limits_{x\to 1}\dfrac{x^3+3x^2-4}{2x^3-4x+2}$。

解 $\lim\limits_{x\to 1}\dfrac{x^3+3x^2-4}{2x^3-4x+2}=\lim\limits_{x\to 1}\dfrac{3x^2+6x}{6x^2-4}=\lim\limits_{x\to 1}\dfrac{6x+6}{12x}=\lim\limits_{x\to 1}\dfrac{6}{12}=\dfrac{1}{2}$

(2) 求 $\lim\limits_{x\to\infty}\dfrac{2x+\cos x}{3x-\sin x}$。

解 $\lim\limits_{x\to\infty}\dfrac{2x+\cos x}{3x-\sin x}=\lim\limits_{x\to\infty}\dfrac{2-\sin x}{3-\cos x}$

因为 $\lim\limits_{x\to\infty}\dfrac{2-\sin x}{3-\cos x}$ 不存在，所以 $\lim\limits_{x\to\infty}\dfrac{2x+\cos x}{3x-\sin x}$ 不存在。

2. 求下列式子的极限。

(1) $\lim\limits_{x\to\frac{\pi}{6}}\dfrac{1-2\sin x}{\cos 3x}$

(2) $\lim\limits_{x\to\pi}\dfrac{\sin 3x}{\tan 5x}$

(3) $\lim\limits_{x\to 0}\dfrac{\tan x-x}{x-\sin x}$

(4) $\lim\limits_{x\to 0}\dfrac{e^x-e^{-x}-2x}{x-\sin x}$

(5) $\lim\limits_{x\to\frac{\pi}{2}}\dfrac{\tan x}{\tan 3x}$

(6) $\lim\limits_{x\to 0^+}\dfrac{\ln\tan 7x}{\ln\tan 2x}$

(7) $\lim\limits_{x\to+\infty}\dfrac{(\ln x)^2}{\sqrt{x}}$

(8) $\lim\limits_{x\to\frac{\pi}{2}^+}\dfrac{\ln\left(x-\dfrac{\pi}{2}\right)}{\tan x}$

(9) $\lim\limits_{x\to 0^+}\sin x\ln x$

(10) $\lim\limits_{x\to+\infty}x^{\frac{1}{x}}$

(11) $\lim\limits_{x\to 0^+}x^{\sin x}$

(12) $\lim\limits_{x\to 0^+}(\tan x)^{\sin x}$

(13) $\lim\limits_{x\to\infty}\left(\dfrac{\pi}{2}-\arctan x\right)^{\frac{1}{\ln x}}$

(14) $\lim\limits_{x\to\infty}\left(1+\dfrac{a}{x}\right)^x$

(15) $\lim\limits_{x\to\frac{\pi}{4}}(\tan x)^{\tan 2x}$

(16) $\lim\limits_{x\to 0}(1+\sin x)^{\frac{1}{x}}$

(17) $\lim\limits_{x\to 0}\left(\dfrac{1}{x^2}-\dfrac{1}{\sin^2 x}\right)$

(18) $\lim\limits_{x\to 0}\left(\dfrac{\ln(1+x)^{(1+x)}}{x^2}-\dfrac{1}{x}\right)$

3. 讨论函数 $f(x)=\begin{cases}\left[\dfrac{(1+x)^{\frac{1}{x}}}{e}\right]^{\frac{1}{x}} & x>0\\ e^{-\frac{1}{2}} & x\leqslant 0\end{cases}$ 在 $x=0$ 点的连续性。

4. 设函数 $f(x)$ 在点 x_0 的某个邻域内具有连续的二阶导数，利用洛必达法则证明：$\lim\limits_{h\to 0}\dfrac{f(x_0+h)+f(x_0-h)-2f(x_0)}{h^2}=f''(x_0)$。

4.3 函数的单调性与曲线的凹凸性

学习目标与要求

(1) 掌握利用导数判断函数的单调性；

(2) 会求函数的单调区间；

(3) 理解曲线的凹凸性和拐点的概念；

(4) 掌握曲线的凹凸区间和拐点的求法。

借助微分中值定理，可以利用导数来研究函数的性态，本节主要来研究函数的单调性与曲线的凹凸性。

4.3.1 函数的单调性

单调函数是一类重要的函数，怎样运用导数来判断函数的单调性呢？函数的单调性图示，如图 4.5 所示。

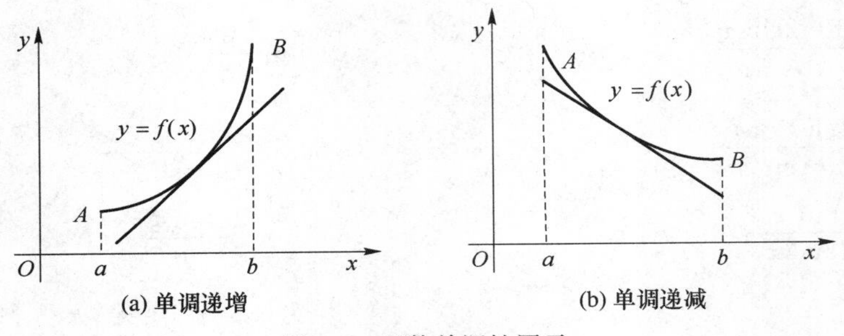

图 4.5　函数单调性图示

如果函数 $f(x)$在$[a,b]$上单调增加，那么它的图像是一条沿 x 轴正向上升的曲线，此时曲线的各点处切线斜率是非负的，也就是说有 $f'(x)\geqslant 0$；反之，如果函数 $f(x)$在$[a,b]$上单调减少，那么它的图像是一条沿 x 轴正向下降的曲线，此时曲线的各点处切线斜率是非正的，也就是说有 $f'(x)\leqslant 0$。可见，函数的单调性与导数的符号有一定联系。下面证明怎样利用导数的符号来判断函数的单调性。

定理 4.3.1　若函数 $f(x)$在$[a,b]$上连续，在(a,b)内可导，则

(1) 如果在(a,b)内 $f'(x)>0$，那么函数 $f(x)$在$[a,b]$上单调增加；

(2) 如果在(a,b)内 $f'(x)<0$，那么函数 $f(x)$在$[a,b]$上单调减少。

证明　只证明 $f(x)$在$[a,b]$上单调增加的情况，单调减少的情况可以类似地证明。

在$[a,b]$上任取两点 $x_1,x_2(x_1<x_2)$，这样函数 $f(x)$在$[x_1,x_2]$上满足拉格朗日中值定理，因此有 $f(x_2)-f(x_1)=f'(\xi)(x_2-x_1)(x_1<\xi<x_2)$。又由于在$(a,b)$内 $f'(x)>0$，知 $f'(\xi)>0$，故 $f(x_1)<f(x_2)$，即函数 $f(x)$在$[a,b]$上单调增加，证完。

定理中的闭区间换成其他区间，包括无穷区间结论也成立。

例 4.3.1　讨论函数 $f(x)=x^3-x$ 的单调性。

解　因为 $f'(x)=3x^2-1=(\sqrt{3}x+1)(\sqrt{3}x-1)$，所以当 $x\in\left(-\infty,-\frac{1}{\sqrt{3}}\right]\cup\left[\frac{1}{\sqrt{3}},+\infty\right)$时，$f'(x)\geqslant 0$，函数 $f(x)$单调增加；当 $x\in\left[-\frac{1}{\sqrt{3}},\frac{1}{\sqrt{3}}\right]$时，$f'(x)\leqslant 0$，函数 $f(x)$单调减少。

在例 4.3.1 中，函数 $f(x)$在其定义域内不单调，但是根据驻点来划分定义区间后，函数 $f(x)$在各个部分区间是单调的，因此，驻点可以作为划分函数单调区间的点。

例 4.3.2　讨论函数 $f(x)=\sqrt[3]{x^2}$ 的单调性。

解　因为 $f'(x)=\frac{2}{3\sqrt[3]{x}}$，所以在 $x=0$ 点，函数的导数不存在。当 $x\in(-\infty,0)$时，$f'(x)<0$，函数 $f(x)$单调减少；当 $x\in(0,+\infty)$时，$f'(x)>0$，函数 $f(x)$单调增加。

在例 4.3.2 中，$x=0$ 这个不可导的点是函数单调区间的分界点。通过以上两例，得出下面结论：如果函数在定义区间上连续，除去有限个不可导的点，导数存在且连续，则用$f'(x)=0$ 的点和 $f'(x)$不存在的点来划分函数的单调区间。

例 4.3.3　求函数 $y=\mathrm{e}^x-x+1$ 的单调区间。

解　$y'=\mathrm{e}^x-1$，令 $y'>0$，即 $\mathrm{e}^x-1>0$，则 $x\in(0,+\infty)$；令 $y'<0$，即 $\mathrm{e}^x-1<0$，则 $x\in(-\infty,0)$，所以 $y=\mathrm{e}^x-x+1$ 的单调增区间是$(0,+\infty)$，单调减区间是$(-\infty,0)$。

有时候也可以利用函数的单调性证明一些不等式。

例 4.3.4　证明：当 $x>0$ 时，$x>\ln(1+x)$。

证明　令 $f(x)=x-\ln(1+x)$，有 $f'(x)=1-\frac{1}{1+x}=\frac{x}{1+x}$. 当 $x>0$ 时，有 $f'(x)>0$，所以函数 $f(x)$在$(0,+\infty)$上单调增加，又 $f(x)$在 $x=0$ 点连续，因此，$f(x)$在$[0,+\infty)$上单调增加，从而当$x>0$时，有 $f(x)=x-\ln(1+x)>f(0)=0$，得到 $x-\ln(1+x)>0$，即 $x>\ln(1+x)$。

4.3.2　曲线的凹凸性与拐点

函数的单调性反映了函数图像的上升和下降，下面要讲的曲线的凹凸性就反映了曲线在上升或者下降过程中的弯曲方向。如图 4.6 所示，两条曲线都是上升的，但是弯曲的方向是不同的。

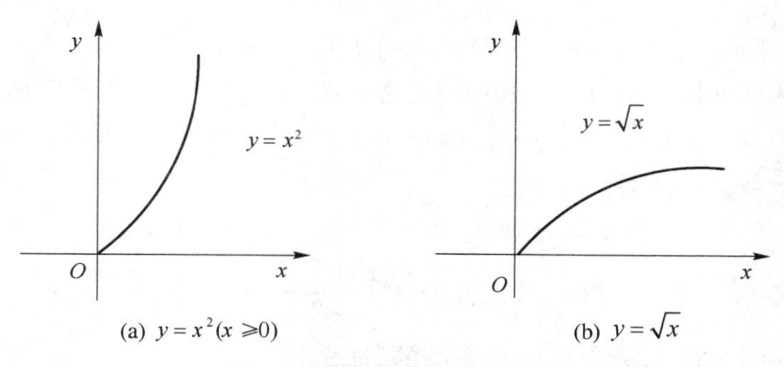

图 4.6　曲线的弯曲方向图示

如果曲线上任意两点间的弧段总在两点间连线的上方，称曲线是凸的，如图 4.7(a)所示。如果曲线上任意两点间的弧段总在两点连线的下方，称曲线是凹的，如图 4.7(b)所示。

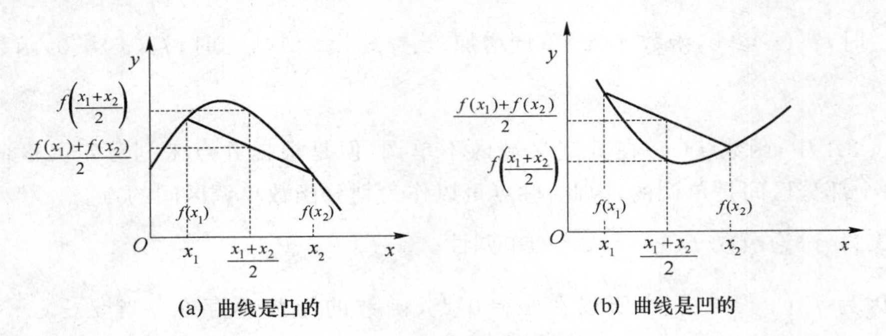

图 4.7　曲线的凹凸性图示

定义 4.3.1　若函数 $f(x)$在区间 I 上连续，对于 I 上任意两点 x_1,x_2：

(1) 如果恒有 $f\left(\frac{x_1+x_2}{2}\right)>\frac{f(x_1)+f(x_2)}{2}$，那么称 $f(x)$在 I 上的图形是凸的；

(2) 如果恒有 $f\left(\frac{x_1+x_2}{2}\right)<\frac{f(x_1)+f(x_2)}{2}$，那么称 $f(x)$在 I 上的图形是凹的。

一般来讲，直接运用定义来判定曲线的凹凸性是不方便的，如果函数 $f(x)$在 I 上具有二阶导数，就可以利用二阶导数的符号来判定曲线的凹凸性，下面以 I 为闭区间为例来讨论曲线凹凸性的判定方法。

定理 4.3.2　若函数 $f(x)$在$[a,b]$上连续，在(a,b)内具有一、二阶导数，则

(1) 如果在(a,b)内有 $f''(x)<0$，那么 $f(x)$在$[a,b]$上的图形是凸的；

(2) 如果在(a,b)内有 $f''(x)>0$，那么 $f(x)$在$[a,b]$上的图形是凹的。

证明　只证明(1)，结论(2)类似地证明。

$\forall x_1,x_2\in[a,b]$，且 $x_1<x_2$，令$\frac{x_1+x_2}{2}=x_0$，则有 $x_2-x_0=x_0-x_1=h\quad(h>0)$

由拉格朗日中值公式，有

$$f(x_0+h)-f(x_0)=f'(x_0+\theta_1 h)h\quad(0<\theta_1<1)$$
$$f(x_0)-f(x_0-h)=f'(x_0-\theta_2 h)h\quad(0<\theta_2<1)$$

两式相减得：

$$f(x_0+h)+f(x_0-h)-2f(x_0)=[f'(x_0+\theta_1 h)-f'(x_0-\theta_2 h)]h,$$

对 $f'(x)$在闭区间$[x_0-\theta_2 h,x_0+\theta_1 h]$上再一次使用拉格朗日中值定理有：

$$f'(x_0+\theta_1 h)-f'(x_0-\theta_2 h)=f''(\xi)(\theta_1+\theta_2)h$$

其中 $x_0-\theta_2 h<\xi<x_0+\theta_1 h$。

由于 $f''(x)<0$，有 $f''(\xi)<0$，从而 $f(x_0+h)-2f(x_0)+f(x_0-h)<0$，即

$\frac{f(x_0+h)+f(x_0-h)}{2}<f(x_0)$，也就是$\frac{f(x_2)+f(x_1)}{2}<f\left(\frac{x_1+x_2}{2}\right)$。

所以，函数 $f(x)$在$[a,b]$上的图形是凸的，证完。

注：函数在任意区间上凹凸性的判定方法与之类似。

例 4.3.5　判断函数 $f(x)=x^4-2x^2$ 的凹凸性。

解　由于 $f'(x)=4x^3-4x, f''(x)=12x^2-4=4(3x^2-1)$,

所以当 $|x|>\frac{1}{\sqrt{3}}$ 时,$f''(x)>0$;当 $|x|<\frac{1}{\sqrt{3}}$ 时,$f''(x)<0$,由定理 4.3.2 知:

$f(x)$ 在 $\left(-\infty,-\frac{1}{\sqrt{3}}\right)$ 和 $\left(\frac{1}{\sqrt{3}},+\infty\right)$ 上是凹的,在 $\left[-\frac{1}{\sqrt{3}},\frac{1}{\sqrt{3}}\right]$ 上是凸的。

例 4.3.6　讨论函数 $f(x)=\arctan x$ 的凹凸性。

解　由于 $f''(x)=-\frac{2x}{(1+x^2)^2}$,所以当 $x\leqslant 0$ 时,$f''(x)\geqslant 0$;当 $x\geqslant 0$ 时,$f''(x)\leqslant 0$。因此,$f(x)$ 在 $(-\infty,0]$ 上是凹的;在 $[0,+\infty)$ 上是凸的。

定义 4.3.2　连续曲线 $y=f(x)$ 凹弧与凸弧的分界点称为这条曲线的拐点。

那么怎样来确定曲线的拐点呢?

由定理 4.3.2 可知,可以利用函数 $f(x)$ 的二阶导数符号来判定连续曲线 $y=f(x)$ 的凹凸性。如果 $f''(x)$ 在定义区间 I 上某点 x_0 的左右两侧邻近符号相反,那么曲线上该点就是曲线的一个拐点;如果 $f(x)$ 在区间 (a,b) 内具有二阶连续导数,那么在该点处有 $f''(x)=0$。此外,函数 $f(x)$ 的二阶导数不存在的点,也可能是 $f''(x)$ 符号改变的点,即曲线的拐点。

综上,确定区间 I 上连续曲线 $y=f(x)$ 的拐点可以按照下列步骤进行。

(1) 求 $f''(x)$;

(2) 求出在区间 I 内 $f''(x)=0$ 的点和 $f''(x)$ 不存在的点;

(3) 根据 $f''(x)$ 在上述点左右两侧邻近的符号进行判断或列表判断,确定曲线的凹凸区间和拐点。

例 4.3.7　求曲线 $y=\ln(x^2+1)$ 的凹凸区间及拐点。

解　函数 $y=\ln(x^2+1)$ 的定义域为 $(-\infty,+\infty)$,$y''=\frac{2(1+x^2)-2x(2x)}{(1+x^2)^2}=\frac{2(1-x^2)}{(1+x^2)^2}$,令 $y''=0$,得 $x=\pm 1$。当 $x\in(-\infty,-1)$ 时,$y''<0$,曲线是凸的;当 $x\in(-1,1)$ 时,$y''>0$,曲线是凹的;当 $x\in(1,+\infty)$ 时,$y''<0$,曲线是凸的,拐点为 $(-1,\ln 2)$,$(1,\ln 2)$。

例 4.3.8　讨论函数 $f(x)=(2x-5)\sqrt[3]{x^2}$ 的凹凸区间和拐点。

解　$f'(x)=\frac{10}{3}\cdot\frac{x-1}{\sqrt[3]{x}}\quad(x\neq 0)$,当 $x\neq 0$ 时,$f''(x)=\frac{10}{9}\cdot\frac{2x+1}{x\sqrt[3]{x}}$,当 $x=0$ 时,导数不存在,二阶导数也不存在。当 $x=-\frac{1}{2}$ 时,$f''(x)=0$。于是,$x=0$ 和 $x=-\frac{1}{2}$ 将函数的定义域 $(-\infty,+\infty)$ 划分成 $\left(-\infty,-\frac{1}{2}\right]$,$\left[-\frac{1}{2},0\right)$,$(0,+\infty)$ 三个部分区间。每个部分区间上二阶导数的符号与函数的凹凸性如表 4.1 所示。

表 4.1　例 4.3.8 函数每个部分区间上二阶导数的符号和函数的凹凸性

x	$\left(-\infty,-\frac{1}{2}\right)$	$-\frac{1}{2}$	$\left(-\frac{1}{2},0\right)$	0	$(0,+\infty)$
$f''(x)$	$-$	0	$+$	不存在	$+$
$f(x)$	凸	$-\frac{6}{\sqrt[3]{4}}$	凹	0	凹

当 $x\in\left(-\infty,-\frac{1}{2}\right)$时，$f''(x)<0$，曲线是凸的；当 $x\in\left(-\frac{1}{2},0\right)$时，$f''(x)>0$，曲线是凹的；当 $x\in(0,+\infty)$时，曲线是凹的；拐点为$\left(-\frac{1}{2},-\frac{6}{\sqrt[3]{4}}\right)$。

注：此题中二阶导数不存在的点不是曲线的拐点。

函数的凹凸性也可以用来证明一些不等式。

例 4.3.9 证明不等式 $\tan x+\tan y>2\tan\frac{x+y}{2}$，$0<x<y<\frac{\pi}{2}$。

证明 令 $f(x)=\tan x$，那么 $f'(x)=\sec^2 x$，$f''(x)=2\sec^2 x\tan x>0$，$\left(0<x<\frac{\pi}{2}\right)$，所以，$f(x)=\tan x$ 在$\left(0,\frac{\pi}{2}\right)$内是凹函数，则有

$$\frac{1}{2}[f(x)+f(y)]>f\left(\frac{x+y}{2}\right)\quad\left(0<x<y<\frac{\pi}{2}\right)$$

由此得

$$\tan x+\tan y>2\tan\frac{x+y}{2}\quad 0<x<y<\frac{\pi}{2}$$

函数的单调性和凹凸性在数学理论和生产实践中有着重要的应用。读者注意，有些学科和课本中所提到的凸函数，一般指的是我们所定义的凹函数。

习题 4.3

1. 判断下列说法是否正确，并举例说明理由。

(1) 若 $f'(0)>0$，是否能判定 $f(x)$在原点的充分小的邻域内单调递增？

(2) 设 $f(x)$在(a,b)内二阶可导，且 $f''(x_0)=0$，其中 $x_0\in(a,b)$，则$(x_0,f(x_0))$是否一定为曲线的 $f(x)$的拐点？

2. 设 $f(x)$在$(-\infty,+\infty)$内存在二阶导数，且 $f(x)=-f(-x)$，当 $x<0$ 时，有 $f'(x)<0$，$f''(x)>0$，则当 $x>0$ 时，有（　　）。

A. $f'(x)<0,f''(x)>0$　　B. $f'(x)>0,f''(x)<0$

C. $f'(x)>0,f''(x)>0$　　D. $f'(x)<0,f''(x)<0$

3. 判定函数 $y=x-\sin x$ 在$[0,2\pi]$的单调性。

4. 求函数 $y=(x-1)\sqrt[3]{x^2}$ 的单调区间。

5. 确定下列函数的单调区间。

(1) $y=2x^3-6x^2-18x-7$　　(2) $y=\sqrt{2x-x^2}$

(3) $y=\frac{x^2-1}{x}$　　(4) $y=\ln(x+\sqrt{1+x^2})$

6. 证明下列不等式。

(1) 当 $x>1$ 时，证明 $2\sqrt{x}>3-\frac{1}{x}$。

(2) 当 $0<x<\frac{\pi}{2}$时，证明 $x-\sin x<\frac{1}{6}x^3$。

(3) 当 $x>0$ 时,证明 $x-\frac{x^2}{2}<\ln(1+x)<x-\frac{x^2}{2(1+x)}$。

7. 讨论方程 $x-\frac{1}{2}\sin x=0$ 根的个数。

8. 设 $\varphi(x)$ 在 $[0,+\infty)$ 连续,可微,$\varphi(0)=0$,$\varphi'(x)$ 单调增加。求证:$f(x)=\frac{\varphi(x)}{x}$ 在 $(0,+\infty)$ 上单调增加。

9. 求出下列函数的凹凸区间与拐点。

(1) $y=2x^3-3x^2-36x+25$　　(2) $y=x+\frac{1}{x}(x>0)$

(3) $y=\ln(1+x^2)$　　(4) $y=e^{\arctan x}$

10. 利用函数图形的凹凸性证明。

(1) 对任何非负实数 a,b,有 $2\arctan\left(\frac{a+b}{2}\right)\geqslant\arctan a+\arctan b$。

(2) $x\ln x+y\ln y>(x+y)\ln\frac{x+y}{2}\quad(x>0,y>0,x\neq y)$。

11. 求当 a,b 为何值时,点 $(1,3)$ 为曲线 $y=ax^3+bx^2$ 的拐点。

12. 求 k 的值,使曲线 $y=k(x^2-3)^2$ 在拐点处的法线通过原点。

4.4　函数的极值与最值

学习目标与要求

(1) 理解函数极值的概念;

(2) 理解函数极值存在的必要条件和充分条件;

(3) 掌握求函数极值的方法;

(4) 掌握函数最值的求法。

函数的极值与最值在实际中有非常广泛的应用,也是函数性态的重要特征。本节将讨论可导函数极值的判定方法以及函数的极值与最值的求法。

4.4.1　极值

在第 4.1 节中,在给出费马定理之前定义过函数的极值,并且通过费马定理知道了函数极值的必要条件。

定理 4.4.1 (极值的必要条件)　设函数 $f(x)$ 在点 x_0 处可导并取得极值,则 $f'(x)=0$。

定理 4.4.1 说明可导函数的极值点一定是它的驻点,但是反过来,函数的驻点却不一定就是它的极值点,除此之外,函数在它的不可导点处也可以取得极值,本节主要讨论函数取得极值的两个充分条件。

定理 4.4.2 (极值的第一充分条件)　设函数 $f(x)$ 在点 x_0 处连续,在 x_0 的某去心邻域 $\mathring{U}(x_0,\delta)$ 内可导:

(1) 当 $x\in(x_0-\delta,x_0)$ 时,$f'(x)>0$;$x\in(x_0,x_0+\delta)$ 时,$f'(x)<0$,则函数 $f(x)$ 在 x_0 处取得极大值;

(2) 当 $x\in(x_0-\delta,x_0)$时，$f'(x)<0$；$x\in(x_0,x_0+\delta)$时，$f'(x)>0$，则函数 $f(x)$在 x_0 处取得极小值；

(3) 当 $x\in\mathring{U}(x_0,\delta)$时，$f'(x)$不改变符号，则函数 $f(x)$在 x_0 处没有极值。

证明 下面只证(1)，(2)和(3)可以类似地证明。

根据定理 4.3.1 函数单调性判别法可知，$f(x)$在$(x_0-\delta,x_0)$内单调递增，在$(x_0,x_0+\delta)$内单调递减。又由于函数 $f(x)$在点 x_0 处连续，所以对于任意 $x\in U(x_0,\delta)$，都有 $f(x)<f(x_0)$，故函数 $f(x)$在 x_0 处取得极大值，证完。

根据定理 4.3.1 和定理 4.4.2，如果函数 $f(x)$在某个区间内连续，除有限个点外处处可导，可以按以下步骤来求 $f(x)$的极值点和极值。

(1) 求出 $f'(x)$；

(2) 求出 $f(x)$的驻点和不可导点；

(3) 考查 $f'(x)$在驻点和不可导点两侧的符号，确定该点是否为极值点；是极值点的确定是极大值点还是极小值点；

(4) 求出极值点的函数值，确定极值。

例 4.4.1 求函数 $f(x)=x^3-12x$ 的极值。

解 函数的定义域为 $\mathbf{R}$，$f'(x)=3x^2-12=3(x+2)(x-2)$，令 $f'(x)=0$，得 $x=\pm2$。当 $x>2$ 或 $x<-2$ 时，$f'(x)>0$，$f(x)$在$(-\infty,-2]$和$[2,+\infty)$上是增函数；当$-2<x<2$时，$f'(x)<0$，$f(x)$在$[-2,2]$上是减函数。当 $x=-2$ 时，函数有极大值 $f(-2)=16$，当 $x=2$时，函数有极小值 $f(2)=-16$。

例 4.4.2 求函数 $f(x)=(2x-5)\sqrt[3]{x^2}$ 的极值点和极值。

解 (1)函数 $f(x)=(2x-5)\sqrt[3]{x^2}$ 在$(-\infty,+\infty)$上连续，除 $x=0$ 外处处可导，并且有

$$f'(x)=\frac{10(x-1)}{3\sqrt[3]{x}}$$

(2) 令 $f'(x)=0$，得到驻点为 $x=1$，同时 $x=0$ 是 $f(x)$的不可导点；

(3) 考查 $f'(x)$在驻点和不可导点两旁的符号，结果如表 4.2 所示。

表 4.2 函数 $f(x)=(2x-5)\sqrt[3]{x^2}$ 单调性变化表

x	$(-\infty,0)$	0	$(0,1)$	1	$(1,+\infty)$
$f'(x)$	+	不存在	−	0	+
$f(x)$	↗	0	↘	−3	↗

(4) 从表 4.2 中可以看出，$x=0$ 是 $f(x)$的极大值点，极大值为 $f(0)=0$；$x=1$ 是 $f(x)$的极小值点，极小值为 $f(1)=-3$。

定理 4.4.3(极值的第二充分条件) 设函数 $f(x)$在点 x_0 处具有二阶导数，且$f'(x_0)=0$，$f''(x_0)\neq0$，证明：

(1) 当 $f''(x_0)<0$ 时，函数 $f(x)$在 x_0 处取得极大值；

(2) 当 $f''(x_0)>0$ 时，函数 $f(x)$在 x_0 处取得极小值。

证明 下面只证(1)，(2)可以类似证明。

根据二阶导数的定义，因为 $f''(x_0)<0$，故有 $f''(x_0)=\lim\limits_{x\to x_0}\dfrac{f'(x)-f'(x_0)}{x-x_0}<0$；

根据函数极限的局部保号性，$\exists\,\delta>0$，当 $0<|x-x_0|<\delta$ 时，有 $\dfrac{f'(x)-f'(x_0)}{x-x_0}<0$，由于 $f'(x_0)=0$，所以有 $\dfrac{f'(x)}{x-x_0}<0$，说明在 $0<|x-x_0|<\delta$ 时，$f'(x)$ 和 $x-x_0$ 符号相反。因此，当 $x-x_0<0$ 时，$f'(x)>0$；当 $x-x_0>0$ 时，$f'(x)<0$。根据定理 4.4.2 知，函数 $f(x)$ 在 x_0 处取得极大值，证完。

例 4.4.3　求函数 $f(x)=x^3+3x^2-24x-20$ 的极值。

解　函数 $f(x)$ 的定义域为 $\mathbf{R}$。$f'(x)=3x^2+6x-24=3(x+4)(x-2)$，令 $f'(x)=0$，得驻点 $x_1=-4$，$x_2=2$。又因为 $f''(x)=6x+6$，$f''(-4)=-18<0$，$f''(2)=18>0$，所以函数 $f(x)$ 有极大值 $f(-4)=60$，有极小值 $f(2)=-48$。

例 4.4.4　求函数 $f(x)=2\sin x+\cos 2x$ 的极值点和极值。

解　因为 $2\sin x+\cos 2x=-2\sin^2 x+2\sin x+1=-2\left(\sin x-\dfrac{1}{2}\right)^2+\dfrac{3}{2}$，因此函数 $f(x)$ 的周期是 2π，故只需在一个周期 $[0,2\pi]$ 内讨论极值点和极值。

$f'(x)=2\cos x(1-2\sin x)$，令 $f'(x)=0$，得驻点 $x_1=\dfrac{\pi}{6}$，$x_2=\dfrac{\pi}{2}$，$x_3=\dfrac{5}{6}\pi$，$x_4=\dfrac{3}{2}\pi$，因为 $f''(x)=-2(\sin x+2\cos 2x)$，有 $f''\left(\dfrac{\pi}{6}\right)<0$，$f''\left(\dfrac{\pi}{2}\right)>0$，$f''\left(\dfrac{5}{6}\pi\right)<0$，$f''\left(\dfrac{3}{2}\pi\right)>0$。

根据定理 4.4.3 可知，

$x_1=\dfrac{\pi}{6}$ 和 $x_3=\dfrac{5}{6}\pi$ 是 $f(x)$ 的极大值点，极大值为 $f\left(\dfrac{\pi}{6}\right)=\dfrac{3}{2}$，$f\left(\dfrac{5}{6}\pi\right)=\dfrac{3}{2}$；

$x_2=\dfrac{\pi}{2}$ 和 $x_4=\dfrac{3}{2}\pi$ 是 $f(x)$ 的极小值点，极小值为 $f\left(\dfrac{\pi}{2}\right)=1$，$f\left(\dfrac{3}{2}\pi\right)=-3$。

因此，$f(x)$ 的极大值点为 $2k\pi+\dfrac{\pi}{6}$ 和 $2k\pi+\dfrac{5\pi}{6}$，极大值为 $\dfrac{3}{2}$；极小值点为 $2k\pi+\dfrac{\pi}{2}$ 和 $2k\pi+\dfrac{3\pi}{2}$，极小值为 1 和 -3。

4.4.2　最大值和最小值

在生产生活中，常会遇到一些“用料最省、费用最低、距离最短、效益最高”等最优化问题的求解，这些问题都可以通过求某一个函数的最大值或最小值来解决。下面讨论如果函数 $f(x)$ 在闭区间 $[a,b]$ 上连续，在开区间 (a,b) 内除有限个点外可导，并且至多有有限个驻点的条件下，它在闭区间 $[a,b]$ 上的最大值或最小值的求法。

在第 1 章中曾指出：函数 $f(x)$ 在闭区间 $[a,b]$ 上连续，则 $f(x)$ 在 $[a,b]$ 上有最大值和最小值。如果最值 $f(x_0)$ 在开区间 (a,b) 内的 x_0 点，既然除有限个点外可导，并且至多有有限个驻点，那么 $f(x_0)$ 一定是 $f(x)$ 的极值，则 x_0 点一定是 $f(x)$ 的驻点或不可导点。除此之外，$f(x)$ 的最值也可能在区间端点取得。

综上所述，可以用如下步骤求函数 $f(x)$ 在 $[a,b]$ 上的最大值和最小值：

(1) 求函数 $f(x)$ 在 (a,b) 内的驻点和不可导点；

(2) 求出驻点,不可导点以及区间端点的函数值;

(3) 比较上述点中函数值的大小,最大的是 $f(x)$在$[a,b]$上的最大值,最小的是 $f(x)$在$[a,b]$上的最小值。

例 4.4.5 求函数 $f(x)=x^5-5x^4+5x^3+1$ 在闭区间$[-1,2]$上的最大值和最小值。

解 因为 $f'(x)=5x^4-20x^3+15x^2=5x^2(x-1)(x-3)$,令 $f'(x)=0$,得到闭区间$[-1,2]$ 上驻点为 $x_1=0,x_2=1$,求得 $f(-1)=-10,f(0)=1,f(1)=2,f(2)=-7$,故函数 $f(x)$在闭区间$[-1,2]$上的最大值为 $f(1)=2$,最小值为 $f(-1)=-10$。

例 4.4.6 求函数 $f(x)=|2x^3-9x^2+12x|$在闭区间$\left[-\frac{1}{4},\frac{5}{2}\right]$上的最大值与最小值。

解
$$f(x)=|2x^3-9x^2+12x|=|x(2x^2-9x+12)|$$
$$=\begin{cases}-x(2x^2-9x+12), & -\frac{1}{4}\leqslant x\leqslant 0\\ x(2x^2-9x+12), & 0<x\leqslant\frac{5}{2}\end{cases}$$

因此
$$f'(x)=\begin{cases}-6(x-1)(x-2), & -\frac{1}{4}\leqslant x<0\\ 6(x-1)(x-2), & 0<x\leqslant\frac{5}{2}\end{cases}$$

故 $f(x)$的不可导点为 $x=0$,驻点为 $x=1,x=2$。计算驻点、不可导点和区间端点的函数值,得到

$$f(0)=0\qquad f(1)=5\qquad f(2)=4\qquad f\left(-\frac{1}{4}\right)=\frac{115}{32}\qquad f\left(\frac{5}{2}\right)=5$$

所以函数 $f(x)$在 $x=0$ 处取得最小值 0,在 $x=1$ 和 $x=\frac{5}{2}$处取得最大值 5。

注: 此题也可以令 $\varphi(x)=f^2(x)$,由于 $\varphi(x)$与 $f(x)$的最值点相同,因此也可以通过 $\varphi(x)$求最值点。

对于实际问题求函数 $f(x)$的最值时,可以根据问题的性质来判定可导函数 $f(x)$是否有最大值或最小值,而且一定是在定义区间(a,b)取得。如果 $f(x)$在(a,b)内有唯一驻点,那么这个唯一驻点值就是 $f(x)$在$[a,b]$上的最大值或最小值。

例 4.4.7 设轮船的耗煤费用与速度的立方成正比,其余消耗费用为 100 元/h,已知轮船以 10 km/h 的速度航行时,耗煤费用为 25 元/h,求最经济的航行速度为多少(即每公里费用最少)?

解 设耗煤费用为 y,则 $y=kv^3$,有 $25=k\cdot 10^3$,得 $k=\frac{1}{40}$,

假设以速度 v 行驶费用最省,每公里的费用表示为 y_0,则 $y_0=\dfrac{\frac{1}{40}v^3+100}{v}$,对 y_0 求导,

$y'_0=\dfrac{\frac{3}{40}v^2\cdot v-\left(\frac{1}{40}v^3+100\right)}{v^2}$,令 $y'_0=0$,得驻点 $v=10\sqrt[3]{2}$,

所以当速度 $v=10\sqrt[3]{2}$ km/h 时,每公里的费用最少,即最经济的航行速度为 $10\sqrt[3]{2}$ km/h。

例 4.4.8 一张 1.4 m 的画挂在墙上,画的底边高于观看者眼睛 1.8 m,求观看者应该站在

距离墙多远的地方看得最清楚(图 4.8)?(即求角 θ 的最大可能取值)

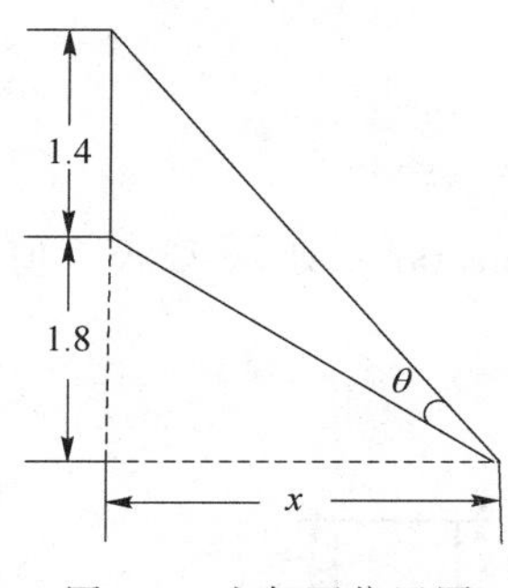

图 4.8　人与画位置图

解　设观看者距离墙 x m,则

$$\theta=\arctan\frac{1.4+1.8}{x}-\arctan\frac{1.8}{x}$$
$$=\arctan\frac{3.2}{x}-\arctan\frac{1.8}{x}\quad(x\in(0,+\infty))$$

由于观看者距离墙太远太近都看不清楚,所以 θ 在$(0,+\infty)$内应该有最大值。

因为 $\theta'=-\frac{3.2}{x^2+3.2^2}+\frac{1.8}{x^2+1.8^2}$,令 $\theta'=0$,得到函数 θ 在$(0,+\infty)$内的驻点为 $x=2.4$。根据费马定理,θ 的最大值只能在 $x=2.4$ 取得,故观看者应该站在距离墙 2.4 m 的地方看得最清楚。

例 4.4.9　从半径为 R 的圆中切去一个圆心角为 φ 的扇形,求 φ 为多大时才能使余下的部分卷成容积最大的圆锥形漏斗?

解　设余下扇形的圆心角为 α,则 $\alpha=2\pi-\varphi$,卷成的圆锥高为 h,底面半径为 r,有 $2\pi r=R\alpha$,$\alpha=\frac{2\pi r}{R}$,$r^2=R^2-h^2$,所以容积

$$V=\frac{1}{3}\pi r^2h=\frac{1}{3}\pi h(R^2-h^2)\quad(h>0)$$

$$V'=\frac{1}{3}\pi(R^2-3h^2)$$

令 $V'=0$,得唯一驻点 $h=\frac{\sqrt{3}}{3}R$,则当 $h=\frac{\sqrt{3}}{3}R$ 时,容积 V 取得最大值,此时,

$$r=\frac{\sqrt{6}}{3}R\quad \alpha=\frac{2\sqrt{6}}{3}\pi\quad \varphi=2\pi-\frac{2\sqrt{6}}{3}\pi$$

例 4.4.10　如图 4.9 所示,物体重为 G,停在滑动摩擦系数为 μ 的水平面上,一人想用最小拉力 F 使木块沿水平面匀速运动,求最小拉力 F。

解　设拉力 F 与水平面夹角为 θ 时,木块匀速运动,则物体受重力 G、拉力 F、支持力 N 和滑动摩擦力 f,如图 4.10 所示。

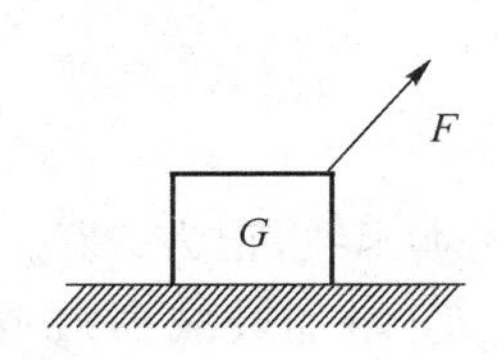

图 4.9　例 4.4.10 图示

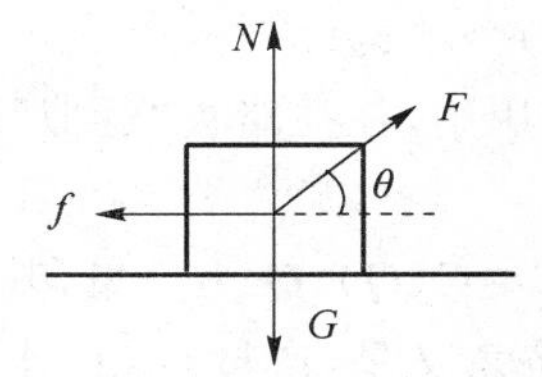

图 4.10　例 4.4.10 的受力分析图示

由共点力的平衡条件得:

$$F\cos\theta-f=0$$
$$F\sin\theta+N-G=0,f=\mu N$$

由此得:

$$F=\frac{\mu G}{(\mu\sin\theta+\cos\theta)}$$

令 $y=\mu\sin\theta+\cos\theta$，

则 $y'=\mu\cos\theta-\sin\theta$；

令 $y'=0$，则 $\tan\theta=\mu$，即 $\sin\theta=\frac{\mu}{\sqrt{1+\mu^2}}$，$\cos\theta=\frac{1}{\sqrt{1+\mu^2}}$，在 $\theta=\arctan\mu$ 处，y 取极大值，又因为只有一个极值点，所以 y 取最大值，F 有最小值 $F_{\min}=\frac{\mu G}{\sqrt{1+\mu^2}}$。

例 4.4.11 如图 4.11 所示，在圆柱形盛水容器侧面的小孔距液面多深时，水流的射程最大？最大射程为多少？

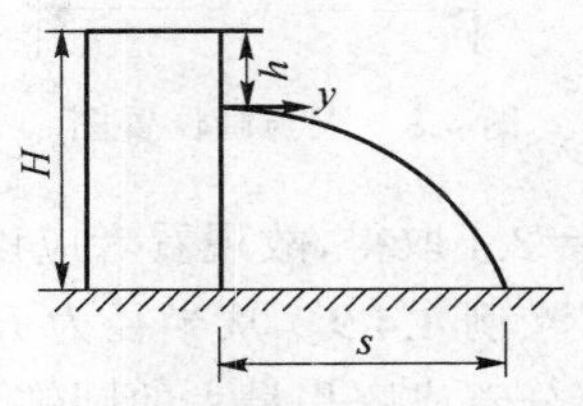

图 4.11 例 4.4.11 图示

解 设水流的质量为 m，根据机械能守恒定律，求得水流的初速度 $v=\sqrt{2gh}$，射程 $s=vt$，$t=\sqrt{\frac{2(H-h)}{g}}$，

所以 $s=\sqrt{4h(H-h)}$，设 $y=4h(H-h)$，y 最大时，s 也最大，下面用导数求 y 的极值。

$y'=4H-8h$，令 $y'=0$ 得驻点 $h=\frac{H}{2}$。当 $h<\frac{H}{2}$ 时，$y'>0$；当 $h>\frac{H}{2}$ 时，$y'<0$。

所以 $h=\frac{H}{2}$ 是极值点，并且是极大值。这个极大值与本题中要求的最大值相对应。

$y_{\max}=H^2$，$s=\sqrt{y_{\max}}=H$，即当深度为 $\frac{H}{2}$ 时，水流的射程最远，最远为 H。

*4.4.3 导数在经济中的应用

导数在工程、技术、科研、国防、医学、环保和经济管理等许多领域都有十分广泛地应用。下面介绍导数在经济中的简单应用。

1. 边际函数

在经济学中，称导数值 $f'(x_0)$ 为相应的经济函数 $f(x)$ 在 x_0 处的边际值；称导函数 $f'(x)$ 为经济函数 $f(x)$ 的边际函数。

$f'(x_0)$ 的经济意义是：经济量 x 在某一水平 x_0 的基础上每改变 1 个单位时，对应的 y 将近似地改变 $f'(x_0)$ 个单位。

注：在实际应用中，往往略去“近似”二字。

2. 边际成本

设成本函数 $C=C(Q)$，Q 为产量，其导数 $C'(Q)$ 称为边际成本函数，记为 MC。

$C'(Q_0)$ 的经济意义是：产量在 Q_0 水平的基础上，产量每改变（增加或减少）1 个单位时，所引起的总成本 $C(Q)$ 的改变量（增加或减少）为 $C'(Q_0)$ 个单位。

例 4.4.12 已知某商品的成本函数为 $C(Q)=100+\frac{Q^2}{4}$，求当 $Q=10$ 时的总成本、平均成本和边际成本。

解 当 $Q=10$ 时，总成本：$C(10)=100+\frac{100}{4}=125$，

平均成本函数为$\bar{C}(Q)=\dfrac{C(Q)}{Q}=\dfrac{100}{Q}+\dfrac{Q}{4}$，则$\bar{C}(10)=12.5$，

边际成本函数为$C'(Q)=\dfrac{Q}{2}$，则$C'(10)=5$。

例4.4.12中边际成本的经济意义是：当产量在10个单位的基础上，再多生产1个单位产品，总成本将增加5个单位，即生产第11个单位产品时，所需的成本是5个单位。

3. 边际收益

若总收益函数为$R(Q)$，则其导数$R'(Q)$称为边际收益函数，记为MR。

$R'(Q_0)$的经济意义是：在销量为Q_0时，再多销售1个单位产品所引起总收益的改变量为$R'(Q_0)$个单位。

例4.4.13　通过调查得知某种家具的需求函数为$Q=1200-3P$。其中，P为家具的销售价格，单位为元；Q为需求量，单位为件，求销售该家具的边际收益函数，以及销售量分别为450件、600件、750件时的边际收益。

解　由题设可知，总收益函数为

$$R(Q)=PQ=Q\left[\frac{1}{3}(1200-Q)\right]=400Q-\frac{1}{3}Q^2$$

边际收益函数为$R'(Q)=400-\dfrac{2}{3}Q$，于是有

$$R'(450)=100, R'(600)=0, R'(750)=-100$$

例4.4.13的经济意义是：当家具的销量为450件时，$R'(450)>0$，说明此时再增加销售量，总收益会增加，而且再多销售一件家具，总收益会增加100元；当销量为600件时，$R'(600)=0$，说明此时的销量是最佳销量，它可使总收益达到最大，再增加销售量，总收益不会再增加；当销量为750件时，$R'(750)<0$，说明此时再增加销售量，总收益会减少，而且再多销售一件家具，总收益会减少100元。

4. 最大利润

总利润函数$L(Q)$的导数$L'(Q)$称为边际利润函数。

$L'(Q_0)$经济意义是：在销量为Q_0时，再多销售1个单位产品所引起的总利润改变量为$L'(Q_0)$。

总利润函数等于总收益函数减去总成本函数，即$L(Q)=R(Q)-C(Q)$；于是$L(Q)$取得最大值的必要条件为

$$L'(Q)=R'(Q)-C'(Q)=0$$

即　$R'(Q)=C'(Q)$；

$L(Q)$取得最大值的充分条件为

$$L''(Q)=R''(Q)-C''(Q)<0$$

即

$$R''(Q)<C''(Q);$$

故最大利润的经济意义是：当销量Q满足：(1)$R'(Q)=C'(Q)$；(2)$R''(Q)<C''(Q)$时，利润$L(Q)$达到最大。

例4.4.14　已知某产品的需求函数$P=10-\dfrac{Q}{5}$，总成本函数为$C(Q)=50+2Q$，求产量为多少时总利润最大？并验证是否符合最大利润原则。

解　由 $P=10-\frac{Q}{5}$，得总收益函数 $R(Q)=Q\cdot\left(10-\frac{Q}{5}\right)=10Q-\frac{Q^2}{5}$。于是，总利润函数为 $L(Q)=R(Q)-C(Q)=8Q-\frac{Q^2}{5}-50$，有 $L'(Q)=8-\frac{2}{5}Q$；令 $L'(Q)=8-\frac{2}{5}Q=0$，得 $Q=20$，$L''(Q)=-\frac{2}{5}<0$。所以，当销售量为20个单位时，总利润最大。

此时 $C'(20)=2$，$R'(20)=2$，有 $C'(20)=R'(20)$；$R''(20)=-\frac{2}{5}$，$C''(20)=0$，有 $R''(20)<C''(20)$；所以符合最大利润原则。

习题 4.4

1. 判断题（正确的面"√"；错误的面"×"）。

(1) 函数的极值点一定是驻点。　　(　　)

(2) 函数的驻点一定是极值点。　　(　　)

(3) 函数的最大值点一定是极大值点。　　(　　)

(4) 函数的极大值一定大于极小值。　　(　　)

2. 选择题。

(1) 若连续函数在闭区间上有唯一的极大值和极小值，则(　　)。

A. 极大值一定是最大值，且极小值一定是最小值

B. 极大值一定是最大值，或极小值一定是最小值

C. 极大值不一定是最大值，极小值也不一定是最小值

D. 极大值必大于极小值

(2) 下列四个函数，在 $x=0$ 处取得极值的函数是(　　)。

①$y=x^3$　　②$y=x^2+1$　　③$y=|x|$　　④$y=2^x$

A. ①②　　B. ②③　　C. ③④　　D. ①③

(3) 设 $f(x)$ 在 $x=0$ 的某个邻域内连续，且 $f(0)=0$，$\lim\limits_{x\to 0}\frac{f(x)}{1-\cos x}=2$，在点 $x=0$ 处 $f(x)$(　　)。

A. 不可导　　B. 可导，且 $f'(0)\neq 0$

C. 取得极大值　　D. 取得极小值

3. 求下列函数的极值。

(1) $f(x)=x^3-3x^2-9x+5$　　(2) $f(x)=(x-1)^2(x+1)^3$

(3) $f(x)=x^2\mathrm{e}^{-x}$　　(4) $f(x)=\frac{2x}{x^2+1}-2$

(5) $f(x)=x^2+\frac{432}{x}$　　(6) $f(x)=\frac{(\ln x)^2}{x}$

(7) $f(x)=\frac{1+3x}{\sqrt{4+5x^2}}$　　(8) $f(x)=|x(x^2-1)|$

4. 设函数 $y=y(x)$ 由方程 $2y^3-2y^2+2xy-x^2=1$ 所确定，求 $y=y(x)$ 的驻点，并且判别它是否为极值点。

5. 求下列函数在给定区间的最值。

(1) $f(x)=2x^3+3x^2-12x+14$, $[-3,4]$　　(2) $f(x)=x+\sqrt{1-x}$, $[-5,1]$

(3) $f(x)=\sin 2x-x$, $\left[-\frac{\pi}{2},\frac{\pi}{2}\right]$　　(4) $f(x)=\frac{\ln x}{x}$, $\left[\frac{1}{e},e^2\right]$

(5) $f(x)=2\tan x-\tan^2 x$, $\left[0,\frac{\pi}{2}\right)$　　(6) $f(x)=\frac{x+1}{e^x}$, $(-\infty,+\infty)$

6. 求正数 a,使它与其倒数的和最小。

7. 一个半径为 R 的球内有一个内接圆锥体,问圆锥体的高和底半径成何比例时,圆锥体的体积最大?

8. 有一边长分别为 8 与 5 的长方形,在各角剪去相同的小正方形,把四边折起做成一个无盖小盒,要使纸盒的容积最大,问剪去的小正方形的边长应为多少?

9. 中介公司有 50 套房屋要出租,如果月租金为 1 000 元,房屋能全部出租出去,当月租金每增加 50 元,就多一套房屋租不出去,可以租出去的房屋每月要花 100 元的维修费,求房屋租金为多少可获收入最多?

10. 如图 4.12 所示,一辆小车在 MN 轨道上行驶的速度可达 50 km/h,在轨道外的平地上行驶速度 v_2 可达 40 km/h,与轨道的垂直距离为 30 km 的 B 处有一基地,问小车从基地 B 出发到离 D 点 100 km 的 A 处的过程中最短需要多少时间(设小车在不同路面上的运动都是匀速运动,启动时的加速时间可忽略不计)?

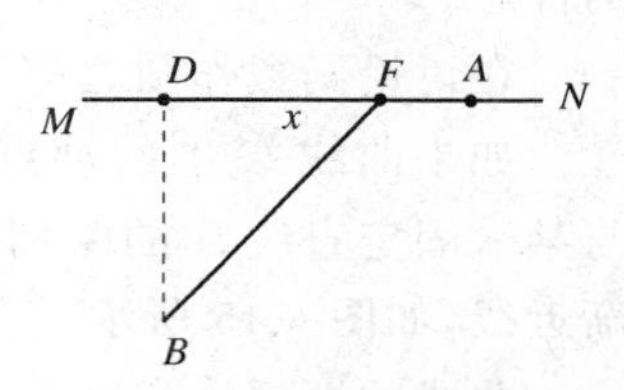

图 4.12　习题 10 图示

11. 如图 4.13 所示,质量为 m 的小球用细线连接,细线的另一端固定在 O 点,小球可以在竖直平面内自由摆动。现将细线拉直并成水平状态,让小球从静止开始摆下。试求小球的竖直分速度 v_y 的最大值。

12. 如图 4.14 所示,两个质量分别为 m_1,m_2 的滑块,用一轻弹簧连接后放在光滑水平面上,当给 m_1 一个初速度 v_0。试证明:当两滑块速度相同时,弹簧的弹性势能最大。

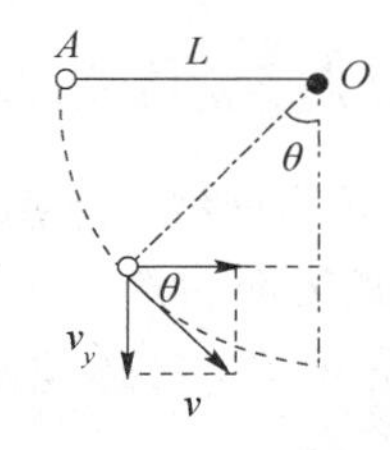

图 4.13　习题 11 图示

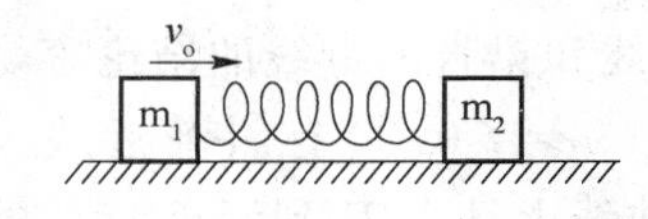

图 4.14　习题 12 图示

13. 已知某厂生产 x 件产品的成本为 $C=25\,000+200x+\frac{1}{40}x^2$(元),求:

(1) 要使平均成本最小,应生产多少件产品?

(2) 若产品以每件 500 元售出,要使利润最大,应生产多少件产品?

14. 一商家销售某种商品的价格满足关系 $p=7-0.2x$(万元/吨),x 为销售量(单位为吨),商品的成本函数是 $C=3x+1$(万元)。

(1) 若每销售 1 吨商品,政府要征税 t(万元),求该商家获得最大利润时的销售量。

(2) t 为何值时,政府税收总额最大。

4.5 函数图形的描绘

学习目标与要求

(1) 掌握曲线的水平渐近线和铅直渐近线的求法；

(2) 了解曲线的斜渐近线的求法；

(3) 掌握简单函数图形的描绘。

在中学时，我们学过的一些函数图像的描绘，通常是通过取值、列表、描点、最后把这些点逐个连接起来。一般来讲，这样得到的图像比较粗糙，而且一些函数图像的关键处不能正确地反映出来。但是，在掌握了微分定义以后，可借助一阶导数的符号，确定函数图形在哪个区间上升或下降以及在哪取得极值；还可借助二阶导数的符号，确定函数图形在哪个区间上为凹或者为凸以及在哪个地方为拐点。根据这些，可以把函数图形描绘地更加准确，更好地反映函数的性态。

在讨论函数作图之前，先介绍曲线的渐近线。

如果曲线 C 上的动点 P 沿着曲线无限远离原点时，点 P 与某一固定直线 L 的距离趋于零，那么直线 L 称为曲线 C 的渐近线，如图 4.15 所示。

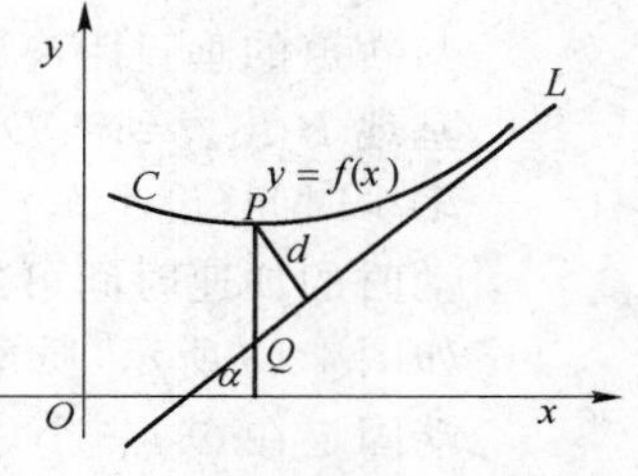

图 4.15 曲线的渐近线图示

曲线的渐近线有以下三种。

(1) 水平渐近线：如果 $\lim\limits_{x\to\infty}f(x)=A$，或 $\lim\limits_{x\to+\infty}f(x)=A$，或 $\lim\limits_{x\to-\infty}f(x)=A$，则称直线 $y=A$ 为曲线 $y=f(x)$ 的水平渐近线。

(2) 铅直渐近线：如果 $\lim\limits_{x\to x_0}f(x)=\infty$，或 $\lim\limits_{x\to x_0^+}f(x)=\infty$，或 $\lim\limits_{x\to x_0^-}f(x)=\infty$，则称直线 $x=x_0$ 为曲线 $y=f(x)$ 的铅直渐近线。

(3) 斜渐近线：如果 $\lim\limits_{x\to+\infty}\dfrac{f(x)}{x}=a\,(a\neq0)$ 且 $\lim\limits_{x\to+\infty}[f(x)-ax]=b$，或者上述两个极限式中的 $x\to+\infty$ 都改为 $x\to-\infty$ 时成立，则称直线 $y=ax+b$ 为曲线 $y=f(x)$ 的斜渐近线。

水平渐近线和铅直渐近线的结论容易理解。下面着重说明斜渐近线的结论。

设曲线 $C(y=f(x))$ 有斜渐近线 $y=ax+b$，要确定它，就必须求出常数 a 和 b。如图 4.15所示，曲线上动点 P 到渐近线 L 的距离为

$$d=|PQ\cos\alpha|=\frac{1}{\sqrt{1+k^2}}\,|f(x)-(ax+b)|$$

根据曲线渐近线的定义，当 $x\to+\infty$（或 $x\to-\infty$）时，有 $d\to0$，所以有

$$\lim_{x\to+\infty}[f(x)-(ax+b)]=0$$

即 $\lim\limits_{x\to+\infty}[f(x)-ax]=b$

又由 $\lim\limits_{x\to+\infty}\left(\dfrac{f(x)}{x}-a\right)=\lim\limits_{x\to+\infty}\dfrac{1}{x}[f(x)-ax]=0\cdot b=0$，得 $\lim\limits_{x\to+\infty}\dfrac{f(x)}{x}=a\,(a\neq0)$。

例 4.5.1 求曲线 $y=\dfrac{4(x-1)}{x^2}$ 的渐近线。

解　因为$\lim\limits_{x\to\infty}\frac{4(x-1)}{x^2}=0$,所以 $y=0$ 是曲线的水平渐近线。

又$\lim\limits_{x\to 0}\frac{4(x-1)}{x^2}=\infty$,所以 $x=0$ 是曲线的铅直渐近线;

但是$\lim\limits_{x\to\infty}\frac{f(x)}{x}=\lim\limits_{x\to\infty}\frac{4(x-1)}{x^3}=0$,所以曲线没有斜渐近线。

例 4.5.2　考查曲线 $f(x)=x+\frac{\sin x}{x}$的渐近线。

解:考查 $f(x)$的不连续点 $x=0$,由于$\lim\limits_{x\to 0}f(x)=1$,所以曲线无铅直渐近线;

又因为$\lim\limits_{x\to\infty}f(x)=\infty$,所以曲线无水平渐近线。

但是由于$\lim\limits_{x\to\infty}\frac{f(x)}{x}=\lim\limits_{x\to\infty}\left(1+\frac{1}{x^2}\sin x\right)=1$ 且$\lim\limits_{x\to\infty}[f(x)-x]=0$,

所以,曲线有斜渐近线 $y=x$。

例 4.5.3　考查曲线 $y=\frac{x^3}{x^2+2x-3}$的渐近线。

解: 因为$\lim\limits_{x\to\infty}\frac{x^3}{x^2+2x-3}=\infty$,所以曲线无水平渐近线。

又 $y=\frac{x^3}{x^2+2x-3}=\frac{x^3}{(x+3)(x-1)}$,所以当 $x\to-3$ 和 $x\to 1$ 时都有 $y\to\infty$,曲线有两条铅直渐近线 $x=-3$ 和 $x=1$。

由于$\lim\limits_{x\to+\infty}\frac{f(x)}{x}=\lim\limits_{x\to+\infty}\frac{x^3}{x^3+2x^2-3x}=1$,所以 $a=1$;

$\lim\limits_{x\to+\infty}[f(x)-ax]=\lim\limits_{x\to+\infty}(\frac{x^3}{x^2+2x-3}-x)=-2$,所以 $b=-2$;

曲线有斜渐近线 $y=x-2$。

下面讨论怎样利用微分知识来描绘函数图形,其一般步骤如下。

(1) 确定函数 $f(x)$的定义域以及基本性质(如奇偶性、周期性等),求出 $f(x)$的一阶导数和二阶导数;

(2) 求出 $f(x)$的某些特殊点,如一阶导数 $f'(x)$和二阶导数 $f''(x)$在函数定义域内全部为零的点;求出 $f(x)$的间断点和一阶导数,二阶导数不存在的点;

(3) 用以上各点把 $f(x)$的定义域划分成几个部分区间,确定每一个部分区间内 $f'(x)$和 $f''(x)$的符号,确定 $f(x)$在各部分区间的升降、凹凸以及极值点、拐点;

(4) 确定渐近线;

(5) 计算出曲线与坐标轴交点以及特殊点所对应的函数值,然后连接这些点并逐段描绘图形。

例 4.5.4　作出函数 $y=\frac{x}{1+x^2}$的图形。

解:(1)函数 $y=f(x)$定义域为$(-\infty,+\infty)$;由于 $f(-x)=-f(x)$,所以函数为奇函数,图形关于原点对称,故只需讨论 $x\geqslant 0$ 时函数的性态,

$$y'=\frac{-(x-1)(x+1)}{(1+x^2)^2}$$

$$y''=\frac{2x(x-\sqrt{3})(x+\sqrt{3})}{(1+x^2)^3}$$

(2) 当 $x\geqslant 0$ 时，令 $y'=0$，得 $x=1$；令 $y''=0$，得 $x=0,x=\sqrt{3}$，点 $x=0,x=1,x=\sqrt{3}$ 把 $x\geqslant 0$ 的部分划分成三个小部分区间：$(0,1]$．$[1,\sqrt{3}]$，$[\sqrt{3},+\infty)$；

(3) 在各小部分区间根据 y' 和 y'' 的符号，将曲线弧的升降、凹凸以及极值点和拐点，如表 4.3所示。

表 4.3 函数 $y=\dfrac{x}{1+x^2}$ 性态变化趋势表

x	0	$(0,1)$	1	$(1,\sqrt{3})$	$\sqrt{3}$	$(\sqrt{3},+\infty)$
y'	+	+	0	−	−	−
y''	0	−	−	−	0	+
$y=f(x)$	0 拐点	↗ 凸	$\frac{1}{2}$ 极大值	↘ 凸	$\frac{\sqrt{3}}{4}$ 拐点	↘ 凹

(4) 由于 $\lim\limits_{x\to\infty}y=0$，所以函数有水平渐近线 $y=0$；

(5) 作图，如图 4.16 所示。

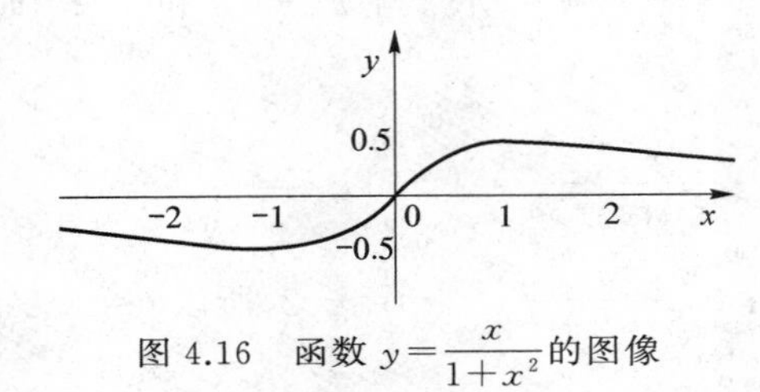

图 4.16 函数 $y=\dfrac{x}{1+x^2}$ 的图像

例 4.5.5 讨论函数 $y=x+\dfrac{x}{x^2-1}$ 的性态，并作出图像。

解 (1)函数 $y=f(x)$ 的定义域为 $(-\infty,-1)\cup(-1,1)\cup(1,+\infty)$。

由于 $f(-x)=-x+\dfrac{-x}{x^2-1}=-f(x)$，所以 $f(x)$ 为奇函数，

$$y'=1-\frac{x^2+1}{(x^2-1)^2}=\frac{x^2(x^2-3)}{(x^2-1)^2}$$

$$y''=\frac{2x(x^2+3)}{(x^2-1)^3}=\frac{1}{(x-1)^3}+\frac{1}{(x+1)^3}$$

(2) 令 $y'=0$，有 $x=\pm\sqrt{3}$，0；令 $y''=0$，有 $x=0$；且 $x=\pm 1$ 为函数的间断点。点 $x=-\sqrt{3}$，$x=-1$，$x=0$，$x=1$，$x=\sqrt{3}$ 把定义域划分成六个部分区间：$[-\infty,-\sqrt{3}]$，$[-\sqrt{3},-1]$，$(-1,0]$，$[0,1)$，$(1,\sqrt{3}]$，$[\sqrt{3},+\infty)$。

(3) 根据各个部分区间内 y' 和 y'' 的符号，将曲线弧的升降、凹凸以及极值点和拐点，如表 4.4所示。

表 4.4　函数 $y=x+\dfrac{x}{x^2-1}$ 性态变化趋势表

x	$(-\infty,-\sqrt{3})$	$-\sqrt{3}$	$(-\sqrt{3},-1)$	-1	$(-1,0)$	0	$(0,1)$	1	$(1,\sqrt{3})$	$\sqrt{3}$	$(\sqrt{3},+\infty)$
y'	+	0	−		−	0	−		−	0	+
y''	−		−		+	0	−		+		+
y	↗ 凸	极大值 $-\frac{3}{2}\sqrt{3}$	↘ 凸		↘ 凹	拐点	↘ 凸		↘ 凹	极小值 $\frac{3}{2}\sqrt{3}$	↗ 凹

(4) 由于 $\lim\limits_{x\to\infty}y=\infty$，所以曲线没有水平渐近线；又 $\lim\limits_{x\to1^-}y=-\infty$，$\lim\limits_{x\to1^+}y=+\infty$，所以 $x=1$ 为曲线 y 的一条铅直渐近线；又 $\lim\limits_{x\to-1^-}y=-\infty$，$\lim\limits_{x\to-1^+}y=+\infty$，因此 $x=-1$ 也为曲线 y 的一条铅直渐近线。

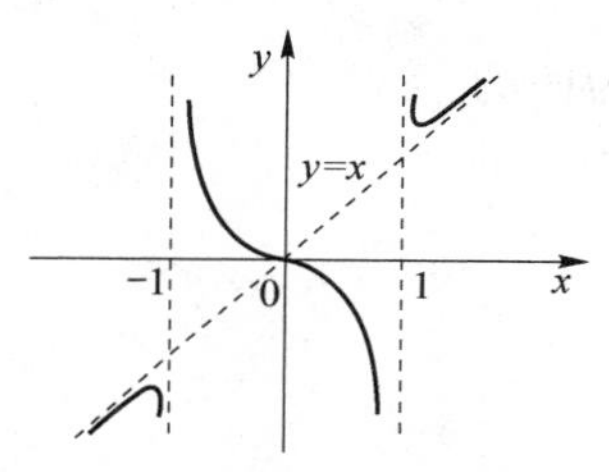

图 4.17　函数 $y=x+\dfrac{x}{x^2-1}$ 图像

因为

$$a=\lim_{x\to\infty}\frac{y}{x}=\lim_{x\to\infty}\frac{1}{x}\left(x+\frac{x}{x^2-1}\right)=1$$

$$b=\lim_{x\to\infty}(y-ax)=\lim_{x\to\infty}(y-x)=\lim_{x\to\infty}\frac{x}{x^2-1}=0$$

所以直线 $y=x$ 为曲线 y 的斜渐近线；

(5) $f(-\sqrt{3})=-\dfrac{3}{2}\sqrt{3}$，$f(\sqrt{3})=\dfrac{3}{2}\sqrt{3}$，拐点为 $(0,0)$，结合以上讨论，画出函数 $y=x+\dfrac{x}{x^2-1}$ 的图像，如图 4.17 所示。

习题 4.5

1. 两坐标轴 $x=0$，$y=0$ 是否都是曲线 $y=\dfrac{\sin x}{x}$ 的渐近线？若不是，请说明理由。

2. 曲线 $y=1-\dfrac{1}{x}$（　　）。

A. 有一条渐近线　　B. 有两条渐近线

C. 有三条渐近线　　D. 无渐近线

3. 填空题

(1) $y=\dfrac{\pi}{2}$ 和 $y=-\dfrac{\pi}{2}$ 为曲线 $y=\arctan x$ 的________渐近线。

(2) $y=0$ 为曲线 $y=\ln x$ 的________渐近线。

(3) $y=\pm\dfrac{b}{a}x$ 为曲线 $\dfrac{x^2}{a^2}-\dfrac{y^2}{b^2}=1$ 的________渐近线。

4. 讨论下列函数的渐近线。

(1) $y=\dfrac{\ln(1+x)}{x}$　　(2) $y=\sqrt{x^2+1}$

(3) $y=\dfrac{x^2}{1+x}$　　(4) $y=\dfrac{2(x-2)(x+3)}{x-1}$

5. 绘出下列函数的图形。

(1) $f(x)=\ln(x^2+1)$

(2) $f(x)=x^2+\frac{1}{x}$

(3) $f(x)=x^3-x^2-x+1$

(4) $f(x)=e^{-x^2}$

习题四

1. 选择题

(1) 罗尔定理中的三个条件：$f(x)$在$[a,b]$上连续，在(a,b)内可导，且$f(a)=f(b)$，是$f(x)$在(a,b)内至少存在一点ξ，使$f'(\xi)=0$成立的（　　）。

A. 必要条件

B. 充分条件

C. 充要条件

D. 既非充分也非必要条件

(2) $f(x)$在$[a,b]$上连续，在(a,b)内具有二阶导数，且$f'(x)>0$，$f''(x)>0$，则曲线$y=f(x)$在$[a,b]$上（　　）。

A. 上升且为凸的

B. 上升且为凹的

C. 下降且为凸的

D. 下降且为凹的

(3) 下列说法正确的是（　　）。

A. 函数的极大值就是函数的最大值

B. 函数的极小值就是函数的最小值

C. 函数的最值一定是极值

D. 在闭区间上的连续函数一定存在最值

(4) 设$\lim\limits_{x\to a}\frac{f(x)-f(a)}{(x-a)^2}=-1$，则在点$a$处（　　）。

A. $f(x)$导数存在，且$f'(a)\neq 0$

B. $f(x)$取得极大值

C. $f(x)$取得极小值

D. $f(x)$导数不存在

2. 填空题

(1) $f(x)=x^2$，$F(x)=x$在$[1,2]$上满足柯西中值定理的$\xi=$______。

(2) 若函数$f(x)$在$x=a$二阶可导，则$\lim\limits_{h\to 0}\frac{\frac{f(a+h)-f(a)}{h}-f'(a)}{h}=$______。

(3) 使内接椭圆$\frac{x^2}{a^2}+\frac{y^2}{b^2}=1$的矩形面积最大，矩形的长为______，宽为______。

(4) 曲线$y=\frac{\ln(x-1)}{x-2}$的水平渐近线是______，垂直渐近线是______。

3. 求下列极限

(1) $\lim\limits_{x\to 0}\frac{e^x-e^{-x}-2x}{x^3}$

(2) $\lim\limits_{x\to a+}\frac{\sqrt{x}-\sqrt{a}+\sqrt{x-a}}{\sqrt{x^2-a^2}}\ (a\geqslant 0)$

(3) $\lim\limits_{x\to\infty}(\pi-2\arctan x)\ln x$

(4) $\lim\limits_{x\to\infty}\left[x-x^2\ln\left(1+\frac{1}{x}\right)\right]$

(5) $\lim\limits_{x\to 0}\frac{\sin x}{\sqrt{1-\cos x}}$

(6) $\lim\limits_{x\to 0}\left(\frac{1+\tan x}{1+\sin x}\right)^{\frac{1}{x^3}}$

(7) $\lim\limits_{x\to+\infty}(x+\sqrt{1+x})^{\frac{1}{\ln x}}$　　　　(8) $\lim\limits_{x\to1}\dfrac{\ln\cos(x-1)}{1-\sin\dfrac{\pi x}{2}}$

4. 利用微分中值定理证明

(1) 设 $f(x)$ 在 $[0,1]$ 上连续，在 $(0,1)$ 内可导，且 $f(1)=0$。证明：至少存在一点 $\xi\in(0,1)$，使得 $f'(\xi)=-\dfrac{2f(\xi)}{\xi}$。

(2) 若方程 $a_0x^n+a_1x^{n-1}+\cdots+a_{n-1}x=0$ 有一个正根 x_0，则方程 $a_0nx^{n-1}+a_1(n-1)x^{n-2}+\cdots+a_{n-1}=0$ 必有一个小于 x_0 的正根。

(3) 设函数 $f(x)$ 在 $[a,b]$ 上二阶可导，且 $f(a)=f(b)=0$，并存在一点 $c\in(a,b)$ 使得 $f(c)>0$。证明：至少存在一点 $\xi\in(a,b)$，使得 $f''(\xi)<0$。

(4) 证明：至少存在一点 $\xi\in(1,\mathrm{e})$，使 $\sin 1=\cos\ln\xi$。

5. 证明下列不等式

(1) 设 $a>b>0$，$n>1$。证明：$nb^{n-1}(a-b)<a^n-b^n<na^{n-1}(a-b)$。

(2) 当 $x>1$ 时，$\mathrm{e}^x>\mathrm{e}x$。

(3) 设 $f(x)$ 在 $[a,+\infty)$ 上连续，$f''(x)$ 在 $(a,+\infty)$ 内存在且大于 0，$F(x)=\dfrac{f(x)-f(a)}{x-a}(x>a)$。证明：$F(x)$ 在 $(a,+\infty)$ 内单调增加。

(4) $\dfrac{\mathrm{e}^x+\mathrm{e}^y}{2}>\mathrm{e}^{\frac{x+y}{2}}$　$(x\neq y)$。

(5) 已知函数 $f(x)=\ln(1+x)-\dfrac{x}{1+x}$，求证：对任意的正数 a,b，恒有 $\ln a-\ln b\geqslant1-\dfrac{b}{a}$。

6. 设可导函数 $f(x)$ 由方程 $x^3-3xy^2+2y^3=32$ 所确定，求 $f(x)$ 的极值。

7. 设函数 $f(x)$ 在 $[a,b]$ 上可导，且 $f'_+(a)\cdot f'_-(b)<0$，则在 (a,b) 内至少存在一点 ξ，使 $f'(\xi)=0$。

8. 在半径为 R 的圆内，作内接等腰三角形，当底边上高为多少时，它的面积最大。

9. 一轻绳一端固定在 O 点，另一端拴着一小球，拉起小球使轻绳水平，然后无初速度的释放，如图 4.18 所示，小球在运动至轻绳达到垂直位置过程中，小球所受重力的瞬时功率在何处取得最大值。

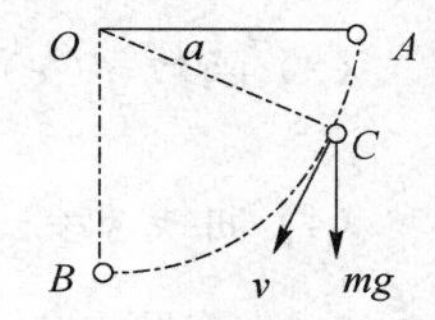

图 4.18　习题 9 图示

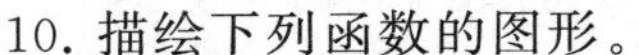
10. 描绘下列函数的图形。

(1) $y=2x^3-3x^2$　　　　(2) $y=\dfrac{2x-1}{(x-1)^2}$

11. 某企业的成本函数和收益函数分别为 $C(Q)=1000+5Q+\dfrac{Q^2}{10}$，$R(Q)=200Q+\dfrac{Q^2}{20}$。求：

(1) 边际成本、边际收益和边际利润；

(2) 已知生产并销售了 25 个单位产品，那么生产第 26 个单位产品的利润是多少？

(3) 生产多少单位产品可获得最大利润？

自测题四

1. 选择题

(1) 函数 $f(x)=(x-1)(x-2)(x-3)$,则方程有 $f'(x)=0$ 有(　　)。

A. 一个实根　　B. 两个实根　　C. 三个实根　　D. 无实根

(2) 极限 $\lim\limits_{x\to\frac{\pi}{2}}\dfrac{\cos 5x}{\cos 3x}=$(　　)。

A. $\dfrac{5}{3}$　　B. 1　　C. -1　　D. $-\dfrac{5}{3}$

(3) 设 $f'(x)=(x-1)(2x+1)$,则在区间 $\left(\dfrac{1}{2},1\right)$ 内(　　)。

A. $y=f(x)$ 单调增加,曲线 $y=f(x)$ 为凹的

B. $y=f(x)$ 单调减少,曲线 $y=f(x)$ 为凹的

C. $y=f(x)$ 单调减少,曲线 $y=f(x)$ 为凸的

D. $y=f(x)$ 单调增加,曲线 $y=f(x)$ 为凸的

(4) 条件 $f''(x_0)=0$ 是 $f(x)$ 的图形在点 $x=x_0$ 处有拐点的(　　)条件。

A. 必要条件　　B. 充分条件

C. 充要条件　　D. 无关条件

(5) 曲线 $y=x+\dfrac{\ln x}{x}$(　　)。

A. $x=1$ 是垂直渐近线　　B. $y=x$ 为斜渐近线

C. 单调减少　　D. 有 2 个拐点

2. 填空题

(1) 若 $\lim\limits_{x\to 0}\dfrac{e^{ax}-b}{\sin 2x}=\dfrac{1}{2}$,则 $a=$________,$b=$________。

(2) $f(x)=\ln(2x+1)-x$ 的增区间是________。

(3) 函数 $f(x)=\dfrac{1}{3}x^3-3x^2+9x$ 在闭区间 $[0,4]$ 上的最大值点为 $x=$________。

(4) 曲线 $y=\dfrac{x-4\sin x}{5x-2\cos x}$ 的水平渐近线方程为________。

3. 计算题

(1) $\lim\limits_{x\to+\infty}\dfrac{\ln(x^2+1)}{\ln x}$　　(2) $\lim\limits_{x\to 1}\left(\dfrac{x}{x-1}-\dfrac{1}{\ln x}\right)$

(3) $\lim\limits_{x\to\infty}x^2\left(1-x\sin\dfrac{1}{x}\right)$　　(4) $\lim\limits_{x\to 0}(1+x^2e^x)^{\frac{1}{1-\cos x}}$

(5) 求函数 $y=2x^2-\ln x$ 的单调区间。

(6) 求函数 $y=x^4(12\ln x-7)$ 的拐点。

4. 解答题

(1) 讨论函数 $y=\sqrt{3}\arctan x-2\arctan\dfrac{x}{\sqrt{3}}$ 的单调性,并求其极值。

(2) 讨论方程 $x-\frac{\pi}{2}\sin x=k$（其中 k 为常数）在 $\left(0,\frac{\pi}{2}\right)$ 内有几个实根。

(3) 用围墙围成面积为 216 m^2 的一块矩形土地，并在长向正中用一堵墙将其隔成两块，问这块地的长和宽选取多大尺寸，才能使所用建材最省？

5. 证明题

(1) 设函数 $f(x)$，$g(x)$ 在 $[a,b]$ 上连续，在 (a,b) 内可导，且 $f(a)=f(b)=0$，证明：存在 $\xi\in(a,b)$，使得 $f'(\xi)+f(\xi)g'(\xi)=0$。

(2) 证明：当 $x\geqslant 1$ 时，$\arctan x+\frac{1}{2}\arcsin\frac{2x}{1+x^2}=\frac{\pi}{2}$。

(3) 证明：当 $x>0$ 时，$\sqrt{x}(1+x)\ln\left(\frac{1+x}{x}\right)-\sqrt{x}<1$。

课外阅读　费马简介

第5章 不定积分

在前面的几章里,学习了对给定的函数 $y=f(x)$ 如何运用微分学的方法对它的某些性态进行研究和讨论。本章开始,要讨论对于未知函数 $F(x)$,如果知道它的导数是 $f(x)$,那么应该如何寻求 $F(x)$。当导数 $f(x)$ 的表达形式比较简单的时候,可以利用导数的概念对 $F(x)$ 进行猜测,但是当 $f(x)$ 的表达形式比较复杂的时候,处理问题的方法就很困难了。

微分和积分是高等数学中的两个密切相关的基本概念。不定积分问题是微分问题的逆运算,也是积分学的基本问题。不定积分法是计算定积分、重积分、曲线积分、曲面积分以及求解微分方程的基础。本章将学习原函数与不定积分的定义、不定积分的性质、基本积分公式、不定积分法、直接积分法、第一类换元法(凑微分法)、第二类换元法、分部积分法、简单有理函数的积分法。

5.1 不定积分的概念和性质

学习目标与要求

(1) 理解原函数和不定积分的概念;

(2) 了解函数可积的充分条件;

(3) 掌握不定积分的性质;

(4) 掌握基本积分公式;

(5) 掌握不定积分的直接积分法。

5.1.1 原函数和不定积分的概念

在第3章,学习了导数的运算。先看前面学习过的一个例子:已知质点沿直线的运动在时刻 t 的瞬时速度为 $v(t)$,求质点的运动规律方程 $s(t)$。此问题归结到求一个可微函数 $s(t)$,使得 $s'(t)=v(t)$。不看问题的物理意义,而从数学的角度,就是要进行求导的逆运算。这就引出了原函数的概念。

例 5.1.1 已知某直线运动的物体速度函数为 $v(t)=1-\frac{1}{2}t$(km/min),其中 $t>0$。问当该物体的速度减为零的时候,它从 $t=0$ 开始运行了多长距离?

解 解方程 $v(t)=1-\frac{1}{2}t=0$,可求出运动物体停止下来的时间为 $t=2$(min),即 2 min 后物体会静止下来。显然如果知道路程函数 $s(t)$,则 $s(2)$ 就是从 $t=0$ 到静止时所运行的路程。因为 $s'(t)=v(t)$,所以不难推测出 $s(t)=t-\frac{1}{4}t^2$,其中 $t\geqslant 0$。那么 $s(2)=2-\frac{1}{4}\times 2^2=1$(km)。所以物体从 $t=0$ 时刻开始运行到静止,一共运行了 1(km)。

定义 5.1.1　设函数 $f(x)$在区间 I 上有定义,若在区间 I 上存在函数 $F(x)$,使得$F'(x)=f(x)$,$x\in I$ 或者 $dF(x)=f(x)dx$,$x\in I$,则称 $F(x)$是 $f(x)$在区间 I 上的一个**原函数**。

例如,因为$(x^3)'=3x^2$,所以 x^3 是 $3x^2$ 的一个原函数,当然 x^3+1 也是 $3x^2$ 的一个原函数。

因为$(\ln x)'=\frac{1}{x}$,所以 $\ln x$ 是$\frac{1}{x}$的一个原函数,当然 $\ln x+5$ 也是$\frac{1}{x}$的一个原函数。

又因为$(\arcsin x)'=\frac{1}{\sqrt{1-x^2}}$,$x\in(-1,1)$,所以,$\arcsin x$ 是$\frac{1}{\sqrt{1-x^2}}$在$(-1,1)$上的一个原函数,同样 $\arcsin x+C$ 也是$\frac{1}{\sqrt{1-x^2}}$在$(-1,1)$上的一个原函数,C 是任意的常数。

显然,如果函数 $F(x)$是 $f(x)$的一个原函数,则对任意常数 $C\in\mathbf{R}$,$F(x)+C$ 也是 $f(x)$的原函数。

又如果函数 $F(x)$,$G(x)$都是 $f(x)$的原函数,那么由 $F'(x)=f(x)$,$G'(x)=g(x)$可以推导出

$$[G(x)-F(x)]'=G'(x)-F'(x)=f(x)-f(x)=0$$

由导数计算,可知 $G(x)-F(x)=C$,即 $G(x)=F(x)+C$,即 $f(x)$的任意两个原函数之差为常数。

因此,函数 $f(x)$在区间 I 内的任意原函数,可记为 $F(x)+C$,其中 $F(x)$是 $f(x)$的一个原函数,$C\in\mathbf{R}$。也就是说,函数 $f(x)$的全体原函数所组成的集合,就是函数族$\{F(x)+C\mid C\in\mathbf{R}\}$。

定义 5.1.2　设函数 $F(x)$是 $f(x)$在区间 I 的一个原函数,则称 $F(x)+C$ 为函数 $f(x)$在区间 I 的**不定积分**,称为$\int f(x)dx$,即

$$\int f(x)dx=F(x)+C$$

式中,记号$\int$称为**积分号**;$f(x)$称为**被积函数**;$f(x)dx$ 称为**被积表达式**;x 称为**积分变量**;C为任意常数,称为**积分常数**。

可以证明,若函数 $f(x)$在区间 I 上连续,则 $f(x)$在 I 上一定有原函数,因而函数 $f(x)$的不定积分也一定存在。

例 5.1.2　求不定积分$\int x^3dx$。

解　因为$\left(\frac{1}{4}x^4\right)'=x^3$,所以$\frac{1}{4}x^4$ 是 x^3 的一个原函数,因此$\int x^3dx=\frac{1}{4}x^4+C$。

例 5.1.3　求不定积分$\int\frac{1}{x}dx$。

解　当 $x>0$ 时,因为$(\ln x)'=\frac{1}{x}$,所以$\int\frac{1}{x}dx=\ln x+C$;

当 $x<0$ 时,因为$[\ln(-x)]'=\frac{1}{-x}\cdot(-1)=\frac{1}{x}$,所以$\int\frac{1}{x}dx=\ln(-x)+C$。

合并上面两式,得到

$$\int \frac{1}{x}\mathrm{d}x = \ln|x| + C \quad (x \neq 0)$$

5.1.2 不定积分的几何意义

下面先看一个例子。

例 5.1.4 设曲线通过点(1,0),且曲线上任一点处的切线斜率等于这点横坐标的两倍,求此曲线的方程。

解 设所求的曲线方程为 $y=f(x)$,由题设曲线上任一点(x,y)处的切线斜率为 $y'=f'(x)=2x$,即函数 $y=f(x)$是 $2x$ 的一个原函数。

又因为
$$\int 2x\,\mathrm{d}x = x^2 + C$$
故必有某个常数 C,使得 $f(x)=x^2+C$,即曲线方程为 $y=x^2+C$。
因为所求曲线通过点(1,0),故
$$0=1+C, C=-1$$
于是所求曲线方程为 $y=x^2-1$。

此例体现了不定积分的几何意义,具体描述如下。

如果给定曲线在每一点的切线斜率为 $f(x)$,若 $F(x)$ 是 $f(x)$ 的一个原函数,即 $F'(x)=f(x)$,$\int f(x)\mathrm{d}x=F(x)+C$,则称 $y=F(x)$ 为 $f(x)$ 的一条积分曲线。显然,对任意 $C\in\mathbf{R}$,$y=F(x)+C$ 也是 $f(x)$ 的积分曲线,因此称 $y=F(x)+C$ 为 $f(x)$ 的**积分曲线族**。它们是由 $y=F(x)$ 这条积分曲线沿 y 轴方向平行移动所得的一族曲线。

在这些曲线上,对应着点 x 的切线,都有相同的斜率 $F'(x)=f(x)$。如果需要求出过定点 $P_0(x_0,y_0)$的积分曲线,则可由 $C=y_0-F(x_0)$唯一确定 C,即 $y=F(x)+y_0-F(x_0)$就是满足初始条件 $y_0=y(x_0)$的积分曲线,如图 5.1 所示。

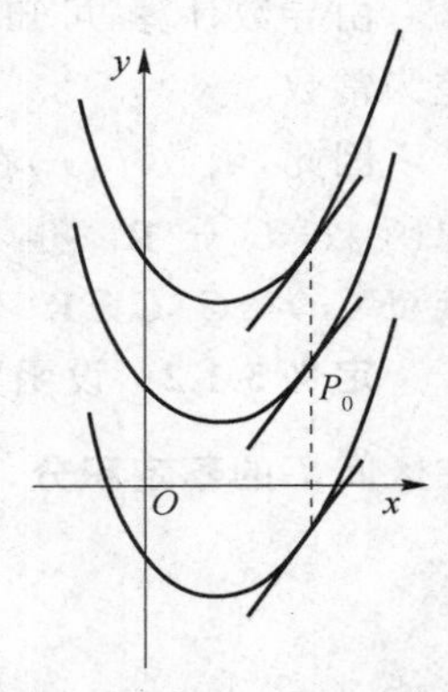

图 5.1 不定积分的几何意义图示

5.1.3 不定积分的基本性质

由不定积分的定义,可以得到以下基本性质。

(1) 设函数 $f(x)$有原函数,则
$$\frac{\mathrm{d}}{\mathrm{d}x}\left[\int f(x)\mathrm{d}x\right]=f(x) \text{ 或 } \mathrm{d}\left[\int f(x)\mathrm{d}x\right]=f(x)\mathrm{d}x$$

(2) 设函数 $F(x)$可微,则
$$\int F'(x)\mathrm{d}x=F(x)+C \text{ 或 } \int \mathrm{d}F(x)=F(x)+C$$

(3) 函数的和的不定积分等于各个函数的不定积分的和。即
$$\int [f(x)+g(x)]\mathrm{d}x=\int f(x)\mathrm{d}x+\int g(x)\mathrm{d}x$$

(4) 求不定积分时,被积函数中不为零的常数因子可以提到积分号外面来。即
$$\int kf(x)\mathrm{d}x=k\int f(x)\mathrm{d}x \ (k \text{ 为不等于零的常数})$$

式中,函数 $f(x)$,$g(x)$均为连续函数。

由性质(1)和(2)可见,微分运算(以记号 d 表示)与求不定积分的运算(简称积分运算,以记号$\int$表示)是互逆的。当记号$\int$与 d 连在一起时,或者相互抵消或者抵消后相差一个常数。

性质(3)和(4)称为不定积分的线性性质,可合写为

$$\int[af(x)+bg(x)]\mathrm{d}x=a\int f(x)\mathrm{d}x+b\int g(x)\mathrm{d}x\ (a,b\ 是不同时为零的常数)$$

即不定积分运算是线性运算。

该公式中的常数 a 与 b 不同时为零有什么意义呢?若 $a=b=0$,会得到什么结果?

5.1.4　基本积分公式表

把求导的公式反转过来,就得到以下的积分公式表。这些公式是进行积分运算的基础,必须熟记,如表 5.1 所示。

表 5.1　基本积分公式表

序号	基本积分公式
①	$\int k\mathrm{d}x=kx+C$(k 是常数),特别$\int 0\mathrm{d}x=C$
②	$\int x^{\mu}\mathrm{d}x=\frac{x^{\mu+1}}{\mu+1}+C(\mu\neq-1)$,特别$\int 1\mathrm{d}x=\int\mathrm{d}x=x+C$
③	$\int\frac{1}{x}\mathrm{d}x=\ln\lvert x\rvert+C$
④	$\int a^{x}\mathrm{d}x=\frac{a^{x}}{\ln a}+C\quad(a>0,a\neq1)$,特别$\int \mathrm{e}^{x}\mathrm{d}x=\mathrm{e}^{x}+C$
⑤	$\int\sin x\,\mathrm{d}x=-\cos x+C$
⑥	$\int\cos x\,\mathrm{d}x=\sin x+C$
⑦	$\int\sec^{2}x\,\mathrm{d}x=\int\frac{\mathrm{d}x}{\cos^{2}x}=\tan x+C$
⑧	$\int\csc^{2}x\,\mathrm{d}x=\int\frac{\mathrm{d}x}{\sin^{2}x}=-\cot x+C$
⑨	$\int\sec x\cdot\tan x\,\mathrm{d}x=\sec x+C$
⑩	$\int\csc x\cdot\cot x\,\mathrm{d}x=-\csc x+C$
⑪	$\int\frac{\mathrm{d}x}{\sqrt{1-x^{2}}}=\arcsin x+C$　或　$\int\frac{\mathrm{d}x}{\sqrt{1-x^{2}}}=-\arccos x+C$
⑫	$\int\frac{\mathrm{d}x}{1+x^{2}}=\arctan x+C$　或　$\int\frac{\mathrm{d}x}{1+x^{2}}=-\mathrm{arccot}\,x+C$
⑬	$\int\mathrm{sh}x\,\mathrm{d}x=\mathrm{ch}x+C$
⑭	$\int\mathrm{ch}x\,\mathrm{d}x=\mathrm{sh}x+C$

计算不定积分的主要思想是将不定积分转化为以上积分公式。可以直接代入积分表计算;或者将被积函数进行简单变形,利用不定积分的基本性质和积分表计算。常用的积分手法有:对分式中的分子加减常数;对三角函数进行三角恒等变形等等。

例 5.1.5 求积分$\int \frac{1}{\sqrt{x}}\mathrm{d}x$。

解 直接代入积分表计算得

$$\int \frac{1}{\sqrt{x}}\mathrm{d}x=\int x^{-\frac{1}{2}}\mathrm{d}x=\frac{x^{-\frac{1}{2}+1}}{-\frac{1}{2}+1}+C=2\sqrt{x}+C$$

例 5.1.6 求积分$\int x^2\cdot\sqrt{x}\,\mathrm{d}x$。

解 $\int x^2\cdot\sqrt{x}\,\mathrm{d}x=\int x^{\frac{5}{2}}\mathrm{d}x=\frac{x^{\frac{5}{2}+1}}{\frac{5}{2}+1}+C=\frac{2}{7}x^3\cdot\sqrt{x}+C$

例 5.1.7 求积分$\int (1-2x)^2\sqrt{x}\,\mathrm{d}x$。

解 将被积函数进行简单的变形,利用积分的基本性质计算,有

$$\begin{aligned}&\int (1-2x)^2\sqrt{x}\,\mathrm{d}x\\&=\int (x^{\frac{1}{2}}-4x^{\frac{3}{2}}+4x^{\frac{5}{2}})\mathrm{d}x\\&=\int x^{\frac{1}{2}}\mathrm{d}x-4\int x^{\frac{3}{2}}\mathrm{d}x+4\int x^{\frac{5}{2}}\mathrm{d}x\\&=\frac{2}{3}x^{\frac{3}{2}}-\frac{8}{5}x^{\frac{5}{2}}+\frac{8}{7}x^{\frac{7}{2}}+C\end{aligned}$$

例 5.1.8 求积分$\int 2^x\cdot\mathrm{e}^x\,\mathrm{d}x$。

解 $\int 2^x\cdot\mathrm{e}^x\,\mathrm{d}x=\int (2\mathrm{e})^x\,\mathrm{d}x=\frac{(2\mathrm{e})^x}{\ln(2\mathrm{e})}+C$

例 5.1.9 求积分$\int \frac{x^2}{1+x^2}\mathrm{d}x$。

解 对被积函数中分式的分子加上或减去常数,进行变形为

$$\begin{aligned}\int \frac{x^2}{1+x^2}\mathrm{d}x&=\int \frac{1+x^2-1}{1+x^2}\mathrm{d}x=\int\left(1-\frac{1}{1+x^2}\right)\mathrm{d}x=\int \mathrm{d}x-\int \frac{1}{1+x^2}\mathrm{d}x\\&=x-\arctan x+C\end{aligned}$$

例 5.1.10 求积分$\int \frac{1+x+x^2}{x(1+x^2)}\mathrm{d}x$

解 对被积函数中分式的分子进行整理,得到

$$\begin{aligned}\int \frac{1+x+x^2}{x(1+x^2)}\mathrm{d}x&=\int \frac{x+(1+x^2)}{x(1+x^2)}\mathrm{d}x=\int \frac{1}{1+x^2}\mathrm{d}x+\int \frac{1}{x}\mathrm{d}x\\&=\arctan x+\ln|x|+C\end{aligned}$$

例 5.1.11 求积分$\int \sin^2\frac{x}{2}\mathrm{d}x$。

解 被积函数中含有三角函数,利用三角恒等式进行变形,即

$$\begin{aligned}\int \sin^2\frac{x}{2}\mathrm{d}x&=\int \frac{1}{2}(1-\cos x)\mathrm{d}x\\&=\frac{1}{2}\int (1-\cos x)\mathrm{d}x\\&=\frac{1}{2}(x-\sin x)+C\end{aligned}$$

例 5.1.12　求积分$\int(10^x+\tan^2 x)\mathrm{d}x$。

解　$$\int(10^x+\tan^2 x)\mathrm{d}x=\int 10^x\,\mathrm{d}x+\int\tan^2\mathrm{d}x$$
$$=\int 10^x\,\mathrm{d}x+\int(\sec^2 x-1)\mathrm{d}x$$
$$=\frac{1}{\ln 10}10^x+\tan x-x+C$$

例 5.1.13　求积 分$\int\frac{\mathrm{d}x}{\sin^2 x\cos^2 x}$。

解　$$\int\frac{\mathrm{d}x}{\sin^2 x\cos^2 x}=\int\frac{\sin^2 x+\cos^2 x}{\sin^2 x\cos^2 x}\mathrm{d}x=\int\frac{\mathrm{d}x}{\cos^2 x}+\int\frac{\mathrm{d}x}{\sin^2 x}$$
$$=\tan x-\cot x+C$$

以上例题的不定积分都是经过简单的恒等变形，运用积分的基本公式和性质进行计算，通常把这种积分的方法称为直接积分法。

这一节中，学习了原函数和不定积分的概念，以及不定积分的基本性质和基本积分公式。为了更好地学习后面的知识，读者应该熟记积分公式表，多做练习，熟能生巧。

习题 5.1

1. 选择题

(1) 若$\int f(x)\mathrm{d}x=x^2\mathrm{e}^{2x}+C$，则 $f(x)$(　　)。

A. $2x\mathrm{e}^{2x}$　　B. $2x^2\mathrm{e}^{2x}$　　C. $x\mathrm{e}^{2x}$　　D. $2x\mathrm{e}^{2x}(1+x)$

(2) 下列不是 $\sin 2x$ 的原函数的是(　　)。

A. $-\frac{1}{2}\cos 2x+C$　　B. $\sin^2 x+C$　　C. $-\cos^2 x+C$　　D. $\frac{1}{2}\sin^2 x+C$

(3) $\int\frac{1}{2x}\mathrm{d}x=$(　　)。

A. $\ln|2x|+C$　　B. $\frac{1}{2}\ln|2x|+C$　　C. $\frac{1}{2}\ln|2x|$　　D. $\ln|2x|$

(4) 下列命题中错误的是(　　)。

A. 若 $f(x)$在(a,b)内的某个原函数是常数，则在(a,b)内 $f(x)\equiv 0$

B. 若 $f(x)$在(a,b)内不连续，则 $f(x)$在(a,b)内必无原函数

C. 若 $f(x)$的某个原函数为零，则 $f(x)$的所有原函数均为常数

D. 若 $F(x)$为 $f(x)$的原函数，则 $F(x)$为连续函数

(5) 设 a 是正数，函数 $f(x)=a^x$，$\varphi(x)=a^x\log_a \mathrm{e}$，则(　　)。

A. $f(x)$是 $\varphi(x)$的导数　　B. $\varphi(x)$是 $f(x)$的导数

C. $f(x)$是 $\varphi(x)$的原函数　　D. $\varphi(x)$是 $f(x)$的不定积分

2. 填空题

(1) 设 $f(x)$ 是连续函数，则 $\mathrm{d}\int f(x)\mathrm{d}x=$________；$\int\mathrm{d}f(x)=$________；

$\int f'(x)\mathrm{d}x=$________。(其中 $f'(x)$ 存在)

(2) 经过点(1,2),且其切线的斜率为 $2x$ 的曲线方程为________。

3. 判断对错,如果错误,请改正

(1) $\int \sin x \, dx = \cos x$。

(2) 函数$\sin^2 x$,$-\frac{1}{2}\cos 2x$ 都是 $\sin 2x$ 的原函数。

(3) $\int kf(x)dx = k\int f(x)dx$,其中 $k \in \mathbf{R}$。

4. 计算下列不定积分

(1) $\int 5dx$

(2) $\int \left(x^5 + x^3 - \frac{\sqrt{x}}{4}\right)dx$

(3) $\int \frac{(x-1)^3}{x^2}dx$

(4) $\int \sqrt{x\sqrt{x}}\,(1-\frac{1}{x^2})dx$

(5) $\int (x^2-1)^2 dx$

(6) $\int (2\sin x - 4\cos x)dx$

(7) $\int e^x\left(1-\frac{e^{-x}}{x}\right)dx$

(8) $\int (\sin x + \sqrt{x})dx$

(9) $\int \frac{x^2+\sin^2 x}{x^2 \sin^2 x}dx$

(10) $\int \frac{2-\sqrt{1-x^2}}{\sqrt{1-x^2}}dx$

(11) $\int \frac{x^4}{1+x^2}dx$

(12) $\int \frac{1}{\sin^2 \frac{x}{2} \cos^2 \frac{x}{2}}dx$

(13) $\int \tan^2 x \, dx$

(14) $\int \frac{dx}{1+\cos 2x}$

5. 设质点沿 x 轴运动,开始时位于点 $x=1$,运动速度为 $v(t)=\frac{t^3+t-2}{1+t^2}$,求质点的运动规律 $x=x(t)$。

6. 已知 $f(x)=\begin{cases} 2x\cos\frac{1}{x^2}+\frac{2}{x}\sin\frac{1}{x^2}, & x \neq 0 \\ 0, & x=0 \end{cases}$,$F(x)=\begin{cases} x^2\cos\frac{1}{x^2}, & x\neq 0 \\ 0, & x=0 \end{cases}$。

(1) 讨论 $f(x)$ 与 $F(x)$ 的连续性与可微性;

(2) 证明 $F(x)$ 为 $f(x)$ 的一个原函数。

5.2 第一类换元积分法

学习目标与要求

(1) 掌握第一类换元积分法;

(2) 掌握凑微分积分法。

换元积分法是把复合函数的求导法则反演过来,用于计算不定积分的一种积分方法。具体的作法是:按照被积函数,引进一个与旧变量具有一定函数关系的新变量,以代替旧变量,使得变形后的积分更容易转化为基本积分表中的形式,求出不定积分后再把旧变量代换回来。根据换元的思路不同,又分为两种情况:第一类换元法和第二类换元法。

计算函数的不定积分,能直接用基本积分公式的情况是很有限的,因此有必要进一步来研究不定积分的求法。在这一节中,将给出计算不定积分的换元积分法。

由复合函数的微分法可知

若 $F'(u)=f(u)$,而 $u=\varphi(x)$可导,有

$$\frac{\mathrm{d}}{\mathrm{d}x}F[\varphi(x)]=F'[\varphi(x)]\varphi'(x)=f[\varphi(x)]\varphi'(x)$$

这说明 $F[\varphi(x)]$是 $f[\varphi(x)]\varphi'(x)$关于积分变量 x 的一个原函数,则由不定积分的定义可以得到

$$\int f[\varphi(x)]\cdot\varphi'(x)\mathrm{d}x=F[\varphi(x)]+C=[F(u)]_{u=\varphi(x)}+C$$

加上适当的条件后,就有下述定理。

定理 5.2.1　设函数 $f(u)$有原函数 $F(u)$,$u=\varphi(x)$可导,则有换元公式

$$\int f[\varphi(x)]\cdot\varphi'(x)\mathrm{d}x=\left[\int f(u)\mathrm{d}u\right]\Big|_{u=\varphi(x)}=F[\varphi(x)]+C$$

在此定理中,虽然$\int f[\varphi(x)]\cdot\varphi'(x)\mathrm{d}x$ 是一个整体记号,但是被积表达式中的 $\mathrm{d}x$ 可当作积分变量 x 的微分来对待,从而微分等式 $\varphi'(x)\mathrm{d}x=\mathrm{d}u$ 可以应用到被积表达式中。

具体运用此定理来求不定积分$\int g(x)\mathrm{d}x$ 的方法是:将 $g(x)$视为 $\varphi(x)$的复合函数,并且留出导数因子 $\varphi'(x)$,即把被积函数 $g(x)$"拼凑"成 $f[\varphi(x)]\varphi'(x)$的形式,然后令 $u=\varphi(x)$,将 $\int[\varphi(x)]\varphi'(x)$ 转化为$\int f(u)\mathrm{d}u$ 进行计算,最后用 $u=\varphi(x)$ 代回。即是:

$$\begin{aligned}\int g(x)\mathrm{d}x&=\int f[\varphi(x)]\varphi'(x)\mathrm{d}x\xlongequal{\text{令}\varphi(x)=u}\int f(u)\mathrm{d}u\\&=F(u)+C\xlongequal{u=\varphi(x)}F[\varphi(x)]+C\end{aligned}$$

这种"拼凑"的技巧运用很广,因此称为**第一类换元法**,也称为**凑微分法**。

例 5.2.1　求积分$\int\cos 2x\ \mathrm{d}x$。

解　在基本积分表中只有公式$\int\cos x\ \mathrm{d}x=\sin x+C$。

比较$\int\cos x\ \mathrm{d}x$ 与$\int\cos 2x\ \mathrm{d}x$,可以看出,如果"拼凑"上一个常数因子 2,就有

$$\int\cos 2x\ \mathrm{d}x=\int\cos 2x\cdot\frac{1}{2}\cdot 2\mathrm{d}x=\frac{1}{2}\int\cos 2x\ \mathrm{d}(2x)$$

所以我们引进中间变量 $u=2x$,则 $\mathrm{d}u=\mathrm{d}(2x)$,得到

$$\int\cos 2x\ \mathrm{d}x=\frac{1}{2}\int\cos 2x\ \mathrm{d}(2x)=\frac{1}{2}\int\cos u\ \mathrm{d}u=\frac{1}{2}\sin u+C$$

最后将 $u=2x$ 代回,便得到

$$\int\cos 2x\ \mathrm{d}x=\frac{1}{2}\sin 2x+C$$

例 5.2.2　求积分$\int\frac{1}{3+2x}\mathrm{d}x$。

解　与基本积分表对照,观察出需要"拼凑"$(3+2x)$,所以引进变量 $u=3+2x$,$\mathrm{d}u=\mathrm{d}(3+2x)=2\mathrm{d}x$,即 $\mathrm{d}x=\frac{1}{2}\mathrm{d}u$,代入得到

$$\int\frac{1}{3+2x}\mathrm{d}x=\int\frac{1}{u}\cdot\frac{1}{2}\mathrm{d}u=\frac{1}{2}\int\frac{\mathrm{d}u}{u}=\frac{1}{2}\ln|u|+C$$

最后将 $u=3+2x$ 代回,便得到

$$\int \frac{1}{3+2x}\mathrm{d}x=\frac{1}{2}\ln|3+2x|+C$$

例 5.2.3 求积分$\int 3x^2\mathrm{e}^{x^3}\mathrm{d}x$。

解 $\int 3x^2\mathrm{e}^{x^3}\mathrm{d}x \xlongequal[\mathrm{d}u=3x^2\mathrm{d}x]{u=x^3} \int \mathrm{e}^u\mathrm{d}u=\mathrm{e}^u+C=\mathrm{e}^{x^3}+C$

在对变量代换的方法比较熟悉后,可以省略写出中间变量 u 的步骤,直接计算为

$$\int 3x^2\mathrm{e}^{x^3}\mathrm{d}x=\int \mathrm{e}^{x^3}\mathrm{d}(x^3)=\mathrm{e}^{x^3}+C$$

例 5.2.4 求积分$\int 3x\sqrt{1-x^2}\mathrm{d}x$。

解

$$\begin{aligned}\int 3x\sqrt{1-x^2}\mathrm{d}x&=-\frac{3}{2}\int\sqrt{1-x^2}\mathrm{d}(1-x^2)\\&=-\frac{3}{2}\cdot\frac{2}{3}(1-x^2)^{\frac{3}{2}}+C\\&=-(1-x^2)^{\frac{3}{2}}+C\end{aligned}$$

第一类换元法的关键是凑出微分,即与基本积分公式对照,找出适当的“拼凑”对象。可以看出,要快速准确地进行运算,需要对基本积分公式非常熟悉。因此,将列出以下常用的凑微分公式,大家在练习的同时,学会对拼凑对象“敏感”起来。

① $\int f(ax+b)\mathrm{d}x=\frac{1}{a}\int f(ax+b)\mathrm{d}(ax+b)\quad(a\neq 0)$

② $\int f(x^\alpha)x^{\alpha-1}\mathrm{d}x=\frac{1}{\alpha}\int f(x^\alpha)\mathrm{d}(x^\alpha)\quad(\alpha\neq 0)$;特别地

$\int \frac{f(\sqrt{x})}{\sqrt{x}}\mathrm{d}x=2\int f(\sqrt{x})\mathrm{d}(\sqrt{x})$; $\int f\left(\frac{1}{x}\right)\frac{1}{x^2}\mathrm{d}x=-\int f\left(\frac{1}{x}\right)\mathrm{d}\left(\frac{1}{x}\right)$

③ $\int f(a\ln x+b)\frac{1}{x}\mathrm{d}x=\frac{1}{a}\int f(a\ln x+b)\mathrm{d}(a\ln x+b)\ (x>0,a\neq 0)$

④ $\int f(\mathrm{e}^x)\mathrm{e}^x\mathrm{d}x=\int f(\mathrm{e}^x)\mathrm{d}(\mathrm{e}^x)$

⑤ $\int f(\sin x)\cos x\,\mathrm{d}x=\int f(\sin x)\mathrm{d}(\sin x)$

$\int f(\cos x)\sin x\,\mathrm{d}x=-\int f(\cos x)\mathrm{d}(\cos x)$

⑥ $\int f(\tan x)\sec^2 x\,\mathrm{d}x=\int f(\tan x)\mathrm{d}(\tan x)$

$\int f(\cot x)\csc^2 x\,\mathrm{d}x=-\int f(\cot x)\mathrm{d}(\cot x)$

⑦ $\int \frac{f(\arcsin x)}{\sqrt{1-x^2}}\mathrm{d}x=\int f(\arcsin x)\mathrm{d}(\arcsin x)$

⑧ $\int \frac{f(\arctan x)}{1+x^2}\mathrm{d}x=\int f(\arctan x)\mathrm{d}(\arctan x)$

⑨ $\int f(\sec x)\sec x\tan x\,\mathrm{d}x=\int f(\sec x)\mathrm{d}(\sec x)$

⑩ $\int f(\csc x)\csc x\cot x\,\mathrm{d}x=-\int f(\csc x)\mathrm{d}(\csc x)$

例 5.2.5　求积分$\int\frac{\sin\sqrt{x}}{\sqrt{x}}\mathrm{d}x$。

解　$\int\frac{\sin\sqrt{x}}{\sqrt{x}}\mathrm{d}x=2\int\sin\sqrt{x}\,\mathrm{d}(\sqrt{x})=-2\cos\sqrt{x}+C$

例 5.2.6　求积分$\int\frac{\mathrm{d}x}{x(1+2\ln x)}$。

解

$$\begin{aligned}\int\frac{\mathrm{d}x}{x(1+2\ln x)}&=\int\frac{1}{1+2\ln x}\mathrm{d}(\ln x)\\&=\frac{1}{2}\int\frac{1}{1+2\ln x}\mathrm{d}(1+2\ln x)\\&=\frac{1}{2}\ln(1+2\ln x)+C\end{aligned}$$

当然，在利用第一类换元法进行不定积分计算时，同时也可以结合一些技巧。

例 5.2.7　求积分(1)$\int\frac{\mathrm{d}x}{a^2+x^2}\quad(a\neq0)$。　(2)$\int\frac{\mathrm{d}x}{\sqrt{a^2-x^2}}\quad(a>0)$。

解　与基本积分公式相比较，需要“拼凑”$\frac{x}{a}$，则有

(1) $\int\frac{\mathrm{d}x}{a^2+x^2}=\frac{1}{a^2}\int\frac{\mathrm{d}x}{1+\left(\frac{x}{a}\right)^2}=\frac{1}{a}\int\frac{\mathrm{d}\left(\frac{x}{a}\right)}{1+\left(\frac{x}{a}\right)^2}=\frac{1}{a}\arctan\frac{x}{a}+C$

(2) $\int\frac{\mathrm{d}x}{\sqrt{a^2-x^2}}=\frac{1}{a}\int\frac{\mathrm{d}x}{\sqrt{1-\left(\frac{x}{a}\right)^2}}=\int\frac{\mathrm{d}\left(\frac{x}{a}\right)}{\sqrt{1-\left(\frac{x}{a}\right)^2}}=\arcsin\frac{x}{a}+C$

例 5.2.8　求$\int\frac{\mathrm{d}x}{a^2-x^2}(a\neq0)$。

解　将分式拆分开来$\frac{1}{a^2-x^2}=\frac{1}{2a}\left(\frac{1}{a+x}+\frac{1}{a-x}\right)$，再利用基本积分公式，即

$$\begin{aligned}\int\frac{\mathrm{d}x}{a^2-x^2}&=\frac{1}{2a}\int\frac{(a+x)+(a-x)}{(a+x)(a-x)}\mathrm{d}x\\&=\frac{1}{2a}\int\left(\frac{1}{a+x}+\frac{1}{a-x}\right)\mathrm{d}x\\&=\frac{1}{2a}\left[\int\frac{\mathrm{d}(a+x)}{a+x}-\int\frac{\mathrm{d}(a-x)}{a-x}\right]\\&=\frac{1}{2a}[\ln|a+x|-\ln|a-x|]+C\\&=\frac{1}{2a}\ln\left|\frac{a+x}{a-x}\right|+C\end{aligned}$$

下面的几个关于积分的被积函数中都含有三角函数，在计算积分时，注意先观察特征，再利用相应的三角恒等式进行计算。

例 5.2.9 求下列积分

(1) $\int \tan x \, dx$ (2) $\int \csc x \, dx$ (3) $\int \sec x \, dx$

解 (1) $\int \tan x \, dx = \int \frac{\sin x}{\cos x} dx = -\int \frac{1}{\cos x} d(\cos x) = -\ln |\cos x| + C$

同理,可以计算得到$\int \cot x \, dx = \ln |\sin x| + C$。

(2) $$\int \csc x \, dx = \int \frac{1}{\sin x} dx = \int \frac{1}{2\sin \frac{x}{2} \cos \frac{x}{2}} dx = \int \frac{d \frac{x}{2}}{\tan \frac{x}{2} \cos^2 \frac{x}{2}}$$

$$= \int \frac{d\tan \frac{x}{2}}{\tan \frac{x}{2}} = \ln \left| \tan \frac{x}{2} \right| + C$$

因为 $$\tan \frac{x}{2} = \frac{\sin \frac{x}{2}}{\cos \frac{x}{2}} = \frac{2\sin^2 \frac{x}{2}}{2\sin \frac{x}{2} \cos \frac{x}{2}} = \frac{1 - \cos x}{\sin x} = \csc x - \cot x$$

所以 $$\int \csc x \, dx = \ln |\csc x - \cot x| + C$$

(3) $$\int \sec x \, dx = \int \csc\left(x + \frac{\pi}{2}\right) d\left(x + \frac{\pi}{2}\right)$$

$$= \ln \left| \csc\left(x + \frac{\pi}{2}\right) - \cot\left(x + \frac{\pi}{2}\right) \right| + C$$

$$= \ln \left| \sec x + \tan x \right| + C$$

例 5.2.10 求积分$\int \sin^m x \cos^n x \, dx (m, n \in \mathbf{N}^+)$。

解 (1) $m=1, n=1$ 时,

$$\int \sin x \cos x \, dx = \int \sin x \, d(\sin x) = \frac{1}{2} \sin^2 x + C$$

或者 $$\int \sin x \cos x \, dx = -\int \cos x \, d(\cos x) = -\frac{1}{2} \cos^2 x + C$$

或者 $$\int \sin x \cos x \, dx = \frac{1}{2}\int \sin(2x) dx = \frac{1}{4}\int \sin(2x) d(2x) = -\frac{1}{4}\cos 2x + C$$

可以看出,用不同的积分方法,求出的原函数形式可以不同,但是任意两个原函数之间至多相差一个常数,并且可以验证各个结果的导数都是 $\sin x \cos x$。

(2) $m>1, n>1$ 时,可分为以下两种情况进行运算。

情况 1:当 m, n 中有一个是奇数时,可以从奇数次项中拿出一个单因子来凑微分,如:

$$\int \sin^2 x \cos^3 x \, dx = \int \sin^2 x \cos^2 x \cdot \cos x \, dx$$

$$= \int \sin^2 x (1 - \sin^2 x) d(\sin x)$$

$$= \int (\sin^2 x - \sin^4 x) d(\sin x)$$

$$= \frac{1}{3} \sin^3 x - \frac{1}{5} \sin^5 x + C$$

同理 $\int \sin^3 x\, dx = \int \sin^2 x \cdot \sin x\, dx = -\int (1-\cos^2 x)\,d(\cos x) = -\cos x + \frac{1}{3}\cos^3 x + C$

$$\begin{aligned}\int \sin^3 x \cos^5 x\, dx &= \int \sin^3 x \cos^4 x\, d(\sin x) = \int \sin^3 x\,(1-\sin^2 x)^2 d(\sin x)\\ &= \frac{1}{4}\sin^4 x - \frac{1}{3}\sin^6 x + \frac{1}{8}\sin^8 x + C\end{aligned}$$

情况 2：当 m, n 都为偶数时，可以通过降次的方法积分，如：

$$\begin{aligned}\int \cos^4 x\, dx &= \int (\cos^2 x)^2 dx = \int \left[\frac{1}{2}(1+\cos 2x)\right]^2 dx\\ &= \frac{1}{4}\int (1 + 2\cos 2x + \cos^2 2x)\,dx\\ &= \frac{1}{4}\int \left(\frac{3}{2} + 2\cos 2x + \frac{1}{2}\cos 4x\right) dx\\ &= \frac{1}{4}\left(\frac{3}{2}x + \sin 2x + \frac{1}{8}\sin 4x\right) + C\\ &= \frac{3}{8}x + \frac{1}{4}\sin 2x + \frac{1}{32}\sin 4x + C\end{aligned}$$

例 5.2.11　求下列积分。

(1) $\int \sec^4 x\, dx$　　　　(2) $\int \tan^3 x \sec^3 x\, dx$

解　对于含有三角函数 $\sec x$，$\tan x$ 的不定积分，可以利用“常用凑微分公式”中的⑥，⑨和⑩与三角公式 $1+\tan^2 x = \sec^2 x$ 相结合。

(1) $$\begin{aligned}\int \sec^4 x\, dx &= \int \sec^2 x \cdot \sec^2 x\, dx\\ &= \int (1+\tan^2 x)\,d(\tan x)\\ &= \tan x + \frac{1}{3}\tan^3 x + C\end{aligned}$$

(2) $$\begin{aligned}\int \tan^3 x \sec^3 x\, dx &= \int \tan^2 x \sec^2 x \cdot \tan x \sec x\, dx\\ &= \int (\sec^2 x - 1)\sec^2 x\, d(\sec x)\\ &= \frac{1}{5}\sec^5 x - \frac{1}{3}\sec^3 x + C\end{aligned}$$

例 5.2.12　求积分 $\int \cos 3x \cos 2x\, dx$。

解　利用三角函数的积化和差公式有

$$\begin{aligned}\int \cos 3x \cos 2x\, dx &= \frac{1}{2}\int (\cos x + \cos 5x)\,dx\\ &= \frac{1}{2}\sin x + \frac{1}{10}\sin 5x + C\end{aligned}$$

例 5.2.13　求积分 $\int \frac{1+x}{x(1+x e^x)}dx$。

解　分子分母分别乘以 e^x，有

$$\begin{aligned}\int\frac{1+x}{x(1+xe^x)}dx&=\int\frac{e^x(1+x)}{xe^x(1+xe^x)}dx\\&=\int\frac{1}{xe^x(1+xe^x)}de^x\\&=\int\left(\frac{1}{xe^x}-\frac{1}{1+xe^x}\right)dx\\&=\ln xe^x-\ln(1+xe^x)+C\\&=\ln x+x-\ln(1+xe^x)+C\end{aligned}$$

习题 5.2

1. 选择题

(1) 设 $f(x)$ 的一个原函数为 $F(x)$，则 $\int f(2x)dx=$(　　)。

A. $F(2x)+C$　　B. $F\left(\frac{x}{2}\right)+C$　　C. $\frac{1}{2}F(2x)+C$　　D. $2F\left(\frac{x}{2}\right)+C$

(2) 设 $\int f(x)dx=F(x)+C$，则 $\int \sin x f(\cos x)dx=$(　　)。

A. $F(\sin x)+C$　　B. $-F(\sin x)+C$

C. $-F(\cos x)+C$　　D. $\sin xF(\cos x)+C$

(3) 设 $F(x)$ 是 $f(x)$ 在 $(-\infty,+\infty)$ 上的一个原函数，且 $F(x)$ 为奇函数，则 $f(x)$ 是(　　)。

A. 偶函数　　B. 奇函数　　C. 非奇非偶函数　　D. 不能确定

(4) 设 $f(x)=e^{-x}$ 则 $\int\frac{f'(\ln x)}{x}dx=$(　　)。

A. $-\frac{1}{x}+c$　　B. $-\ln x+c$　　C. $\frac{1}{x}+c$　　D. $\ln x+c$

(5) 设 $I=\int\sin x\cos x\,dx$，则 $I=$(　　)。

A. $-\frac{1}{2}\sin^2x+C$　　B. $\frac{1}{2}\cos^2x+C$　　C. $\frac{1}{4}\cos 2x+C$　　D. $-\frac{1}{4}\cos 2x+C$

2. 填空题

(1) $dx=$________ $d(7x)$　　(2) $dx=$________ $d(7x-3)$

(3) $x^2dx=$________ $d(5x^3)$　　(4) $x\,dx=$________ $d(3x^2)$

(5) $\frac{1}{x}dx=$________ $d(3-5\ln|x|)$　　(6) $x\,dx=$________ $d(2-3x^2)$

(7) $\frac{1}{1+9x^2}dx=$________ $d(\arctan 3x)$　　(8) $\frac{1}{\sqrt{1-4x^2}}dx=$________ $d(\arcsin 2x)$

(9) $\frac{1}{\sqrt{x}(1+x)}dx=$________ $d(\arctan\sqrt{x})$　　(10) $(1+2x)dx=$________ $d(1+2x)^2$

3. 判断对错，如果有误，请进行改正

(1) 设 $\cos x$ 为 $f(x)$ 的一个原函数，那么 $\int f'(2x)dx=\frac{1}{2}f(2x)+C=\frac{1}{2}\cos 2x+C$。

(2) $\int f(x)\mathrm{d}x=F(x)+C$，设 $x=at+b$，那么 $\int f(t)\mathrm{d}t=F(t)+C$。

(3) $\int \frac{\arctan x}{x^2+1}\mathrm{d}x=\int \frac{1}{x^2+1}\mathrm{d}\frac{1}{x^2+1}$。

4. 计算下列积分

(1) $\int \frac{2x-3}{x^2-3x+8}\mathrm{d}x$　　(2) $\int \mathrm{e}^{-3x}\mathrm{d}x$

(3) $\int \sqrt{2x+3}\,\mathrm{d}x$　　(4) $\int \frac{\mathrm{d}x}{x\ln x}$

(5) $\int (x^2-3x+1)^{100}(2x-3)\mathrm{d}x$　　(6) $\int x^2\sqrt{1-x^3}\,\mathrm{d}x$

(7) $\int \frac{\mathrm{e}^{2x}}{1+\mathrm{e}^{2x}}\mathrm{d}x$　　(8) $\int \frac{(1+\sqrt{x})^3}{\sqrt{x}}\mathrm{d}r$

(9) $\int \frac{2^x}{1-4^x}\mathrm{d}x$　　(10) $\int \frac{1}{x(1+x^2)}\mathrm{d}x$

(11) $\int \frac{2^x\cdot 3^x}{9^x-4^x}\mathrm{d}x$　　(12) $\int \frac{1}{1+\mathrm{e}^x}\mathrm{d}x$

(13) $\int \frac{x^2}{(1-x)^{100}}\mathrm{d}x$　　(14) $\int \frac{1+\ln x}{\sqrt{x\ln x}}\mathrm{d}x$

5. 观察下列积分的计算方法有何不同

(1) $\int \frac{1}{9+x}\mathrm{d}x$　　(2) $\int \frac{1}{9+x^2}\mathrm{d}x$

(3) $\int \frac{x}{9+x^2}\mathrm{d}x$　　(4) $\int \frac{x^2}{9+x^2}\mathrm{d}x$

(5) $\int \frac{1}{9-x^2}\mathrm{d}x$　　(6) $\int \frac{1}{\sqrt{6x-x^2}}\mathrm{d}x$

6. 计算下列积分

(1) $\int \frac{\sin x}{\cos^3 x}\mathrm{d}x$　　(2) $\int \sin 2x\,\mathrm{d}x$

(3) $\int \sin^3 x\cos^5 x\,\mathrm{d}x$　　(4) $\int \mathrm{e}^x\sin \mathrm{e}^x\,\mathrm{d}x$

(5) $\int \sec^2 x\tan x\,\mathrm{d}x$　　(6) $\int \frac{\sin x+\cos x}{(\sin x-\cos x)^3}\mathrm{d}x$

(7) $\int \frac{\mathrm{d}x}{\cos^2 x\sqrt{1-\tan^2 x}}$　　(8) $\int \frac{\cot x}{\ln\sin x}\mathrm{d}x$

(9) $\int \frac{\arctan\sqrt{x}\,\mathrm{d}x}{\sqrt{x}(1+x)}$　　(10) $\int \frac{\sin x\cos x}{1+\sin^4 x}\mathrm{d}x$

(11) $\int \frac{\cos\sqrt{x}\,\mathrm{d}x}{\sqrt{x}\sin^2\sqrt{x}}$　　(12) $\int \frac{\sin x+x\cos x}{1+x\sin x}\mathrm{d}x$

7. 设 $\frac{\sin x}{x}$ 为 $f(x)$ 的一个原函数，求 $\int f'(ax)\mathrm{d}x\ (a\neq 0)$。

8. 已知 $f(x)$ 的一个原函数为 $\frac{\sin x}{1+x\sin x}$，求 $\int f(x)f'(x)\mathrm{d}x$。

9. 求不定积分 $\int \frac{\cos x\,\mathrm{d}x}{\sin x+\cos x}$ 与 $\int \frac{\sin x\,\mathrm{d}x}{\sin x+\cos x}$。

5.3 第二类换元积分法

学习目标与要求

(1) 掌握第二类换元积分法中的三角代换；

(2) 掌握第二类换元积分法中的简单的根式代换；

(3) 掌握第二类换元积分法中的倒代换。

第一类换元积分法的思想是：在求积分$\int g(x)\mathrm{d}x$时，如果被积表达式$g(x)\mathrm{d}x$可以化为$f[\varphi(x)]\varphi'(x)\mathrm{d}x$的形式，那么

$$\int g(x)\mathrm{d}x=\int f[\varphi(x)]\varphi'(x)\mathrm{d}x=\int f[\varphi(x)]\mathrm{d}\varphi(x)$$

$$\xlongequal{u=\varphi(x)}\int f(u)\mathrm{d}u=F(u)+C$$

所以第一换元积分法体现了“凑”的思想，把被积函数凑出形如$f[\varphi(x)]\varphi'(x)\mathrm{d}x$的形式。在第一类换元法中，需要找到适当的$u=\varphi(x)$进行换元，然而对于某些函数的积分，可能不容易找到适当的$u=\varphi(x)$换元，也有可能在换元变形为$\int f(u)\mathrm{d}u$后并不好积分。因此，我们介绍另外一种换元方法：将变量x看作另一变量t的函数，这种方法称为**第二类换元法**。从形式上来看，第二类换元法和第一类换元法是正好相反的。

第二类换元的基本思想是选择适当的变量代换$x=\psi(t)$，将$\int f(x)\mathrm{d}x$化为有理式$f[\psi(t)]\psi'(t)$的积分$\int f[\psi(t)]\psi'(t)\mathrm{d}t$，即

$$\int f(x)\mathrm{d}x\xlongequal{x=\psi(t)}\int f[\psi(t)]\mathrm{d}\psi(t)=\int f[\psi(t)]\cdot\psi'(t)\mathrm{d}t$$

若上面的等式右端的被积函数$f[\psi(t)]\psi'(t)$有原函数$\Phi(t)$，则

$$\int f[\psi(t)]\cdot\psi'(t)\mathrm{d}t=\Phi(t)+C$$

然后再把$\Phi(t)$中的t还原成$t=\psi^{-1}(x)$，所以变量代换$x=\psi(t)$应该有反函数。

定理 5.3.1 设函数$x=\psi(t)$在区间I上是单调的、可导的函数，且$\psi'(t)\neq 0$，若$f[\psi(t)]\psi'(t)$在区间I上有原函数，则有换元公式

$$\int f(x)\mathrm{d}x=\left[\int f[\psi(t)]\cdot\psi'(t)\mathrm{d}t\right]\Big|_{t=\psi^{-1}(x)}\tag{1}$$

式中，$t=\psi^{-1}(x)$是$x=\psi(t)$的反函数。

证明 设$f[\psi(t)]\psi'(t)$的原函数为$\Phi(t)$，利用复合函数及反函数求导法，得

$$\frac{\mathrm{d}}{\mathrm{d}x}[\Phi(t)|_{t=\psi^{-1}(x)}]=\frac{\mathrm{d}\Phi}{\mathrm{d}t}\frac{\mathrm{d}t}{\mathrm{d}x}=f[\psi(t)]\psi'(t)\frac{1}{\psi'(t)}$$

$$=f[\psi(t)]=f(x)$$

即$\Phi[\psi^{-1}(x)]$是$f(x)$的原函数。

所以
$$\int f(x)\mathrm{d}x=\Phi[\psi^{-1}(x)]+C=\Phi(t)|_{t=\psi^{-1}(x)}+C$$

$$=\left[\int f[\psi(t)]\psi'(t)\mathrm{d}t\right]\Big|_{t=\psi^{-1}(x)}\qquad \text{证毕}$$

在实际运算中只在必要时，才对上述定理中的 $x=\psi(t)$ 所需满足的条件进行验证，一般情况只需按照式(1)所表达的按部就班的计算就行。

被积函数含有无理式(根号)是该类积分的障碍，因此无法直接利用基本积分公式，首先要脱掉根号。第二类换元法解题的基本思路就是去掉根号，使得被积函数的表达式发生比较大的变化，从而能够求出积分，因此对于带根号的被积函数应用得比较多。如果被积函数中含有下列根式的类型，可以通过三角函数去根号进行求解。

例 5.3.1　求积分 $\int \sqrt{a^2-x^2}\,\mathrm{d}x\ (a>0)$。

解　为了去掉被积函数中的根号，可利用三角函数恒等式 $\sin^2 x+\cos^2 x=1$，引入新的积分变量 t，于是，令 $x=a\sin t,\left(-\frac{\pi}{2}<t<\frac{\pi}{2}\right)$，

那么　$\sqrt{a^2-x^2}=\sqrt{a^2-a^2\sin^2 t}=a\cos t,\mathrm{d}x=a\cos t\,\mathrm{d}t$

于是
$$\begin{aligned}\int \sqrt{a^2-x^2}\,\mathrm{d}x&=\int a^2\cos^2 t\,\mathrm{d}t\\&=a^2\int \frac{1+\cos 2t}{2}\mathrm{d}t\\&=\frac{a^2}{2}t+\frac{a^2}{4}\sin 2t+C\end{aligned}$$

因为　$x=a\sin t\quad\left(-\frac{\pi}{2}<t<\frac{\pi}{2}\right)$

所以　$t=\arcsin\frac{x}{a},\sin 2t=2\sin t\cos t=2\,\frac{x}{a}\cdot\sqrt{1-\left(\frac{x}{a}\right)^2}=2\,\frac{x\sqrt{a^2-x^2}}{a^2}$

则　原式 $=\frac{a^2}{2}\arcsin\frac{x}{a}+\frac{x}{2}\sqrt{a^2-x^2}+C$

为了更快速清楚地变形，可以利用变数替换关系 $\sin t=\frac{x}{a}$ 作辅助直角三角形(图 5.2)来帮助，然后对积分结果进行必要的回代处理。

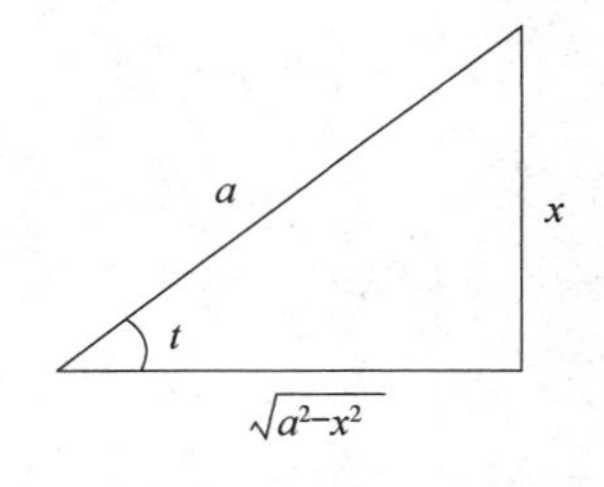

图 5.2　例 5.3.1 图示

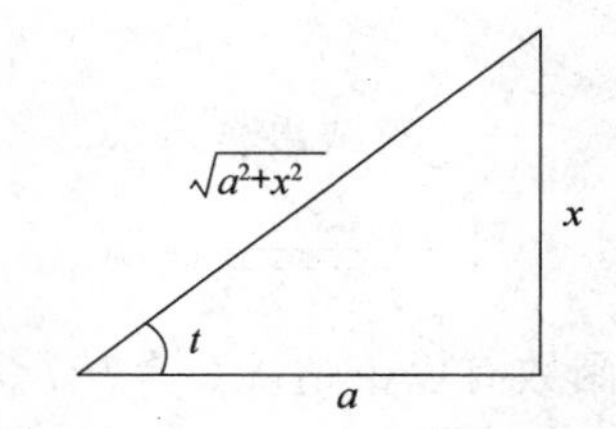

图 5.3　例 5.3.2 图示

例 5.3.2　求积分 $\int \frac{\mathrm{d}x}{\sqrt{x^2+a^2}}\ (a>0)$。

解　设 $x=a\tan t,\left(-\frac{\pi}{2}<t<\frac{\pi}{2}\right)$，则 $\mathrm{d}x=a\sec^2 t\,\mathrm{d}t$

所以 $\int \frac{\mathrm{d}x}{\sqrt{x^2+a^2}}=\int \sec t\,\mathrm{d}t=\ln|\sec t+\tan t|+C_1=\int \frac{a\sec^2 t}{\sqrt{a^2\tan^2 t+a^2}}\mathrm{d}t=\int \frac{a\sec^2 t}{a\sec t}\mathrm{d}t$

如图 5.3 所示，可以得到

$$\int \frac{dx}{\sqrt{x^2+a^2}} = \ln\left|\frac{\sqrt{x^2+a^2}}{a}+\frac{x}{a}\right| + C_1$$

$$= \ln\left|x+\sqrt{x^2+a^2}\right| - \ln a + C_1$$

$$= \ln\left|\sqrt{x^2+a^2}+x\right| + C$$

这里，可以看出$\sqrt{x^2+a^2} > |x|$，所以可以去掉绝对值，即

$$\int \frac{dx}{\sqrt{x^2+a^2}} = \ln(\sqrt{x^2+a^2}+x) + C \quad (C = C_1 - \ln a)$$

例 5.3.3 求积分$\int \frac{dx}{\sqrt{x^2-a^2}} \quad (a>0)$。

解 因为被积函数的定义域为$|x|>a$，故分别在 $x>a$ 和 $x<-a$ 两个区间求不定积分。

(1) 当 $x>a$，设 $x=a\sec t$，取 $t\in\left(0,\frac{\pi}{2}\right)$，

这时$\sqrt{x^2-a^2}=a|\tan t|=a\tan t$，$dx=a\sec t\cdot\tan t\, dt$

$$\int \frac{dx}{\sqrt{x^2-a^2}} = \int \frac{a\sec t\cdot\tan t}{a\tan t}dt = \ln|\sec t+\tan t| + C$$

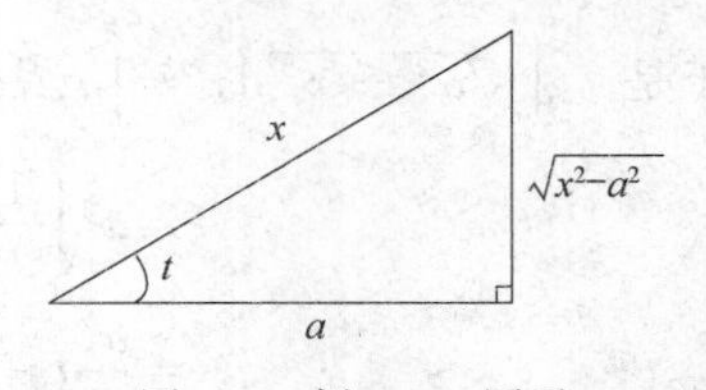

图 5.4 例 5.3.3 图示

根据 $\sec t=\frac{x}{a}$，作辅助三角形，如图 5.4 所示。

原式$=\left(\frac{x}{a}+\frac{\sqrt{x^2-a^2}}{a}\right)+C_1=\ln\left(x+\sqrt{x^2-a^2}\right)+C$。

(2) 当 $x<-a$，设 $x=-u$，有 $u>a$。可用(1)的结论

$$\int \frac{dx}{\sqrt{x^2-a^2}} = \int \frac{-du}{\sqrt{u^2-a^2}} = -\ln(u+\sqrt{u^2-a^2}) + C_2$$

$$= -\ln(-x+\sqrt{x^2-a^2}) + C_2$$

$$= \ln\frac{-x-\sqrt{x^2-a^2}}{a^2} + C_2$$

$$= \ln(-x-\sqrt{x^2-a^2}) + C$$

最后，把 $x>a$ 和 $x<-a$ 的结果合写成一个式子，有

$$\int \frac{dx}{\sqrt{x^2-a^2}} = \ln\left|x+\sqrt{x^2-a^2}\right| + C \ (a>0)$$

注：如果被积函数有以下情况($a>0,b>0$)。

(1) 含有$\sqrt{a^2-b^2x^2}$，则设 $x=\frac{a}{b}\sin t$ 或 $x=\frac{a}{b}\cos t$ 进行换元；

(2) 含有$\sqrt{a^2+b^2x^2}$，则设 $x=\frac{a}{b}\tan t$ 或 $x=\frac{a}{b}\cot t$ 进行换元；

(3) 含有$\sqrt{b^2x^2-a^2}$，则设 $x=\frac{a}{b}\sec t$ 或 $x=\frac{a}{b}\csc t$ 进行换元。

如果不是上述三种类型，也可直接令无理式为一个新的变量。

例 5.3.4 求积分$\int \frac{x}{\sqrt{x-2}}dx$。

解　令$\sqrt{x-2}=t$，即 $x=t^2+2$，$dx=2t\ dt$，

所以
$$\int \frac{x}{\sqrt{x-2}}dx=\int \frac{t^2+2}{t}\cdot 2t\ dt=2\int (t^2+2)dt$$
$$=2\left(\frac{1}{3}t^3+2t\right)+C$$
$$=\frac{2}{3}(\sqrt{x-2})^3+4\sqrt{x-2}+C$$

例 5.3.5　求积分$\int \sqrt{e^x+1}\,dx$。

解　令$\sqrt{e^x+1}=t$，则 $x=\ln(t^2-1)$，$dx=\frac{2t}{t^2-1}dt$

$$原式=\int t\cdot \frac{2t}{t^2-1}dt=2\int (1+\frac{1}{t^2-1})dt$$
$$=2t+\ln\frac{t-1}{t+1}+C$$
$$=2\sqrt{e^x+1}+\ln(\sqrt{e^x+1}-1)-\ln(\sqrt{e^x+1}+1)+C$$

注：如果被积函数中含有根式$\sqrt[n]{ax+b}$时，一般设$\sqrt[n]{ax+b}=t$ 进行换元，即 $x=\frac{1}{a}(t^n-b)$；如果被积函数中有两个根式 $x^{\frac{1}{n}}$ 和 $x^{\frac{1}{m}}$，则一般设 $x=t^k$，其中 k 是 n,m 最小公倍数($a\neq 0,m,n$ 是正整数)。

例 5.3.6　求积分$\int \frac{dx}{x^4(x^2+1)}$。

解　设 $x=\frac{1}{t}$，则 $dx=-\frac{1}{t^2}dt$，代入积分中得到

$$\int \frac{dx}{x^4(x^2+1)}=\int \frac{-t^4}{1+t^2}dt=-\int (t^2-1)dt-\int \frac{1}{1+t^2}dt$$
$$=t-\frac{t^3}{3}-\arctan t+C$$
$$=\frac{1}{x}-\frac{1}{3x^3}-\arctan\frac{1}{x}+C$$

注：例 5.3.6 中的换元也是很有用处的，称为倒代换，即设 $x=\frac{1}{t}$，用倒数来代换。主要是用来消去在被积函数的分母中的变量 x 的。

以上例子中的一些结果是可以直接用来求解较复杂的积分题的，总结如表 5.2 所示。

表 5.2　补充积分表

序号	补充积分公式	序号	补充积分公式
⑮	$\int \tan x\ dx=-\ln\lvert\cos x\rvert+C$	⑳	$\int \frac{1}{x^2-a^2}dx=\frac{1}{2a}\ln\left\lvert\frac{x-a}{x+a}\right\rvert+C$
⑯	$\int \cot x\ dx=\ln\lvert\sin x\rvert+C$	㉑	$\int \frac{1}{\sqrt{a^2-x^2}}dx=\arcsin\frac{x}{a}+C$
⑰	$\int \sec x\ dx=\ln\lvert\sec x+\tan x\rvert+C$	㉒	$\int \frac{dx}{\sqrt{x^2+a^2}}=\ln(x+\sqrt{x^2+a^2})+C$
⑱	$\int \csc x\ dx=\ln\lvert\csc x-\cot x\rvert+C$	㉓	$\int \frac{dx}{\sqrt{x^2-a^2}}=\ln\lvert x+\sqrt{x^2-a^2}\rvert+C$
⑲	$\int \frac{1}{a^2+x^2}dx=\frac{1}{a}\arctan\frac{x}{a}+C$		

我们遇到的很多不定积分，不仅可以用第二类换元积分解答，也可以用第一类换元积分的方法来解答。

例 5.3.7 求 $\int \frac{x^5}{\sqrt{1+x^2}}\mathrm{d}x$。

解法一 令 $x=\tan t \Rightarrow \mathrm{d}x=\sec^2 t\ \mathrm{d}t \quad t\in\left(-\frac{\pi}{2},\frac{\pi}{2}\right)$

$$
\begin{aligned}
\int \frac{x^5}{\sqrt{1+x^2}}\mathrm{d}x &= \int \tan^5 x \sec x\ \mathrm{d}x = \int \tan^4 x\,\mathrm{d}\sec x = \int (\sec^2 x-1)^2\,\mathrm{d}\sec x \\
&= \int (\sec^4 x - 2\sec^2 x+1)\,\mathrm{d}\sec x \\
&= \frac{1}{5}\sec^5 x-\frac{2}{3}\sec^3 x+\sec x+C \\
&= \frac{1}{15}(8-4x^2+3x^4)\sqrt{1+x^2}+C
\end{aligned}
$$

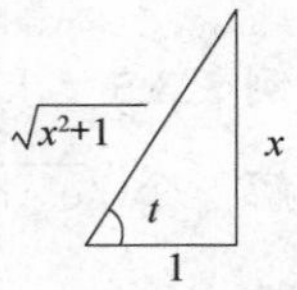

图 5.5 辅助三角形计算不定积分

解法二：

$$
\int \frac{x^5}{\sqrt{1+x^2}}\mathrm{d}x = \frac{1}{2}\int \frac{x^4}{\sqrt{1+x^2}}\mathrm{d}(x^2+1)
$$

令 $t=x^2+1 \Rightarrow x^4=(t-1)^2$

$$
\begin{aligned}
\int \frac{x^5}{\sqrt{1+x^2}}\mathrm{d}x &= \frac{1}{2}\int \frac{(t-1)^2}{t^{\frac{1}{2}}}\mathrm{d}t = \frac{1}{2}\int \frac{t^2-2t+1}{t^{\frac{1}{2}}}\mathrm{d}t \\
&= \frac{1}{2}\int \left(t^{\frac{3}{2}}-t^{\frac{1}{2}}+t^{-\frac{1}{2}}\right)\mathrm{d}t \\
&= \frac{1}{5}t^{\frac{5}{2}}-\frac{2}{3}t^{\frac{3}{2}}+t^{\frac{1}{2}}+C \\
&= \frac{1}{5}(1+x^2)^{\frac{5}{2}}-\frac{2}{3}(1+x^2)^{\frac{3}{2}}+(1+x^2)^{\frac{1}{2}}+C
\end{aligned}
$$

当然，除了以上讨论的不定积分，抽象函数的积分也可以用到换元法。

例 5.3.8 设函数 $f(x)$ 定义于 $(0,1)$ 上，且满足 $f'(\cos^2 x)=\cos 2x+\tan^2 x$，求 $f(x)$ 的表达式。

解 注意到表示形式的不同：$f'(\cos^2 x)$ 表示对 $(\cos^2 x)$ 作为一个整体求导，而不是对变量 x 求导。因此可以将 $(\cos^2 x)$ 整个换元出去。

因为 $f'(\cos^2 x)=\cos^2 x-\sin^2 x+\frac{\sin^2 x}{\cos^2 x}$

$$
=2\cos^2 x-1+\frac{1-\cos^2 x}{\cos^2 x}
$$

令 $\cos^2 x=t$，则得到 $f'(t)=2t-2+\frac{1}{t}, 0<t<1$

于是 $f(t)=\int\left(2t-2+\frac{1}{t}\right)\mathrm{d}t=t^2-2t+\ln t+C$

从而 $f(x)=x^2-2x+\ln x+C \quad x\in(0,1)$

总之，无论利用第一类，还是第二类换元积分法，选择适当的变量代换是个关键。除了熟悉一些典型类型外，还需多做练习，从中总结经验，摸索规律，提高演算技能。

习题 5.3

1. 选择题

(1) 下列不定积分 $\int \frac{dx}{\sqrt{x^2-a^2}}$ 的结果错误的是(　　)。

A. $\ln\left|\frac{x}{a}+\frac{\sqrt{x^2-a^2}}{a}\right|+C$　　B. $\ln|x+\sqrt{x^2-a^2}|+C$

C. $-\ln|x+\sqrt{x^2-a^2}|+C$　　D. $\ln|x+\sqrt{x^2-a^2}|-C$

(2) 设 $I=\int\frac{a+x}{\sqrt{a^2+x^2}}dx$,则 $I=$(　　)。

A. $a\ln(x+\sqrt{a^2+x^2})+\sqrt{a^2+x^2}+C$

B. $a\ln(x+\sqrt{a^2+x^2})-\sqrt{a^2+x^2}+C$

C. $a\ln(x+\sqrt{a^2+x^2})-x\sqrt{a^2+x^2}+C$

D. $\ln(x+\sqrt{a^2+x^2})-\sqrt{a^2+x^2}+C$

(3) 设 $I=\int\frac{dx}{1+\sqrt{x}}$,则 $I=$(　　)。

A. $-2\sqrt{x}+2\ln(1+\sqrt{x})+C$　　B. $2\sqrt{x}+2\ln(1+\sqrt{x})+C$

C. $2\sqrt{x}-2\ln(1+\sqrt{x})+C$　　D. $-2\sqrt{x}-2\ln(1+\sqrt{x})+C$

2. 填空题

(1) 不定积分 $\int\frac{dx}{x^2\sqrt{x^2-1}}$ 中,可令 $x=$________。

(2) 不定积分 $\int\frac{dx}{x^2\sqrt{x^2+1}}$ 中,可令 $x=$________。

(3) 不定积分 $\int\frac{dx}{x^2\sqrt{1-x^2}}$ 中,可令 $x=$________。

(4) 不定积分 $\int\frac{x^2}{x^7+1}dx$ 中,可令 $x=$________。

3. 判断下题计算是否正确,若错误,请改正

$$\int\frac{dx}{x^2\sqrt{x^2-1}}$$

$$\xlongequal{令\ x=\sec t}\int\frac{\sec t\tan t}{\sec^3 t}dt=\int\sin t\cos t\ dt=\frac{1}{2}\sin^2 t+C$$

$$=\frac{x^2-1}{2x^2}+C=\frac{1}{2}-\frac{1}{2x^2}+C$$

5.4　分部积分法

学习目标与要求

(1) 掌握分部积分法;

(2) 了解利用分部积分法求解的递推公式。

前面在复合函数求导法则的基础上，得到了换元积分法，现在利用两个函数乘积的求导法则，来推导另一个求解积分的方法——分部积分法。

设函数 $u=u(x)$，$v=v(x)$ 具有连续导数，由乘积的求导法则，有 $d(uv)=u\,dv-v\,du$，移项可以得到 $u\,dv=d(uv)-v\,du$，关于等式两边求不定积分，则有

$$\int u\,dv=\int d(uv)-\int v\,du$$

即

$$\int u\,dv=uv-\int v\,du$$

这个公式称为**分部积分公式**。

一般来说，分部积分法解决的是两种不同类型函数乘积的不定积分问题。下面通过例子来说明这个公式的用法和有关注意事项。

例 5.4.1 求积分 $\int x\cos x\,dx$。

解 设 $u=x$，$dv=\cos dx$，则 $v=\sin x$。代入分部积分公式中，得到

$$\int x\cos x\,dx=\int x\,d\sin x=x\cdot\sin x-\int\sin x\,dx=x\sin x+\cos x+C$$

但是，如果设 $u=\cos x$，那么 $dv=x\,dx$，即 $v=\frac{x^2}{2}$，代入公式，得到

$$\int x\cos x\,dx=\frac{x^2}{2}\cos x-\int\frac{1}{2}x^2(-\sin x)dx=\frac{x^2}{2}\cos x+\int\frac{1}{2}x^2\sin x\,dx$$

我们发现，右端的积分比原积分更不容易求出，因此这种设法不好。

由此可见，恰当地选取 u，v 是很重要的，一般应该注意。

(1) 选取的 v 要容易求得出；

(2) $\int v\,du$ 比 $\int u\,dv$ 容易积出，或者继续分部积分后容易得出结果。

例 5.4.2 求积分 $\int x\,e^{-x}dx$。

解 设 $u=x$，$v=e^{-x}$，则 $dv=-e^{-x}dx$

所以 $\int x\,e^{-x}dx=-\int x\,de^{-x}=-(x\,e^{-x}-\int e^{-x}dx)=-e^{-x}-x\,e^{-x}+C$

注：如果被积函数是：$\int x^n\sin ax\,dx$，$\int x^n\cos ax\,dx$，或者 $\int x^n e^{ax}dx$（n 为正整数，$a\neq 0$）形式，一般可以设 $u=x^n$。

例 5.4.3 求积分 $\int x^2\ln x\,dx$。

解 设 $u=\ln x$，$v=\frac{1}{3}x^3$，则

$$\begin{aligned}\int x^2\ln x\,dx&=\frac{1}{3}\int\ln x\,d(x^3)=\frac{1}{3}(x^3\ln x-\int x^3\cdot\frac{1}{x}dx)\\&=\frac{1}{3}\left(x^3\ln x-\int x^2dx\right)\\&=\frac{1}{3}x^3\ln x-\frac{1}{9}x^3+C\end{aligned}$$

刚开始学习时，可以写出 u，v 代换，熟悉之后，可以省略这些步骤。

例 5.4.4　求积分 $\int \arctan x\ \mathrm{d}x$。

解　$$\int \arctan x\ \mathrm{d}x = x\arctan x - \int x \cdot \frac{1}{1+x^2}\mathrm{d}x$$

$$= x\arctan x - \frac{1}{2}\int \frac{\mathrm{d}(1+x^2)}{1+x^2}$$

$$= x\arctan x - \frac{1}{2}\ln(1+x^2) + C$$

注：如果被积函数是 $\int x^n\ln(ax)\mathrm{d}x$，$\int x^n\arcsin(ax)\mathrm{d}x$，$\int x^n\arccos(ax)\mathrm{d}x$，$\int x^n\arctan(ax)\mathrm{d}x$ 等形式，一般可以设 $\mathrm{d}v = x^n\mathrm{d}x$。这里 n 可以取零。因为对数函数和反三角函数是不容易凑成微分的。

例 5.4.5　求积分 $\int \mathrm{e}^x\cos x\ \mathrm{d}x$。

解　$$\int \mathrm{e}^x\cos x\ \mathrm{d}x = \int \mathrm{e}^x\ \mathrm{d}\sin x = \mathrm{e}^x\sin x - \int \sin x \cdot \mathrm{e}^x\ \mathrm{d}x$$

$$= \mathrm{e}^x\sin x + \int \mathrm{e}^x\mathrm{d}(\cos x)$$

$$= \mathrm{e}^x\sin x + (\mathrm{e}^x \cdot \cos x - \int \cos x \cdot \mathrm{e}^x\ \mathrm{d}x)$$

$$= \mathrm{e}^x\sin x + \mathrm{e}^x\cos x - \int \mathrm{e}^x\cos x\ \mathrm{d}x$$

最后一个式子中又出现了所求积分 $\int \mathrm{e}^x\cos x\ \mathrm{d}x$，将它移到等式的左端，记得去掉了积分符号，就添加上任意常数 C，即　$2\int \mathrm{e}^x\cos x\ \mathrm{d}x = \mathrm{e}^x\sin x + \mathrm{e}^x\cos x + C_1$

整理得　$$\int \mathrm{e}^x\cos x\ \mathrm{d}x = \frac{1}{2}(\mathrm{e}^x\sin x + \mathrm{e}^x\cos x) + C = \frac{1}{2}\mathrm{e}^x(\sin x + \cos x) + C$$

注：如果需要多次用到分部积分法，就要求每一次积分都是对于同一类型的函数凑成微分。如果用不同的函数凑成微分，那么是求不出积分的。例如：

$$\int \mathrm{e}^x\cos x\ \mathrm{d}x = \int \mathrm{e}^x\ \mathrm{d}\sin x = \mathrm{e}^x\sin x - \int \sin x \cdot \mathrm{e}^x\ \mathrm{d}x$$

$$= \mathrm{e}^x\sin x - \int \sin x\mathrm{d}\mathrm{e}^x$$

$$= \mathrm{e}^x\sin x - \mathrm{e}^x\sin x + \int \mathrm{e}^x\cos x\ \mathrm{d}x = \int \mathrm{e}^x\cos x\ \mathrm{d}x$$

例 5.4.6　求积分 $\int \sin(2\ln x)\mathrm{d}x$。

解　利用分部积分法，取 $\mathrm{d}v = \mathrm{d}x$，有

$$\int \sin(2\ln x)\mathrm{d}x = x\sin(2\ln x) - \int 2\cos(2\ln x)\mathrm{d}x$$

等式右边与等式左边的积分是同一种类型的，继续分部积分，仍取 $\mathrm{d}v = \mathrm{d}x$，有

$$\int \sin(2\ln x)\mathrm{d}x = x\sin(2\ln x) - 2[x\cos(2\ln x) - \int 2\sin(2\ln x)\mathrm{d}x]$$

移项整理，得到

$$\int \sin(2\ln x)\mathrm{d}x = \frac{1}{5}[x\sin(2\ln x) - 2x\cos(2\ln x)] + C$$

例 5.4.7 求 $I_n = \int \frac{\mathrm{d}x}{(x^2 + a^2)^n}(a > 0, n$ 为正整数)。

解 用分部积分法，取 $u = \frac{1}{(x^2 + a^2)^n}, v = x$，有

$$I_n = \frac{x}{(x^2 + a^2)^n} + 2n\int \frac{x^2}{(x^2 + a^2)^{n+1}}\mathrm{d}x$$

$$= \frac{x}{(x^2 + a^2)^n} + 2n\int \frac{(x^2 + a^2) - a^2}{(x^2 + a^2)^{n+1}}\mathrm{d}x = \frac{x}{(x^2 + a^2)^n} + 2nI_n - 2na^2 I_{n+1}$$

即 $I_{n+1} = \frac{1}{2na^2}\left[\frac{x}{(x^2 + a^2)^n} + (2n - 1)I_n\right] \quad (n = 1, 2, \cdots)$

将上式中的 n 换成 $n - 1$，得到递推公式为

$$I_{n+1} = \frac{1}{2a^2(n + 1)}\left[\frac{x}{(x^2 + a^2)^{n-1}} + (2n - 3)I_{n-1}\right] \quad (n = 2, 3, \cdots)$$

再由 $I_1 = \frac{1}{a}\arctan\frac{x}{a} + C$，可得 I_n。

上述例题结果称为递推公式，这一递推公式是由 I_n 推算 I_{n+1}，称为一步递推。有时递推公式为二步递推。一般来说一步递推需要一个初值，二步递推需要两个初值。

在计算某些积分时，要同时使用换元积分法与分部积分法才能完成计算。

例 5.4.8 求积分 $\int e^{\sqrt[3]{x}}\mathrm{d}x$。

解 令 $\sqrt[3]{x} = t$，则 $\mathrm{d}x = 3t^2\mathrm{d}t$

$$\int e^{\sqrt[3]{x}}\mathrm{d}x = 3\int t^2 e^t\,\mathrm{d}t = 3t^2 e^t - 6\int t e^t\,\mathrm{d}t = 3t^2 e^t - 6\int t\,\mathrm{d}e^t$$

$$= 3t^2 e^t - 6te^t + 6\int e^t\,\mathrm{d}t$$

$$= 3t^2 e^t - 6te^t + 6e^t + C$$

$$= 3e^{\sqrt[3]{x}}(\sqrt[3]{x^2} - 2\sqrt[3]{x} + 2) + C$$

例 5.4.9 求积分 $\int \frac{xe^x}{(x + 1)^2}\mathrm{d}x$。

解 $\int \frac{xe^x}{(x + 1)^2}\mathrm{d}x = \int \frac{xe^x + e^x - e^x}{(x + 1)^2}\mathrm{d}x = \int \frac{(x + 1)e^x - e^x}{(x + 1)^2}\mathrm{d}x$

$$= \int \frac{e^x}{x + 1}\mathrm{d}x - \int \frac{e^x}{(x + 1)^2}\mathrm{d}x$$

$$= \int \frac{e^x}{x + 1}\mathrm{d}x + \int e^x\,\mathrm{d}\left(\frac{1}{x + 1}\right)$$

$$= \int \frac{e^x}{x + 1}\mathrm{d}x + \frac{e^x}{x + 1} - \int \frac{e^x}{x + 1}\mathrm{d}x = \frac{e^x}{x + 1} + C$$

在这一节中，我们学习了计算不定积分的两种基本的方法：换元积分法和分部积分法。读者应该在练习的过程中，熟悉两种方法的典型类型以及典型手法；在计算中，应学会选择合适的方法来解题。

习题 5.4

1. 填空题

(1) 计算$\int x^2 \ln x \, dx$，可设 $u=$________，$dv=$________。

(2) 计算$\int x^2 \arctan x \, dx$，可设 $u=$________，$dv=$________。

(3) 计算$\int \arctan x \, dx$，可设 $u=$________，$dv=$________。

2. 下述运算错在哪里？应如何改正？

$$\int \frac{\cos x}{\sin x}dx=\int \frac{d\sin x}{\sin x}=\frac{\sin x}{\sin x}-\int \sin x \, d\left(\frac{1}{\sin x}\right)=1-\int \frac{-\cos x}{\sin^2 x}\sin x \, dx=1+\int \frac{\cos x}{\sin x}dx$$

$$\Rightarrow \int \frac{\cos x}{\sin x}dx-\int \frac{\cos x}{\sin x}dx=1 \Rightarrow 0=1$$

3. 计算下列积分

(1) $\int x \sin 2x \, dx$

(2) $\int x e^{-x} dx$

(3) $\int x^2 \ln(1+x) dx$

(4) $\int \arctan \sqrt{x} \, dx$

(5) $\int \ln x \, dx$

(6) $\int x \sec^2 x \, dx$

(7) $\int \frac{x}{\sin^2 x} dx$

(8) $\int \cos(\ln x) dx$

(9) $\int x^3 e^x \, dx$

(10) $\int e^{\sqrt{x}} dx$

(11) $\int \ln^2 x \, dx$

(12) $\int x^2 \ln x \, dx$

(13) $\int e^{-x} \sin 5x \, dx$

(14) $\int e^x \sin^2 x \, dx$

(15) $\int \frac{\ln^3 x}{x^2} dx$

(16) $\int \frac{\arcsin x}{\sqrt{1-x}} dx$

(17) $\int (\arcsin x)^2 dx$

(18) $\int \sqrt{x} e^{\sqrt{x}} dx$

(19) $\int e^{\sqrt{x+1}} dx$

(20) $\int \ln(x+\sqrt{1+x^2}) dx$

4. 已知 $f(x)$ 的一个原函数是 e^{-x^2}，求证$\int x f'(x) dx=-2x^2 e^{-x^2}-e^{-x^2}+C$。

5. 求不定积分 $\int \frac{x+\sin x}{1+\cos x} dx$ 。

6. 设$\frac{\sin x}{x}$ 为 $f(x)$ 的一个原函数，求$\int x f'(x) dx$ 。

*5.5 有理函数的积分

学习目标与要求

(1) 掌握简单有理数的分解；

(2) 掌握简单有理函数的不定积分；

(3) 了解可转化为有利函数的不定积分。

在这一节中,我们将讨论一些特殊函数的不定积分。

5.5.1 有理函数的积分

1.有理函数的分解

大家知道,最简单的形式莫过于多项式,而比多项式稍微复杂的就是多项式的比值所表达的函数——有理函数。

$$R(x)=\frac{P(x)}{Q(x)}=\frac{a_0x^n+a_1x^{n-1}+\cdots+a_{n-1}x+a_n}{b_0x^m+b_1x^{m-1}+\cdots+b_{m-1}x+b_m}$$

式中,m,n 是非负整数;$a_0,a_1,\cdots,a_n$ 和 $b_0,b_1,\cdots,b_m$ 是实数,并且 $a_0\neq0,b_0\neq0$。

若 $P(x)$的次数大于或等于 $Q(x)$的次数,则 $R(x)$ 称为有理假分式;

若 $P(x)$的次数小于 $Q(x)$的次数,则 $R(x)$称为有理真分式。

如果 $R(x)$是有理假分式,可用多项式除法,将它化为一个多项式与一个有理真分式之和。例如:

$$\frac{x^3}{x+3}=\frac{x^3+27-27}{x+3}=x^2-3x+9-\frac{27}{x+3}$$

$$\frac{x^4-3}{x^2+2x+1}=x^2-2x+3-\frac{4x+6}{x^2+2x+1}$$

可以看出,多项式的不定积分很容易求得,因此我们只需研究 $R(x)$为有理真分式的不定积分。根据代数学基本定理,任意多项式 $Q(x)$在实数范围内总能分解为一个常数与形如 $(x-a)^n$与 $(x^2+px+q)^m$ 等因式的乘积,即

$$Q(x)=b_0(x-a)^{\alpha}\cdots(x-b)^{\beta}(x^2+px+q)^{\lambda}\cdots(x^2+rx+s)^{\mu}$$

式中,$p^2-4q<0,\cdots,r^2-4s<0,\alpha,\beta,\lambda,\mu$ 是正整数。

那么有理真分式$\frac{P(x)}{Q(x)}$可以分解成下面的部分分式之和:

$$\begin{aligned}\frac{P(x)}{Q(x)}=&\frac{A_1}{(x-a)^{\alpha}}+\frac{A_2}{(x-a)^{\alpha-2}}+\cdots+\frac{A_{\alpha}}{x-a}+\cdots+\\&\frac{B_1}{(x-b)^{\beta}}+\frac{B_2}{(x-b)^{\beta-1}}+\cdots+\frac{B_{\beta}}{x-b}+\\&\frac{M_1x+N_1}{(x^2+px+q)^{\lambda}}+\frac{M_2x+N_2}{(x^2+px+q)^{\lambda-1}}+\cdots+\frac{M_{\lambda}x+N_{\lambda}}{x^2+px+q}+\cdots+\\&\frac{U_1x+V_1}{(x^2+rx+s)^{\mu}}+\frac{U_2x+V_2}{(x^2+rx+s)^{\mu-1}}+\cdots+\frac{U_ux+V_{\mu}}{x^2+rx+s}\end{aligned}$$

式中，$A_i, B_j, M_r, N_k, U_m, V_n$ 都是待定常数。它们可以通过待定系数法，由等式右端通分，消去分母后的恒等式确定。

归纳为以下两种情况。

(1) 当分母为 $(x-a)^n$ 时，分子的形式可以设为待定常数 A，即

$$\frac{P(x)}{(x-a)^n}=\frac{A_1}{x-a}+\frac{A_2}{(x-a)^2}+\cdots+\frac{A_{n-1}}{(x-a)^{n-1}}+\frac{A_n}{(x-a)^n}$$

(2) 当分母为 $(x^2+px+q)^m$ 时，x^2+px+q 为二次因式，其中 $p^2-4q<0$，那么分子形式可以设为待定的一次因式 $Mx+N$，即

$$\frac{P(x)}{(x^2+px+q)^m}=\frac{M_1x+N_1}{x^2+px+q}+\frac{M_2x+N_2}{(x^2+px+q)^2}+\cdots+\frac{M_{m-1}x+N_{m-1}}{(x^2+px+q)^{m-1}}+\frac{M_mx+N_m}{(x^2+px+q)^m}$$

例 5.5.1　将有理真分式 $\frac{1}{x(x-1)^2}$ 分解为部分分式。

解法一　利用比较系数法，令

$$\frac{1}{x(x-1)^2}=\frac{A}{x}+\frac{B}{(x-1)^2}+\frac{C}{x-1}$$

两端去分母得到

$$1=A(x-1)^2+Bx+Cx(x-1)=(A+C)x^2+(B-2A-C)x+A$$

比较两端同次项的系数，有 $\begin{cases}A+C=0\\B-2A-C=0\\A=1\end{cases}$

从而，解得：$A=1, B=1, C=-1$

即　$\frac{1}{x(x-1)^2}=\frac{1}{x}+\frac{1}{(x-1)^2}-\frac{1}{x-1}$

解法二　利用特殊值法，令

$$\frac{1}{x(x-1)^2}=\frac{A}{x}+\frac{B}{(x-1)^2}+\frac{C}{x-1}$$

两端去分母得到　$1=A(x-1)^2+Bx+Cx(x-1)$

代入一些容易求到结果的特殊值：令 $x=0$，得到 $A=1$；令 $x=1$，得到 $B=1$；再比较 x^2 项，得到 $C=-1$。

2. 简单有理真分式的积分

对于有理真分式 $R(x)$ 的积分，$\int R(x)\mathrm{d}x$ 的计算可以归结为以下四种简单有理分式的不定积分。

(1) $\int\frac{A\mathrm{d}x}{x-a}$

可以直接求得结果：$\int\frac{A\mathrm{d}x}{x-a}=A\ln|x-a|+C$。

(2) $\int\frac{A}{(x-a)^n}\mathrm{d}x$　$(n\neq1)$

可以直接求得结果：$\int\frac{A}{(x-a)^n}\mathrm{d}x=\frac{A}{1-n}(x-a)^{1-n}+C$。

(3) $\int\frac{Mx+N}{x^2+px+q}\mathrm{d}x$　(其中 $p^2-4q<0$)

例 5.5.2 求积分$\int \frac{x-1}{x^2+2x+3}\mathrm{d}x$。

解 将分子的一部分拼凑成分母的微分,即

$$\int \frac{x-1}{x^2+2x+3}\mathrm{d}x=\int \frac{\frac{1}{2}(2x+2)-2}{x^2+2x+3}\mathrm{d}x$$

$$=\frac{1}{2}\int \frac{2x+2}{x^2+2x+3}\mathrm{d}x-2\int \frac{1}{x^2+2x+3}\mathrm{d}x$$

$$=\frac{1}{2}\int \frac{\mathrm{d}(x^2+2x+3)}{x^2+2x+3}-2\int \frac{\mathrm{d}(x+1)}{(x+1)^2+(\sqrt{2})^2}$$

$$=\frac{1}{2}\ln|x^2+2x+3|-\sqrt{2}\arctan\frac{x+1}{\sqrt{2}}+C$$

仿照例 5.5.2 的方法,可以得到一般公式为

$$\int \frac{Mx+N}{x^2+px+q}\mathrm{d}x=\frac{M}{2}\int \frac{2x+p}{x^2+px+q}\mathrm{d}x+\left(N-\frac{Mp}{2}\right)\int \frac{1}{\left(x+\frac{p}{2}\right)^2+\left(q-\frac{p}{4}\right)^2}\mathrm{d}x$$

$$=\frac{M}{2}\int \frac{\mathrm{d}(x^2+px+q)}{x^2+px+q}+\left(N-\frac{Mp}{2}\right)\int \frac{\mathrm{d}\left(x+\frac{p}{2}\right)}{\left(x+\frac{p}{2}\right)^2+\left(q-\frac{p}{4}\right)^2}$$

$$=\frac{M}{2}\ln|x^2+px+q|+\frac{b}{a}\arctan\frac{x+\frac{p}{2}}{a}+C$$

式中$a=\sqrt{q-\frac{p^2}{4}}, b=N-\frac{Mp}{2}$

(4) $\int \frac{Mx+N}{(x^2+px+q)^n}\mathrm{d}x$(这里只写出分析思路)

思路:$\int \frac{Mx+N}{(x^2+px+q)^n}\mathrm{d}x=\frac{M}{2}\int \frac{\mathrm{d}(x^2+px+q)}{(x^2+px+q)^n}+\left(N-\frac{Mp}{2}\right)\int \frac{1}{(x^2+px+q)^n}\mathrm{d}x$

$$=\frac{M}{2(1-n)}\cdot\frac{1}{(x^2+px+q)^{n-1}}+\left(N-\frac{MP}{2}\right)$$

$$\int \frac{\mathrm{d}(x+\frac{p}{2})}{\left[\frac{4q-p^2}{4}+\left(x+\frac{p}{2}\right)^2\right]^n}$$

$$(n=2,3,\cdots,p^2-4q<0)$$

其中第二项化为$\int \frac{\mathrm{d}x}{(x^2+a^2)^n}$的形式,然后利用例 5.4.7 中的递推公式,即可求得结果。

例 5.5.3 求积分$\int \frac{2x^2+2x+13}{(x-2)(x^2+1)^2}\mathrm{d}x$。

解 设$\frac{2x^2+2x+13}{(x-2)(x^2+1)^2}=\frac{A}{x-2}+\frac{Bx+C}{(x^2+1)^2}+\frac{Dx+E}{x^2+1}$

解得 $A=1,B=-3,C=-4,D=-1,E=-2$

于是 $$\frac{2x^2+2x+13}{(x-2)(x^2+1)^2}=\frac{1}{x-2}-\frac{x+2}{x^2+1}-\frac{3x+4}{(x^2+1)^2}$$

对三项分别求积分，得到

$$\int\frac{\mathrm{d}x}{x-2}=\ln|x-2|+C_1$$

$$\int\frac{x+2}{x^2+1}\mathrm{d}x=\frac{1}{2}\int\frac{2x\,\mathrm{d}x}{x^2+1}+2\int\frac{\mathrm{d}x}{x^2+1}=\frac{1}{2}\ln(x^2+1)+2\arctan x+C_2$$

$$\begin{aligned}\int\frac{3x+4}{(x^2+1)^2}\mathrm{d}x&=3\int\frac{x\,\mathrm{d}x}{(x^2+1)^2}+4\int\frac{\mathrm{d}x}{(x^2+1)^2}\\&=\frac{3}{2}\int\frac{\mathrm{d}(x^2+1)}{(x^2+1)^2}+4\int\frac{\mathrm{d}x}{(x^2+1)^2}\\&=-\frac{3}{2(x^2+1)}+4\int\frac{\mathrm{d}x}{(x^2+1)^2}\end{aligned}$$

由例 5.4.7 的递推公式($n=2,a=1$)，有

$$I_2=\int\frac{\mathrm{d}x}{(x^2+1)^2}=\frac{x}{2(x^2+1)}+\frac{1}{2}\arctan x+C_3$$

综合在一起，得到

$$\begin{aligned}\int\frac{2x^2+2x+13}{(x-2)(x^2+1)^2}\mathrm{d}x&=\ln(x-2)-\frac{1}{2}\ln(x^2+1)-4\arctan x-\frac{4x-3}{2(x^2+1)}+C\\&=\frac{1}{2}\ln\frac{(x-2)^2}{x^2+1}-4\arctan x-\frac{4x-3}{2(x^2+1)}+C\end{aligned}$$

可见，有理函数的原函数都是初等函数。

当然，并不是所有的有理函数的积分都需要这样分解成部分分式再计算的，对具体的题目，可以有更简便的方法。

例 5.5.4　求积分 $\int\frac{x^5}{x^3+1}\mathrm{d}x$。

解法一　分解为部分分式：$$\begin{aligned}\frac{x^5}{x^3+1}&=x^2-\frac{x^2}{x^3+1}\\&=x^2-\frac{1}{3(x+1)}+\frac{-2x+1}{3(x^2-x+1)}\end{aligned}$$

则 $$\begin{aligned}\int\frac{x^5}{x^3+1}\mathrm{d}x&=\int x^2\mathrm{d}x-\frac{1}{3}\int\frac{\mathrm{d}x}{x+1}-\frac{1}{3}\int\frac{(2x-1)}{x^2-2x+1}\mathrm{d}x\\&=\frac{x^3}{3}-\frac{1}{3}\ln|x+1|-\frac{1}{3}\ln|x^2-2x+1|+C\end{aligned}$$

解法二　先将被积函数进行整理，再令 $u=x^3$，即

$$\begin{aligned}\int\frac{x^5}{x^3+1}\mathrm{d}x&=\frac{1}{3}\int\frac{x^3\mathrm{d}(x^3)}{x^3+1}=\frac{1}{3}\int\frac{u+1-1}{u+1}\mathrm{d}u\\&=\frac{1}{3}[u-\ln|u+1|]+C\\&=\frac{1}{3}x^3-\frac{1}{3}\ln|x^3+1|+C\end{aligned}$$

5.5.2 可转化为有理函数的积分

1. 三角有理式的积分

由三角函数 $\sin x$,$\cos x$ 以及常数,经过有限次的四则运算得到的有理函数,称为三角有理式,记作 $\mathbf{R}(\sin x,\ \cos x)$。

对于求三角有理式的积分 $\int \mathbf{R}(\sin x,\cos x)\mathrm{d}x$,常见的方法是作以下两种代换:

(1) 作变换 $u=\tan\frac{x}{2}$,则 $\mathrm{d}x=\frac{2}{1+u^2}\mathrm{d}u$;

再利用万能代换公式

$$\sin x=\frac{2\sin\frac{x}{2}\cos\frac{x}{2}}{\cos^2\frac{x}{2}+\sin^2\frac{x}{2}}=\frac{2\tan\frac{x}{2}}{1+\tan^2\frac{x}{2}}=\frac{2u}{1+u^2}$$

$$\cos x=\frac{\cos^2\frac{x}{2}-\sin^2\frac{x}{2}}{\cos^2\frac{x}{2}+\sin^2\frac{x}{2}}=\frac{1-\tan^2\frac{x}{2}}{1+\tan^2\frac{x}{2}}=\frac{1-u^2}{1+u^2}$$

将三角有理式的积分化为关于变量 u 的有理函数的积分。

(2)作变换 $u=\tan x$,则 $\mathrm{d}x=\frac{\mathrm{d}u}{1+u^2}$,这种代换常见于含有$\sin^2 x$,$\cos^2 x$ 的三角有理式的积分。

这是因为:$\frac{\mathrm{d}x}{\cos^2 x}=\mathrm{d}(\tan x)$,$\frac{\mathrm{d}x}{\sin^2 x}=-\mathrm{d}(\cot x)$,易于凑成微分。

利用三角恒等变形,有

$$\sin^2 x=\frac{\tan^2 x}{1+\tan^2 x}=\frac{u^2}{1+u^2}$$

$$\cos^2 x=\frac{1}{1+\tan^2 x}=\frac{1}{1+u^2}$$

例 5.5.5 求积分 $\int\frac{1+\sin x}{\sin x(1+\cos x)}\mathrm{d}x$。

解 令 $\tan\frac{x}{2}=u$,则 $\mathrm{d}x=\frac{2}{1+u^2}\mathrm{d}u$,$\sin x=\frac{2u}{1+u^2}$,$\cos x=\frac{1-u^2}{1+u^2}$,

代入积分得

$$\int\frac{1+\sin x}{\sin x(1+\cos x)}\mathrm{d}x=\int\frac{1+\frac{2u}{1+u^2}}{\frac{2u}{1+u^2}\left(1+\frac{1-u^2}{1+u^2}\right)}\cdot\frac{2}{1+u^2}\mathrm{d}u$$

$$=\frac{1}{2}\int\left(\frac{1}{u}+2+u\right)\mathrm{d}u$$

$$=\frac{1}{2}(\ln|u|+2u+\frac{1}{2}u^2)+C$$

$$=\frac{1}{2}\ln\left|\tan\frac{x}{2}\right|+\tan\frac{x}{2}+\frac{1}{4}\left(\tan\frac{x}{2}\right)^2+C$$

例 5.5.6　求积分 $\int \frac{dx}{1+\sin x+\cos x}$。

解　令 $\tan\frac{x}{2}=u$，则

$$\int \frac{dx}{1+\sin x+\cos x}=\int \frac{1}{1+\frac{2u}{1+u^2}+\frac{1-u^2}{1+u^2}}\cdot\frac{2}{1+u^2}du$$

$$=\int \frac{1}{u+1}du=\ln|u+1|+C$$

$$=\ln\left|\tan\frac{x}{2}+1\right|+C$$

例 5.5.7　求积分 $\int \frac{1}{\sin^2 x\cos^4 x}dx$。

解　令 $u=\tan x$，则 $dx=\frac{du}{1+u^2}$，$\sin^2 x=\frac{u^2}{1+u^2}$，$\cos^2 x=\frac{1}{1+u^2}$，

代入积分得到

$$\int \frac{1}{\sin^2 x\cos^4 x}dx=\int \frac{1}{\frac{u^2}{1+u^2}\cdot\left(\frac{1}{1+u^2}\right)^2}\cdot\frac{1}{1+u^2}du$$

$$=\int \frac{u^4+2u^2+1}{u^2}du$$

$$=\frac{1}{3}u^3+2u-\frac{1}{u}+C$$

$$=\frac{1}{3}\tan^3 x+2\tan x-\cot x+C$$

当然，并不是所有的三角有理式都需要这样的烦琐运算，一些常见的、简单的情形运用三角恒等式就可以进行变形简化，很快地求得结果。

例 5.5.8　求积分 $\int \frac{\cot x}{1+\sin x}dx$。

解　原式 $=\int \frac{\cos x\,dx}{\sin x(1+\sin x)}=\int\left(\frac{1}{\sin x}-\frac{1}{1+\sin x}\right)d(\sin x)$

$$=\ln\left|\frac{\sin x}{1+\sin x}\right|+C$$

2. 简单根式的积分

解决这类问题的基本思路是：去掉根式。可以将根式代换出去，利用变量置换使其化为有理函数的积分。

例 5.5.9　求积分 $\int \frac{\sqrt{x-2}}{x}dx$。

解　设 $\sqrt{x-2}=u$，则 $dx=2u\,du$，代入得到

$$\int \frac{\sqrt{x-2}}{x}\mathrm{d}x=\int \frac{u}{u^2+2}\cdot 2u\,\mathrm{d}u=2\int \frac{u^2+2-2}{u^2+2}\mathrm{d}u$$

$$=2\int \mathrm{d}u-2\int \frac{\mathrm{d}u}{u^2+2}$$

$$=2u-\sqrt{2}\arctan\frac{u}{\sqrt{2}}+C$$

$$=2\sqrt{x-2}-\sqrt{2}\arctan\sqrt{\frac{x}{2}-1}+C$$

例 5.5.10 求积分$\int \frac{\sqrt[3]{x}}{x(\sqrt{x}+\sqrt[3]{x})}\mathrm{d}x$。

解 为了去掉根式,可以设$\sqrt[6]{x}=t$

$$\int \frac{\sqrt[3]{x}}{x(\sqrt{x}+\sqrt[3]{x})}\mathrm{d}x=\int \frac{t^2}{t^6(t^3+t^2)}\cdot 6t^5\,\mathrm{d}t=6\int\left(\frac{1}{t}-\frac{1}{t+1}\right)\mathrm{d}t$$

$$=6\ln\frac{t}{t+1}+C$$

$$=\ln\frac{x}{(\sqrt[6]{x}+1)^6}+C$$

例 5.5.11 求积分$\int \frac{\mathrm{d}x}{x\sqrt{x^2+x+1}}$。

解 为了去掉根式,可以设$\sqrt{x^2+x+1}=t-x$,得到$x=\frac{t^2-1}{2t+1}$,

则$\sqrt{x^2+x+1}=\frac{t^2+t+1}{2t+1}$,$\mathrm{d}x=\frac{2(t^2+t+1)}{(2t+1)^2}\mathrm{d}t$

所以 $$\int \frac{\mathrm{d}x}{x\sqrt{x^2+x+1}}=\int \frac{2\mathrm{d}t}{t^2-1}=\ln\left|\frac{t-1}{t+1}\right|+C$$

$$=\ln\left|\frac{\sqrt{x^2+x+1}+x-1}{\sqrt{x^2+x+1}+x+1}\right|+C$$

一般地,二次三项式ax^2+bx+c中若$a>0$,则可令$\sqrt{ax^2+bx+c}=\sqrt{a}\,x\pm t$;若$c>0$,还可令$\sqrt{ax^2+bx+c}=xt\pm\sqrt{c}$。这类变换称为欧拉变换。

这一节中,主要学习了某些特殊类型的有理函数的积分,以及可以通过换元转化为有理函数的三角有理式、根式的积分。

至此,已经学过了求不定积分的两种基本方法,以及某些特殊类型不定积分的求法,读者应该通过多做练习,观察、分析、总结各种解题方法和技巧,掌握不同类型问题的特点以及彼此之间的联系,达到融会贯通的目的。需要指出的是,通常所说的"求出不定积分",是指用初等函数的形式把这个不定积分表示出来,在这个意义下,并不是任何初等函数的不定积分都能"求出"来的,比如:$\int \mathrm{e}^{x^2}\mathrm{d}x$,$\int \frac{\sin x}{x}\mathrm{d}x$,$\int \frac{\mathrm{d}x}{\ln x}$等,虽然这些函数的积分都是存在的,但是却无法用初等函数的形式来表示。因此可以说,初等函数的原函数不一定是初等函数。

习题 5.5

1. 将有理函数$\dfrac{x^3+1}{x^3-5x^2+6x}$分解为多项式和简单分式之和。

2. 将有理函数$\dfrac{3x^4+x^3+4x^2+1}{x^5+2x^3+x}$分解为多项式和简单分式之和。

3. 计算下列积分。

(1) $\displaystyle\int \frac{dx}{4-x^2}$　　(2) $\displaystyle\int \frac{dx}{x^2+x-6}$

(3) $\displaystyle\int \frac{x+4}{x^2+5x-6}dx$　　(4) $\displaystyle\int \frac{dx}{(x+1)(x^2+1)}$

(5) $\displaystyle\int \frac{x^3}{x^2+2x+1}dx$　　(6) $\displaystyle\int \frac{x^3+1}{x^3-5x^2+6x}dx$

(7) $\displaystyle\int \frac{3x^4+x^3+4x^2+1}{x^5+2x^3+x}dx$　　(8) $\displaystyle\int \frac{2x+3}{(x-2)(x+5)}dx$

(9) $\displaystyle\int \frac{1}{1+\sin x}dx$　　(10) $\displaystyle\int \frac{1}{2+\cos x}dx$

(11) $\displaystyle\int \frac{1+\sin x}{3+\cos x}dx$　　(12) $\displaystyle\int \frac{dx}{\sin^3 x\cos x}$

(13) $\displaystyle\int \frac{dx}{1+\sqrt[3]{x+2}}$　　(14) $\displaystyle\int \frac{dx}{\sqrt{1+x}+\sqrt[3]{1+x}}$

(15) $\displaystyle\int \frac{\sqrt{x+1}-1}{\sqrt{x+1}+1}dx$　　(16) $\displaystyle\int \frac{1}{x}\sqrt{\frac{1+x}{x}}dx$

习题五

1. 选择题

(1) 若 $F_1(x)$，$F_2(x)$是函数 $f(x)$的两个原函数，则 $F_1(x)-F_2(x)=$(　　)。

A. 0　　B. $f(x)$　　C. $f'(x)$　　D. 任意常数

(2) 已知$\int f(x)dx=\cos x+C$，则$\int xf(x)dx=$(　　)。

A. $x\cos x-\sin x+C$　　B. $x\cos x+\sin x+C$

C. $x\cos x+x+C$　　D. $x\sin x-\cos x+C$

(3) $\displaystyle\int \frac{1}{x}f'(\ln x)dx=$(　　)。

A. $f(\ln x)$　　B. $f(\ln x)+C$　　C. $-f(\ln x)$　　D. $xf(\ln x)$

(4) 下列式子正确的是(　　)。

A. $\int \sec x\cdot\tan x\, dx=\sec x+C$　　B. $\displaystyle\int \frac{1}{\sqrt{x}}dx=\sqrt{x}+C$

C. $\displaystyle\int \arcsin x\, dx=\frac{1}{\sqrt{1-x^2}}+C$　　D. $\displaystyle\int \frac{1}{x^2}dx=\frac{1}{x}+C$

(5) 若$\int f(x)\mathrm{d}x=x^2+C$，则$\int xf(1-x^2)\mathrm{d}x=$(　　)。

A. $2(1-x^2)^2+C$　　B. $-2(1-x^2)^2+C$

C. $\frac{1}{2}(1-x^2)^2+C$　　D. $-\frac{1}{2}(1-x^2)^2+C$

2. 填空题

(1) $\int\left(1-x+x^3-\frac{1}{\sqrt[3]{x^2}}\right)\mathrm{d}x$ ____________________。

(2) $\int(1+x)^n\mathrm{d}x=$____________________。

(3) $\int\frac{1}{x-2}\mathrm{d}x=$____________________。

(4) $\int\ln x\,\mathrm{d}x=$____________________。

(5) 如果 e^{-x} 是函数 $f(x)$ 的一个原函数，则$\int f(x)\mathrm{d}x=$____________________。

3. 判断题(正确的画"√"；错误的画"×")

(1) 如果函数 $f(x)$ 有原函数，则其个数一定是无穷多。(　　)

(2) 所有连续函数都有原函数。(　　)

(3) 若$\int f(x)\mathrm{d}x=F_1(x)+C_1$，以及$\int f(x)\mathrm{d}x=F_2(x)+C_2$，其中 C_1 和 C_2 均为任意常数，则一定存在常数 k，使得 $C_1-C_2=k$。(　　)

(4) 初等函数的原函数一定是初等函数。(　　)

(5) 设 $F(x)$ 是 $f(x)$ 的一个原函数，若 $f(x)$ 是偶函数，那么 $F(x)$ 一定是奇函数。(　　)

4. 计算下列不定积分。

(1) $\int(\sqrt{x}-1)\left(x+\frac{1}{\sqrt{x}}\right)\mathrm{d}x$　　(2) $\int(2^x+3^x)^2\mathrm{d}x$

(3) $\int\frac{\cos 2x}{\cos x-\sin x}\mathrm{d}x$　　(4) $\int\frac{2\mathrm{d}x}{(1+x^2)x^2}$

(5) $\int\frac{\mathrm{d}x}{\mathrm{e}^x+\mathrm{e}^{-x}}$　　(6) $\int\frac{\mathrm{d}x}{\cos^2 x\sqrt{1-\tan^2 x}}$

(7) $\int\frac{\mathrm{d}x}{\sqrt{(1-x^2)\arcsin x}}$　　(8) $\int\frac{x^2}{\sqrt{2-x}}\mathrm{d}x$

(9) $\int\frac{x}{x-\sqrt{x^2-1}}\mathrm{d}x$　　(10) $\int x^2\mathrm{e}^x\,\mathrm{d}x$

(11) $\int x^2\sin 3x\,\mathrm{d}x$　　(12) $\int\frac{x}{\sin^2 x}\mathrm{d}x$

(13) $\int\frac{1}{x^4\sqrt{1+x^2}}\mathrm{d}x$　　(14) $\int\frac{\sqrt{x^2-9}}{x}\mathrm{d}x$

(15) $\int\frac{1}{1+\sqrt{x}}\mathrm{d}x$　　(16) $\int\frac{1}{1+\sqrt{1-x^2}}\mathrm{d}x$

(17) $\int \frac{2x+3}{x^2+x+1}dx$　　(18) $\int \frac{x^3+x^2+2}{(x^2+2)^2}dx$

(19) $\int \frac{dx}{5-4\sin x+3\cos x}$　　(20) $\int \frac{\sqrt{x(x+1)}\,dx}{\sqrt{x}+\sqrt{x+1}}$

5. 设 $F(x)$ 是 $f(x)$ 的一个原函数，$G(x)$ 是 $\frac{1}{f(x)}$ 的一个原函数，且 $F(x)G(x)=-1$，$f(0)=1$，求 $f(x)$。

自测题五

1. 选择题

(1) 若 $F(x)$，$G(x)$ 是函数 $f(x)$ 的两个原函数，则 $F'(x)-G'(x)=$(　　)。

A. 0　　B. $f(x)$　　C. $f'(x)$　　D. 任意常数

(2) 在下列等式中，正确的结果是(　　)。

A. $\int f'(x)dx=f(x)$　　B. $\int df(x)=f(x)$

C. $\frac{d}{dx}\int f(x)dx=f(x)$　　D. $d\int f(x)dx=f(x)$

(3) 设 $f(x)$ 是 $(-\infty,+\infty)$ 内的奇函数，$F(x)$ 是它的一个原函数，则(　　)。

A. $F(x)=-F(-x)$　　B. $F(x)=F(-x)$

C. $F(x)=-F(-x)+C$　　D. $F(x)=F(-x)+C$

(4) 若 $f(x)$ 的导数是 $\sin x$，则 $f(x)$ 有一个原函数为(　　)。

A. $1+\sin x$　　B. $1-\sin x$　　C. $1+\cos x$　　D. $1-\cos x$

(5) $\frac{d}{dx}\int f(x)d(\arctan x)=$(　　)。

A. $\frac{f(x)}{(1+x^2)}$　　B. $-\frac{f(x)}{(1+x^2)}$　　C. $\frac{f(x)}{(1+x^2)}+C$　　D. $-\frac{f(x)}{(1+x^2)}+C$

2. 填空题

(1) 设 $\int f(x)dx=\frac{1}{6}\ln(3x^2-1)+c$，则 $f(x)=$______________。

(2) 经过点(1,2)，且其切线的斜率为 $2x$ 的曲线方程为______________。

(3) $\int(10^x+3\sin x-\sqrt{x})dx=$______________。

(4) $\int(a^2+x^2)dx=$______________。

(5) $\int \arctan x\,dx=$______________。

3. 判断题(正确的画"√"；错误的画"×")

(1) 如果函数 $f(x)$ 有原函数为 0，$\int f(x)dx\equiv 0$。(　　)

(2) $\int kf(x)dx=k\int f(x)dx$。(　　)

(3) 所有不连续函数都没有原函数。 (　　)

(4) $-\frac{1}{2}\cos 2x$，$\sin^2 x$，$-\cos^2 x$ 和$\frac{1}{2}\sin^2 x$ 都是 $\sin 2x$ 的原函数。 (　　)

(5) 设 $F(x)$ 是 $f(x)$ 的一个原函数，若 $f(x)$ 是奇函数，那么 $F(x)$ 一定是偶函数。

(　　)

4. 计算下列不定积分

(1) $\int\left(x+\frac{1}{x}-\sqrt{x}+\frac{3}{x^3}\right)\mathrm{d}x$　　(2) $\int\frac{x^4}{1+x^2}\mathrm{d}x$

(3) $\int\tan^2 x\ \mathrm{d}x$　　(4) $\int\sin^2\frac{x}{2}\ \mathrm{d}x$

(5) $\int\frac{1}{x\sqrt{1+x^2}}\mathrm{d}x$　　(6) $\int\frac{x}{\sqrt{2-3x^2}}\mathrm{d}x$

(7) $\int\frac{1}{x+\sqrt{1-x^2}}\mathrm{d}x$　　(8) $\int x\arctan x\ \mathrm{d}x$

(9) $\int\frac{x+3}{x^2-5x+6}\mathrm{d}x$　　(10) $\int\frac{3\mathrm{d}x}{x^3+1}$

5. 已知动点在时刻 t 的速度为 $v=2t-1$，且 $t=0$ 时 $s=4$，求此动点的运动方程。

6. 证明：若$\int f(x)\mathrm{d}x=F(x)+C$，则$\int f(ax+b)\mathrm{d}x=\frac{1}{a}F(ax+b)+C\quad(a\neq 0)$。

7. 已知函数 $f(x)$ 在 $x=-1$ 处取得极大值$\frac{11}{2}$，且曲线 $y=f(x)$ 在点$(x,f(x))$处切线的斜率为 ax^2-3x-6。试确定 $f(x)$，并求 $f(x)$ 的极小值。

课外阅读　**牛顿与流数术**

第6章　定积分及其应用

定积分的概念起源于计算诸如平面图形的面积、变速直线运动的路程、变力做功、非均匀物体的质量等几何、物理及工程技术中的一大类问题。定积分的思想在古代数学家的工作中就已经有了萌芽，比如古希腊时期的阿基米德在公元前240年左右，就曾用求和的方法计算过抛物线弓形及其他图形的面积。公元263年我国刘徽提出的割圆术，也是同一思想。在历史上，积分观念的形成比微分要早，但是直到牛顿和莱布尼茨的工作出现之前(17世纪下半叶)，有关定积分的种种结果还是孤立零散的，比较完整的定积分理论还未形成，直到牛顿——莱布尼茨公式建立以后，计算问题得以解决，定积分才迅速建立并发展起来。

本章将从实际例子出发，引出定积分的概念。之后讲述定积分的基本性质和定理，这是解决定积分计算的依据，特别是作为微积分学基本公式的牛顿—莱布尼茨公式，把不定积分和定积分这两个具有不同起源的概念联系起来，使定积分的计算在很大程度上化归为不定积分，即求原函数的计算问题。和不定积分类似，定积分的计算方法也有换元法和分部积分法，本章还将定积分计算推广到广义积分，给出了两类广义积分的计算方法——无穷区间上的广义积分和无界函数的广义积分。在本章的第6.6节介绍定积分在数学、物理学、经济学、医学上的典型应用。正是定积分在实际应用中的巨大价值，决定了该理论在数学中的重要地位。

6.1　定积分的概念

学习目标与要求

(1) 了解定积分的思想；

(2) 掌握定积分的概念和表达式；

(3) 掌握定积分的几何意义并使用定积分几何意义解题。

刘徽形容他的“割圆术”说：割之弥细，所失弥少，割之又割，以至于不可割，则与圆合体，而无所失矣。其理论基础是极限，定积分也就是在这种“化整为零→近似代替→累加求和→取极限”的思想上建立起来的。这种“和的极限”的思想，在高等数学、物理、工程技术、其他知识领域及人们在生产实践活动中具有普遍意义。其中的几何量或物理量可以由许多微小量累积而成，而这些微小量很容易计算出其近似值。在这些变量微小化的过程中尽可能使误差减少从而逼近真实值。通过大量的研究分析，人们得出了一个统一的数学方法，这就是定积分的计算方法，定积分就是为了满足实际的需要而产生、发展起来的。虽然我们以前学习了一些面积和路程的计算公式，但是实际中的图形不会那么规整，速度也不会如此均匀变化。下面通过求曲边梯形的面积及变速直线运动的路程实例，逐步了解利用定积分是如何解决这些实际问题的。

6.1.1 两个典型实例

引例 6.1.1 求曲边梯形的面积。

设 $y=f(x)$是区间$[a,b]$上的连续函数，且 $f(x)\geqslant 0$，那么由曲线 $y=f(x)$，x 轴及直线 $x=a$，$x=b(a<b)$所围成的平面图形，称为曲边梯形，如图 6.1 所示。

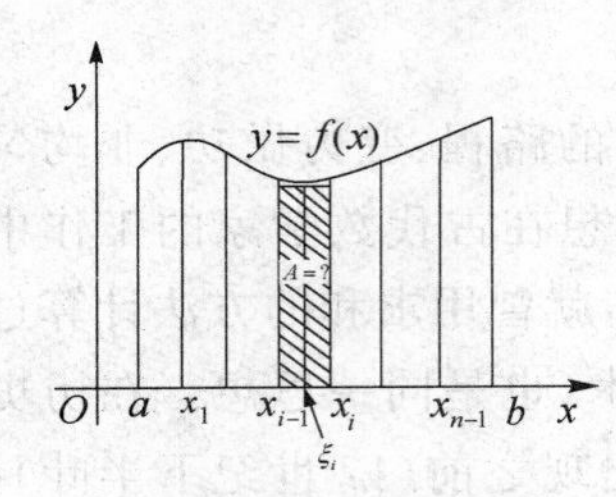

图 6.1 引例 6.1.1 图示

在初等数学中，直边梯形的面积 $A=\frac{1}{2}$(上底＋下底)×高。而计算此图形的困难是：图形有一边是“曲”的，为了克服此困难，我们自然想到用矩形逼近它，但仅用一个矩形去逼近一个曲边梯形误差太大。但是，由于 $f(x)$在$[a,b]$上连续变化，当区间很小时，$f(x)$变化很小，可近似看成常量，这就使得计算值与实际值的误差更小了，并且区间越小，$f(x)$变化也越小。于是，可以通过“化整为零”的求和的方法：细分$[a,b]$为若干小区间，用平行于 y 轴的直线将曲边梯形划分成若干小曲边梯形，在每个小区间上任意选定一点 ξ，用 $f(\xi)$去代替该区间上的变化的高 $f(x)$，求得小矩形的面积，用小矩形面积近似地代替小曲边梯形面积，然后求和，得到整个梯形面积的近似值。显然，大曲边梯形分割得越细，总误差会越小，若将分割无限加细，则总误差会趋于零。

具体的计算步骤如下。

(1) 分割。在区间$[a,b]$内任意插入 $n-1$ 个分点：

$$a=x_0<x_1<\cdots x_i<\cdots<x_{n-1}<x_n=b$$

把$[a,b]$分成 n 个小区间：$[x_{i-1},x_i]$$(i=1,2,\cdots,n)$，各小区间$[x_{i-1},x_i]$的长度记为 Δx_i，在各分点处作 y 轴的平行线，就把曲边梯形分成 n 个小曲边梯形。

(2) 近似(代替)。在每个小区间$[x_{i-1},x_i]$上任取一点 ξ_i，以 $f(\xi_i)$为高，Δx_i 为底的矩形面积近似代替该区间上小曲边梯形面积 ΔA_i，即

$$\Delta A_i\approx f(\xi_i)\Delta x_i \quad (i=1,2,\cdots,n)$$

(3) 求和。整个大曲边梯形的面积近似等于各小矩形的面积之和，即

$$A=\sum_{i=1}^{n}\Delta A_i\approx\sum_{i=1}^{n}f(\xi_i)\Delta x_i$$

(4) 取极限：记 $\lambda=\max\{\Delta x_1,\Delta x_2,\cdots,\Delta x_n\}$，当 $\lambda\to 0$ 时，每个小区间的长度都趋近于 0，这时如果极限$\lim\limits_{\lambda\to 0}\sum\limits_{i=1}^{n}f(\xi_i)\Delta x_i$ 存在，则它就是曲边梯形的面积，即

$$A=\lim_{\lambda\to 0}\sum_{i=1}^{n}f(\xi_i)\Delta x_i$$

对于 $f(x)<0$ 的部分，所计算出的结果为负数。可理解为 x 轴下方曲边梯形面积的负值。

引例 6.1.2 求变速直线运动的路程。

设某物体做直线运动，已知速度 $v=v(t)$是时间间隔$[T_a,T_b]$上 t 的连续函数，且 $v(t)\geqslant 0$。计算在这段时间内物体所经过的路程 s。

在中学学过，对于匀速直线运动，有公式：

路程＝速度×时间

但是，在变速直线运动中，速度不是常量，而是随时间变化的变量。由于速度 $v(t)$是随时间连续变化的，因此，在很短的一段时间内，速度的变化很小，近似于匀速。就可以仿照引例 6.1.1 的方法进行计算，具体的计算步骤如下。

(1) 分割。在时间间隔$[T_a, T_b]$内任意插入 $n-1$ 个分点：

$$T_a = t_0 < t_1 < \cdots t_i \cdots < t_{n-1} < t_n = T_b$$

把$[T_a、T_b]$分成 n 个小区间：$[t_{i-1}, t_i]$$(i=1,2,3,\cdots,n)$，各小时间段$[t_{i-1}, t_i]$的间隔记为 Δt_i.

(2) 近似(代替)。在每个小时间段$[t_{i-1}, t_i]$上任取一点 τ_i，时间间隔 Δt_i 内物体运动的路程 Δs_i 的近似值为

$$\Delta s_i \approx v(\tau_i)\Delta t \quad (i=1,2,\cdots,n)$$

(3) 求和。将各小时间段内运动的路程求和，则物体在时间$[T_a, T_b]$内运动的路程近似为

$$s = \sum_{i=1}^{n} \Delta s_i \approx \sum_{i=1}^{n} v(\tau_i)\Delta t_i$$

(4) 取极限：记 $\lambda = \max\{\Delta\tau_1, \Delta\tau_2 \cdots, \Delta_n\}$，当 $\lambda \to$ 时，每个小时间段的间隔都趋于 0，这时如果极限 $\lim\limits_{\lambda \to 0} \sum\limits_{i=1}^{n} v(\tau_i)\Delta s_i$ 存在，则它就是物体在$[T_a, T_b]$内运动的路程，即

$$s = \lim_{\lambda \to 0} \sum_{i=1}^{n} v(\tau_i)\Delta t_i$$

引例 6.1.1 和引例 6.1.2 都以"无限分割减小误差，累加求和取极限"的思想为指导。对比两者

$$\text{面积}: A = \lim_{\lambda \to 0} \sum_{i=1}^{n} f(\xi_i)\Delta x_i$$

$$\text{路程}: s = \lim_{\lambda \to 0} \sum_{i=1}^{n} v(\tau_i)\Delta t_i$$

可以看出，尽管这两个问题的来源不同，前者是几何量，后者是物理量，但其计算方法都可归结为同一种和式的极限，其值决定于一个函数及其自变量的变化区间。即曲面和速度如何变化，以及曲边梯形的宽度和物体运动的时间。抛开这些问题的具体含义，抓住它们在方法、数量关系上共同的本质与特征加以概括，就得出定积分的定义。

6.1.2　定积分的定义

定义 6.1.1　设函数 $f(x)$在$[a,b]$上有定义，在$[a,b]$内任意插入 $n-1$ 个分点：

$$a = x_0 < x_1 < x_2 < \cdots < x_{n-1} < x_n = b$$

把$[a,b]$分成 n 个小区间：$[x_{i-1}, x_i]$$(i=1,2,\cdots,n)$，各小区间$[x_{i-1}, x_i]$的长度记为 Δx_i，在每个小区间上任取一点 $\xi_i \in [x_{i-1}, x_i]$，作函数值 $f(\xi_i)$与小区间 Δx_i 的乘积 $f(\xi_i)\Delta x_i$$(i=1,2,\cdots,n)$，其和式为 $\sum\limits_{i=1}^{n} f(\xi_i)\Delta x_i$，记为 $\lambda = \max\{\Delta x_1, \Delta x_2, \cdots, \Delta x_n\}$，如果不论对$[a,b]$如何分割，也不论 ξ_i 在小区间$[x_{i-1}, x_i]$如何选取，只要当 $\lambda \to 0$ 时，该和式总趋于确定的极限 I，这时就称这个极限 I 为函数 $f(x)$在$[a,b]$上的定积分，记为 $\int_a^b f(x)\mathrm{d}x$，即

$$\int_a^b f(x)\mathrm{d}x = I = \lim_{\lambda \to 0} \sum_{i=1}^{n} f(\xi_i)\Delta x_i$$

在这个表达式中：$f(x)$称为**被积函数**；$f(x)\mathrm{d}x$ 称为**被积表达式**；x 称为**积分变量**；a 称为**积分下限**；b 称为**积分上限**；$[a,b]$称为**积分区间**。

定积分的定义是以极限的形式给出的，因此该定义还可以用“$\varepsilon-\delta$”方法叙述：设 $f(x)$在$[a,b]$上有定义，若存在数 I，对于任意 $\varepsilon>0$，总存在 $\delta>0$，对于区间$[a,b]$的任意分割方法，且无论 ξ_i 在分割后的小区间$[x_{i-1},x_i]$上如何选取，只要 $\lambda=\max=\{\Delta x_1,\Delta x_2,\cdots,\Delta x_n\}<\delta$，恒有 $\left|\sum_{i=1}^{n}f(\xi_i)\Delta x_i-I\right|<\varepsilon$，数 I 称为 $f(x)$ 在$[a,b]$上的定积分，记为$\int_a^b f(x)\mathrm{d}x$。

有了定积分的定义，前面讨论的两个实际问题可以分别表述如下。

(1) 曲线 $y=f(x)(f(x)\geqslant 0)$、x 轴及两条直线 $x=a$，$x=b$ 所围成的曲边梯形的面积 A 等于函数 $f(x)$在区间$[a,b]$上的定积分，即

$$A=\int_a^b f(x)\mathrm{d}x$$

(2) 物体以变速 $v=v(t)(v(t)\geqslant 0)$做直线运动，从 T_a 时刻到 T_b 时刻，物体经过的路程 s 等于函数 $v(t)$在区间$[T_a,T_b]$上的定积分，即

$$s=\int_{T_a}^{T_b} f(x)\mathrm{d}x$$

注意：当积分$\int_a^b f(x)\mathrm{d}x$ 存在时，若 a,b 是定值，$\int_a^b f(x)\mathrm{d}x$ 是确定的常数，它的大小仅与被积函数 $f(x)$和区间$[a,b]$有关，而与用什么符号表示积分变量无关，即

$$\int_a^b f(x)\mathrm{d}x=\int_a^b f(t)\mathrm{d}t=\int_a^b f(u)\mathrm{d}u$$

既然上述前提是积分$\int_a^b f(x)\mathrm{d}x$ 存在，那么函数 $f(x)$在区间$[a,b]$上满足什么条件，“和式”的极限才存在？即满足什么条件，函数 $f(x)$在区间$[a,b]$上可积？对于这个问题，这里不作深入探讨，而只给出以下两个充分条件。

定理 6.1.1 若 $f(x)$在区间$[a,b]$上连续，则 $f(x)$在区间$[a,b]$上可积。

定理 6.1.2 若 $f(x)$在区间$[a,b]$上有界，且只有有限个间断点，则 $f(x)$在区间$[a,b]$上可积。

有定积分的定义，原理上可以应用定积分的定义解决定积分的计算问题，但其计算过程是相当复杂的。

例 6.1.1 利用定义求定积分$\int_a^b 1\mathrm{d}x$ 的值。

解 由于常数函数 $y=f(x)=1$ 在区间$[a,b]$上是连续的，根据定理 6.1.1 可知，该函数在区间$[a,b]$上是可积的，又因为积分与区间的分割方法以及 ξ_i 的取法无关，因此不妨把区间$[a,b]n$ 等分，分点为 $x_i=a+\dfrac{b-a}{n}i(i=1,2,\cdots,n-1)$；这样，每个小区间$[x_{i-1},x_i]$的长度 $\Delta x_i=x_i-x_{i-1}=\dfrac{b-a}{n}(i=1,2,\cdots,n)$；在各小区间上任取 ξ_i，由于 $y=1$ 是常函数，因此对于任意 ξ_i，都有 $f(\xi_i)=1$。于是，由定义得到

$$\int_a^b 1\mathrm{d}x\approx\sum_{i=1}^{n}f(\xi_i)\Delta x_i=\sum_{i=1}^{n}1\cdot\frac{b-a}{n}=b-a$$

当 $\lambda=\dfrac{b-a}{n}\to 0$ 时，$n\to\infty$，从而

$$\int_a^b 1\mathrm{d}x = \lim_{\lambda \to 0} \sum_{i=1}^{n} f(\xi_i)\Delta x_i = \lim_{\lambda \to 0} \sum_{i=1}^{n} f(\xi_i)\Delta x_i = \lim_{n \to \infty}(b-a) = b-a$$

例 6.1.2　利用定义计算定积分 $\int_0^1 x^2 \mathrm{d}x$。

解　由于被积函数 $f(x)=x^2$ 在区间[0,1]上是连续的,根据定理 6.1.1 可知,该函数在区间[0,1]上是可积的,又因为积分与区间的分割方法以及 ξ_i 的取法无关,因此不妨把区间[0,1] n 等分,分点为 $x_i=\frac{i}{n}(i=1,2,\cdots,n-1)$;这样,每个小区间 $[x_{i-1},x_i]$ 的长度 $\Delta x_i=\frac{1}{n}$ $(i=1,2,\cdots,n)$;取 $\xi_i=x_i(i=1,2,\cdots,n)$。于是,由定义得到

$$\int_0^1 x^2 \mathrm{d}x \approx \sum_{i=1}^{n} f(\xi_i)\Delta x_i = \sum_{i=1}^{n} \xi_i^2 \Delta x_i = \sum_{i=1}^{n} x_i^2 \Delta x_i \sum_{i=1}^{n}\left(\frac{i}{n}\right)^2 \frac{1}{n}$$

$$= \frac{1}{n}\sum_{i=1}^{n}\left(\frac{i}{n}\right)^2 = \frac{1}{n^3}\sum_{i=1}^{n}(i)^2 = \frac{1}{n^3}\cdot\frac{1}{6}n(n+1)(2n+1)$$

这里应用了公式 $1^2+2^2+\cdots+n^2=\frac{1}{6}n(n+1)(2n+1)$。

当 $\lambda=\frac{1}{n}\to 0$ 时,$n\to\infty$,对上式右端取极限,由定积分的定义,即得所要计算的积分为

$$\int_0^1 x^2 \mathrm{d}x = \lim_{n\to\infty}\sum_{i=1}^{n} f(\xi_i)\Delta x_i = \lim_{n\to\infty}\frac{1}{n^3}\cdot\frac{1}{6}n(n+1)(2n+1) = \frac{1}{3}$$

由例 6.1.1 和例 6.1.2 可看出,通过定义计算定积分是相当烦琐的事情。而随着被积函数的变更,有些计算甚至很难得出结果,所以必须探索新的计算方法。这个问题将在后续小节展开说明。

6.1.3　定积分的几何意义

结合本章第 6.1.1 小节中的引例 6.1.1,$\int_a^b f(x)\mathrm{d}x$ 是在微小区间 $\mathrm{d}x$ 上 $f(x)$ 与 $\mathrm{d}x$ 的乘积在区间 $[a,b]$ 上的求和。下面分三种情况讨论定积分 $\int_a^b f(x)\mathrm{d}x$ 表示的几何意义。

(1) 在区间 $[a,b]$ 上,当 $f(x)\geqslant 0$ 时,积分 $\int_a^b f(x)\mathrm{d}x$ 在几何上表示曲线 $y=f(x)(f(x)\geqslant 0)$、x 轴及两条直线 $x=a$,$x=b$ 所围成的曲边梯形的面积,如图 6.2 所示。

(2) 在区间 $[a,b]$ 上,当 $f(x)\leqslant 0$ 时,此时 $f(x)$ 与 $\mathrm{d}x$ 的乘积 $\leqslant 0$,由曲线 $y=f(x)$ $(f(x)\leqslant 0)$、x 轴及两条直线 $x=a$,$x=b$ 围成的曲边梯形位于 x 轴的下方,如图 6.3 所示,定积分 $\int_a^b f(x)\mathrm{d}x$ 在几何上表示上述曲边梯形面积的负值。

(3) 在区间 $[a,b]$ 上,当 $f(x)$ 既取正值又取负值时,函数 $y=f(x)$ 表示的图形某些部分在 x 轴上方,其他部分在 x 轴下方,如图 6.4 所示,如果对面积赋以正负号,在 x 轴上方的图形面积赋以正号,x 轴下方的图形面积赋以负号,则在一般情形下,定积分 $\int_a^b f(x)\mathrm{d}x$ 的几何意义为:它是介于 x 轴、函数 $f(x)$ 表示的图形以及两直线 $x=a$,$x=b$ 之间各部分面积的代数和。如图 6.4 所示,令 x 轴下方的面积为 A_1,x 轴上方的面积为 A_2,则 $\int_a^b f(x)\mathrm{d}x = A_2 - A_1$。通过定积分几何意义做计算时通常将正负部分分开考虑。

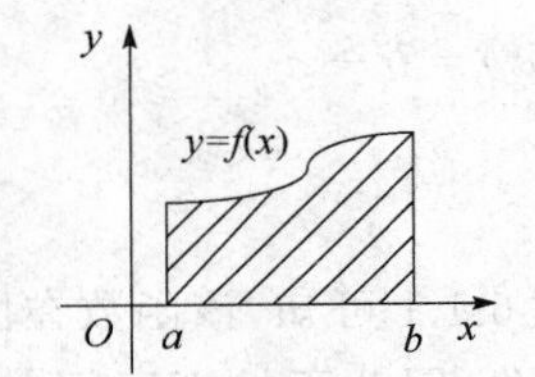

图 6.2　在区间$[a,b]$上，当$f(x)\geqslant 0$时，定积分$\int_a^b f(x)\mathrm{d}x$的几何意义

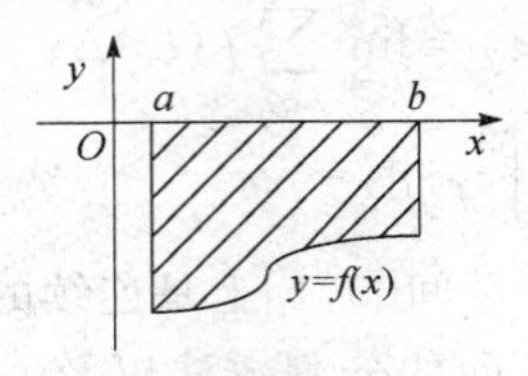

图 6.3　在区间$[a,b]$上，当$f(x)\leqslant 0$时，定积分$\int_a^b f(x)\mathrm{d}x$的几何意义

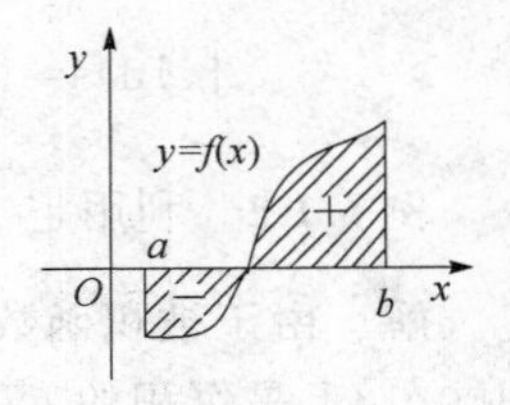

图 6.4　在区间$[a,b]$上，当$f(x)$既取正值又取负值时，定积分$\int_a^b f(x)\mathrm{d}x$的几何意义

例 6.1.3　利用定积分的几何意义证明$\int_a^b 1\mathrm{d}x$。

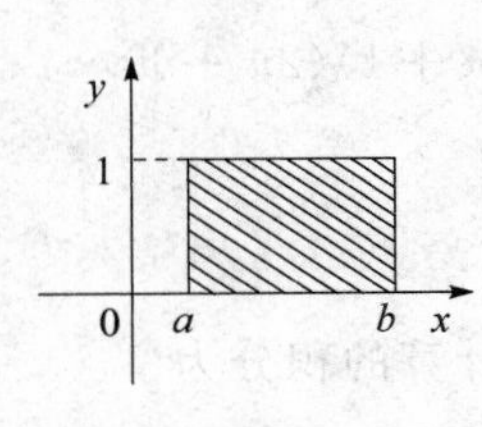

图 6.5　例 6.1.3 图示

解　由定积分的几何意义可知，$\int_a^b 1\mathrm{d}x$等于直线$y=1$，x轴及直线$x=a$，$x=b$所围成的矩形的面积，如图 6.5 所示。

由矩形面积计算公式，图 6.5 所示的阴影部分的面积为$S=1\cdot(b-a)=b-a$，所以$\int_a^b 1\mathrm{d}x=S=b-a$。

例 6.1.4　利用定积分的几何意义计算$\int_a^b x\ \mathrm{d}x$。

解　由定积分的几何意义可知，$\int_0^1 x\ \mathrm{d}x$等于直线$y=x$，x轴及直线$x=0$（y轴），$x=1$所围成的三角形的面积，如图 6.6 所示。

由三角形面积公式可知图 6.6 所示的三角形阴影区域的面积是

$S=\frac{1}{2}\cdot 1\cdot 1=\frac{1}{2}$，所以$\int_0^1 x\ \mathrm{d}x=S=\frac{1}{2}\cdot 1\cdot 1=\frac{1}{2}$。

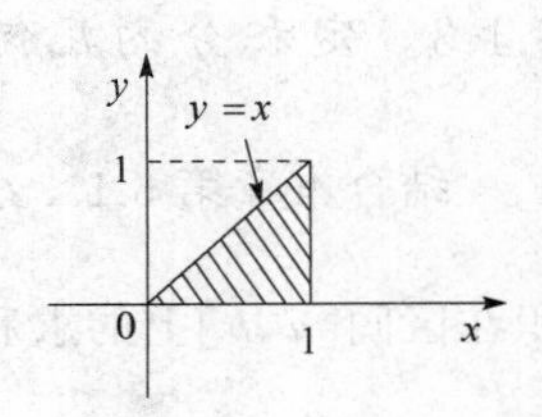

图 6.6　例 6.1.4 图示

例 6.1.5　利用定积分的几何意义计算$\int_{-1}^1 (x^3-x)\mathrm{d}x$。

解　由于函数$f(x)=x^3-x$是奇函数，积分区间关于原点对称，因此$\int_{-1}^1 (x^3-x)\mathrm{d}x=0$。

本节通过两个典型应用，引出了定积分的定义. 从本章的第 6.2 节可以看出，直接利用定积分的定义进行求解往往十分复杂，甚至不可能。接着讨论了定积分的几何意义。定积分的几何意义在有些情况下可以直观地计算出结果，简化计算过程，而对于$\int_0^{\pi}\sin x\ \mathrm{d}x$这样的计算就显得力不从心了。接下来的学习会逐渐帮助我们解决定积分的计算问题。

习题 6.1

1. 判断对错，如果错误，请改正

(1) 定积分的值与积分变量，积分区间以及被积函数有关。

(2) 已知$y=f(x)$在区间$[a,b]$上连续，定积分$\int_a^b f(x)\mathrm{d}x$在几何上表示由曲线$y=f$

(x)、x 轴及两条直线 $x=a$、$x=b$ 围成的曲边梯形的面积。

(3) 在定积分定义中 $\lambda\to 0$ 不可以改为 $n\to\infty$。

2. 利用定义求下列定积分的值

(1) $\int_a^b C\mathrm{d}x$，其中 C 为任意常数　　(2) $\int_1^2 (2x+3)\mathrm{d}x$

3. 利用定积分的几何意义计算下列定积分的值

(1) $\int_{-1}^1 |x|\mathrm{d}x$　　(2) $\int_0^{2\pi} \sin x\ \mathrm{d}x$ 。

4. 用定积分表示下列极限

(1) $\lim\limits_{n\to\infty}\dfrac{1}{n}\sum\limits_{i=1}^{n}\sqrt{1+\dfrac{i}{n}}$　　(2) $\lim\limits_{n\to\infty}\sum\limits_{k=1}^{n}\dfrac{n}{n^2+4k^2}$

5. 已知做自由落体运动的物体的速度函数为 $v(t)=gt$，其中 g 是重力加速度(常数)，物体由静止状态下落的瞬间开始计时，求时间间隔$[0,T]$内物体下落的距离 h。

6. 设细棒的线密度是长度 x 的函数 $\rho(x)$，试用定积分表示长为 l 的细棒的质量。

7. 利用定积分的几何意义计算下列定积分的值

(1) $\int_1^2 2\mathrm{d}x$　　(2) $\int_0^1 (1-x)\mathrm{d}x$　　(3) $\int_0^1 \sqrt{1-x^2}\,\mathrm{d}x$

8. 利用定积分的几何意义证明

(1) $\int_0^2 \sqrt{1-(x-1)^2}\,\mathrm{d}x=2\int_0^1 \sqrt{1-(x-1)^2}\,\mathrm{d}x$　(2) $\int_{-\pi}^{\pi} \sin x\ \mathrm{d}x=0$

9. 设 $f(x)$及 $g(x)$在$[a,b]$上连续，用定积分几何意义证明：若在区间$[a,b]$上，$f(x)\geqslant 0$，且 $\int_a^b f(x)\mathrm{d}x=0$，则在区间$[a,b]$上 $f(x)\equiv 0$。

10. 已知某物体的速度 $v(t)=t^2-4t+3$，请用定积分分别表示该物体 0～5s 内的位移 X 和路程 s。

6.2　定积分的性质

学习目标与要求

(1) 掌握定积分的性质；

(2) 掌握应用定积分的性质解题的方法。

本节讨论定积分的一些基本性质，这些性质在定积分的计算和应用中起着重要作用。为了讨论和计算方便，先对定积分作以下两条规定。

(1) 当 $a=b$ 时，$\int_a^b f(x)\mathrm{d}x=0$；

(2) 当 $a>b$ 时，$\int_a^b f(x)\mathrm{d}x=-\int_b^a f(x)\mathrm{d}x$ 。

规定(2)说明，交换定积分的上下限，绝对值不变，符号相反。该式还对定积分的定义做了推广，即取消了最初定积分定义中要求下限 a 不大于上限 b 的限制。在接下来的讨论中，如果不特别指明，各性质中积分上下限的大小，均不加限制；并假定各性质中所列出的定积分都是存在的。

性质 6.2.1 函数的和(差)的定积分等于各函数的定积分的和(差),即

$$\int_a^b [f(x) \pm g(x)]\mathrm{d}x = \int_a^b f(x)\mathrm{d}x \pm \int_a^b g(x)\mathrm{d}x$$

证明
$$\int_a^b [f(x) \pm g(x)]\mathrm{d}x = \lim_{\lambda \to 0}\sum_{i=1}^{n}[f(\xi_i) \pm g(\xi_i)]\Delta x_i$$
$$= \lim_{\lambda \to 0}\sum_{i=1}^{n} f(\xi_i)\Delta x_i + \lim_{\lambda \to 0}\sum_{i=1}^{n} g(\xi_i)\Delta x_i$$
$$= \int_a^b f(x)\mathrm{d}x \pm \int_a^b g(x)\mathrm{d}x \text{ 证完。}$$

性质 6.2.2 被积函数的常数因子可以提到积分号的外面,即

$$\int_a^b kf(x)\mathrm{d}x = k\int_a^b f(x)\mathrm{d}x$$

证明方法与性质 6.2.1 类似。

注:性质 6.2.1 和性质 6.2.2 可以合并起来,即

$$\int_a^b [k_1 f(x) + k_2 g(x)]\mathrm{d}x = k_1\int_a^b f(x)\mathrm{d}x + k_2\int_a^b g(x)\mathrm{d}x$$

此式被称为定积分的**线性性质**。

性质 6.2.1 和性质 6.2.2 可推广到多个函数的情况。

性质 6.2.3(积分区间可加性) 将积分区间分成两个区间,则函数在整个区间上的积分等于在分割后的两个区间上积分的和,即设 $a<c<b$,则

$$\int_a^b f(x)\mathrm{d}x = \int_a^c f(x)\mathrm{d}x + \int_c^b f(x)\mathrm{d}x$$

证明 因为函数 $f(x)$在区间$[a,b]$上可积,所以不论把$[a,b]$怎样分,积分和的极限总是不变的。因此,在分区间时,可以使 c 是个分点。那么$[a,b]$上的积分和等于$[a,c]$上的积分加上$[c,b]$上的积分,记为

$$\sum_{[a,b]} f(\xi_i)\Delta x_i = \sum_{[a,c]} f(\xi_{1i})\Delta x_i + \sum_{[c,b]} f(\xi_{2i})\Delta x_i$$

令 $\lambda \to 0$,上式两端同时取极限,即得

$$\int_a^b f(x)\mathrm{d}x = \int_a^c f(x)\mathrm{d}x + \int_c^b f(x)\mathrm{d}x \quad \text{证完}$$

备注:在性质 6.2.3 中,当 c 在$[a,b]$之外时也是成立的。

证明 不妨设 $a<b<c$,由性质 6.2.3 知,$\int_a^c f(x)\mathrm{d}x = \int_a^b f(x)\mathrm{d}x + \int_b^c f(x)\mathrm{d}x$,即

$$\int_a^b f(x)\mathrm{d}x = \int_a^c f(x)\mathrm{d}x - \int_b^c f(x)\mathrm{d}x = \int_a^c f(x)\mathrm{d}x + \int_c^b f(x)\mathrm{d}x \quad \text{证完}$$

例 6.2.1 试求定积分$\int_0^1 (3x-2)\,\mathrm{d}x$ 的值。

解 根据定积分的几何意义可知 $S=S_- + S_+$,可求:

$$\int_0^1 (3x-2)\mathrm{d}x = -\frac{1}{2}\cdot 2\cdot\frac{2}{3} + \frac{1}{2}\cdot 1\left(1-\frac{2}{3}\right)$$
$$= -\frac{1}{2}$$

而在第 6.1 节已经求过$\int_0^1 x\,\mathrm{d}x = \frac{1}{2}$,$\int_0^1 1\mathrm{d}x = 1$,利用性质 6.2.2 可求$\int_0^1 (3x-2)\mathrm{d}x = \frac{3}{2}-2= -\frac{1}{2}$

由此可见,两种方法所得结果一致。在计算中可根据实际情况进行适当的拆分。

依据此性质,读者可通过定积分的几何意义计算 $\int_0^2 f(x)\mathrm{d}x$,其中 $f(x)=\begin{cases}x & 0\leqslant x<1\\1 & x\geqslant 1\end{cases}$。

性质 6.2.4(保号性)　如果在区间$[a,b]$上,有 $f(x)\geqslant 0$,则

$$\int_a^b f(x)\mathrm{d}x \geqslant 0$$

证明　根据前述定积分定义,有

$$\int_a^b f(x)\mathrm{d}x=\lim_{\lambda\to 0}\sum_{i=1}^n f(\xi_i)\Delta x_i$$

因为 $f(x)\geqslant 0$

所以 $f(\xi_i)\geqslant 0\quad(i=1,2,\cdots,n)$

$b>a\Rightarrow\Delta x_i\geqslant 0$,所以 $\sum\limits_{i=1}^n f(\xi_i)\Delta x_i\geqslant 0$

所以 $\lim\limits_{\lambda\to 0}\sum\limits_{i=1}^n f(\xi_i)\Delta x_i=\int_a^b f(x)\mathrm{d}x\geqslant 0$　证完

推论 6.2.1(保序性)　在区间$[a,b]$上,总有 $f(x)\geqslant g(x)$,则

$$\int_a^b f(x)\mathrm{d}x\geqslant\int_a^b g(x)\mathrm{d}x$$

证明　因为 $f(x)\geqslant g(x)$,所以 $f(x)-g(x)\geqslant 0$

由性质 6.2.4 可知, $\int_a^b[f(x)-g(x)]\mathrm{d}x\geqslant 0$

所以　$\int_a^b f(x)\mathrm{d}x\geqslant\int_a^b g(x)\mathrm{d}x$　证完

例 6.2.2　已知 $a>1$,试比较 $\int_3^5\ln^a x\,\mathrm{d}x$ 与 $\int_3^5\ln^{a+1}x\,\mathrm{d}x$ 的大小。

解　由于在区间$[3,5]$上,$\ln x>1$,且 $a>1$,所以 $\ln^{a+1}x>\ln^a x$,因此根据性质 6.2.4 的推论 6.2.1 得

$$\int_3^5\ln^{a+1}x\,\mathrm{d}x>\int_3^5\ln^a x\,\mathrm{d}x$$

推论 6.2.2(积分估值定理)　若对任意 $x\in[a,b]$,有 $m\leqslant f(x)\leqslant M$,则

$$m(b-a)\leqslant\int_a^b f(x)\mathrm{d}x\leqslant M(b-a)$$

例 6.2.3　证明不等式 $\frac{2}{\sqrt[4]{\mathrm{e}}}\leqslant\int_0^2\mathrm{e}^{x^2-x}\mathrm{d}x\leqslant 2\mathrm{e}^2$。

证明　根据性质 6.2.4 的推论 6.2.2,只须求得 $f(x)=\mathrm{e}^{x^2-x}$ 在区间$[0,2]$上的最大、最小值就可以了,即

$$f'(x)=\mathrm{e}^{x^2-x}(2x-1)$$

令 $f'(x)=0$,解得 $x=\frac{1}{2}$。而 $f(0)=1,f\left(\frac{1}{2}\right)=\frac{1}{\sqrt[4]{\mathrm{e}}},f(2)=\mathrm{e}^2$,所以在区间$[0,2]$上 $f(x)$的最小值是$\frac{1}{\sqrt[4]{\mathrm{e}}}$,最大值是 e^2。

根据推论 6.2.2,可知不等式 $\frac{2}{\sqrt[4]{e}} \leqslant \int_0^2 e^{x^2-x} dx \leqslant 2e^2$ 成立。当 $x=\frac{1}{2}$时,不等式左侧等号成立,当 $x=2$ 时,不等式右侧等号成立。

性质 6.2.5 函数绝对值的积分大于或等于积分的绝对值,即

$$\left|\int_a^b f(x)dx\right| \leqslant \int_a^b |f(x)|dx$$

证明 因为$-|f(x)| \leqslant f(x) \leqslant |f(x)|$,由性质 6.2.4 推论可知,

$$-\int_a^b |f(x)|dx \leqslant \int_a^b f(x)dx \leqslant \int_a^b f(x)dx$$

即

$$\left|\int_a^b f(x)dx\right| \leqslant \int_a^b |f(x)|dx \quad \text{证完}$$

性质 6.2.6(定积分中值定理) 如果函数 $f(x)$在闭区间$[a,b]$上连续,则至少有一点 $\xi \in [a,b]$,满足 $\int_a^b f(x)dx = f(\xi)(b-a)$,这个公式称为定积分中值公式。

证明 把性质 6.2.4 的推论 6.2.2 中的不等式各除以 $b-a$,得

$$m \leqslant \frac{1}{b-a}\int_a^b f(x)dx \leqslant M$$

该式说明,确定的数值$\frac{1}{b-a}\int_a^b f(x)dx$ 介于函数 $f(x)$的最小值 m 及最大值 M 之间,根据闭区间上连续函数的介值定理,在$[a,b]$上至少存在一点 ξ,使得

$$f(\xi) = \frac{1}{b-a}\int_a^b f(x)dx$$

即

$$\int_a^b f(x)dx = f(\xi)(b-a) \quad \text{证完}$$

显然,定积分中值定理不论 $a>b$ 还是 $a<b$ 都是成立的。

定积分中值定理的几何解释:在区间$[a,b]$上至少存在一点 ξ,使得以曲线 $y=f(x)$,x 轴及直线 $x=a$,$x=b(a<b)$所围成的曲边梯形的面积,等于以区间$[a,b]$长度为底,$f(\xi)$为高的矩形的面积,如图 6.7 所示。

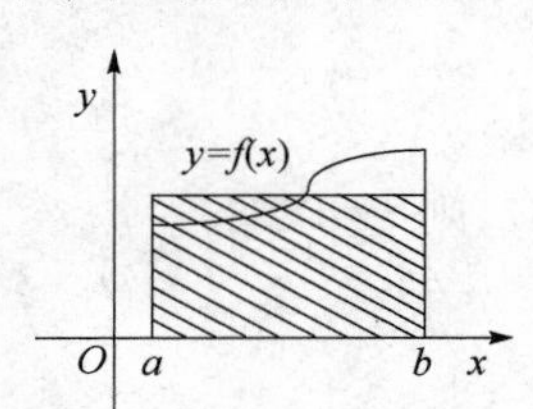

图 6.7 定积分中值定理的几何解释

通常称 $\frac{1}{b-a}\int_a^b f(x)dx$ 为函数 $f(x)$在$[a,b]$上的**平均值**,它是有限个数平均值的推广。

例 6.2.4 求极限 $\lim\limits_{x\to+\infty}\int_x^{x+a} \frac{\ln^n t}{t}dt(a>0,n$ 为自然数)。

解 因为 $f(x)=\frac{\ln^n t}{t}$在区间$[x,x+a]t\neq 0$,因而连续,由定积分中值定理,有

$$\int_x^{x+n} \frac{\ln^n t}{t}dt = \frac{\ln^n \xi}{\xi}(x+a-x) = \frac{a\ln^n \xi}{\xi} \quad (\xi \in [x,x+a])$$

两边取极限,得

$$\lim_{x\to+\infty}\int_x^{x+a} \frac{\ln^n t}{t}dt = \lim_{\xi\to+\infty}\frac{a\ln^n \xi}{\xi} \xlongequal{\text{洛必达法则}} a\lim_{\xi\to+\infty}\frac{n\ln^{n-1}\xi}{\xi}$$

$$\xlongequal{\text{洛必达法则}} \cdots \xlongequal{\text{洛必达法则}} a\lim_{\xi\to+\infty}\frac{n!}{\xi} = 0$$

本节讲述了定积分的 6 个基本性质和两个推论，这些性质在定积分的计算中具有重要的作用，应熟练掌握、灵活应用。

习题 6.2

1. 判断对错，如果错误，请指正

(1) 若 $\int_a^b [f(x)-g(x)]\mathrm{d}x \geqslant 0$，则 $f(x) \geqslant g(x)$。

(2) 在区间 $[a,b]$ 上，有 $\dfrac{f(x)}{g(x)}=c\geqslant 1$，则 $\int_a^b [f(x)-g(x)]\mathrm{d}x \geqslant 0$。

2. 证明定积分数乘性质：$\int_a^b kf(x)\mathrm{d}x = k\int_a^b f(x)\mathrm{d}x$。

3. 证明定积分的线性性质 $\int_a^b [k_1 f(x)+k_2 g(x)]\mathrm{d}x = k_1\int_a^b f(x)\mathrm{d}x + k_2\int_a^b g(x)\mathrm{d}x$。

4. 试比较下列积分的大小

(1) $\int_0^1 x^2\mathrm{d}x$ 与 $\int_0^1 x^3\mathrm{d}x$　　　　(2) $\int_0^1 \mathrm{e}^x\,\mathrm{d}x$ 与 $\int_0^1 (1+x)\mathrm{d}x$

5. $f(x)$ 在 $[0,1]$ 上连续，$f(x)=x+2\int_0^1 f(t)\mathrm{d}t$。求 $f(x)$ 的表达式。

6. 估计下列各积分的取值范围。

(1) $\int_1^4 (x^2+1)\mathrm{d}x$　　　(2) $\int_{\frac{\pi}{4}}^{\frac{5\pi}{4}} (1+\sin^2 x)\mathrm{d}x$　　　(3) $\int_2^0 \mathrm{e}^{x^2-x}\,\mathrm{d}x$

7. 证明：若在区间 $[a,b]$ 上，$f(x)\leqslant g(x)$，且 $\int_a^b f(x)\mathrm{d}x = \int_a^b g(x)\mathrm{d}x$，则在 $[a,b]$ 上，$f(x)\equiv g(x)$。

8. 证明 $\lim\limits_{n\to\infty}\int_0^1 \dfrac{x^n}{1+x^2}\mathrm{d}x = 0$。

9. 设 $a_n=\int_0^1 \sin x^n\,\mathrm{d}x$，$b_n=\int_0^1 \sin^n x\,\mathrm{d}x$，试证：

(1) $a_n \geqslant b_n \geqslant 0$；(2) 当 $n\to\infty$ 时，$a_n\to 0$，$b_n\to 0$。

10. 求 $f(x)=\sqrt{1-x^2}$ 在 $[-1,1]$ 上的平均值。

11. 已知 $\int_1^4 3f(x)\mathrm{d}x=21$，$\int_1^4 2g(x)\mathrm{d}x=8$，求 $\int_1^4 [2f(x)+3g(x)+4]\mathrm{d}x$。

6.3　微积分基本定理

学习目标与要求

(1) 掌握积分上限函数的定义及其导数公式；

(2) 掌握牛顿—莱布尼茨公式的表达式和意义；

(3) 掌握应用牛顿—莱布尼茨公式进行解题的方法。

通过之前的学习，我们只知道通过定义计算和式的极限的方法求定积分的值，但是从

6.1.2节的例子可以看出，即使对简单的二次幂函数 $f(x)=x^2$，直接通过定义计算它的定积分也是相当复杂的。如果被积函数是其他复杂函数的时候，其计算过程将会更加复杂。因此，必须寻找计算定积分的新方法。

本节要介绍的微积分基本定理，不仅揭示了定积分与不定积分的内在联系，还提供了定积分计算的一套有效的方法。为了引出微积分基本定理，先讲解积分上限函数。

6.3.1　积分上限函数及其导数

设函数 $f(x)$ 在区间 $[a,b]$ 上连续，任取一点 $x\in[a,b]$，现在考查 $f(x)$ 在子区间 $[a,x]$ 上的定积分，即 $\int_a^x f(x)\mathrm{d}x$。当 $f(x)$ 在 $[a,b]$ 上连续时，它在子区间 $[a,x]$ 上也必然连续，因此可积。在该表达式中，注意积分上限中的 x 与积分变量 x 的含义不同，积分上限表示积分区间 $[a,x]$ 的右端点，而积分变量是积分区间 $[a,x]$ 内的任意值。通过前面的学习，已经知道定积分的值与积分变量选取什么符号是没有关系的，因此，为了明确起见，把积分变量改为其他符号，如 t，这时定积分的表达式变为 $\int_a^x f(t)\mathrm{d}t$。

对比定积分 $\int_a^x f(t)\mathrm{d}t$ 和微分 $f(t)\mathrm{d}t$，微分是用来反映局部性质的，而定积分则是这些局部量在 a 到 x 上的"累积"。由此可以看出，微分和定积分是局部和整体这一对矛盾在量的方面的反映。

定义 6.3.1(积分上限函数)　设 $f(x)$ 在 $[a,b]$ 上连续，对区间 $[a,b]$ 上的每一个值 x，都对应着唯一一个定积分 $\int_a^x f(t)\mathrm{d}t$。根据函数定义，表达式 $\int_a^x f(t)\mathrm{d}t$ 是定义在 $[a,b]$ 上的关于 x 的函数，记作 $\Phi(x)$，即

$$\Phi(x)=\int_a^x f(t)\mathrm{d}t\quad(a\leqslant x\leqslant b)$$

自变量 x 位于函数的积分上限的位置，故称为**积分上限函数**，也称为**变上限积分**。

积分上限函数 $\Phi(x)$ 具有如下重要性质。

定理 6.3.1(积分上限函数求导定理)　如果函数 $f(x)$ 在区间 $[a,b]$ 上连续，则积分上限函数 $\Phi(x)=\int_a^x f(t)\mathrm{d}t$ 在 $[a,b]$ 上可导，且它的导数是

$$\Phi'(x)=\frac{\mathrm{d}}{\mathrm{d}x}\int_a^x f(t)\mathrm{d}t=f(x)\quad(a\leqslant x\leqslant b)$$

下面应用导数定义式来进行证明。

证明　设 $x\in[a,b]$，使 x 获得足够小的增量 Δx，使得 $x+\Delta x\in[a,b]$，此时函数增量

$$\begin{aligned}\Delta\Phi(x)=\Phi(x+\Delta x)-\Phi(x)&=\int_a^{x+\Delta x}f(t)\mathrm{d}t-\int_a^x f(t)\mathrm{d}t\\&=\int_a^x f(t)\mathrm{d}t+\int_x^{x+\Delta x}f(t)\mathrm{d}t-\int_a^x f(t)\mathrm{d}t=\int_x^{x+\Delta x}f(t)\mathrm{d}t\text{(积分区间可加性)。}\end{aligned}$$

由定积分中值定理得，$\Delta\Phi(x)=f(\xi)\Delta x$，$\xi\in[x,x+\Delta x]$，两端同时除以 Δx，得函数增量与自变量增量的比值

$$\frac{\Delta\Phi(x)}{\Delta x}=f(\xi)$$

当 $\Delta x\to 0$ 时，$\xi\to x$，对上式两端取极限

$$\lim_{\Delta x \to 0} \frac{\Delta \Phi(x)}{\Delta(x)} = \lim_{\xi \to x} f(\xi) = f(x)$$

即 $\Phi'(x) = f(x)$　证完

这个定理具有以下重要含义。

(1) 连续函数 $f(x)$的积分上限函数 $\int_a^x f(t)\mathrm{d}t$ 的导数等于函数 $f(x)$本身；

(2) 连续函数 $f(x)$的原函数存在，且它的积分上限函数就是它的一个原函数。

也就是说，作为反映整体性质的积分 $\Phi(x) = \int_a^x f(t)\mathrm{d}t$ 是由反映局部性质的微分 $\mathrm{d}\Phi(x) = f(x)\mathrm{d}x$ 所决定的。这在一定程度上揭示了定积分与微分的联系。

由此，可以得出如下原函数存在定理。

定理 6.3.2　如果函数 $f(x)$在区间$[a,b]$连续，$a \leqslant x \leqslant b$，则函数

$$\Phi(x) = \int_a^x f(t)\mathrm{d}t$$

就是 $f(x)$在$[a,b]$上的一个原函数。

这个定理具有重要意义，它揭示了积分学中的定积分与原函数之间的联系，为通过原函数计算定积分提供了可能。

例 6.3.1　计算下列函数的导数。

(1) $\int_1^x (t+1)\sin t \, \mathrm{d}t$　　(2) $\int_x^1 \mathrm{e}^{\frac{t2}{2}} \mathrm{d}t$　　(3) $\int_1^x x f(t)\mathrm{d}t$

解　(1) 这道题目可以直接用定理 6.3.1 进行计算，即

$$\frac{\mathrm{d}}{\mathrm{d}x}\int_1^x (t+1)\sin t \, \mathrm{d}t = (x+1)\sin x$$

(2) 利用 6.2 节的规定(2)，首先对 $\int_x^1 \mathrm{e}^{\frac{t2}{2}} \mathrm{d}t$ 进行一个变换：

$$\int_x^1 \mathrm{e}^{\frac{t2}{2}} \mathrm{d}t = -\int_1^x \mathrm{e}^{\frac{t2}{2}} \mathrm{d}t$$

所以，$\frac{\mathrm{d}}{\mathrm{d}x}\int_x^1 \mathrm{e}^{\frac{t2}{2}} \mathrm{d}t = -\frac{\mathrm{d}}{\mathrm{d}x}\int_1^x \mathrm{e}^{\frac{t2}{2}} \mathrm{d}t = -\mathrm{e}^{\frac{x2}{2}}$。

(3) 本例中的函数变量为 x，积分变量为 t，所以可以将 x 移动到积分符号之外，令

$$\Phi(x) = \int_1^x x f(t)\mathrm{d}t = x\int_1^x f(t)\mathrm{d}t$$

$$\Phi'(x) = \int_1^x f(t)\mathrm{d}t + x f(x)$$

补充:如果函数 $f(t)$连续，$a(x)$，$b(x)$可导，则 $F(x) = \int_{a(x)}^{b(x)} f(t)\mathrm{d}t$ 的导函数

$$F'(x) = \frac{\mathrm{d}}{\mathrm{d}x}\int_{a(x)}^{b(x)} f(t)\mathrm{d}t = f[b(x)]b'(x) - f[a(x)]a'(x)$$

证明　$F(x) = \int_{a(x)}^0 f(t)\mathrm{d}t + \int_0^{b(x)} f(t)\mathrm{d}t = \int_0^{b(x)} f(t)\mathrm{d}t - \int_0^{a(x)} f(t)\mathrm{d}t$

利用复合函数求导法则有

$$F'(x) = f[b(x)]b'(x) - f[a(x)]a'(x) \quad \text{证完}$$

例 6.3.2 计算下列函数的导数。

(1) $\int_0^{2x-3}\ln(1+t^2)\mathrm{d}t$　　(2) $\int_{\sin x}^{x^2}\cos t\,\mathrm{d}t$　　(3) $\int_0^{x+1}1\mathrm{d}t$

解 本题中积分的上/下限是 x 的函数形式,因此可以应用上述补充公式解题。

(1) $\frac{\mathrm{d}}{\mathrm{d}x}\int_0^{2x-3}\ln(1+t^2)\mathrm{d}t=\ln[1+(2x-3)^2]\cdot(2x-3)'=2\ln(4x^2-12x+10)$

(2) $\int_{\sin x}^{x^2}\cos t\,\mathrm{d}t=\int_{\sin x}^{0}\cos t\,\mathrm{d}t+\int_0^{x^2}\cos t\,\mathrm{d}t=\int_0^{x^2}\cos t\,\mathrm{d}t-\int_0^{\sin x}\cos t\,\mathrm{d}t$

所以 $\frac{\mathrm{d}}{\mathrm{d}t}\int_{\sin x}^{x^2}\cos t\,\mathrm{d}t=\frac{\mathrm{d}}{\mathrm{d}x}\int_0^{x^2}\cos t\,\mathrm{d}t-\frac{\mathrm{d}}{\mathrm{d}x}\int_0^{\sin x}\cos t\,\mathrm{d}t$

$$=\cos x^2\cdot(x^2)'-\cos(\sin x)\cdot(\sin x)'$$

$$=2x\cos x^2-\cos x\cos(\sin x)$$

(3) $\frac{\mathrm{d}}{\mathrm{d}x}\int_0^{x+1}1\mathrm{d}t=(x+1)'\cdot1=1$。

例 6.3.3 计算极限 $\lim\limits_{x\to0}\frac{\int_1^{\cos x}\mathrm{e}^{-t^2}\mathrm{d}t}{\frac{x^2}{2}}$。

解 容易看出这是一个$\frac{0}{0}$型的未定式,可以应用洛必达法则来计算。

$$\lim_{x\to0}\frac{\int_1^{\cos x}\mathrm{e}^{-t^2}\mathrm{d}t}{\frac{x^2}{2}}=\lim_{x\to0}\frac{\frac{\mathrm{d}}{\mathrm{d}x}\int_1^{\cos x}\mathrm{e}^{-t^2}\mathrm{d}t}{\frac{\mathrm{d}}{\mathrm{d}x}\left(\frac{x^2}{2}\right)}=\lim_{x\to0}\frac{\mathrm{e}^{-(\cos x)^2}\cdot(\cos x)'}{x}$$

$$=-\lim_{x\to0}\frac{\sin x\,\mathrm{e}^{-\cos^2x}}{x}=-\frac{1}{\mathrm{e}}$$

例 6.3.4 试证方程 $\int_0^x\sqrt{1+t^4}\,\mathrm{d}t+\int_{\cos x}^0\mathrm{e}^{-t^2}\mathrm{d}t=0$ 有且仅有一个实根。

解 令 $f(x)=\int_0^x\sqrt{1+t^4}\,\mathrm{d}t+\int_{\cos x}^0\mathrm{e}^{-t^2}\mathrm{d}t$,则 $f(x)$ 连续可导,且有

$$f'(x)=\sqrt{1+x^4}+\mathrm{e}^{-\cos^2x}\cdot\sin x$$

由于$\sqrt{1+x^4}\geqslant1$,且等号仅在 $x=0$ 时成立,而 $0<\mathrm{e}^{-\cos^2x}\leqslant1$, $-1\leqslant\sin x\leqslant1$,所以

$$-1\leqslant\mathrm{e}^{-\cos^2x}\sin x\leqslant1$$

又 $x=0$ 时,$\sqrt{1+x^4}+\mathrm{e}^{-\cos^2x}\sin x>0$,所以 $f'(x)>0$,即函数 $f(x)$在$(-\infty,+\infty)$单调增加,而 $f(0)=\int_1^0\mathrm{e}^{-t^2}\mathrm{d}t<0$,$f\left(\frac{\pi}{2}\right)=\int_0^{\frac{\pi}{2}}\sqrt{1+t^4}\,\mathrm{d}t>0$,由连续函数的性质,$f(x)$在$\left(0,\frac{\pi}{2}\right)$内至少有一零点,又因 $f(x)$单调增加,故零点唯一,所以原方程有唯一实根。

6.3.2 牛顿—莱布尼茨公式

利用定理 6.3.2 可以推导出微积分基本定理,该定理给出了利用原函数计算定积分的公式,从而得到求定积分的一个有效方法。

定理 6.3.3 设 $f(x)$是$[a,b]$上的连续函数,$F(x)$是 $f(x)$在区间$[a,b]$上的任意一个原函数,则

$$\int_a^b f(x)\mathrm{d}x = F(b) - F(a)$$

证明　已知 $F(x)$是连续函数 $f(x)$的一个原函数，又根据定理 6.3.2 可以知道，积分上限的函数

$$\Phi(x) = \int_a^x f(t)\mathrm{d}t$$

也是 $f(x)$的一个原函数，于是这两个原函数之差 $F(x)-\Phi(x)$在$[a,b]$上必定是某一个常数 C，所以

$$F(x) = \int_a^x f(t)\mathrm{d}t + C$$

上式中分别令 $x=a$，$x=b$，得到

$$F(a) = C + \int_a^a f(t)\mathrm{d}t = C$$

$$F(b) = C + \int_a^b f(t)\mathrm{d}t$$

常数项得以消去，因此

$$F(b) - F(a) = \int_a^b f(t)\mathrm{d}t = \int_a^b f(x)\mathrm{d}x \quad \text{证完}$$

这个公式就称为牛顿—莱布尼茨公式，为了方便起见，可以把 $F(b)-F(a)$记为$[F(x)]_a^b$，即

$$\int_a^b f(x)\mathrm{d}x = F(b) - F(a) = [F(x)]_a^b$$

有些资料也把牛顿—莱布尼茨公式中的$[F(x)]_a^b$ 记为 $F(x)\Big|_a^b$。

牛顿—莱布尼茨公式被称为微积分的基本公式，它将定积分的计算由一个复杂和式的极限问题转化为求原函数的问题。可见该公式在微积分学中的重要地位，这个公式揭示了定积分与被积函数原函数或不定积分之间的联系，一个连续函数在区间$[a,b]$上的定积分等于它的任一个原函数在区间$[a,b]$上的增量，这就给定积分提供了一个方便可行的计算方法。

6.3.3　定积分积分公式表

将牛顿—莱布尼茨公式和第 4 章不定积分公式表结合起来可得到如表 6.1 所示的定积分公式表(其他积分公式可查阅文后“附录　常用积分公式表”)。

表 6.1　定积分公式表

序号	基本定积分公式
①	$\int_a^b k\mathrm{d}x = [kx]_a^b = k(b-a)$($k$ 为常数)，特别地$\int_a^b 0\mathrm{d}x = [0]_a^b = 0$
②	$\int_a^b x^\mu \mathrm{d}x = \left[\dfrac{x^{\mu+1}}{\mu+1}\right]_a^b = \dfrac{b^{\mu+1}-a^{\mu+1}}{\mu+1}$$(\mu\neq -1)$，特别地，$\int_a^b 1\mathrm{d}x = [x]_a^b = b-a$
③	$\int_a^b \dfrac{1}{x}\mathrm{d}x = [\ln\lvert x\rvert]_a^b = \ln\left\lvert\dfrac{b}{a}\right\rvert$
④	$\int_a^b c^x\,\mathrm{d}x = \left[\dfrac{c^x}{\ln c}\right]_a^b$$(c>0, c\neq 1)$，特别地，$\int_e^b \mathrm{e}^x\,\mathrm{d}x = [\mathrm{e}^x]_a^b = \mathrm{e}^b - \mathrm{e}^a$
⑤	$\int_a^b \sin x\,\mathrm{d}x = [-\cos x]_a^b = \cos a - \cos b$

续表

序号	基本定积分公式
⑥	$\int_a^b \cos x\,\mathrm{d}x = [\sin x]_a^b = \sin b - \sin a$
⑦	$\int_a^b \sec^2 x\,\mathrm{d}x = [\tan x]_a^b = \tan b - \tan a$
⑧	$\int_a^b \mathrm{cec}^2\, x\,\mathrm{d}x = [-\cot x]_a^b = \cot a - \cot b$
⑨	$\int_a^b \sec x \cdot \tan x\,\mathrm{d}x = [\sec x]_a^b = \sec b - \sec a$
⑩	$\int_a^b \csc x \cdot \cot x\,\mathrm{d}x = [-\mathrm{cec}\, x]_a^b = \csc a - \mathrm{cec}\, b$
⑪	$\int_a^b \frac{\mathrm{d}x}{\sqrt{1-x^2}} = [\arcsin x]_a^b = \arcsin b - \arcsin a$ 或 $\int_a^b \frac{\mathrm{d}x}{\sqrt{1-x^2}} = [-\arccos x]_a^b = \arccos a - \arccos b$
⑫	$\int_a^b \frac{\mathrm{d}x}{1+x^2}[\arctan x]_a^b = \arctan b - \arctan a$ 或 $\int_a^b \frac{\mathrm{d}x}{1+x^2}[-\mathrm{arccot}\, x]_a^b = \mathrm{arccot}\, a - \mathrm{arccot}\, b$
⑬	$\int_a^b \mathrm{sh}\, x\,\mathrm{d}x = [\mathrm{ch}\, x]_a^b = \mathrm{ch}\, b - \mathrm{ch}\, a$
⑭	$\int_a^b \mathrm{ch}\, x\,\mathrm{d}x = [\mathrm{sh}\, x]_a^b = \mathrm{sh}\, b - \mathrm{sh}\, a$
序号	补充定积分公式表
⑮	$\int_a^b \tan x\,\mathrm{d}x = [-\ln\|\cos x\|]_a^b = \ln\|\cos a\| - \ln\|\cos b\|$
⑯	$\int_a^b \cot x\,\mathrm{d}x = [\ln\|\sin x\|]_a^b = \ln\|\sin b\| - \ln\|\sin a\|$
⑰	$\int_a^b \sec x\,\mathrm{d}x = [\ln\|\sec x + \tan x\|]_a^b = \ln\|\sec b + \tan b\| - \ln\|\sec a + \tan a\|$
⑱	$\int_a^b \csc x\,\mathrm{d}x = [\ln\|\csc x - \cot x\|]_a^b = \ln\|\csc b + \cot b\| - \ln\|\csc a + \cot a\|$
⑲	$\int_a^b \frac{1}{c^2+x^2}\mathrm{d}x = \left[\frac{1}{c}\arctan\frac{x}{c}\right]_a^b = \frac{1}{c}\arctan\frac{b}{c} - \frac{1}{c}\arctan\frac{a}{c}$
⑳	$\int_a^b \frac{1}{x^2-c^2}\mathrm{d}x = \left[\frac{1}{2c}\ln\left\|\frac{x-c}{x+c}\right\|\right]_a^b = \frac{1}{2c}\ln\left\|\frac{b-c}{b+c}\right\| - \frac{1}{2c}\ln\left\|\frac{a-c}{a+c}\right\|$
㉑	$\int_a^b \frac{1}{\sqrt{c^2-x^2}}\mathrm{d}x = \left[\arcsin\frac{x}{c}\right]_a^b = \arcsin\frac{b}{c} - \arcsin\frac{a}{c}$
㉒	$\int_a^b \frac{\mathrm{d}x}{\sqrt{x^2+c^2}}\mathrm{d}x = [\ln(x+\sqrt{x^2+c^2})]_a^b = \ln(b+\sqrt{b^2+c^2}) - \ln(a+\sqrt{a^2+c^2})$
(23)	$\int_a^b \frac{\mathrm{d}x}{\sqrt{x^2-c^2}}\mathrm{d}x = [\ln\|x+\sqrt{x^2-c^2}\|]_a^b = \ln\|b+\sqrt{b^2-c^2}\| - \ln\|a+\sqrt{a^2-c^2}\|$

下面应用牛顿—莱布尼茨进行解题。

例 6.3.5 计算定积分 $\int_0^1 x^c\,\mathrm{d}x\,(c \neq -1)$。

解 由表 6.1，$\frac{x^{c+1}}{c+1}$是 x^c 的一个原函数，所以应用牛顿—莱布尼茨公式，有

$$\int_0^1 x^c \mathrm{d}x = \left[\frac{x^{c+1}}{c+1}\right]_0^1 = \frac{1}{c+1}$$

例 6.3.6　计算$\int_{-1}^{\sqrt{3}} \frac{\mathrm{d}x}{1+x^2}$。

解　$\int_{-1}^{\sqrt{3}} \frac{\mathrm{d}x}{1+x^2} = [\arctan x]_{-1}^{\sqrt{3}} = \arctan\sqrt{3} - \arctan(-1) = \frac{\pi}{3} - \left(-\frac{\pi}{4}\right) = \frac{7\pi}{12}$

例 6.3.7　计算$\int_0^{\pi} \sqrt{1-\sin^2 x}\ \mathrm{d}x$。

解　$\int_0^{\pi} \sqrt{1-\sin^2 x}\ \mathrm{d}x = \int_0^{\pi} |\cos x| \mathrm{d}x = \int_0^{\frac{\pi}{2}} \cos x\ \mathrm{d}x + \int_{\frac{\pi}{2}}^{\pi} (-\cos x)\mathrm{d}x = [\cos x]_0^{\frac{\pi}{2}} - [\cos x]_{\frac{\pi}{2}}^{\pi}$

$= (1-0) - (0-1) = 2$

例 6.3.8　计算$\int_0^1 |x(x-1)| \mathrm{d}x$。

解　原式$= \int_0^1 x(1-x)\mathrm{d}x = \int_0^1 (x-x^2)\mathrm{d}x = \frac{1}{2} - \frac{1}{3} = \frac{1}{6}$

在遇到绝对值符号时要考虑将其消去。读者可以试着讨论$\int_0^1 |x^2 - cx| \mathrm{d}x$ 的结果。

本节讨论了微积分基本定理——牛顿—莱布尼茨公式，这一公式为定积分和不定积分建立了桥梁，使定积分的求解归结为原函数的求解问题。

习题 6.3

1. 对任意奇函数 $f(x)$，都有$\int_{-a}^{0} f(x)\mathrm{d}x + \int_0^a f(x)\mathrm{d}x = F(a) - F(a)$，其中 $F(x)$是 $f(x)$的一个原函数。试问，该说法是否正确，若正确，请给出证明；若不正确，请给出反例。

2. 求函数 $y = \int_0^x \sin t\ \mathrm{d}t$ 在 $x=0$ 及 $x=\frac{\pi}{4}$处的导数值。

3. 计算下列导数

(1) $\frac{\mathrm{d}}{\mathrm{d}x}\int_a^{\sin x} t f(x)\mathrm{d}x$　　(2) $\frac{\mathrm{d}}{\mathrm{d}x}\int_0^{x^2} \sqrt{1+t^2}\mathrm{d}t$

(3) $\frac{\mathrm{d}}{\mathrm{d}x}\int_{x^2}^{0} \frac{\mathrm{d}t}{\sqrt{1+t^2}}$　　(4) $\frac{\mathrm{d}}{\mathrm{d}x}\int_{\sin x}^{\cos x} \cos(\pi t^2)\mathrm{d}t$

4. 求由参数表示式$\begin{cases} x = \int_0^t \sin u\ \mathrm{d}u \\ y = \int_0^t \cos u\ \mathrm{d}u \end{cases}$所给定的函数 y 对 x 的导数。

5. 计算极限 $\lim\limits_{x\to 0} \frac{\int_0^{x^2} \arctan t\ \mathrm{d}t}{\ln(1+x^4)}$。

6. 计算下列定积分

(1) $\int_0^1 (3x^2 + x + 1)\mathrm{d}x$　　(2) $\int_0^2 a^x\ \mathrm{d}x$　$(a>0, a\neq 1)$

(3) $\int_0^{\sqrt{3a}} \frac{1}{a^2+x^2}\mathrm{d}x$　　(4) $\int_0^{\frac{\pi}{4}} \tan^2\theta\ \mathrm{d}\theta$

(5) $\int_{-e-1}^{-2} \frac{\mathrm{d}x}{1+x}$　　(6) $\int_0^1 \frac{\mathrm{d}x}{\sqrt{4-x^2}}$

(7) $\int_0^{2\pi} |\sin x|\mathrm{d}x$　　(8) $\int_{-2}^{2} \min\{x, x^2\}\mathrm{d}x$

7. 设 k,l 为正整数，且 $k\neq l$，证明下面各式。

(1) $\int_{-\pi}^{\pi} \sin kx\ \mathrm{d}x=0$　　(2) $\int_{-\pi}^{\pi} \cos^2 kx\ \mathrm{d}x=\pi$

(3) $\int_{-\pi}^{\pi} \cos kx\ \cos lx\ \mathrm{d}x=0$

8. 设 $f(x)=\begin{cases}\frac{1}{2}\sin x & 0\leqslant x\leqslant\pi\\ 0 & x<0 \text{ 或 } x>\pi\end{cases}$，求 $\Phi(x)=\int_0^x f(t)\mathrm{d}t$ 在 $(-\infty,+\infty)$ 内的表达式。

9. 设 $b>0$，且 $f(x)$ 在 $[0,b]$ 上连续，单调增加，求证：$2\int_0^b xf(x)\mathrm{d}x\geqslant b\int_0^b f(x)\mathrm{d}x$。

10. 求极限：$\lim\limits_{n\to+\infty}\frac{\sqrt{n}+\sqrt{2n}+\cdots+\sqrt{n^2}}{n^2}$。

11. 计算由抛物线 $y=x^2-1$，两直线 $x=a$，$x=b(b>a>1)$ 及横轴所围成的图形的面积。

6.4　定积分的计算

学习目标与要求

(1) 掌握定积分换元法的解题方法；

(2) 掌握定积分分部积分法的解题方法；

(3) 比较定积分换元法、分部积分法和不定积分换元法、分部积分法有什么异同点。

由微积分基本定理可以看到，定积分的求解可以归为求原函数的问题。因而，不定积分的求解方法——换元法和分部积分法也同样可以借鉴到定积分的计算中来。牛顿—莱布尼茨公式建立起不定积分与定积分的桥梁，但当被积函数的原函数难于求解的时候，同样可以借助换元法和分部积分法来帮助我们完成运算。

6.4.1　定积分的换元积分法

当我们看到类似于 $\int_a^b (x-1)\mathrm{d}(x-1)$ 这样的式子的时候会很自然地想到将 $x-1$ 看作一个整体替代原变量，从而简化运算。而换元积分法正是利用了这种替换的的思想。

定理 6.4.1(换元积分法)　若函数 $f(x)$在区间$[a,b]$上连续，函数 $x=\varphi(t)$满足：

(1) $\varphi(\alpha)=a$，$\varphi(\beta)=b$，且当 $t\in[\alpha,\beta]$(或 $t\in[\beta,\alpha]$)时，$\varphi(t)\in[a,b]$；

(2) $\varphi(t)$在$[\alpha,\beta]$(或$[\beta,\alpha]$)上是单值且有连续的导数 $\varphi'(t)$，那么

$$\int_a^b f(x)\mathrm{d}x=\int_\alpha^\beta f[\varphi(t)]\varphi'(t)\mathrm{d}t$$

证明　由 $f(x)$ 在 $[a,b]$ 连续，$f[\varphi(t)]\varphi'(t)$ 在 $[\alpha,\beta]$（或 $[\beta,\alpha]$）连续可知，公式两端的定积分都有意义。根据连续函数都存在原函数定理，设 $f(x)$ 在 $[a,b]$ 上的一个原函数是 $F(x)$。由牛顿—莱布尼茨公式可知

$$\text{公式左端}=\int_a^b f(x)\mathrm{d}x=F(b)-F(a)$$

同时

$$\frac{\mathrm{d}F[\varphi(t)]}{\mathrm{d}t}=F'[\varphi(t)]\varphi'(t)=f[\varphi(t)]\varphi'(t)$$

所以 $F[\varphi(t)]$ 是 $F[\varphi(t)]\varphi'(t)$ 在 $[\alpha,\beta]$（或 $[\beta,\alpha]$）上的一个原函数，由牛顿—莱布尼茨公式可知

$$\text{公式右端}=\int_\alpha^\beta f[\varphi(t)]\varphi'(t)\mathrm{d}t=F[\varphi(\beta)]-F[\varphi(\alpha)]=F(b)-F(a)$$

左端＝右端，公式成立。证完

应用换元法要注意两点。

(1) 由于定积分的结果只与被积函数和积分上下限有关，因此通过 $x=\varphi(t)$ 把原来的变量 x 代换成新变量 t 时，积分限也要换成新变量 t 的积分限；

(2) 求出 $f[\varphi(t)]\varphi'(t)$ 的一个原函数 $F(\varphi(t))$ 后，不必像计算不定积分那样最后还要把 $F(\varphi(t))$ 变换回原来变量 x 的函数，而只要把新变量 t 的上/下限分别代入 $F(\varphi(t))$ 中然后相减就可以了。

例 6.4.1　计算 $\int_0^1\sqrt{1-x^2}\,\mathrm{d}x$。

解　设 $x=\sin t$，$\mathrm{d}x=\cos t\,\mathrm{d}t$。当 $x=0$ 时，$t=0$；当 $x=1$ 时，$t=\frac{\pi}{2}$。因此

$$\begin{aligned}\int_0^1\sqrt{1-x^2}\,\mathrm{d}x&=\int_0^{\frac{\pi}{2}}\sqrt{1-\sin^2 t}\cos t\,\mathrm{d}t=\int_0^{\frac{\pi}{2}}|\cos t|\cos t\,\mathrm{d}t=\int_0^{\frac{\pi}{2}}\cos^2 t\,\mathrm{d}t\\&=\int_0^{\frac{\pi}{2}}\frac{1}{2}(1+\cos 2t)\mathrm{d}t=\left[\left(\frac{1}{2}+\frac{\sin 2t}{4}\right)\right]_0^{\frac{\pi}{2}}=\frac{\pi}{4}\end{aligned}$$

例 6.4.2　若 $f(x)$ 是定义在 $[-a,a]$ $(a>0)$ 上的奇函数，则 $\int_{-a}^a f(x)\mathrm{d}x=0$。

证明　由定积分的区间可加性，$\int_{-a}^a f(x)\mathrm{d}x=\int_{-a}^0 f(x)\mathrm{d}x+\int_0^a f(x)\mathrm{d}x$。对 $\int_{-a}^0 f(x)\mathrm{d}x$ 进行换元，设 $x=-t$，则 $\mathrm{d}x=-\mathrm{d}t$，且 $x=-a$ 时，$t=a$，$x=0$ 时，$t=0$。又因为 $f(x)$ 是奇函数，所以

$$\int_{-a}^0 f(x)\mathrm{d}x=-\int_a^0 f(-t)\mathrm{d}t=\int_a^0 f(t)\mathrm{d}t=-\int_0^a f(t)\mathrm{d}t=-\int_0^a f(x)\mathrm{d}t$$

所以

$$\int_{-a}^a f(x)\mathrm{d}x=\int_{-a}^0 f(x)\mathrm{d}x+\int_0^a f(x)\mathrm{d}x=-\int_0^a f(x)\mathrm{d}x+\int_0^a f(x)\mathrm{d}x=0$$

本题中，若 $f(x)$ 是定义在 $[-a,a]$ $(a>0)$ 上的偶函数，则 $\int_{-a}^a f(x)\mathrm{d}x=2\int_0^a f(x)\mathrm{d}x$，读者可以尝试证明。

例 6.4.3　设 $f(x)$ 在 $(-\infty,+\infty)$ 内连续，且

$$F(x)=\int_0^x(x-2t)f(t)\mathrm{d}t$$

证明当 $f(x)$是偶函数时,$F(x)$是偶函数。

证明 $F(x)$的表达式是一个积分上限函数,为了证明 $F(x)$是偶函数,即证明

$$F(-x)=F(x)$$

$$F(-x)=\int_0^{-x}(-x-2t)f(t)\mathrm{d}t$$

令 $t=-u$,当 $t=0$ 时,$u=0$;当 $t=-x$ 时,$u=x$。又因为 $f(-x)=f(x)$,所以

$$F(-x)=\int_0^x(-x+2u)f(-u)\mathrm{d}(-u)=-\int_0^x(-x+2u)f(u)\mathrm{d}u$$

$$=\int_0^x(x-2u)f(u)\mathrm{d}u=F(x)$$

即 $F(x)$是偶函数。

有时候为了书写简便起见,可以不明显地写出新变量 t,或者成为配元,那么定积分的上、下限就不要变更,如例 6.4.4。

例 6.4.4 计算 $\int_0^{\pi}\sqrt{\sin^3 x-\sin^5 x\ \mathrm{d}x}$。

解 由于 $\sqrt{\sin^3 x-\sin^5 x}=\sqrt{\sin^3 x(1-\sin^2 x)}=\sin^{\frac{3}{2}}x\cdot|\cos x|$。在积分区间 $\left[0,\frac{\pi}{2}\right]$上,$|\cos x|=\cos x$,而在$\left[\frac{\pi}{2},\pi\right]$上,$|\cos x|=-\cos x$,所以

$$\int_0^{\pi}\sqrt{\sin^3 x-\sin^5 x}\,\mathrm{d}x=\int_0^{\pi}\sin^{\frac{3}{2}}x\cdot|\cos x|\,\mathrm{d}x=\int_0^{\frac{\pi}{2}}\sin^{\frac{3}{2}}x\cos x\,\mathrm{d}x-\int_{\frac{\pi}{2}}^{\pi}\sin^{\frac{3}{2}}x\cos x\,\mathrm{d}x$$

$$=\int_0^{\frac{\pi}{2}}\sin^{\frac{3}{2}}x\,\mathrm{d}\sin x-\int_{\frac{\pi}{2}}^{\pi}\sin^{\frac{3}{2}}x\,\mathrm{d}\sin x$$

$$=\left[\frac{2}{5}\sin^{\frac{5}{2}}x\right]_0^{\frac{\pi}{2}}-\left[\frac{2}{5}\sin^{\frac{5}{2}}x\right]_{\frac{\pi}{2}}^{\pi}=\frac{2}{5}-\left(-\frac{2}{5}\right)=\frac{4}{5}$$

换元法也可以反过来使用,即把换元公式中左右两边对调位置,用式子 $t=\varphi(x)$来引入新变量 t,t 的积分区间由 $\alpha=\varphi(a)$,$\beta=\varphi(b)$决定。

例 6.4.5 计算 $\int_0^{\frac{\pi}{2}}(\cos^5 x-\cos x)\sin x\,\mathrm{d}x$。

解 设 $t=\cos x$,则 $\mathrm{d}t=-\sin x\,\mathrm{d}x$,且当 $x=0$ 时,$t=1$;当 $x=\frac{\pi}{2}$时,$t=0$。于是

$$\int_0^{\frac{\pi}{2}}(\cos^5 x-\cos x)\sin x\,\mathrm{d}x=-\int_1^0(t^5-t)\mathrm{d}t=\int_0^1(t^5-t)\mathrm{d}t=\left[\frac{t^6}{6}\right]_0^1-\left[\frac{t^2}{2}\right]_0^1=-\frac{1}{3}$$

例 6.4.6 计算 $\int_0^4\frac{x+2}{\sqrt{2x+1}}\mathrm{d}x$。

解 设$\sqrt{2x+1}=t$,则 $x=\frac{t^2-1}{2}$,$\mathrm{d}x=t\,\mathrm{d}t$,且当 $x=0$ 时,$t=1$;$x=4$ 时,$t=3$。于是

$$\int_0^4\frac{x+2}{\sqrt{2x+1}}\mathrm{d}x=\int_1^3\frac{\frac{t^2-1}{2}+2}{t}t\,\mathrm{d}t=\frac{1}{2}\int_1^3(t^2+3)\mathrm{d}t=\left[\frac{1}{2}\left(\frac{t^3}{3}+3t\right)\right]_1^3$$

$$=\frac{1}{2}\left[\left(\frac{27}{3}+9\right)-\left(\frac{1}{3}+3\right)\right]=\frac{22}{3}$$

6.4.2　定积分的分部积分法

定理 6.4.2(分部积分法)　若函数 $u(x)$，$v(x)$在$[a,b]$上有连续导数，则

$$\int_a^b u(x)v'(x)\mathrm{d}x=[u(x)v(x)]_a^b-\int_a^b u'(x)v(x)\mathrm{d}x$$

证明　由乘积求导公式

$$(uv)'=u'v+uv'$$

在这个等式两端分别求区间$[a,b]$上的定积分，应用牛顿—莱布尼茨公式，得

$$左端=\int_a^b [u(x)v(x)]'\mathrm{d}x=[u(x)v(x)]_a^b$$

$$右端=\int_a^b u(x)v'(x)\mathrm{d}x+\int_a^b u'(x)v(x)\mathrm{d}x$$

所以 $[u(x)v(x)]_a^b=\int_a^b u(x)v'(x)\mathrm{d}x+\int_a^b u'(x)v(x)\mathrm{d}x$，整理即得

$$\int_a^b u(x)v'(x)\mathrm{d}x=[u(x)v(x)]_a^b-\int_a^b u'(x)v(x)\mathrm{d}x\quad 证完$$

例 6.4.7　计算$\int_{\frac{1}{e}}^{e}\ln x\,\mathrm{d}x$。

解　设 $u=\ln x$，$\mathrm{d}v=\mathrm{d}x$，则

$$\mathrm{d}u=\frac{\mathrm{d}x}{x},v=x$$

代入分部积分公式，得

$$\begin{aligned}\int_{\frac{1}{e}}^{e}\ln x\,\mathrm{d}x&=[x\ln x]_{\frac{1}{e}}^{e}-\int_{\frac{1}{e}}^{e}x\,\mathrm{d}\ln x\\&=[x\ln x]_{\frac{1}{e}}^{e}-\int_{\frac{1}{e}}^{e}1\,\mathrm{d}x\\&=e-\frac{1}{e}-\left(e-\frac{1}{e}\right)\\&=0\end{aligned}$$

例 6.4.8　计算$\int_0^{\sqrt{3}}x\arctan x\,\mathrm{d}x$。

解　$$\int_0^{\sqrt{3}}x\arctan x\,\mathrm{d}x=\frac{1}{2}\int_0^{\sqrt{3}}\arctan x\,\mathrm{d}(x^2)=\frac{1}{2}[x^2\arctan x]_0^{\sqrt{3}}-\frac{1}{2}\int_0^{\sqrt{3}}\frac{x^2}{1+x^2}\mathrm{d}x$$

$$=\frac{\pi}{2}-\frac{1}{2}\int_0^{\sqrt{3}}\frac{x^2+1-1}{1+x^2}\mathrm{d}x=\frac{2\pi}{3}-\frac{\sqrt{3}}{2}$$

在有些定积分计算中，换元法和分部积分法经常结合起来用，如下面两道例题。

例 6.4.9　计算$\int_0^1 e^{\sqrt{x+1}}\mathrm{d}x$。

解　使用换元法，可先令 $t=x+1$，则原式$=\int_1^2 e^{\sqrt{t}}\mathrm{d}t$。

再次使用换元法，令 $u=\sqrt{t}$，则原式$\int_1^{\sqrt{2}}e^u\mathrm{d}u^2$。

然后使用分部积分法得

$$\begin{aligned}\int_1^{\sqrt{2}} e^u \, du^2 &= 2\int_1^{\sqrt{2}} u e^u \, du \\ &= 2\int_1^{\sqrt{2}} u \, de^u \\ &= 2[u e^u]_1^{\sqrt{2}} - 2\int_1^{\sqrt{2}} e^u \, du \\ &= (2\sqrt{2} - 2) e^{\sqrt{2}}\end{aligned}$$

例 6.4.10 计算 $\int_{e^{\frac{1}{4}}}^{e^4} \frac{\sqrt{\ln x}}{x} dx$。

解 $\int_{e^{\frac{1}{4}}}^{e^4} \frac{\sqrt{\ln x}}{x} dx = \int_{e^{\frac{1}{4}}}^{e^4} \sqrt{\ln x} \, d(\ln x) \xlongequal{u=\ln x} \int_{\frac{1}{4}}^{4} \sqrt{u} \, du$

$$= \left[\frac{2}{3} u^{\frac{3}{2}}\right]_{\frac{1}{4}}^{4} = \frac{21}{4}$$

正因为定积分和不定积分的紧密联系,所以不定积分的换元法和分部积分法对定积分同样适用。本节对定积分换元法和分部积分法计算的应用进行了实例讲解,如何有效而便捷地应用该方法解题需要读者在解题的实践中逐渐总结和掌握。

习题 6.4

一、利用换元积分法求解下列各题

1. 判断下列计算过程是否有误,若有错,请指出错在哪里。

(1) $\int_0^{\frac{\pi}{2}} \sin^n x \, dx \xlongequal{x=\frac{\pi}{2}-t} \int_0^{\frac{\pi}{2}} \sin^n\left(\frac{\pi}{2} - t\right)(-dt) = -\int_0^{\frac{\pi}{2}} \cos^n x \, dx$

(2) $\int_0^{\pi} \sqrt{\frac{1+\cos 2x}{2}} dx = \int_0^{\pi} \sqrt{\cos^2 x} \, dx = \int_0^{\pi} \cos x \, dx = [\sin x]_0^{\pi} = 0$

2. 计算下列积分

(1) $\int_{\frac{\pi}{2}}^{\pi} \sin\left(x + \frac{\pi}{3}\right) dx$　　(2) $\int_{-2}^{1} \frac{dx}{(11+5x)^3}$

(3) $\int_0^{\frac{\pi}{2}} \sin\varphi \cos^3\varphi \, d\varphi$　　(4) $\int_{-\pi}^{\pi} x^3 \cos x \, dx$

(5) $\int_1^{\sqrt{3}} \frac{dx}{x^2\sqrt{1+x^2}}$　　(6) $\int_1^{e^2} \frac{dx}{x\sqrt{1+\ln x}}$

(7) $\int_{-\frac{\pi}{2}}^{\frac{\pi}{2}} \sqrt{\cos x - \cos^3 x} \, dx$　　(8) $\int_0^{2\pi} x(1+\cos^2 x) dx$

3. 设函数

$$f(x) = \begin{cases} x e^{-x^2} & x \geqslant 0 \\ \dfrac{1}{1+\cos x} & -1 < x < 0 \end{cases}$$

求 $\int_1^4 f(x-2) dx$。

4. 证明下列命题。

(1) $\int_0^{\frac{\pi}{2}} f(\sin x)\mathrm{d}x = \int_0^{\frac{\pi}{2}} f(\cos x)\mathrm{d}x$。

(2) $\int_0^{\pi} f(\sin x)\mathrm{d}x = 2\int_0^{\frac{\pi}{2}} f(\sin x)\mathrm{d}x$。

5. 设 $f(x)$ 在 $[-b,b]$ 上连续，证明 $\int_{-b}^{b} f(x)\mathrm{d}x = \int_{-b}^{b} f(-x)\mathrm{d}x$。

6. 证明 $\int_x^1 \frac{\mathrm{d}x}{1+x^2}\mathrm{d}x = \int_1^{\frac{1}{x}} \frac{\mathrm{d}x}{1+x^2}\mathrm{d}x \ (x>0)$。

7. 设 $f(x)$ 是以 l 为周期的连续函数，证明 $\int_a^{a+l} f(x)\mathrm{d}x$ 的值与 a 无关。

二、利用分部积分法求解下列各题

8. 计算下列积分。

(1) $\int_0^{\ln 3} x\mathrm{e}^{-x}\mathrm{d}x$；　　(2) $\int_1^{\mathrm{e}} x\ln x\ \mathrm{d}x$；

(3) $\int_0^{2\pi} t\sin t\ \mathrm{d}t$；　　(4) $\int_{\frac{\pi}{4}}^{\frac{\pi}{2}} \frac{x}{\sin^2 x}\mathrm{d}x$；

(5) $\int_0^1 x\arctan x\ \mathrm{d}x$；　　(6) $\int_0^{\frac{\pi}{2}} \mathrm{e}^{2x}\cos x\ \mathrm{d}x$；

(7) $\int_1^{\mathrm{e}} \sin(\ln x)\mathrm{d}x$；　　(8) $\int_{\frac{1}{\mathrm{e}}}^{\mathrm{e}} |\ln x|\mathrm{d}x$；

(9) $\int_0^1 \arcsin x\ \mathrm{d}x$；　　(10) $\int_0^1 x^2\mathrm{e}^x\ \mathrm{d}x$；

9. 设 $f(-3)=1, f(-1)=3, f'(-1)=5$，且 $f''(x)$ 连续，求 $\int_0^1 xf''(2x-3)\mathrm{d}x$。

10. 设 $f(x)=x-\int_0^{\pi} f(x)\cos x\ \mathrm{d}x$，求 $f(x)$。

*6.5　广义积分

学习目标与要求

(1) 了解将定积分推广到广义积分的原因以及广义积分的类型；

(2) 掌握无穷区间上的广义积分的特征和计算方法；

(3) 掌握无界函数的广义积分的特征和计算方法。

前面计算的定积分 $\int_a^b f(x)\mathrm{d}x$ 存在两点明显的局限性：其一，积分区间 $[a,b]$ 是有限区间；其二，积分函数 $f(x)$ 在积分区间有界。这两点局限性限制了定积分的应用，因为在许多实际问题和理论问题中都要去掉这两个限制。因此，需要对定积分做如下两种形式的推广。

(1) 无限区间上的积分；

(2) 无界函数的积分。

这就是本节要介绍的广义积分的类型和计算方法。与本节广义积分概念相区别，之前介绍的定积分通常称为常义积分。

6.5.1 无穷区间上的广义积分

1. 无穷区间上的广义积分的概念和计算

引例 6.5.1 求由曲线 $y=\mathrm{e}^{-x}$,x 轴以及 y 轴右侧所围成的“开口曲边梯形”的面积。如图 6.8 所示。

解 由于 $x\to+\infty$,所以积分区间应当是$[0,+\infty)$,这是一个无限区间,如果把上限暂时固定,即任取一个大于下限 0 的正数 b 作为上限,如图 6.9 所示,那么在区间$[0,b]$上以曲线 $y=\mathrm{e}^{-x}$ 为曲边的图形的面积为

$$\int_0^b \mathrm{e}^{-x}\,\mathrm{d}x=-[\mathrm{e}^{-x}]_0^b=-(\mathrm{e}^{-b}-1)=1-\frac{1}{\mathrm{e}^b}$$

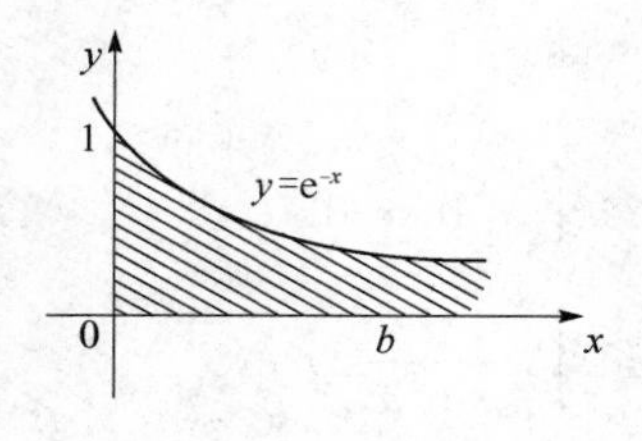

图 6.8 开口曲边梯形

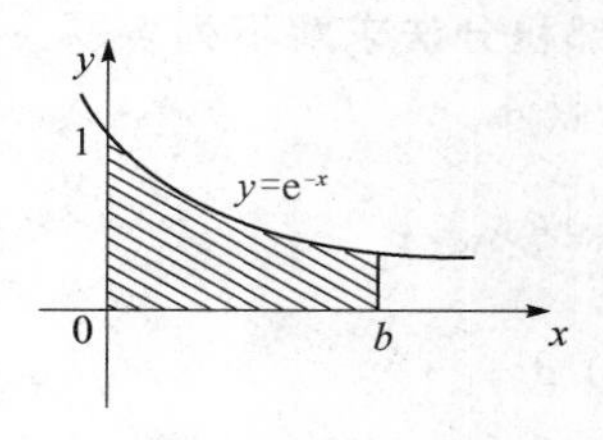

图 6.9 曲边梯形

可以看出,随着 b 的增大,曲边梯形的面积就越接近于所要求的“开口曲边梯形”的面积,因此,令 $b\to+\infty$,得

$$\lim_{b\to+\infty}\int_0^b \mathrm{e}^{-x}\,\mathrm{d}x=\lim_{b\to+\infty}\left(1-\frac{1}{\mathrm{e}^b}\right)=1$$

定义 6.5.1 设函数 $f(x)$在区间$[a,+\infty)$上连续,且对任意的 $b>a$,$f(x)$在$[a,b]$上可积,当极限

$$\lim_{b\to+\infty}\int_a^b f(x)\,\mathrm{d}x$$

存在时,称这极限值 I 为 $f(x)$在$[a,+\infty)$上的广义积分。记作 $\int_0^{+\infty} f(x)\,\mathrm{d}x$,即

$$\int_a^{+\infty} f(x)\,\mathrm{d}x=\lim_{b\to+\infty}\int_a^b f(x)\,\mathrm{d}x$$

如果上述极限不存在,函数 $f(x)$ 在无穷区间$[a,+\infty)$ 上的广义积分$\int_a^{+\infty} f(x)\,\mathrm{d}x$ 就没有意义,这时称广义积分$\int_a^{+\infty} f(x)\,\mathrm{d}x$ 发散。

类似地,定义 $f(x)$ 在无穷区间$(-\infty,b]$ 上的广义积分为$\int_{-\infty}^b f(x)\,\mathrm{d}x$,有

$$\int_{-\infty}^b f(x)\,\mathrm{d}x=\lim_{a\to-\infty}\int_a^b f(x)\,\mathrm{d}x$$

若上式等号右端的极限存在,则称为收敛;否则称为发散。

函数 $f(x)$在无穷区间$(-\infty,+\infty)$上的广义积分定义为

$$\int_{-\infty}^{+\infty} f(x)\,\mathrm{d}x=\int_{-\infty}^c f(x)\,\mathrm{d}x+\int_c^{+\infty} f(x)\,\mathrm{d}x$$

式中,c 为任意实数。当上式右端两个积分都收敛时,则称为收敛;否则称为发散。

无穷区间上的广义积分也简称为**无穷积分**。

注:广义积分的收敛性及所收敛的值与常数 c 的取值无关,在选取时应便于计算。

推论:由于 $F(c)$ 是一个定值,那么如果右端两个积分收敛的话,对应可以推出 $\lim\limits_{x\to+\infty}F(x)$ 的极限存在。

例 6.5.1　计算无穷积分$\int_{-\infty}^{+\infty}\frac{\mathrm{d}x}{1+x^2}$。

解　由定义 6.5.1 可知:

$$\int_{-\infty}^{+\infty}\frac{\mathrm{d}x}{1+x^2}=\int_{-\infty}^{0}\frac{\mathrm{d}x}{1+x^2}+\int_{0}^{+\infty}\frac{\mathrm{d}x}{1+x^2}=\lim_{a\to-\infty}\int_{a}^{0}\frac{\mathrm{d}x}{1+x^2}+\lim_{b\to+\infty}\int_{a}^{b}\frac{\mathrm{d}x}{1+x^2}$$
$$=\lim_{a\to-\infty}[\arctan]_a^0+\lim_{b\to+\infty}[\arctan x]_0^b=-\lim_{a\to-\infty}\arctan a+\lim_{b\to+\infty}\arctan b$$
$$=-\left(\frac{\pi}{2}\right)+\frac{\pi}{2}=\pi$$

备注:(1) 这个广义积分值的几何意义是:当 $a\to-\infty$,$b\to+\infty$时,如图 6.10 所示,它是位于曲线 $y=\frac{1}{1+x^2}$的下方、x 轴上方图形的面积的极限值。

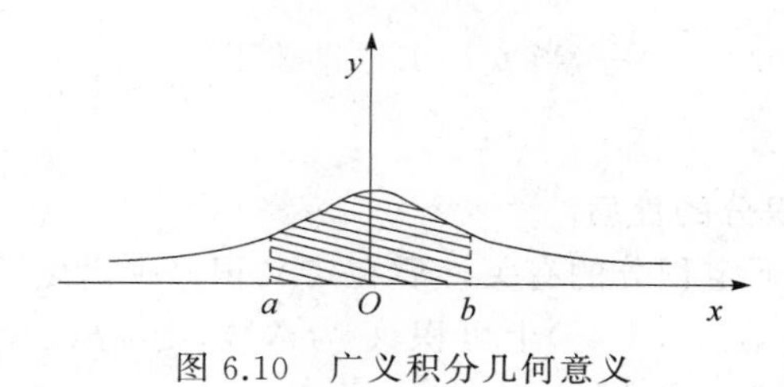

图 6.10　广义积分几何意义

(2) 为了书写简便,实际运算过程中常常省去极限的记号,而形式地把∞当成一个"数",直接利用牛顿—莱布尼茨公式的方法进行计算,如下:

$$\int_{0}^{+\infty}f(x)\mathrm{d}x=[F(x)]_a^{+\infty}=F(+\infty)-F(a)$$
$$\int_{-\infty}^{b}f(x)\mathrm{d}x=[F(x)]_{-\infty}^{b}=F(b)-F(-\infty)$$
$$\int_{-\infty}^{+\infty}f(x)\mathrm{d}x=[F(x)]_{-\infty}^{+\infty}=F(+\infty)-F(-\infty)$$

式中,$F(x)$为 $f(x)$的原函数,记号 $F(\pm\infty)$应理解为极限运算:

$$F(\pm\infty)=\lim_{x\to\pm\infty}F(x)$$

上述例 6.5.1 的计算过程可以写为

$$\lim_{a\to-\infty}\int_{a}^{0}\frac{\mathrm{d}x}{1+x^2}+\lim_{b\to+\infty}\int_{0}^{b}\frac{\mathrm{d}x}{1+x^2}=[\arctan x]_{-\infty}^{0}+[\arctan x]_{0}^{+\infty}=-\left(-\frac{\pi}{2}\right)+\frac{\pi}{2}=\pi$$

或写为

$$\int_{-\infty}^{+\infty}\frac{1}{1+x^2}\mathrm{d}x=[\arctan x]_{-\infty}^{+\infty}=\frac{\pi}{2}-\left(\frac{\pi}{2}\right)=\pi$$

式中，$[\arctan x]_{-\infty}^{+\infty}=\lim\limits_{x\to+\infty}\arctan x-\lim\limits_{x\to-\infty}\arctan x$。

例 6.5.2 计算无穷积分$\int_0^{+\infty}x\mathrm{e}^{-px}\mathrm{d}x$（$p$ 是常数，且 $p>0$）。

解 $\int_0^{+\infty}t\mathrm{e}^{-pt}\mathrm{d}t=-\frac{1}{p}\int_0^{+\infty}t\mathrm{d}(\mathrm{e}^{-pt})=\left[-\frac{1}{p}t\mathrm{e}^{-pt}\right]_0^{+\infty}-\left[\frac{1}{p^2}\mathrm{e}^{-pt}\right]_0^{+\infty}$

$$=-\frac{1}{p}(\lim_{t\to+\infty}t\mathrm{e}^{-pt}-0)-\frac{1}{p^2}(0-1)=\frac{1}{p^2}$$

注 上式中极限$\lim\limits_{t\to+\infty}t\mathrm{e}^{-pt}$是未定式，其计算可用洛必达法则解决。

例 6.5.3 讨论无穷积分$\int_1^{+\infty}\frac{1}{x^p}\mathrm{d}x$ 的收敛性。

解 (1) 当 $p=1$ 时，

$$\int_1^{+\infty}\frac{1}{x}\mathrm{d}x=[\ln|x|]_1^{+\infty}=+\infty$$

(2) 当 $p\neq1$ 时，

$$\int_1^{+\infty}\frac{1}{x^p}\mathrm{d}x=\left[\frac{x^{1-p}}{1-p}\right]_1^{+\infty}=\begin{cases}+\infty & p<1\\ \frac{1}{p-1} & p>1\end{cases}$$

由上讨论可知，广义积分$\int_a^{+\infty}\frac{\mathrm{d}x}{x^p}$，当 $p>1$ 时收敛于$\frac{1}{(p-1)a^{p-1}}$；而当 $p\leqslant1$ 时发散。这个结论也将经常被用到。

2. 无穷区间上的广义积分的性质

作为定积分的推广，以下定积分的有关性质在广义积分中仍然适用。

性质 1 若函数 $f(x)$ 在$[a,+\infty)$上可积，k 为常数，则 $kf(x)$在$[a,+\infty)$上也可积，且

$$\int_a^{+\infty}kf(x)\mathrm{d}x=f\int_a^{+\infty}f(x)\mathrm{d}x$$

即常数因子可从积分号里提出（注意与不定积分的不同）。

性质 2 若函数 $f(x)$，$g(x)$都在$[a,+\infty)$上可积，则 $f(x)\pm g(x)$在$[a,+\infty)$上也可积，且有

$$\int_a^{+\infty}[f(x)\pm g)(x)]\mathrm{d}x=\int_a^{+\infty}f(x)\mathrm{d}x\pm\int_a^{+\infty}g(x)\mathrm{d}x$$

性质 3 对无穷限积分，换元积分法和分部积分法也成立。

例 6.5.4 讨论$\int_2^{+\infty}\frac{1}{x\ln x}\mathrm{d}x$ 的敛散性。

解 $\int_2^{+\infty}\frac{1}{x\ln x}\mathrm{d}x=\int_2^{+\infty}\frac{1}{\ln x}\mathrm{d}(\ln x)=[\ln|\ln x|]_2^{+\infty}$

$$=\ln[\ln(+\infty)]-\ln\ln2=+\infty$$

注：此处的 $\ln[\ln(+\infty)]$应理解为极限表达式。

性质 4 若 $f(x)$，$g(x)$为定义在上$[a,+\infty)$的非负函数，且在任何有限区间$[a,u]$上均可积，并满足

$$f(x)\leqslant g(x)\quad x\in[a,+\infty)$$

则当$\int_a^{+\infty}g(x)\mathrm{d}x$ 收敛时，$\int_a^{+\infty}f(x)\mathrm{d}x$ 也收敛（或当$\int_a^{+\infty}f(x)\mathrm{d}x$ 发散时，$\int_a^{+\infty}g(x)\mathrm{d}x$ 也发散）。

例 6.5.5　证明广义积分$\int_2^{+\infty}\frac{\arctan x}{x\ln x}\mathrm{d}x$发散。

证明　由例 6.5.4 的讨论可知$\int_2^{+\infty}\frac{1}{x\ln x}\mathrm{d}x$发散，而当$x\geqslant 2$时，$\arctan x>1$。所以在积分区间上$\int_2^{+\infty}\frac{\arctan x}{x\ln x}\mathrm{d}x>\int_2^{+\infty}\frac{1}{x\ln x}\mathrm{d}x$，应用性质4，推出$\int_2^{+\infty}\frac{\arctan x}{x\ln x}\mathrm{d}x$发散。

6.5.2　无界函数的广义积分

定义 6.5.2　设函数$f(x)$在区间$(a,b]$上连续，且$\lim\limits_{x\to a^+}f(x)=\infty$（即$x=a$为函数$f(x)$的无穷间断点），而对任意小的$\varepsilon>0$，$f(x)$在$[a+\varepsilon,b]$上可积，极限$\lim\limits_{\varepsilon\to 0^+}\int_{a+\varepsilon}^b f(x)\mathrm{d}x$称为无界函数$f(x)$在$(a,b]$上的广义积分，仍然记为$\int_a^b f(x)\mathrm{d}x$，积分为

$$\int_a^b f(x)\mathrm{d}x=\lim_{\varepsilon\to 0^+}\int_{a+\varepsilon}^b f(x)\mathrm{d}x$$

若上式右端极限存在，则称此无界函数的广义积分收敛；否则，称为发散。

类似地，若函数$f(x)$在区间$[a,b)$上连续，且$\lim\limits_{x\to b^-}f(x)=\infty$（即$x=b$为函数$f(x)$的无穷间断点），而对任意小的$\varepsilon>0$，$f(x)$在$[a,b-\varepsilon]$上可积，定义无界函数$f(x)$在$[a,b)$上的广义积分为

$$\int_a^b f(x)\mathrm{d}x=\lim_{\varepsilon\to 0^+}\int_a^{b-\varepsilon} f(x)\mathrm{d}x$$

若上式右端极限存在，则称为收敛；否则称为发散。

若对任意小的$\varepsilon>0$，$f(x)$在$[a,c-\varepsilon]$和$[c+\varepsilon,b]$上可积，而$\lim\limits_{x\to c}f(x)=\infty$，则定义$f(x)$在区间$[a,b]$上的广义积分为

$$\int_a^b f(x)\mathrm{d}x=\int_a^c f(x)\mathrm{d}x+\int_c^b f(x)\mathrm{d}x=\lim_{\varepsilon_1\to 0^+}\int_a^{c-\varepsilon_1} f(x)\mathrm{d}x+\lim_{\varepsilon_2\to 0^+}\int_{c+\varepsilon_2}^b f(x)\mathrm{d}x$$

当上式右端两个极限都存在时，则称广义积分$\int_a^b f(x)\mathrm{d}x$收敛；否则，称为发散。

此外，如果$x=a$，$x=b$均为$f(x)$的无穷间断点，则$f(x)$在$[a,b]$上的无界函数的积分定义为

$$\int_a^b f(x)\mathrm{d}x=\int_a^c f(x)\mathrm{d}x+\int_c^b f(x)\mathrm{d}x=\lim_{\varepsilon_1\to 0^+}\int_{a+\varepsilon_1}^c f(x)\mathrm{d}x+\lim_{\varepsilon_2\to 0^+}\int_c^{b-\varepsilon_2} f(x)\mathrm{d}x$$

式中，c为a与b之间的任意实数，当右端的两个极限都存在时，则称之收敛；否则称为发散。

相应地，可以得到：若$f(x)$，$g(x)$为定义在$(a,b]$上的函数，无穷间断点均为a，且在任何有限区间$[u,b]\subset(a,b]$上可积，并满足

$$f(x)\leqslant g(x)\quad x\in(a,b]$$

则当$\int_a^{+\infty}g(x)\mathrm{d}x$收敛时，$\int_a^{+\infty}f(x)\mathrm{d}x$也收敛（或当$\int_a^{+\infty}f(x)\mathrm{d}x$发散时，$\int_a^{+\infty}g(x)\mathrm{d}x$也发散）。

备注：(1) 定义中涉及的无穷间断点称为**被积函数的瑕点**，故无界函数的广义积分又常称为**瑕积分**。

(2) 无界函数的广义积分与一般定积分（亦称常义积分）的含义不同，但形式一样，容易被忽视，因此，在计算定积分时，应该首先考察是常义积分还是广义积分，若是无界函数的广义积分，则要按广义积分的计算方法处理。

例 6.5.6 讨论无界函数积分$\int_0^a \frac{dx}{\sqrt{a^2-x^2}}$的收敛性。

解 在 $x=a$ 点的左邻域，被积函数的极限 $\lim\limits_{x\to a^-}\frac{1}{\sqrt{a^2-x^2}}=+\infty$，因此此积分属于无界函数的广义积分，按照定义 6.5.2 中的计算方法，

$$\int_0^a \frac{1}{\sqrt{a^2-x^2}}dx=\lim_{\varepsilon\to 0^+}\int_0^{a-\varepsilon}\frac{1}{\sqrt{a^2-x^2}}dx=\left[\lim_{\varepsilon\to 0^+}\arcsin\frac{x}{a}\right]_0^{a-\varepsilon}$$

$$=\lim_{\varepsilon\to 0^+}\left(\arcsin\frac{a-\varepsilon}{a}-0\right)=\arcsin 1=\frac{\pi}{2}$$

注:这个广义积分值的几何意义为位于曲线 $y=\frac{1}{\sqrt{a^2-x^2}}$ 之下、x 轴之上、直线 $x=0$ 和$x=a$ 之间的图形面积，如图 6.11 所示。

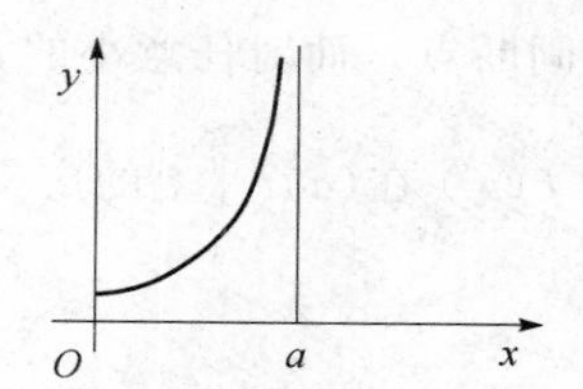

图 6.11 例 6.5.6 的几何意义图示

例 6.5.7 讨论$\int_0^2\frac{dx}{(x-1)^2}$的收敛性。

解 在[0,2]内部有瑕点 $x=1$，利用定积分区间可加性，让瑕点出现在小区间的端点处，所以有

$$\int_0^2\frac{dx}{(x-1)^2}=\int_0^1\frac{dx}{(x-1)^2}+\int_1^2\frac{dx}{(x-1)^2}=\lim_{\varepsilon_1\to 0^+}\int_0^{1-\varepsilon_1}\frac{dx}{(x-1)^2}+\lim_{\varepsilon_2\to 0^+}\int_{1+\varepsilon_2}^2\frac{dx}{(x-1)^2}$$

$$=\lim_{\varepsilon_1\to 0^+}\left[-\frac{1}{x-1}\right]_0^{1-\varepsilon_1}+\lim_{\varepsilon_2\to 0^+}\left[-\frac{1}{x-1}\right]_{1+\varepsilon_2}^2$$

所以$\int_0^2\frac{dx}{(x-1)^2}$发散。

注 由于它不是常义积分，不能按常义积分处理。常义积分与瑕积分外表上没什么区别，如$\int_2^3\frac{dx}{(x-1)^2}$就是普通定积分，而$\int_0^2\frac{dx}{(x-1)^2}$就成了广义积分，所以计算积分$\int_a^b f(x)dx$ 时要特别小心，一定要首先检查一下 $f(x)$ 在$[a,b]$上有无瑕点，有瑕点时，要按广义积分来对待，不然就可能出错。如果本例按常义积分的方法计算，则

$$\int_0^2\frac{dx}{(x-1)^2}=-\left[\frac{1}{x-1}\right]_0^2=-2$$

出错的原因是未发现 $x=1$ 是瑕点。

例 6.5.8 讨论广义积分$\int_0^1\frac{1}{x^q}dx$ 的收敛性。

解 (1)当 $q=1$ 时，

$$\int_0^1\frac{1}{x}dx=\lim_{\varepsilon\to 0^+}\int_{0+\varepsilon}^1\frac{1}{x}dx=\lim_{\varepsilon\to 0^+}[\ln|x|]_\varepsilon^1=\lim_{\varepsilon\to 0^+}(0-\ln\varepsilon)=+\infty$$

(2) 当 $q\neq 1$ 时，

$$\int_0^1\frac{1}{x^q}dx=\lim_{\varepsilon\to 0^+}\int_{0+\varepsilon}^1\frac{1}{x^q}dx=\lim_{\varepsilon\to 0^+}\left[\frac{x^{1-q}}{1-q}\right]_\varepsilon^1=\lim_{\varepsilon\to 0^+}\left(\frac{1}{1-q}-\frac{\varepsilon^{1-q}}{1-q}\right)=\begin{cases}\frac{1}{1-q} & q<1\\ +\infty & q>1\end{cases}$$

所以，当 $q<1$ 时，该广义积分收敛，其值为$\frac{1}{1-q}$；当 $q\geqslant 1$ 时，该积分发散。

习题 6.5

1. 判断下列说法是否正确，如错误，请改正。

(1) 已知 $a<b$，$\int_b^{+\infty} f(x)\mathrm{d}x$ 收敛，则 $\int_a^{+\infty} f(x)\mathrm{d}x$ 收敛。

(2) 在 $[a,b]$ 上，非负函数 $f(x)$，$g(x)$ 均以 a 为瑕点，若 $\lim\limits_{x\to a}\dfrac{f(x)}{g(x)}=0$，$\int_a^b g(x)\mathrm{d}x$ 收敛，则 $\int_a^b g(x)\mathrm{d}x$ 也收敛。

2. $\int_{-\infty}^a f(x)\mathrm{d}x$ 与 $\int_a^{+\infty} f(x)\mathrm{d}x$ 都收敛，是收敛的(　　)。

A.无关条件　　B.充要条件　　C.充分条件　　D.必要条件

3. 已知广义积分 $\int_5^{+\infty} x^{3+2p}\mathrm{d}x$ 收敛，则 p 满足的条件是________。

4. $\int_{-\infty}^{+\infty}\dfrac{\mathrm{d}x}{1+x^2}=$________。

5. 判断下列广义积分的收敛性。

(1) $\int_e^{+\infty}\dfrac{\ln x}{x}\mathrm{d}x$　　(2) $\int_e^{+\infty}\dfrac{1}{x\ln x}\mathrm{d}x$

(3) $\int_e^{+\infty}\dfrac{1}{x(\ln x)^2}\mathrm{d}x$　　(4) $\int_e^{+\infty}\dfrac{1}{x\sqrt[3]{\ln x}}\mathrm{d}x$

(5) $\int_0^{+\infty}\dfrac{\mathrm{d}x}{1+x^2}$　　(6) $\int_0^{+\infty} e^x\sin x\,\mathrm{d}x$

(7) $\int_0^1\dfrac{\mathrm{d}x}{\sqrt{1-x^2}}$　　(8) $\int_0^1\dfrac{\mathrm{d}x}{\sqrt{1-x}}$

6. 判断下列各广义积分的收敛性，如果收敛，计算广义积分的值。

(1) $\int_0^{\frac{\pi}{2}}\dfrac{1}{(\sin 2x)^2}\mathrm{d}x$　　(2) $\int_1^{+\infty}\dfrac{\mathrm{d}x}{\sqrt{x}}$

(3) $\int_1^{+\infty} e^{-px}\sin\omega x\,\mathrm{d}x\ (p>0,\omega>0)$　　(4) $\int_{-\infty}^{+\infty}\dfrac{\mathrm{d}x}{x^2+2x+2}$

(5) $\int_{-\infty}^0 x e^{-x^2}\mathrm{d}x$　　(6) $\int_{+\infty}^{+\infty} x^3 e^{-\frac{x4}{2}}\mathrm{d}x$

(7) $\int_0^1\dfrac{t\,\mathrm{d}t}{2\sqrt{1-t^2}}$　　(8) $\int_0^2\dfrac{\mathrm{d}x}{(1-x^2)}$

(9) $\int_1^2\dfrac{x\,\mathrm{d}x}{\sqrt{x-1}}$　　(10) $\int_1^e\dfrac{\mathrm{d}x}{x\sqrt{1-(\ln x)^2}}$

7. 对于参数为 k 的广义积分 $\int_2^{+\infty}\dfrac{1}{x(\ln x)^k}\mathrm{d}x$，求：

(1) k 取何值时，广义积分收敛，收敛于何值；

(2) k 取何值时，广义积分发散；

(3) k 取何值时，广义积分取得最小值。

6.6 定积分的应用

学习目标与要求

(1) 掌握定积分微元法的计算思路和计算步骤;

(2) 掌握使用定积分微元法解决几何上的典型应用;

(3) 了解定积分在物理或其他方面的典型应用。

定积分的理论来源于实际,即对于实际问题中待求的量用一个函数的定积分形式表示出来,然后进行计算,问题得以解决。本节应用前面学习过的定积分理论来分析和解决一些在几何、物理等应用中的问题,通过这些例子,不仅可以建立计算几何、物理量的计算公式,更为重要的,是通过实际解题过程,掌握运用微元法把所要求的一个量表达为定积分的分析方法。

6.6.1 定积分的微元法

为了说明微元法,首先回顾一下 6.1 节中讨论过的计算曲边梯形的面积问题。

曲线 $y=f(x)(f(x)\geqslant 0)$、x 轴及两条直线 $x=a$、$x=b$ 所围成的曲边梯形的面积 A 等于函数 $f(x)$ 在区间 $[a,b]$ 上的定积分,即

$$A=\int_a^b f(x)\mathrm{d}x$$

其计算步骤如下所述。

(1) 分割。在区间 $[a,b]$ 内任意插入 $n-1$ 个分点把 $[a,b]$ 分成 n 个小区间,各小区间 $[x_{i-1},x_i]$ 的长度记为 Δx_i,在各分点处作 y 轴的平行线,就把曲边梯形分成 n 个小曲边梯形。

(2) 近似(代替)。设第 i 个小曲边梯形的面积为 ΔA_i,则

$$\Delta A_i\approx f(\xi_i)\Delta x_i \quad (i=1,2,\cdots,n;x_{i-1}\leqslant\xi_i\leqslant x_i)$$

(3) 求和。整个大曲边梯形的面积近似等于各小矩形的面积之和,即

$$A=\sum_{i=1}^{n}\Delta A_i\approx\sum_{i=1}^{n}f(\xi_i)\Delta x_i$$

(4) 取极限。记 $\lambda=\max\{\Delta x_1,\Delta x_2,\cdots,\Delta x_n\}$,曲边梯形的面积为

$$A=\lim_{\lambda\to 0}\sum_{i=1}^{n}f(\xi_i)\Delta x_i=\int_a^b f(x)\mathrm{d}x$$

在上述问题中,所求量(即面积 A)与区间 $[a,b]$ 有关,如果把区间 $[a,b]$ 分成许多部分区间,则所求量相应地分成许多部分量(即 ΔA_i),所求量等于所有部分之和,即 $A=\sum\limits_{i=1}^{n}\Delta A_i$,这一性质称为所求量对于区间 $[a,b]$ 具有可加性。需要注意的是,在第(2) 步中,之所以可以用 $f(\xi_i)\Delta x_i$ 近似地代替 ΔA_i,是因为它们只相差一个比 Δx_i 高阶的无穷小,这样取和式 $\sum\limits_{i=1}^{n}f(\xi_i)\Delta x_i$ 的极限即是面积 A 的精确值。

在以上四个步骤中,关键是第(2) 步,这一步确定了 ΔA_i 的近似值 $f(\xi_i)\Delta x_i$,之后就可以据此得到所求量(即面积 A)的表达式为

$$A=\lim_{\lambda\to 0}\sum_{i=1}^{n}f(\xi_i)\Delta x_i=\int_a^b f(x)\mathrm{d}x$$

实际应用中,常常省略 ΔA_i 的下标 i,用 ΔA 表示任一小区间$[x,x+\mathrm{d}x]$上的窄曲边梯形的面积。

$$A=\sum \Delta A$$

如图 6.12 所示,取小区间$[x,x+\mathrm{d}x]$的左端点 x 为 ξ,以 x 处的函数值 $f(x)$为高,区间长度 $\mathrm{d}x$ 为底的矩形面积 $f(x)\mathrm{d}x$ 为 ΔA 的近似值,如图 6.12 的阴影部分所示,即

$$\Delta A\approx f(x)\mathrm{d}x$$

上式右端 $f(x)\mathrm{d}x$ 称为面积微元,记为 $\mathrm{d}A=f(x)\mathrm{d}x$,这样就有

$$A\approx \sum f(x)\mathrm{d}x \quad A=\lim \sum f(x)\mathrm{d}x=\int_a^b f(x)\mathrm{d}x$$

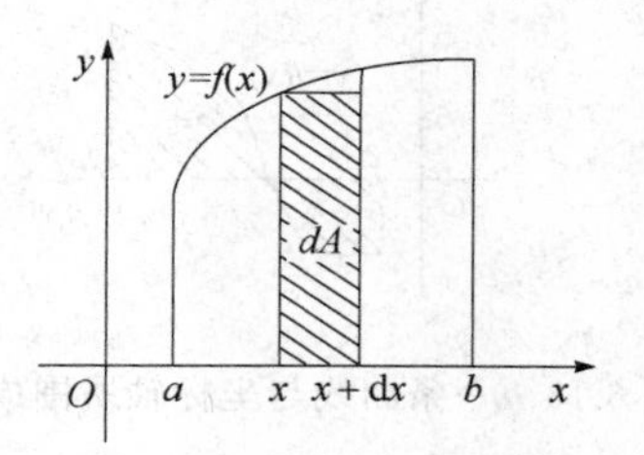

图 6.12　面积微元图示

一般地,在实际应用中,如果所求量 U 符合下列条件:

(1) 量 U 是与一个变量 x 的变化区间$[a,b]$有关的量。

(2) 量 U 对于区间$[a,b]$具有"可加性",也就是说,如果把区间$[a,b]$分成若干个部分区间$[x_{i-1},x_i](i=1,2,\cdots,n)$,那么值 U 就等于对应于各部分区间的部分量 $\Delta U_i(i=1,2,\cdots,n)$的总和,即

$$U=\sum_{i=1}^{n}\Delta U_i$$

(3) 部分量 ΔU 的近似值可表示为 $\Delta U_i\approx f(\xi_i)\Delta x_i$。

那么,就可以考虑用定积分来表达量 U。通常求出这个量的积分表达式的步骤是:

(1) 根据具体情况,选取一个与所求量 U 相关联的自变量 x,并确定 x 的变化区间$[a,b]$;

(2) 任取 $x\in[a,b]$,设想把$[a,b]$分成若干个小区间,并把其中的一个代表性小区间记作$[x,x+\mathrm{d}x]$,求出相对应于这个小区间的部分量 ΔU 的形如 $f(x)\mathrm{d}x$ 的近似表达式,即 $\mathrm{d}U=f(x)\mathrm{d}x$,这里的近似指的是 $\Delta U-f(x)\Delta x=o(\Delta x)$,即在作近似时所忽略的是 Δx 的高阶无穷小,$\mathrm{d}U=f(x)\mathrm{d}x$ 称为量 U 的**微元**。

(3) 将 U 在$[x,x+\mathrm{d}x]$上的微元 $\mathrm{d}U=f(x)\mathrm{d}x$ 作为被积表达式,在 x 的变化区间$[a,b]$上进行积分,就得到所求量 U 的定积分表达式为

$$U=\int_a^b f(x)\mathrm{d}x$$

这个方法通常称为**微元法**,下面将应用微元法来讨论几何、物理等应用中的一些问题。

6.6.2　定积分在几何上的应用

1. 定积分在求平面图形的面积上的应用

1) 直角坐标情形

(1) 一条曲线与坐标轴所围成的面积,如图 6.13 所示。设 $f(x)$在$[a,b]$上连续,当 $f(x)\geqslant 0$ 时,由定义得到曲线 $y=f(x)$与直线 $x=a$、$x=b$、x 轴围成的平面图形的面积为:$A=\int_a^b f(x)\mathrm{d}x$;当 $f(x)<0$ 时,由于面积总是非负的,因此 $A=-\int_a^b f(x)\mathrm{d}x$,两者合并即得面积为

$$A=\int_a^b |f(x)|\mathrm{d}x$$

(2) 两曲线围成的面积,如图 6.14 所示。如果平面图形是由连续曲线 $y=f(x)$、$y=g(x)$及直线 $x=a$、$x=b$ 围成,则面积

$$A=\int_a^b|f(x)-g(x)|\mathrm{d}x$$

例 6.6.1 计算由两条抛物线：$y^2=x$、$y=x^2$ 所围成的图形的面积。

解法一 （以 x 为积分变量）

(1) 首先根据题意作图，这两条抛物线所围成的图形，如图 6.15 所示。

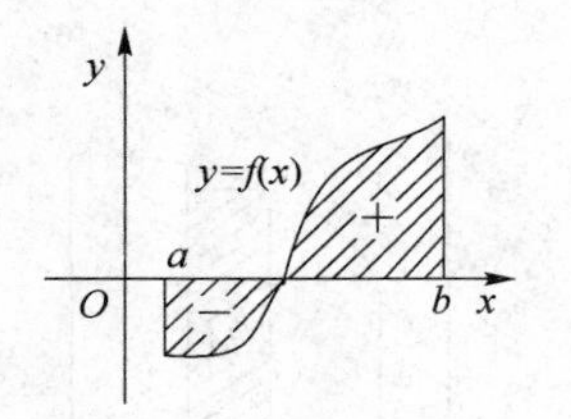

图 6.13 一条曲线与坐标轴所围成的面积

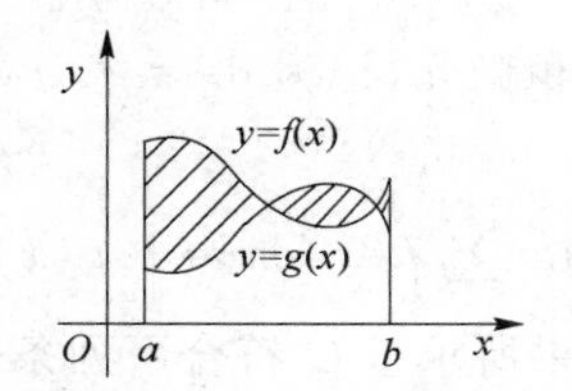

图 6.14 两曲线围成的面积

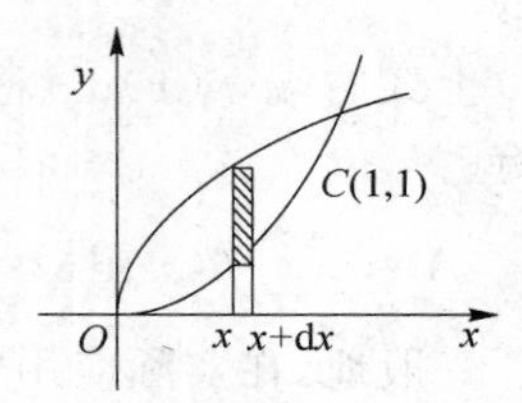

图 6.15 例 6.6.1 解法一图示

(2) 为了具体确定图形所在的范围，通过求解方程组求出这两条抛物线的交点。解

$$\begin{cases}y^2=x\\y=x^2\end{cases}$$

得到抛物线的两个交点 $O(0,0)$ 和 $C(1,1)$。

(3) 选择积分变量为 x，通过交点得到这两条抛物线所围成的图形在 $x=0$ 和 $x=1$ 之间，所以积分区间为[0,1]。

(4) 求面积微元，在区间[0,1]上任一小区间$[x,x+\mathrm{d}x]$上的窄矩形面积微元的高为$\sqrt{x}-x^2$，宽为 $\mathrm{d}x$，从而面积微元的大小为

$$\mathrm{d}A=(\sqrt{x}-x^2)\mathrm{d}x$$

(5) 作定积分求面积。以上式 $\mathrm{d}A$ 为被积表达式，以 x 为积分变量，以区间[0,1]为积分区间，得到面积为

$$A=\int_0^1(\sqrt{x}-x^2)\mathrm{d}x-\left[\frac{2}{3}x^{\frac{3}{2}}-\frac{x^3}{3}\right]_0^1=\frac{1}{3}$$

解法二 （以 y 为积分变量）

(1) 首先根据题意作图，这两条抛物线所围成的图形，如图 6.16 所示。

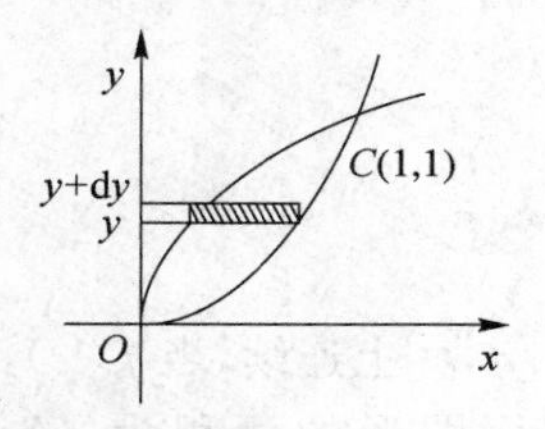

图 6.16 例 6.6.1 解法二图示

(2) 为了具体确定图形所在的范围，通过求解方程组求出这两条抛物线的交点。解

$$\begin{cases}y^2=x\\y=x^2\end{cases}$$

得到抛物线的两个交点 $O(0,0)$ 和 $C(1,1)$。

(3) 选择积分变量为 y，通过交点得到这两条抛物线所围成的图形在 $y=0$ 和 $y=1$ 之间，所以积分区间为[0,1]。

(4) 求面积微元.在区间[0,1]上任一小区间$[y,y+\mathrm{d}y]$上的窄矩形面积微元的高为 $\mathrm{d}y$，宽为$\sqrt{y}-y^2$，从而面积微元的大小为

$$\mathrm{d}A=(\sqrt{y}-y^2)\mathrm{d}y$$

(5) 作定积分求面积。以上式 $\mathrm{d}A$ 为被积表达式，以 y 为积分变量，以区间[0,1]为积分

区间,得到面积为

$$A=\int_{0}^{1}(\sqrt{y}-y^{2})\mathrm{d}y=\left[\frac{2}{3}y^{\frac{3}{2}}-\frac{y^{3}}{3}\right]_{0}^{1}=\frac{1}{3}$$

本例中,从计算过程来看,积分变量选取 x 或选取 y,其计算过程的繁简度基本一样,但在有些情况下,积分变量的选取对计算过程的难易有较大影响。在该种情况下,要注意积分变量选取的技巧。

例 6.6.2　计算抛物线 $y^2=2x$ 与直线 $y=x-4$ 所围成的图形的面积。

解　(1)依照题意作图,如图 6.17 所示。

(2) 为了求出图形所在的范围,先求出题中所给抛物线和直线的交点,即解方程组

$$\begin{cases}y^{2}=2x\\ y=x-4\end{cases}$$

从而确定两图形的交点为 $C_1(2,-2)$,$C_2(8,4)$。

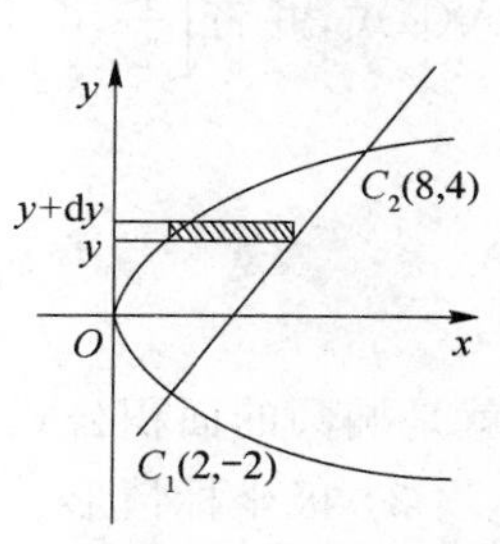

图 6.17　例 6.6.2 图示

(3) 选择积分变量为 y,通过交点得到这两条抛物线所围成的图形在 $y=-2$ 和 $y=4$ 之间,所以积分区间为$[-2,4]$。

(4) 求面积微元。在区间$[-2,4]$上任一小区间$[y,y+\mathrm{d}y]$上的窄矩形面积微元的高为 $\mathrm{d}y$,宽为$(y+4)-\frac{1}{2}y^2$,从而面积微元的大小为

$$\mathrm{d}A=\left(y+4-\frac{1}{2}y^{2}\right)\mathrm{d}y$$

(5) 作定积分求面积。以上式 $\mathrm{d}A$ 为被积表达式,以 y 为积分变量,以区间$[0,1]$为积分区间,得到面积为

$$A=\int_{-2}^{4}\left(y+4-\frac{1}{2}y^{2}\right)\mathrm{d}y=\left[\frac{y^{2}}{2}+4y-\frac{y^{3}}{6}\right]_{-2}^{4}=18$$

本题中,如果选取 x 作积分变量,将会增加解题的复杂度,读者可以思考一下为什么。

2) 参数表示的情形

若曲边梯形的曲边 $y=f(x)(f(x)\geqslant 0,x\in[a,b])$以参数方程的形式$\begin{cases}x=\varphi(t)\\ y=\Psi(t)\end{cases}$给出时,并且 $x=\varphi(t)$满足:$\varphi(\alpha)=a$,$\varphi(\beta)=b$,$\varphi(t)$在$[\alpha,\beta]$(或$[\beta,\alpha]$)上单值且具有连续导数,$y=\Psi(t)$连续,则由曲边梯形的面积公式及定积分的换元公式可知,曲边梯形的面积为

$$A=\int_{a}^{b}f(x)\mathrm{d}x=\int_{\alpha}^{\beta}\Psi(t)\varphi'(t)\mathrm{d}t$$

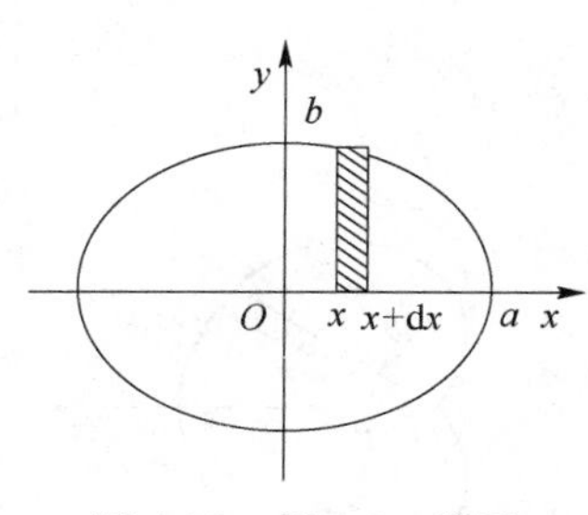

图 6.18　例 6.6.3 图示

例 6.6.3　求椭圆$\frac{x^2}{a^2}+\frac{y^2}{b^2}=1(a>0,b>0)$围成的平面图形的面积。

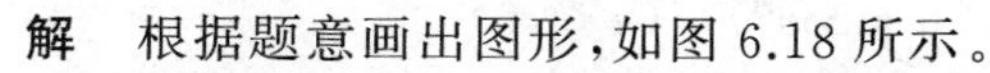

解　根据题意画出图形,如图 6.18 所示。

由于椭圆关于 x 轴、y 轴都对称,因此只需要计算出椭圆在第一象限中的面积 A_1,就可根据

$$A=4A_{1}=4\int_{0}^{a}y\,\mathrm{d}x \qquad ①$$

计算出椭圆的面积 A。

椭圆的参数方程为

$$\begin{cases} x = a\cos t \\ y = b\sin t \end{cases}$$

当 $x=0$ 时，$t=\dfrac{\pi}{2}$；当 $x=a$ 时，$t=0$。利用定积分的换元法，将

$$\begin{cases} x = a\cos t \\ y = b\sin t \end{cases}$$

代入①式，并将 $\left[\dfrac{\pi}{2},0\right]$ 作为积分区间，则椭圆的面积为

$$A = 4\int_{\frac{\pi}{2}}^{0} b\sin t(a\cos t)'\mathrm{d}t = -4ab\int_{\frac{\pi}{2}}^{0}\sin^2 t\,\mathrm{d}t$$
$$= -4ab\int_{\frac{\pi}{2}}^{0}\frac{1-\cos 2t}{2}\mathrm{d}t = \pi ab$$

这就是椭圆的面积公式，特别地，当 $a=b$ 时，就得到圆的面积公式 πa^2。

*3）极坐标情形

在计算平面图形的面积时，在有些情况下用极坐标来计算它们的面积会比较方便。

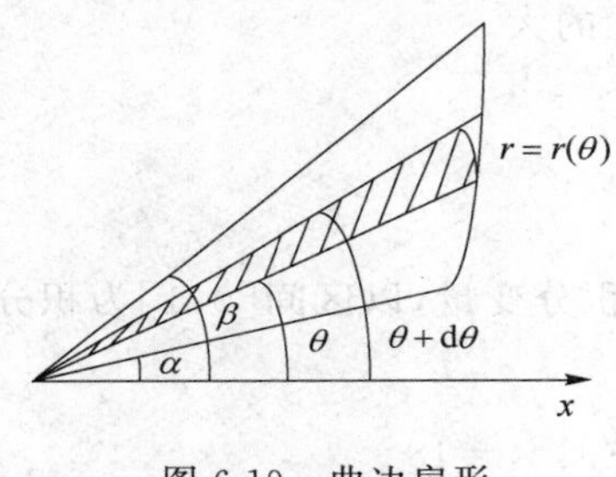

图 6.19　曲边扇形

曲线由极坐标方程 $r=r(\theta)$ 表示，设 $r(\theta)$ 在区间 $[\alpha,\beta]$ 上连续，且 $r(\theta)\geqslant 0$，则由曲线 $r=r(\theta)$ 及射线 $\theta=\alpha$、$\theta=\beta$ 围成的平面图形，称为**曲边扇形**，如图 6.19 所示。下面来讨论计算曲边扇形面积的方法。

当极角 θ 在 $[\alpha,\beta]$ 上变动时，极径 $r(\theta)$ 是变化的，因此不能直接应用圆扇形面积计算公式 $A=\dfrac{1}{2}R^2\theta$ 来计算。而是用微元法来进行计算，取极角 θ 为积分变量，积分区间即 θ 的变化区间 $[\alpha,\beta]$，在其上任取一微小区间 $[\theta,\theta+\mathrm{d}\theta]$，在小区间上的窄曲边扇形的面积可用半径为 $r=r(\theta)$、中心角为 $\mathrm{d}\theta$ 的圆扇形的面积近似代替，从而得到窄曲边扇形的面积即面积微元为

$$\mathrm{d}A = \frac{1}{2}r^2(\theta)\mathrm{d}\theta$$

将 $\dfrac{1}{2}r^2(\theta)\mathrm{d}\theta$ 作为被积表达式，在 $[\alpha,\beta]$ 上作定积分，便可得到所求曲边扇形的面积为

$$A = \int_{\alpha}^{\beta}\frac{1}{2}r^2(\theta)\mathrm{d}\theta$$

例 6.6.4　计算心形线。

$$r = a(1+\cos\theta)\quad (a>0)$$

所围成的图形的面积。

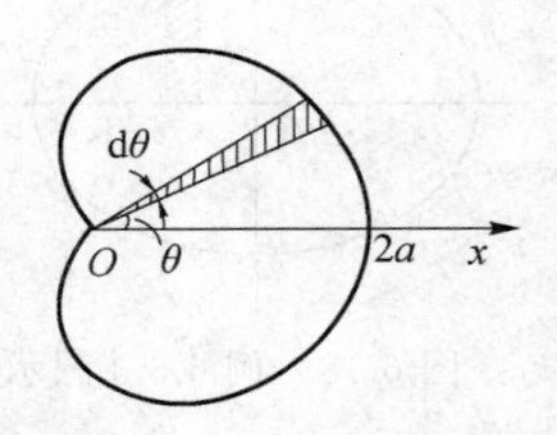

图 6.20　例 6.6.4 图示

解　心形线所围成的图形，如图 6.20 所示。根据其对称性，该图形的面积 A 等于极轴上方图形面积 A_1 的两倍。

对于极轴上方的图形，积分变量 θ 的变化区间(积分区间)为 $[0,\pi]$，在 $[0,\pi]$ 上选取任一微小区间 $[\theta,\theta+\mathrm{d}\theta]$，小区间对应的窄曲边扇形的面积即面积微元为

$$dA=\frac{1}{2}a^2(1+\cos\theta)^2d\theta$$

于是，心形线所围成的面积

$$A=2A_1=2\int_0^{\pi}\frac{1}{2}a^2(1+\cos\theta)^2d\theta=a\int_0^{\pi}(1+2\cos\theta+\cos^2\theta)d\theta$$

$$=a^2\int_0^{\pi}\left(\frac{3}{2}+2\cos\theta+\frac{1}{2}\cos2\theta\right)d\theta=a^2\left[\frac{3}{2}\theta+2\sin\theta+\frac{1}{4}\sin2\theta\right]_0^{\pi}=\frac{3}{4}\pi a^2$$

例 6.6.5　求由星形线 $x=a\cos^3t,y=a\sin^3t,0\leqslant t\leqslant2\pi$ 所围图形的面积。

解　由对称性可知

$$A=4\int_0^a|y(t)\cdot x'(t)|dt$$

$$=-4\int_{\frac{\pi}{2}}^0 a\sin^3t\cdot3a\cos^2t\sin t\ dt$$

$$=12a^2\int_0^{\frac{\pi}{2}}(\sin^4t-\sin^6t)dt$$

$$=\frac{3}{8}\pi a^2$$

2.定积分在求体积上的应用

1）旋转体的体积

一个平面图形绕着平面内一条直线旋转一周而成的立体，称为**旋转体**，这条直线称为旋转轴。我们常见的圆柱、圆锥、圆台、球体可以分别看成或是由矩形绕着它的一条边、直角三角形绕着它的直角边、直角梯形绕着它的直角腰、半圆绕着它的直径旋转一周而成的立体，所以它们都是旋转体。

(1) 若旋转体是由$[a,b]$上的连续曲线 $f(x)$、直线 $x=a$、$x=b$ 及 x 轴所围成的平面图形绕 x 轴旋转一周所得到，如图 6.21 所示，现在来计算它的体积。

以横坐标 x 为积分变量，它的变化区间$[a,b]$为积分区间，任取$[a,b]$上一微小区间$[x,x+dx]$上的窄曲边梯形绕 x 轴旋转一周得到的薄片的体积，可近似看成以$|f(x)|$为底半径、dx 为高的扁圆柱体的体积，则体积微元为

$$dV=\pi[f(x)]^2dx$$

以 $dV=\pi[f(x)]^2dx$ 为被积表达式，在区间$[a,b]$上作定积分，就可得到旋转体的体积为

$$V=\int_a^b\pi f^2(x)dx$$

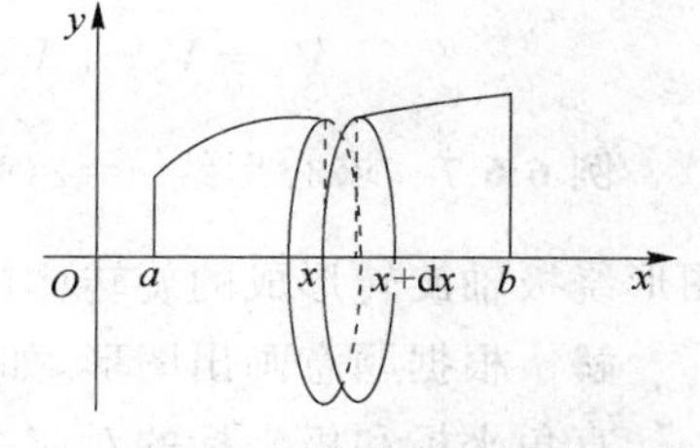

图 6.21　旋转体的体积

(2) 若旋转体是由$[c,d]$上的连续曲线 $x=\varphi(y)$、直线 $y=c$、$y=d$ 及 y 轴所围成的平面图形绕 y 轴旋转一周所得到，同理可得到旋转体的体积为

$$V=\int_c^d\pi\varphi^2(y)dy$$

例 6.6.6　求由曲线 $y=e^{-x}$ 和直线 $x=1,x=2$ 和 x 轴围成的图形分别绕 x 轴、y 轴旋转而成的旋转体的体积。

解　依题意画出图形，如图 6.22 所示。

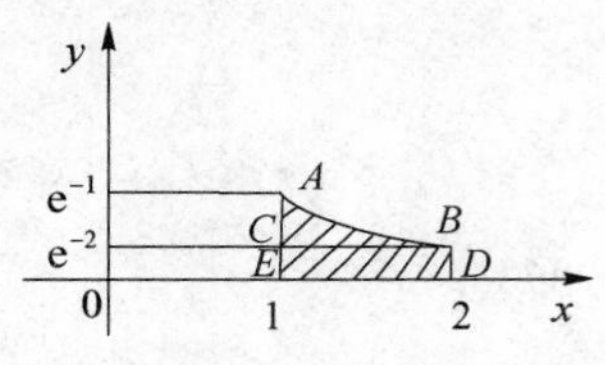

图 6.22　例 6.6.6 图示

(1) 当曲线绕 x 旋转时，取 x 为积分变量，它的变化区间为 $[1,2]$，在 $[1,2]$ 上任取一微小区间 $[x,x+\mathrm{d}x]$ 的薄片的体积近似等于底半径为 e^{-x}、高为 $\mathrm{d}x$ 的扁圆柱体的体积，所以面积微元为

$$\mathrm{d}V_x=\pi\mathrm{e}^{-2x}\mathrm{d}x$$

以 $\mathrm{d}V=\pi\mathrm{e}^{-2x}\mathrm{d}x$ 为被积表达式，以 $[1,2]$ 为积分区间作定积分，即可得到旋转体的体积为

$$V_x=\int_1^2\pi\mathrm{e}^{-2x}\mathrm{d}x=\left[-\frac{\pi}{2}\mathrm{e}^{-2x}\right]_1^2=\frac{\pi}{2}(\mathrm{e}^{-2}-\mathrm{e}^{-4})$$

(2) 围成的图形绕着 y 轴旋转时，取 y 为积分变量，且当 $x=1$ 时，$y=\mathrm{e}^{-1}$；$x=2$ 时，$y=\mathrm{e}^{-2}$。将函数表达式 $y=\mathrm{e}^{-x}$ 变换为 $x=-\ln y$。曲线绕 y 轴旋转一周形成的旋转体的体积由两部分组成，如图 6.22 所示，一部分是矩形 $CBDE$ 绕 y 轴旋转一周形成的圆柱体，另一部分是由曲边三角形 ABC 绕 y 轴旋转一周形成的旋转体。这两部分的体积均可通过定积分计算而得。

圆柱体的体积为

$$V_{y1}=\int_0^{\mathrm{e}^{-2}}\pi\cdot 2^2\mathrm{d}y-\int_0^{\mathrm{e}^{-2}}\pi\cdot 1^2\mathrm{d}y=4\pi\mathrm{e}^{-2}-\pi\mathrm{e}^{-2}=3\pi\mathrm{e}^{-2}$$

曲边三角形绕 y 轴旋转一周形成的旋转体体积为

$$\begin{aligned}V_{y2}&=\int_{\mathrm{e}^{-2}}^{\mathrm{e}^{-1}}\pi\cdot(-\ln y)^2\mathrm{d}y-\int_{\mathrm{e}^{-2}}^{\mathrm{e}^{-1}}\pi\cdot 1^2\mathrm{d}y\\&=\pi\left([y\ln^2 y]_{\mathrm{e}^{-2}}^{\mathrm{e}^{-1}}-\int_{\mathrm{e}^{-2}}^{\mathrm{e}^{-1}}2y\ln y\cdot\frac{1}{y}\mathrm{d}y\right)-\pi(\mathrm{e}^{-1}-\mathrm{e}^{-2})\\&=\pi\left[\mathrm{e}^{-1}-4\mathrm{e}^{-2}-2\left([y\ln y]_{\mathrm{e}^{-2}}^{\mathrm{e}^{-1}}-\int_{\mathrm{e}^{-2}}^{\mathrm{e}^{-1}}y\cdot\frac{1}{y}\mathrm{d}y\right)\right]-\pi(\mathrm{e}^{-1}-\mathrm{e}^{-2})\\&=4\pi\mathrm{e}^{-1}-9\pi\mathrm{e}^{-2}\end{aligned}$$

所以

$$V_y=V_{y1}+V_{y2}=3\pi\mathrm{e}^{-2}+(4\pi\mathrm{e}^{-1}-9\pi\mathrm{e}^{-2})=4\pi\mathrm{e}^{-1}-6\pi\mathrm{e}^{-2}$$

例 6.6.7　求心形线 $r=2(1+\cos\theta)$ 和射线 $\theta=0,\theta=\dfrac{\pi}{2}$ 围成的图形绕极轴旋转形成的旋转体体积。

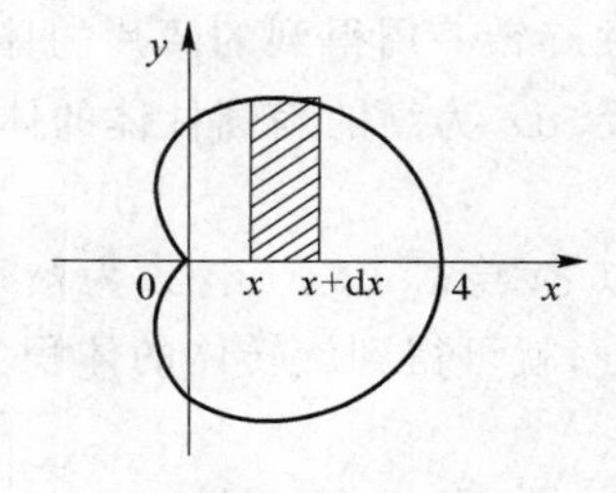

图 6.23　例 6.6.7 图示

解　根据题意画出图形，如图 6.23 所示。

直角坐标和极坐标的对应关系是

$$x=r\cos\theta=2(1+\cos\theta)\cos\theta$$

$$y=r\sin\theta=2(1+\cos\theta)\sin\theta$$

$$\mathrm{d}x=\mathrm{d}[2(1+\cos\theta)\cos\theta]=-(4\sin\theta\cos\theta+2\sin\theta)\mathrm{d}\theta$$

因此，当 $\theta=0$ 时，$x=4$；$\theta=\dfrac{\pi}{2}$ 时，$x=0$。以 x 为积分变量，区间 $[0,4]$ 上微小子区间 $[x,x+\mathrm{d}x]$ 对应的体积微元为

$$\mathrm{d}V=\pi y^2\mathrm{d}x$$

于是，所求旋转体的体积

$$V=\int_0^4 \pi y^2 \mathrm{d}x=\pi\int_0^4 [2(1+\cos\theta)\sin\theta]^2[-(4\sin\theta\cos\theta+2\sin\theta)]\mathrm{d}\theta$$

$$=8\pi\int_0^{\frac{\pi}{2}}(1+\cos\theta)^2\sin^2\theta(\sin\theta+2\sin\theta\cos\theta)\mathrm{d}\theta$$

$$=8\pi\int_0^{\frac{\pi}{2}}(1+\cos\theta)^2(1+2\cos\theta)\sin^3\theta\mathrm{d}\theta=\frac{76}{5}\pi$$

2）平行截面面积为已知的立体体积

如果一个立体不是旋转体，但知道该立体垂直于一定轴的各个截面的面积，那么这个立体的体积也可以用定积分计算。

设有一立体位于过点 $x=a$ 和 $x=b(a<b)$ 且垂直于 x 轴的两个平面之间，且对每一个 $x\in[a,b]$，都可以得到过点 x 且垂直于 x 轴的平面截立体所得到的截面面积 $A(x)$，由微元法很容易求得此立体的体积微元 $\mathrm{d}V=A(x)\mathrm{d}x$，从而利用定积分求得其体积为

$$V=\int_a^b A(x)\mathrm{d}x$$

例 6.6.8 一底面半径为 R 的圆柱体，被一与底面成 α 角 $\left(0<\alpha<\frac{\pi}{2}\right)$ 且过底面直径的平面所截，求截得的楔形体，如图 6.24 所示的体积。

解法一(以 x 为积分变量) 建立如图 6.24 所示的坐标系，取底面为坐标平面 Oxy，斜面与水平面的交线为 x 轴，则楔形体底面半圆周边界方程为

$$y=\sqrt{R^2-x^2} \quad -R\leqslant x\leqslant R$$

选 x 为积分变量，其变化范围是 $[-R,R]$。任取 $x\in[-R,R]$，则过点 x 且垂直于 x 轴的平面截楔形体所形成的截面是一直角三角形，x 点处的底角为 α，底角的邻边长为 $\sqrt{R^2-x^2}$，所以截面面积为

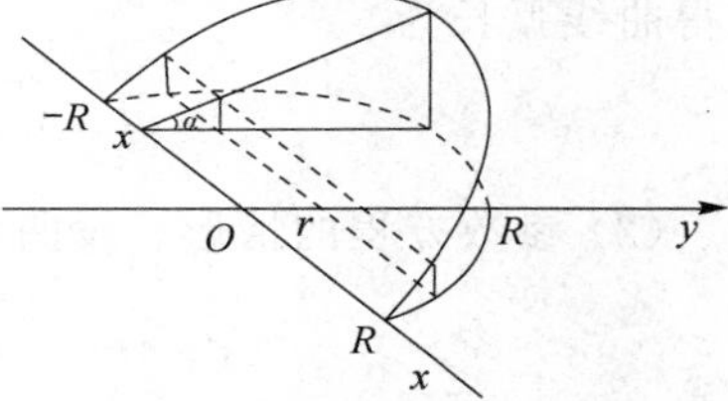

图 6.24 例 6.6.8 图示

$$A(x)=\frac{1}{2}\sqrt{R^2-x^2}\cdot\sqrt{R^2-x^2}\cdot\tan\alpha=\frac{1}{2}(R^2-x^2)\tan\alpha$$

于是，楔形体的体积为

$$V=\int_{-R}^{R}A(x)\mathrm{d}x=\frac{1}{2}\tan\alpha\int_{-R}^{R}(R^2-x^2)\mathrm{d}x=\frac{2}{3}R^3\tan\alpha$$

解法二(以 y 为积分变量) 坐标系的建立和解法一的相同。

选取 y 为积分变量，其变换范围是 $[0,R]$。任取 $y\in[0,R]$，则过点 y 且垂直于 y 轴的平面截楔形体所形成的截面是一矩形，其底为 $2\sqrt{R^2-y^2}$，高为 $y\tan\alpha$，所以截面面积为

$$A(y)=2\sqrt{R^2-y^2}\cdot y\tan\alpha$$

于是，楔形体的体积

$$V=\int_0^R A(y)\mathrm{d}y=2\tan\alpha\int_0^R y\sqrt{R^2-y^2}\mathrm{d}y$$

$$=\left[-\frac{2}{3}\tan\alpha\cdot(R^2-y^2)^{\frac{3}{2}}\right]_0^R$$

$$=\frac{2}{3}R^3\tan\alpha$$

3.定积分在求平面曲线的弧长的应用

1）平面曲线弧长的概念

由极限可知，圆的周长可以利用圆的内接正多边形的周长当边数无限增多时的极限来确定，这里用类似的方法建立平面曲线弧长的概念，然后利用定积分的方法计算曲线弧长。

如图 6.25 所示，设 A，B 是曲线弧的两个端点，在弧$\overset{\frown}{AB}$上任意插入 $n-1$ 个分点：$A=M_0$，$M_1,M_2,\cdots,M_{i-1},M_i,\cdots,M_{n-1},M_n=B$，依次连接相邻分点得到 n 条内接折线，当分点数目无限增加且每个小段$\overline{M_{i-1}M_i}$都缩向一点时，如果折线长度和的极限$\lim\sum\limits_{i=1}^{n}|M_{i-1}M_i|$存在，则称这个极限为曲线弧$\overset{\frown}{AB}$的弧长，并称曲线弧$\overset{\frown}{AB}$是可求长的。

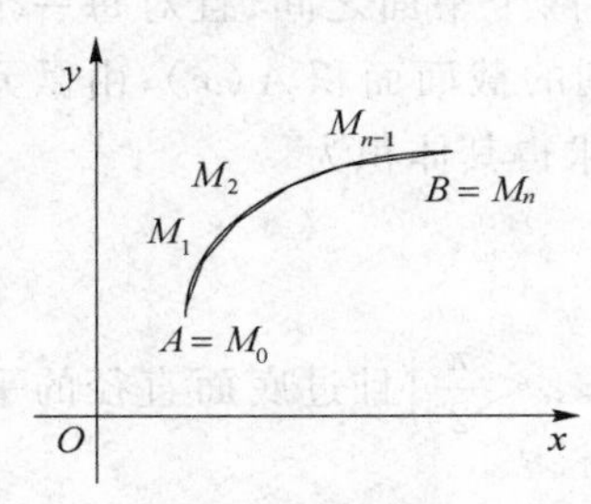

图 6.25　平面曲线弧长的计算

下面讨论如何应用定积分来计算曲线弧的弧长，利用定积分的微元法并依据曲线弧的方程分三种情况来讨论，即直角坐标方程、参数方程和极坐标方程。

2）不同坐标系下曲线弧长的计算方法。

（1）直角坐标系的情形。设曲线弧 $y=f(x)(a\leqslant x\leqslant b)$，$f(x)$在$[a,b]$上有一阶连续导数，则弧长微元为

$$ds=\sqrt{(dx)^2+(dy)^2}=\sqrt{1+y'^2}\,dx$$

以$\sqrt{1+y'^2}\,dx$为被积表达式，在闭区间$[a,b]$上作定积分，便可求得曲线弧长为

$$s=\int_a^b\sqrt{1+y'^2}\,dx=\int_a^b\sqrt{1+f'^2(x)}\,dx$$

（2）参数方程的情形。设曲线弧由参数方程

$$\begin{cases}x=\varphi(t)\\ y=\Psi(t)\end{cases}\quad(\alpha\leqslant t\leqslant\beta)$$

的形式给出，且 $\varphi(t)$，$\Psi(t)$在$[\alpha,\beta]$上具有连续导数，则弧长微元

$$ds=\sqrt{(dx)^2+(dy)^2}=\sqrt{\varphi'^2(t)+\Psi'^2(t)}\,dt$$

以$\sqrt{\varphi'^2(t)+\Psi'^2(t)}\,dt$为被积表达式，在闭区间$[\alpha,\beta]$上作定积分，便可求得曲线弧长为

$$s=\int_\alpha^\beta\sqrt{\varphi'^2(t)+\Psi'^2(t)}\,dt$$

*（3）极坐标的情形，设曲线方程以极坐标

$$r=r(\theta)\quad(\alpha\leqslant\theta\leqslant\beta)$$

的形式给出，根据直角坐标与极坐标的对应关系，可得

$$\begin{cases}x=r(\theta)\cos\theta\\ y=r(\theta)\sin\theta\end{cases}\quad(\theta\leqslant\theta\leqslant\beta)$$

这时变量 x 和 y 都可看成 θ 的参数方程，所以弧长微元为 $ds=\sqrt{(dx)^2+(dy)^2}=\sqrt{x'^2(\theta)+y'^2(\theta)}\,d\theta=\sqrt{r^2(t)+r'^2(t)}\,dt$ 以$\sqrt{r^2(t)+r'^2(t)}\,dt$为被积表达式，在闭区间$[\alpha,\beta]$上作定积分，便可求得曲线弧长为

$$s=\int_\alpha^\beta\sqrt{r^2(t)+r'^2(t)}\,dt$$

需要注意的是，这里的积分上限应大于积分下限。

例 6.6.9　求曲线 $y=\dfrac{2}{3}x^{\frac{3}{2}}$ 上 $x\in[0,3]$ 一段的弧长。

解　$y'=\left(\dfrac{2}{3}x^{\frac{3}{2}}\right)'=\sqrt{x}\quad \mathrm{d}s=[1+(y')^2]\mathrm{d}x=\sqrt{1+x}\,\mathrm{d}x$

所求弧长为

$$s=\int_0^3\sqrt{1+x}\,\mathrm{d}x=\int_0^3(1+x)^{\frac{1}{2}}\mathrm{d}(1+x)=\frac{2}{3}(1+x)^{\frac{3}{2}}\Big|_0^3=\frac{14}{3}$$

例 6.6.10　两根电线杆之间的电线，由于其本身的重量，下垂成曲线形，这样的曲线称为悬链线。适当选取坐标系后，悬链线的方程为 $y=c\cdot \mathrm{ch}\,\dfrac{x}{c}\left(注:\mathrm{ch}x=\dfrac{\mathrm{e}^x+\mathrm{e}^{-x}}{2}\right)$，其中 c 为常数，计算悬链线上介于 $x=-b$ 和 $x=b$ 之间的一段弧长，如图 6.26 所示。

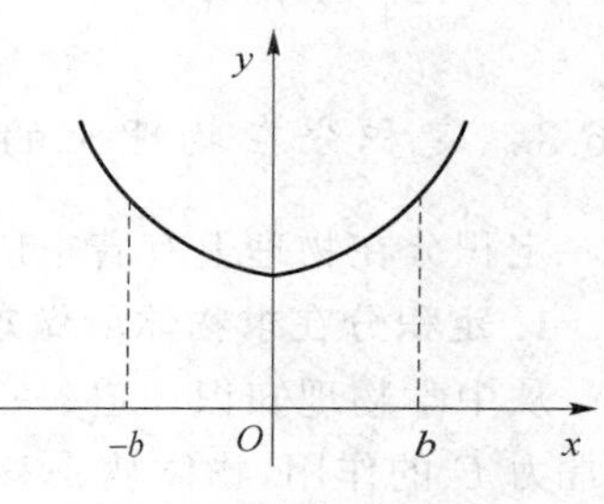

图 6.26　例 6.6.10 图示

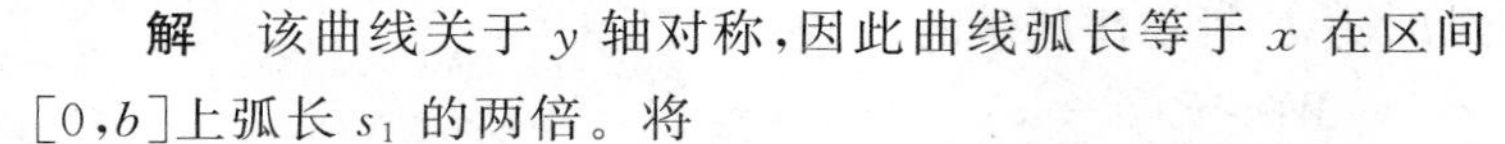

解　该曲线关于 y 轴对称，因此曲线弧长等于 x 在区间 $[0,b]$ 上弧长 s_1 的两倍。将

$$y'=\left(c\cdot \mathrm{ch}\,\frac{x}{c}\right)'=\mathrm{sh}\,\frac{x}{c}\qquad\left(注:\mathrm{sh}x=\frac{\mathrm{e}^x-\mathrm{e}^{-x}}{2}\right)$$

代入弧长微元

$$\mathrm{d}s=\sqrt{1+y'^2}\,\mathrm{d}x$$

中，得

$$\mathrm{d}s=\sqrt{1+\mathrm{sh}^2\,\frac{x}{c}}\,\mathrm{d}x=\mathrm{ch}\,\frac{x}{c}\mathrm{d}x$$

于是，所求弧长

$$s=2\int_0^b\mathrm{ch}\,\frac{x}{c}\mathrm{d}x=2c\left[\mathrm{sh}\,\frac{x}{c}\right]_a^b=2c\cdot\mathrm{sh}\,\frac{b}{c}$$

例 6.6.11　计算摆线

$$\begin{cases}x=a(t-\sin t)\\y=a(1-\cos t)\end{cases}\quad(0\leqslant t\leqslant 2\pi,a>0)$$

的长度。

解　分别对 x,y 求导，

$$x'(t)=a(t-\cos t)$$
$$y'(t)=a\sin t$$

从而，弧长微元

$$\begin{aligned}\mathrm{d}s&=\sqrt{x'^2(t)+y'^2(t)}\,\mathrm{d}t=\sqrt{a^2(1-\cos t)^2+a^2\sin^2 t}\,\mathrm{d}t\\&=a\sqrt{2(1-\cos t)}\,\mathrm{d}t=2a\sin\frac{t}{2}\mathrm{d}t\end{aligned}$$

于是，所求弧长

$$s=\int_0^{2\pi}2a\sin\frac{t}{2}\mathrm{d}t=2a\left[-2\cos\frac{t}{2}\right]_0^{2\pi}=8a$$

例 6.6.12 求心形线 $r=a(1+\cos\theta)(a>0,0\leqslant\theta\leqslant2\pi)$的长度。

解 将 $r'=-a\sin\theta$ 代入弧长微元公式

$$\mathrm{d}s=\sqrt{r^2+r'^2}\,\mathrm{d}\theta=\sqrt{a^2(1+\cos\theta)^2+(-a\sin\theta)^2}\,\mathrm{d}\theta$$
$$=2a\left|\cos\frac{\theta}{2}\right|$$

于是,所求弧长

$$s=\int_0^{2\pi}\sqrt{r^2+r'^2}\,\mathrm{d}\theta=\int_0^{2\pi}2a\left|\cos\frac{\theta}{2}\right|\mathrm{d}\theta=\int_2^{\pi}2a\ \cos\frac{\theta}{2}\mathrm{d}\theta-\int_{\pi}^{2\pi}2a\ \cos\frac{\theta}{2}\mathrm{d}\theta=8a$$

6.6.3 定积分在物理上的应用

定积分在物理上有着很广泛的应用,下面通过几个方面的例子来说明。

1. 定积分在求物体所做功上的应用

从中学物理知识知道,一个物体做直线运动的物体,在运动过程受到与运动位移方向一致的常力 F 的作用,物体从 a 移动到 b,力 F 对物体所做的功 W 为

$$W=F(b-a)$$

如果力 F 是变力,即随物体的位置变化而变化,那么,物体沿直线从 $x=a$ 处移动到 $x=b$ 处,力 $F(x)$所做的功又该如何计算呢?设 $F(x)$是连续函数,在$[a,b]$上任取一微小区间$[x,x+\mathrm{d}x]$,则该小区间上力 $F(x)$变化很小,可近似看成常量,则功微元为

$$\mathrm{d}W=F(x)\mathrm{d}x$$

于是,将此式作为被积表达式,在$[a,b]$上作定积分,即可得到变力 $F(x)$在$[a,b]$上所做的功为

$$W=\int_a^b F(x)\mathrm{d}x$$

例 6.6.13 设 40N 的力使弹簧从自然长度 10 cm 拉长到 15 cm,问需要做多大功才能克服弹性恢复力将已经拉长到 15 cm 的弹簧再拉长 3 cm?

解 根据胡克定律,当弹簧受拉力而被拉长,弹簧的恢复力 F 与伸长长度 x 成正比,设 k 为弹性系数,则

$$F(x)=kx$$

当弹簧从自然长度 10 cm 拉长到 15 cm,弹簧被拉长了 0.05 cm,代入胡克定律,有

$$F(0.05)=0.05k=40\Rightarrow k=800$$

于是,该弹簧的弹性恢复力的表达式为 $F(x)=800x$,所以将弹簧从 15 cm 处拉长到 15+3=18 cm 处时,克服弹性恢复力所做的功为

$$W=\int_{0.05}^{0.08}800x\ \mathrm{d}x=[400x^2]_{0.05}^{0.08}=400(0.0064-0.0025)=1.56(J)$$

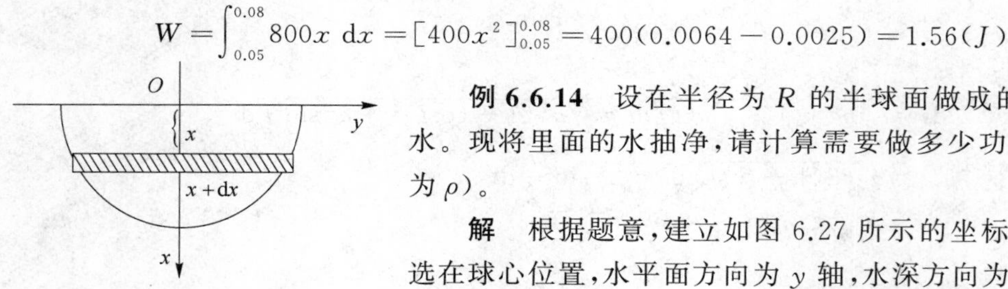

图 6.27 例 6.6.14 图示

例 6.6.14 设在半径为 R 的半球面做成的容器中盛满水。现将里面的水抽净,请计算需要做多少功(设水的密度为 ρ)。

解 根据题意,建立如图 6.27 所示的坐标系,坐标原点选在球心位置,水平面方向为 y 轴,水深方向为 x 轴。

取 x 为积分变量,则 x 的变化范围是$[0,R]$,在该区间上

任取一微小区间$[x,x+\mathrm{d}x]$，功微元是抽取这一薄层水克服重力所做的功。薄层水的重量为底面半径为 y，高为 $\mathrm{d}x$ 的薄圆柱形水柱的体积，外力要克服这部分重力所施加的力的大小为

$$F(x)=\pi y^2 g\rho\mathrm{d}x$$

于是这部分功微元的值为

$$\mathrm{d}W=F(x)\cdot x=\pi g\rho y^2 x\ \mathrm{d}x$$

式中 $y=\sqrt{R^2-x^2}$，所以

$$\mathrm{d}W=\pi g\rho(R^2-x^2)x\ \mathrm{d}x$$

将容器中的水抽净克服重力做的功为

$$W=\int_0^R \pi g\rho(R^2-x^2)x\ \mathrm{d}x=\pi g\rho\frac{R^2}{4}$$

2. 定积分在求液体的静压力上的应用

从物理学知识知道，液体深为 h 处的压强

$$p=\rho gh$$

式中，ρ 为液体的密度；g 为重力加速度。如果有一面积为 A 的平板水平地放置在水深 h 处，那么，平板一侧所受的水压力为

$$P=pA=\rho ghA$$

如果平板是铅直地放置在水中，由于水深不同的点处压强也不同，所以平板一侧所受的水压力就不能用上述方法计算，但可以采用定积分的计算方法。

如图 6.28 所示，设一曲边梯形薄板铅直置于水中，其上、下缘$\overline{AD}$和$\overline{BC}$都平行于水面，且距离水面的距离分别是 a 和 b。在液面上取一点作为坐标原点 O，水平向右的方向为 y 轴，竖直向下的方向为 x 轴建立坐标系，并使曲边梯形的一直边位于 x 轴上，在该坐标系下，梯形的曲边方程为 $y=f(x)$。

在$[a,b]$上任取一微小区间$[x,x+\mathrm{d}x]$，对应的面积微元$\mathrm{d}A=f(x)\mathrm{d}x$，由于在该微小区间内，薄板各处的压强可近似看成相等，因此静压力微元为

$$\mathrm{d}P=\rho gx\mathrm{d}A=\rho gxf(x)\mathrm{d}x$$

以 $\rho gxf(x)\mathrm{d}x$ 作为被积表达式，在$[a,b]$上作定积分就是薄板一侧所收到的静压力，即

$$P=\int_a^b \rho gxf(x)\mathrm{d}x$$

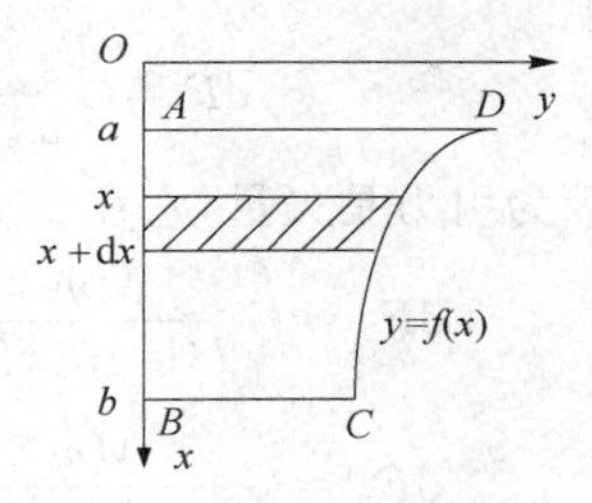

图 6.28　薄板的静压力

例 6.6.15　一个三角形闸门竖直放在水中，上底长为 a，高为 h，上底与水面平齐，求闸门所受到的水压力(水密度为 ρ，重力加速度为 g)。

解　根据题意，建立如图 6.29 所示的坐标系，取 x 轴正向垂直向下，y 轴正向水平向右。

在区间$[0,h]$上任一微小子区间$[x,x+\mathrm{d}x]$所对应的面积微元 $\mathrm{d}A=|DE|\cdot\mathrm{d}x$。由于 ΔABC 与 ΔDBE 相似，从而$\dfrac{|DE|}{|AC|}=\dfrac{h-x}{h}$，而$|AC|=a$，所以$|DE|=\dfrac{a}{h}(h-x)$，于是

$$\mathrm{d}A=|DE|\cdot\mathrm{d}x=\frac{a}{h}(h-x)\mathrm{d}x$$

从而压力微元

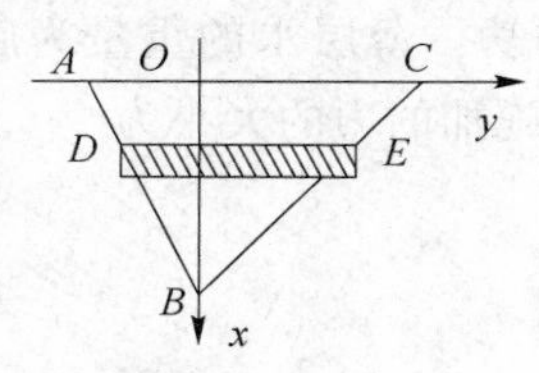

图 6.29 例 6.6.15 图示

$$\mathrm{d}P=\rho g x\,\mathrm{d}A=\rho g x\ \frac{a}{h}(h-x)\mathrm{d}x$$

以 $\rho g x\ \frac{a}{h}(h-x)\mathrm{d}x$ 为被积表达式，在$[0,h]$上积分，得到整个三角形闸门所受的水压力为

$$P=\int_0^h \frac{a}{h}\rho g(h-x)x\ \mathrm{d}x=\frac{\rho g a h^2}{6}$$

3. 定积分在求引力上的应用

从物理学知道，质量分别为 m_1、m_2，相距为 r 的两质点间的引力大小为

$$F=G\,\frac{m_1 m_2}{r^2}$$

式中，G 为引力系数，引力的方向沿着两质点的连线方向。

如果要计算一根细棒对一个质点的引力，由于细棒的长度不能忽略，细棒上各点与该质点的距离是变化的，且各点对该质点的引力方向也是变化的，就不能应用上述公式来计算，下面通过一个例子来说明计算方法。

例 6.6.16 有一长为 l，质量为 m 的均匀直棒，在它的一端垂直线上离该端点 a 处有质量为 M 的质点，求该直棒对质点的引力。

解 根据题意，建立如图 6.30 所示的坐标系，并设引力为 F，水平分力为 F_x，铅直分力为 F_y。

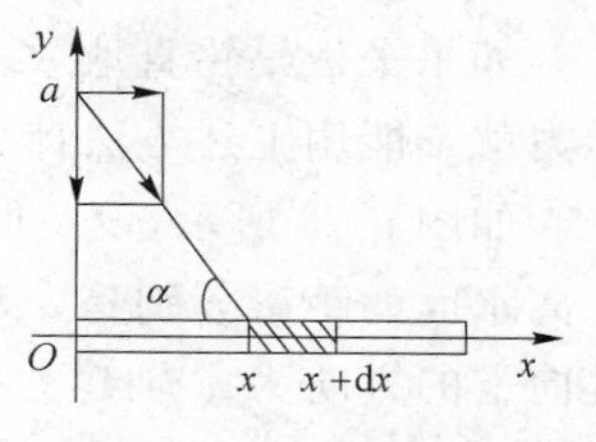

图 6.30 例 6.6.16 图示

取 x 为积分变量，设$[x,x+\mathrm{d}x]$为$[0,l]$上任一微小区间，这一小段直棒可近似看成质点，其质量为 $\frac{m}{l}\mathrm{d}x$，与 M 相距 $r=\sqrt{a^2+x^2}$。依照两质点间的引力计算公式可求出这段直棒对质点 M 的引力为

$$\mathrm{d}F=G\,\frac{M}{a^2+x^2}\cdot\frac{m}{l}\mathrm{d}x=G\,\frac{Mm}{l(a^2+x^2)}\mathrm{d}x$$

因为引力是矢量，它在 x 方向与 y 方向的引力微元的大小分别是

$$\mathrm{d}F_x=G\,\frac{Mm}{l(a^2+x^2)}\cos\alpha\ \mathrm{d}x=G\,\frac{Mm}{l(a^2+x^2)}\cdot\frac{x}{\sqrt{a^2+x^2}}\mathrm{d}x=G\,\frac{Mmx}{l(a^2+x^2)^{\frac{3}{2}}}\mathrm{d}x$$

$$\mathrm{d}F_y=G\,\frac{Mm}{l(a^2+x^2)}\sin\alpha\ \mathrm{d}x=G\,\frac{Mm}{l(a^2+x^2)}\cdot\frac{a}{\sqrt{a^2+x^2}}\mathrm{d}x=G\,\frac{Mma}{l(a^2+x^2)^{\frac{3}{2}}}\mathrm{d}x$$

所以，水平方向(x 轴正向)和铅直方向(y 轴负向)的引力大小分别是

$$F_x=\int_0^l G\,\frac{Mmx}{l(a^2+x^2)^{\frac{3}{2}}}\mathrm{d}x=\frac{GMm}{al\sqrt{a^2+l^2}}\quad(\sqrt{a^2+l^2}-a)$$

$$F_y=\int_0^l G\,\frac{Mma}{l(a^2+x^2)^{\frac{3}{2}}}\mathrm{d}x=\frac{GMm}{a\sqrt{a^2+l^2}}$$

*6.6.4 其他应用举例

1. 定积分在经济学中的应用

(1) 收入流和支出流的现值与将来值。

在现代经济理论中，要论述商品交易的款项的时间价值。一笔 P 元现金若按年率 r 作连续复利计息，则 P 元在 t 年后的现金值 Pe^{rt} 称为 P 元**将来值**，而 P 元在 t 年前的现金值 Pe^{-rt} 称为 P 元**现值**。

收入和支出款项往往是一个连续过程，一般随时流进和流出，这种收入可被表示为一连续的**收入流**，这种支出也可被表示为一连续的**支出流**，收入流和支出流都是时间 t 的函数 $f(t)$（元/年），它是一速率，且随着时间 t 而变化。

① 收入流和支出流的现值。设 $f(t)$ 为收入流（或支出流），在 $[0,T]$ 上任一时间段 $[t,t+dt]$ 内的收入（或支出）为 $f(t)dt$，若按年率为 r 的连续复利计息，其现值为 $f(t)e^{-rt}dt$（即收入或支出现值微元），由微元法，在 $[0,T]$ 内的收入（或支出）的现值 P 为

$$P=\int_0^T f(t)e^{-rt}dt$$

若收入流（或支出流）$f(t)=a$（常数），称此为**均匀收入流**（或**均匀支出流**），按年率为 r 的连续复利计，则收入（或支出）的现值为

$$P=\int_0^T a e^{-rt}dt=\left[-\frac{a}{r}e^{-rt}\right]_0^T=\frac{a}{r}(1-e^{-rt})$$

② 收入流和支出流的将来值。设 $f(t)$ 为收入流（或支出流），在 $[0,T]$ 上任一时间段 $[t,t+dt]$ 内的收入（或支出）为 $f(t)dt$，在以后 $T-t$ 期间内若按年率 r 的连续复利计息，其将来值为 $f(t)e^{r(T-t)}dt$，则在 $[0,T]$ 内的收入（或支出）的将来值 B 为

$$B=\int_0^T f(t)e^{r(T-t)}dt$$

同样，当 $f(t)=a$（常数），则收入（或支出）的将来值为

$$B=\int_0^T a e^{r(T-t)}dt=-\frac{a}{r}[e^{r(T-t)}]_0^T=\frac{a}{r}(e^{rT}-1)$$

由于 $B=\int_0^T a e^{r(T-t)}dt=e^{-rT}\int_0^T f(t)e^{-rT}dt=e^{rt}P$，所以可以很清楚地看到将来值和现值之间的关系为

$$B=Pe^{rt} \text{ 或 } P=Be^{-rt}$$

例 6.6.17　好酒的价格是随着年头增长的，一个酒商就要考虑是现在以每瓶 P 元的价格出售，还是将来以更高的价格出售。假设知道 t 年后一瓶 P 元酒的价格将变为 $P(1+20\sqrt{t})$ 元，且酒商还要支付均匀支出流为 $0.05P$ 元/年的储存费，设以年率 5% 作连续复利方式计息，那么何时是出售酒的最好时机？

解　一瓶酒 t 年后的价格为 $P(1+20\sqrt{t})$ 元，其现值是 $P(1+20\sqrt{t})e^{-0.05t}$。储存费用是均匀流，在 t 年内存储费用的现值是 $\int_0^t 0.05Pe^{-0.05t}dx$。这样，利润的现值为

$$L(t)=P(1+20\sqrt{t})e^{-0.05t}-\int_0^t 0.05Pe^{-0.05t}dx-P$$

$$L'(t)=P\frac{20}{2\sqrt{t}}e^{-0.05t}-0.05P(1+20\sqrt{t})e^{-0.05t}-0.05Pe^{-0.05t}$$

$$=Pe^{-0.05t}\left(\frac{10}{\sqrt{t}}-0.1-\sqrt{t}\right)$$

令 $L'(t)=0$，则有

$$\frac{10}{\sqrt{t}}-0.1-\sqrt{t}=0,\sqrt{t}=\frac{-0.1+\sqrt{0.01+40}}{2}\approx 3.11,t\approx 9.7(\text{年})$$

因在定义区间内只有唯一驻点，且是求出售酒的最好时机，因此，在第 9.7 年出售酒最好。

(2) 消费者剩余和生产者剩余。

在市场中，生产并销售某一商品的数量可由商品的供给与需求曲线描述。供给曲线是描述生产者将提供的不同价格水平的商品的数量，通常当价格上涨时，供给量也上升。需求曲线是描述顾客购买的不同价格水平的商品的数量，通常价格的上涨将导致购买量的下降。

对生产者和购买者来说，商品的价格取决于市场，即商品的价格由市场来确定。生产量和购买量是依赖于价格，数量被看作价格的函数，价格看成一自变量，但在经济学上习惯于数量作为自变量，价格作为因变量。典型的供给与需求曲线都是单调的，供给曲线单调上升，需求曲线单调下降，但是，供给量和需求量是两个可以互相作用的相对的函数。

供给曲线与需求曲线的交点 N 称为平衡点，通常假设市场将趋向于平衡点的平衡价格和平衡数量，即 p^* 和 q^*，这意味一种数量为 q^* 的商品将以每件价格为 p^* 销售，如图 6.31 所示。

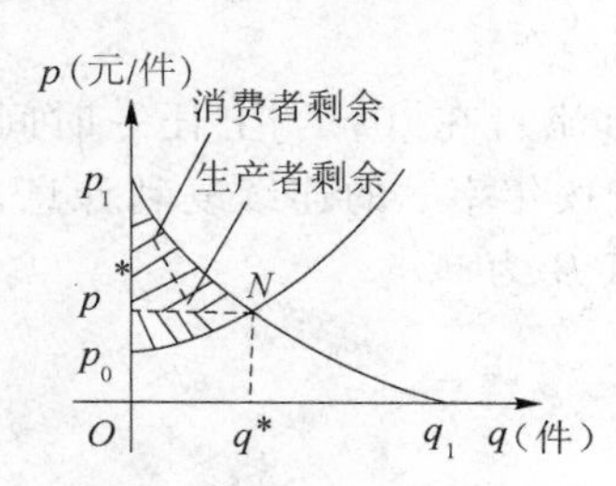

图 6.31　供给曲线与需求曲线

消费者剩余(或盈余)指消费者以平衡价格 p^* 购买某商品而没以较高的原来价格购买该商品 q^* 件而节余的钱数。在图 6.31所示中，由曲边三角形 p_1Np^* 面积表示消费者剩余，可表示为

$$\int_0^{q^*}D(q)\mathrm{d}q-p^*q^*=\int_0^{q^*}(D(q)-p^*)\mathrm{d}q$$

生产者剩余(或盈余)指生产者以平衡价格 p^* 出售某商品而没以较低的原来价格出售该商品 q^* 而获得的额外钱数。在图 6.31 中，由曲边三角形 p^*Np_0 面积表示生产者剩余，可表示为

$$p^*q^*-\int_0^{q^*}S(q)\mathrm{d}q=\int_0^{q^*}(p^*-S(q))\mathrm{d}q$$

例 6.6.18　在某商品买卖中，给定供应曲线 $p=20+\frac{x}{10}$ 与需求曲线 $p=50-\frac{x}{20}$，求

(1) 该商品买卖的平衡点。

(2) 消费者剩余和生产者剩余。

解　(1) 求供应曲线 $p=20+\frac{x}{10}$ 和需求曲线 $p=50-\frac{x}{20}$ 的交点，得 $q^*=200$(件)，$p^*=40$(元)，平衡点$(q^*,p^*)=(200,40)$。

(2) 由消费者剩余公式可得消费者剩余是

$$\int_0^{q^*}D(q)\mathrm{d}q-p^*q^*=\int_0^{200}\left(50-\frac{x}{20}\right)\mathrm{d}x-200\times 40=\left[50x-\frac{x^2}{40}\right]_0^{200}-8000$$
$$=10000-1000-8000=1000(\text{元})$$

由生产者剩余公式可得生产者剩余是

$$p^*q^*-\int_0^{q^*}S(q)\mathrm{d}q=200\times 40-\int_0^{200}\left(20+\frac{x}{10}\right)\mathrm{d}x=8000-4000-\left[\frac{x^2}{20}\right]_0^{200}$$
$$=4000-2000=2000(\text{元})$$

2. 定积分在医学中的应用——人体心脏输出的血液量的测量

人的心血管系统的运行是血液通过经脉从身体各部位返回右心房，再由肺动脉把血液压到肺部进行氧合作用后经肺静脉返回左心房，又通过主动脉流入身体各部位。心脏输出是单位时间心脏输出的血液量，又称作血液流向动脉的流速。

染料稀释方法是用来测量心脏输出的方法，把染料注射入右心房，按心脏血管系统的运行，又从心脏流入主动脉，在主动脉内插入一探针，在一个时间区间$[0,T]$内，以相同的间隔测量染料的浓度，直至染料全部流逝。

设 $c(t)$是时刻 t 的染料浓度，F 是血流速度（单位时间的血流量），在$[t,t+\mathrm{d}t]$时间段内，染料量元素为 $\mathrm{d}A=F\cdot c(t)\mathrm{d}t$，它在$[0,T]$上的定积分为染料总量为

$$A=\int_0^T F\cdot c(t)\mathrm{d}t=F\int_0^T c(t)\mathrm{d}t$$

故心脏输出的血流速度为

$$F=\frac{A}{\int_0^T c(t)\mathrm{d}t}$$

例 6.6.19　已知注入右心房的染料总量为 5mg，染料浓度 $c(t)$（单位：毫克/升，mg/L）测得数据如表 6.2 所示。

表 6.2　例 6.6.19 的表

t/s	0	1	2	3	4	5	6	7	8	9	10
$c(t)/(\mathrm{mg}\cdot\mathrm{L})$	0	0.4	2.8	6.5	9.8	8.9	6.1	4.0	2.3	1.1	0

试计算心脏输出。

解　利用公式先计算 $\int_0^T c(t)\mathrm{d}t$，这里 $T=10,\Delta t=1$，

$$\begin{aligned}\int_0^T c(t)\mathrm{d}t&\approx\frac{1}{3}[0+2\times(2.8+9.8+6.1+2.3)+4\times(0.4+6.5+8.9+4.0+1.1)]\\&\approx 41.87\end{aligned}$$

又染料总量为 5mg，即 $A=5$。故血流速度

$$F=\frac{A}{\int_0^T c(t)\mathrm{d}t}\approx\frac{5}{41.87}\approx 0.12(\mathrm{l/s})=7.2(\mathrm{l/min})$$

本节介绍了定积分的微元法思想，并通过具体例题介绍了定积分在几何、物理等方面的重要应用。正如人们常说的，学以致用。除了上述的例子以外，定积分在生活与实践中还有很广泛的应用。希望读者领会其中的思想，将其作为一种工具去解决各种实际问题。

习题 6.6

1. 求抛物线 $x^2-4x-y=0$ 与直线 $x+y=0$ 围成图形的面积。
2. 求图 6.32 中所示的各画线部分的面积。

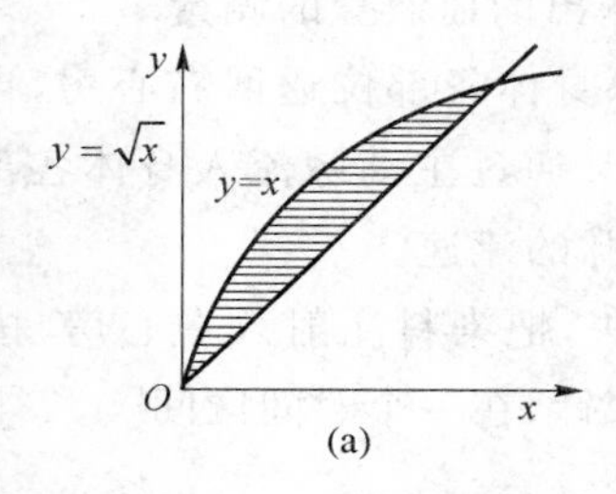

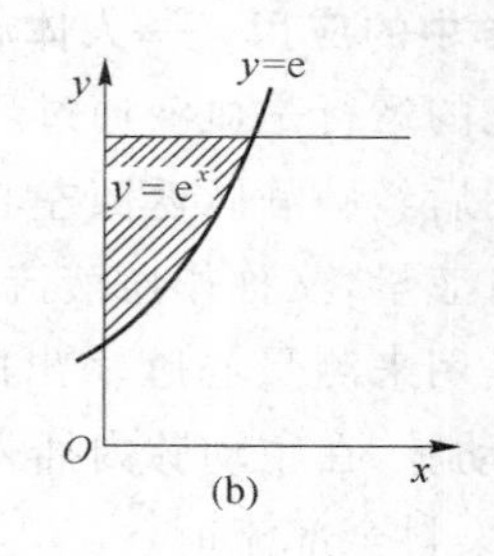

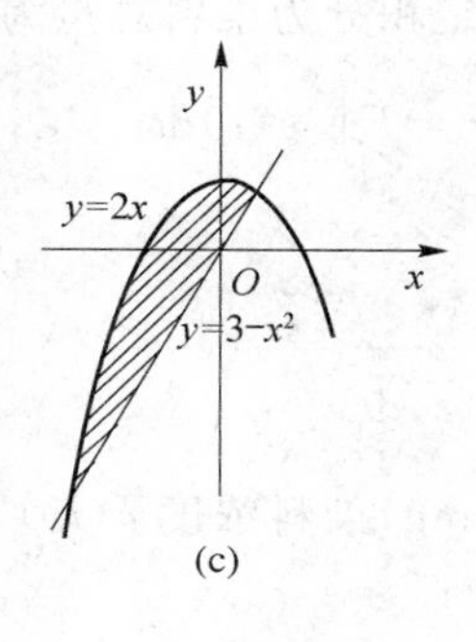

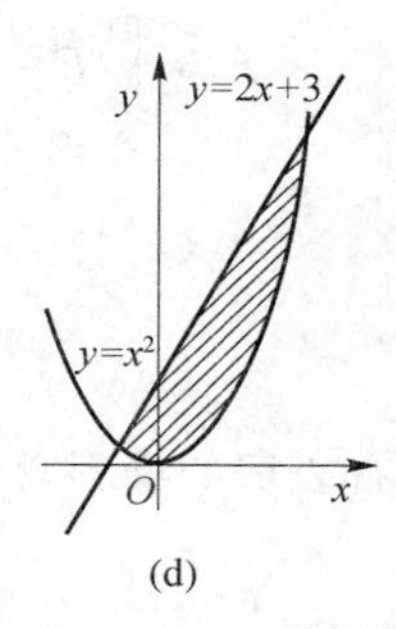

图 6.32　习题 2 图示

3. 求由曲线 $y=x^2$，$4y=x^2$ 及 $y=4$ 围成图形的面积。

4. 求抛物线 $y=-x^2+4x-3$ 及其在点$(0,-3)$和$(3,0)$处的切线所围成的图形的面积。

*5. 如图 6.33 所示，计算阿基米德螺线 $r=a\theta(a>0)$上相应于 θ 从 0 变到 2π 的一段弧与极轴所围成的图形的面积。

6. 一正圆台，上底半径为 1，下底半径为 2，高为 3，用定积分求此正圆台的体积。

7. 连接坐标原点 O 及点 $P(h,r)$的直线、直线 $x=h$ 及 x 轴围成一个直角三角形。将它绕 x 轴旋转一周构成一个底半径为 r，高为 h 的圆锥体，计算这圆锥体的体积。

8. 由 $x-y^2=0$，$x=0$ 及 $y=1$ 围成的图形分别绕 x 轴、y 轴旋转一周，求旋转体的体积。

9. 如图 6.34 所示，求以半径为 R 的圆为底，平行且等于该圆直径的线段为顶、高为 h 的正劈锥体积。

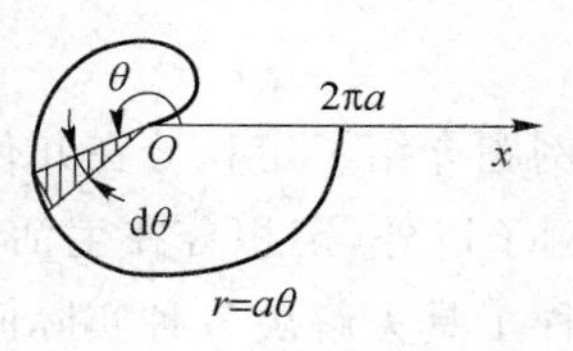

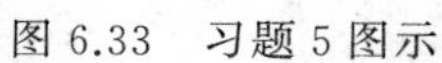

图 6.33　习题 5 图示

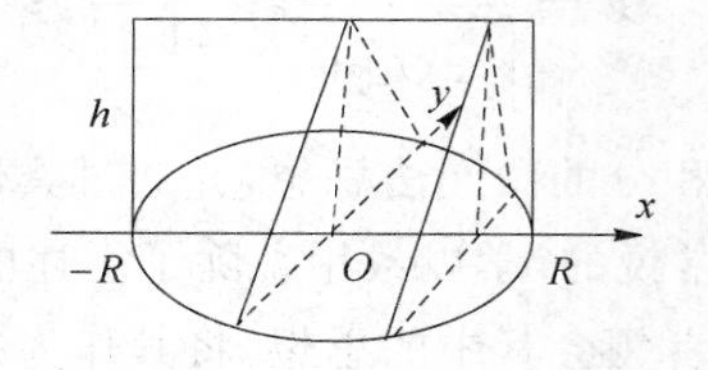

图 6.34　习题 9 图示

10. 计算底面是半径为 R 的圆，而垂直于底面上一条固定直径的所有截面都是等边三角形的立体的体积，如图 6.35 所示。

11. 计算曲线 $y=\frac{1}{4}x^2-\frac{1}{2}\ln x+4$ 上相应于 x 从 1～2 的一段弧的长度。

12. $x=a(t\sin t+\cos t)$，$y=a(\sin t-t\cos t)$在 $0\leqslant t\leqslant 2\pi$ 时的弧长。

* 13. 求阿基米德螺线 $r=a\theta(a>0)$当 θ 从 0 变化到 2π 的一段弧长，如图 6.36 所示。

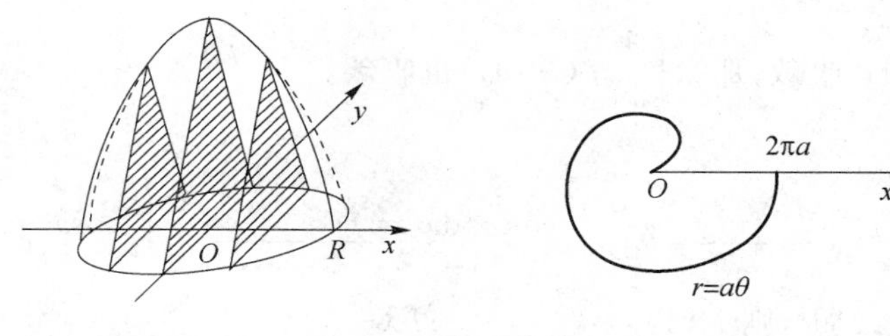

图 6.35　习题 10 图示　　　　图 6.36　习题 13 图示

14. 一圆柱形的贮水桶高为 5m，底圆半径为 3m，桶内盛满了水。试问要把桶内的水全部吸出需做多少功？

15. 把弹簧拉长时所需的力与弹簧的伸长成正比。又 1N 的力能使弹簧伸长 0.01m，现要使弹簧伸长 0.1m，需做多少功？

16. 将半径为 a m 的半圆板竖直放入水中，使其直径与水面相齐。求

(1) 该板一侧所受到的压力；

(2) 欲使压力增加一倍，半圆应向下平行移动多少 m？

17. 设有一长度为 l、线密度为 ρ 的均匀细直棒，在其中垂线上距棒 a 处有一质量为 m 的质点 M。试计算该棒对质点 M 的引力。

18. 在某不平滑地面上，摩擦系数 $\mu(x)=x$，质量为 m kg 的小车从原点运动到 6m 处需克服摩擦力做功多少？

* 19. 求收入流为 1000(元/年)在 20 年的期间内的现值和将来值，这里以 10% 的年利率连续复利方式盈取利息。

* 20. 设需求曲线为 $p=1000/(x+20)$，求当售价为 20 元时的消费者剩余。

* 21. 在染料稀释法中注入 8mg 的染料来测量心脏血液输出速度，染料的浓度为 $c(t)=\frac{1}{4}t(12-t)(0\leqslant t\leqslant 12)$，其中 t 为时间(单位：秒)，求心脏的血液输出的速度。

习题六

1. 判断题(在对的括号里画“√”；错的括号里画“×”)

(1) $f(x)$是定义在 R 上的奇函数，$g(x)$是定义在 R 上的偶函数，则 $\int_{-a}^{a}f(x)\cdot g(x)\mathrm{d}x=0$。　(　　)

(2) $\int_0^{\frac{\pi}{4}}5^{\sin x}\mathrm{d}x<\int_0^{\frac{\pi}{4}}5^{\cos x}\mathrm{d}x$。　(　　)

(3) $\frac{\mathrm{d}}{\mathrm{d}x}\int_a^t\mathrm{d}x=1$。　(　　)

(4) $\int_a^x f(x)\mathrm{d}x$ 与对 $f(x)$ 求不定积分的结果是一样的。　(　　)

(5) $v(t)$ 为某物体速度随时间变化函数，可用$\int_0^T v(t)\mathrm{d}t$ 表示其在 T 内运动的路程。 (　　)

(6) 若$\int_a^{+\infty} f(x)\mathrm{d}x$ 收敛，那么$\int_{a+1}^{+\infty} f(x)\mathrm{d}x$ 也收敛。 (　　)

2. 填空题

(1) $\frac{\mathrm{d}}{\mathrm{d}x}\int_a^b \cos x^2\mathrm{d}x=$________；$\frac{\mathrm{d}}{\mathrm{d}x}\int_t^b \cos x^2\mathrm{d}x=$________；$\frac{\mathrm{d}}{\mathrm{d}t}\int_a^t \cos x^2\mathrm{d}x=$________。

(2) 设 $F(x)=\int_1^x t^3\mathrm{d}t$，则 $F(1)=$________；$F(-1)=$________。

(3) $\lim\limits_{x\to\infty}\frac{2\int_0^x x\mathrm{e}^{t^2}\mathrm{d}t}{\mathrm{e}^{x^2}}=$________。

(4) $\frac{\mathrm{d}}{\mathrm{d}x}\int_0^{x^2}\mathrm{e}^{-t}\mathrm{d}t=$________。

(5) $\int_1^9 \frac{x^3\sqrt{1-x}}{6}\mathrm{d}x=$________。

(6) 若 $f(x)=\frac{1}{1+x^2}+x^3\int_0^1 f(x)\mathrm{d}x$，则$\int_0^1 f(x)\mathrm{d}x=$________。

(7) $\int_1^2 x(2-x^2)^7\mathrm{d}x$ ________。

(8) $f(x)=\frac{\mathrm{e}^x}{1+\mathrm{e}^x}$ 在$[0,1]$上的平均值是________。

(9) 设 $f(x)$ 连续，且对 $a\neq 0$ 有 $3\int_0^1 f(ax)\mathrm{d}x=2\int_0^a f(x)\mathrm{d}x$，则 $a=$________。

(10) $\int_{-a}^a (x-a)\sqrt{a^2-x^2}\mathrm{d}x=$________。

(11) 设$\int_0^x f(t-x)\mathrm{d}t=\sin(x^3+1)$，则 $f(x)=$________。

(12) 求第一象限内在 $y=6-2x^2$ 上方，且在$(1,4)$处切线下方的面积________。

(13) 设$\int_0^1 \frac{\mathrm{e}^t}{t+1}\mathrm{d}t=a$，则$\int_0^1 \frac{\mathrm{e}^t}{(1+t)^2}\mathrm{d}t=$________。

(14) 广义积分$\int_{-1}^1 \frac{1}{\sqrt{1-x^2}}\mathrm{d}x=$________。

(15) 已知广义积分$\int_0^{+\infty}\pi x^{1+2p}\mathrm{d}x$ 收敛，则 p 满足的条件是________。

3. 计算、解答题

(1) $\int_{-4}^{-3}\frac{1}{x\sqrt{x^2-4}}\mathrm{d}x$

(2) $\int_0^1\left(\frac{x+\arctan x}{1+x^2}+\frac{\sin x-\cos x}{\sin x+\cos}\right)\mathrm{d}x$

(3) $\int_{\frac{1}{\mathrm{e}}}^{\mathrm{e}} |x\ln x|\mathrm{d}x$

(4) $\int_0^{\frac{\pi}{2}} \frac{\cos x}{1+\sin x}\mathrm{d}x$

(5) 设$\int_0^x tf(t)\mathrm{d}t=\sqrt{x^2+9}-3$,求$\int_0^3 x^3 f(x^2)\mathrm{d}x$。

(6) 已知 $f(x)=\begin{cases} x\mathrm{e}^{-x} & x\leqslant 0 \\ \sqrt{2x-x^2} & x\in(0,1] \end{cases}$,求$\int_{-1}^3 f(x-2)\mathrm{d}x$。

(7) 求 $y=\int_1^x (1-t)\arctan(1+t^2)\mathrm{d}t$ 的极值。

(8) 设 $f(x)=\begin{cases} -\frac{1}{x} & x<-1 \\ x^2 & -1\leqslant x\leqslant 1 \\ \frac{1}{x} & x>1 \end{cases}$,求 $F(x)=\int_0^x f(x)\mathrm{d}x$。

(9) $\int_2^{+\infty} \frac{\mathrm{d}x}{(x+7)\sqrt{x-2}}$。

(10) 讨论广义积分$\int_a^b \frac{1}{(x-a)^q}\mathrm{d}x$ 的收敛性。

4. 应用题

(1) 设平面区域 D 由 $y=\sin x\,(0\leqslant x\leqslant\pi)$ 与 x 轴围成,求

① 区域 D 的面积。

② 区域 D 分别绕 x 轴和 y 轴旋转所围成旋转体的体积。

(2) 设由 $y=1-x^2(0\leqslant x\leqslant 1)$ 与两坐标轴围成的平面区域 D 被曲线 $y=ax^2(a>0)$ 分成面积相等的两部分,试求出 a 的值。

(3) 曲线 $f(x)=2\sqrt{x}$ 与 $g(x)=ax^2+bx+c(a>0)$ 相切于点(1,2),它们与 y 轴所围成的面积为$\frac{5}{6}$,求 a,b,c 的值。

(4) 求由曲线 $y=\mathrm{e}^{-x}$ 及直线 $y=0$ 之间位于第一象限内的平面图形的面积及此平面图形绕 x 轴旋转而成的旋转体的体积。

(5) 计算星形线 $x^{\frac{2}{3}}+y^{\frac{2}{3}}=2^{\frac{2}{3}}$ 的周长。

*(6) 求曲线 $r=3\cos\theta$ 和 $r=1+\cos\theta$ 所围成图形的公共部分的面积。

(7) 求 $y=x^3$,$x=1$ 及 x 轴所围图形分别绕 x、y 轴旋转一周而成的旋转体体积。

(8) 求 $y=x^2$,$y^2=8x$ 所围图形绕 y 轴旋转而成的旋转体体积。

(9) 求 $y=\ln x$ 对应于$\sqrt{3}\leqslant x\leqslant\sqrt{8}$ 一段弧长。

(10) 直径为 20 cm,高为 80 cm 的圆柱体内充满压强为 10 N/cm^2 的蒸汽,在等温条件下,要使气体体积缩小一半,问需要做多少功?

(11) 升降机将一质量为 Mkg 的沙袋从地面匀速抬起,由于密封不严,每上升 1 m,沙袋减少 1 kg,试求将该沙袋抬到 Xm 处需做功多少?

(12) 一底为 8 cm,高为 6 cm 的等腰三角形片,垂直地沉没在水中,顶在上,底在下且与水面平行,而距离水面 3 cm,求它每面所受压力。

(13) 设有一半径为 R,中心角为 φ 的圆弧形细棒,其线密度为 ρ,在圆心处有一质量为 m

的质点 M,求细棒对质点 M 的引力。

*(14) 生产某产品的赢利的速度 v 是随着时间 t(单位:年)而降低的:$v(t)=(2-0.1t)$(千元/年)(负盈利表示损失),设利率为 10%,以连续复利方式计息。

① 试写出表示 T 年后,将来的总赢利的现值的积分表达式。

② 在什么时候这一产品的利润流的现值达到最大值?在达到最大值时,总赢利的现值是多少?

5. 证明题

(1) 设 $f(x)$ 为 $(-\infty,+\infty)$ 内连续的偶函数,试证 $F(x)=\int_0^x (x-2t)f(t)\mathrm{d}t$ 也是偶函数。

(2) 设 $f(x)$ 在 $[0,1]$ 上连续,且 $f(x)<1$,证明 $F(x)=2x-1-\int_0^x f(t)\mathrm{d}t$ 在 $(0,1)$ 内只有一个零点。

(3) 设 $f(x)$ 在 $[0,1]$ 上连续且单调减少,证明当 $0<\lambda<1$ 时,有 $\int_0^\lambda f(x)\mathrm{d}x \geqslant \lambda\int_0^1 f(x)\mathrm{d}x$。

(4) 设 $f(x)$ 在 $[a,b]$ 上连续,且严格单增,证明 $(a+b)\int_a^b f(x)\mathrm{d}x<2\int_a^b xf(x)\mathrm{d}x$。

(5) 已知 $f(x)$ 在 $[a,b]$ 上连续且单增,$F(x)=\begin{cases}\dfrac{1}{2(x-a)}\displaystyle\int_a^x f(t)\mathrm{d}t & a<x\leqslant b\\ \dfrac{f(a)}{2} & x=a\end{cases}$,求证 $F(x)$ 在 $[a,b]$ 上连续且单调递增。

自测题六

1. 选择题

(1) 将和式的极限 $\lim\limits_{n\to\infty}\dfrac{1^p+2^p+3^p+\cdots+n^p}{n^{p+1}}(p>0)$ 表示成定积分为(　　)。

A. $\int_0^1 \dfrac{1}{x}\mathrm{d}x$　　B. $\int_0^1 x^p\mathrm{d}x$　　C. $\int_0^1\left(\dfrac{1}{x}\right)^p\mathrm{d}x$　　D. $\int_0^1\left(\dfrac{x}{n}\right)^p\mathrm{d}x$

(2) 已知自由落体运动的速率 $v=gt$,则落体运动从 $t=0$ 到 $t=t_0$ 所走的路程为(　　)。

A. $\dfrac{gt_0^2}{3}$　　B. gt_0^2　　C. $\dfrac{gt_0^2}{2}$　　D. $\dfrac{gt_0^2}{6}$

(3) $\int_0^3 |x^2-4|\mathrm{d}x$ 等于(　　)。

A. $\dfrac{21}{3}$　　B. $\dfrac{22}{3}$　　C. $\dfrac{23}{3}$　　D. $\dfrac{25}{3}$

(4) 曲线 $y=\cos x$, $x\in\left[0,\dfrac{3}{2}\pi\right]$ 与坐标轴围成的面积为(　　)。

A. 4　　B. 2　　C. $\dfrac{5}{2}$　　D. 3

(5) $\int_0^1(\mathrm{e}^x+\mathrm{e}^{-x})\mathrm{d}x=$(　　)。

A.$e+\frac{1}{e}$　　　　B.$2e$　　　　C.$\frac{2}{e}$　　　　D.$e-\frac{1}{e}$

(6) 求由 $y=e^x$，$x=2$，$y=1$ 围成的曲边梯形的面积时，若选择 x 为积分变量，则积分区间为(　　)。

A.$[0,e^2]$　　　　B.$[0,2]$　　　　C.$[1,2]$　　　　D.$[0,1]$

(7) 由曲线 $y=x^2-1$ 和轴 x 围成图形的面积等于 S，给出下列结果：

① $\int_{-1}^{1}(x^2-1)dx$　　　　② $\int_{-1}^{1}(1-x^2)dx$

③ $2\int_{0}^{1}(x^2-1)dx$　　　　④ $2\int_{-1}^{0}(1-x^2)dx$

则 S 等于(　　)。

A.①③　　　　B.③④　　　　C.②③　　　　D.②④

(8) 若 $m=\int_{0}^{1}e^x dx$，$n=\int_{1}^{e}\frac{1}{x}dx$，则 m 与 n 的大小关系是(　　)。

A.$m>n$　　　　B.$m<n$　　　　C.$m=n$　　　　D.无法确定

2. 填空题

(1) 由直线 $y=x$，$y=-x+1$，及 x 轴围成平面图形的面积为________。

(2) 曲线 $y=\int_{\frac{\pi}{2}}^{x}\frac{\sin t}{t}dt$ 在 $x=\frac{\pi}{2}$ 处的切线方程，________。

(3) $\int_{1}^{-1}x^2\sin x\ dx=$________。

(4) $f(x)=\int_{0}^{x^2}t^3\sqrt{1+t^2}\,dt$，则 $f'(x)=$________。

(5) $\frac{d}{dx}\int_{a}^{b}\arctan x\ dx=$________。

(6) $\int_{-\infty}^{0}\frac{1}{1+x^2}dx=$________。

3. 计算题

(1) $\int_{0}^{1}(2-3\cos x)dx$　　　　(2) $\int_{0}^{1}(2x-1)^{100}dx$

(3) $\lim\limits_{x\to 0}\frac{\int_{0}^{x}\sin t\ dt}{x^2}$　　　　(4) $\lim\limits_{x\to\infty}\frac{\int_{a}^{x}\left(1+\frac{1}{t}\right)^t dt}{x}$　($a>0$ 为常数)

(5) $\int_{-2}^{0}\frac{dx}{(x+4)\sqrt{x+3}}$　　　　(6) $\int_{\ln 3}^{\ln 4}\frac{dx}{e^x-e^{-x}}$

(7) $\int_{\frac{1}{2}}^{\frac{\sqrt{2}}{2}}\sqrt{1-x^2}\,dx$　　　　(8) $\int_{-\pi}^{\pi}\sqrt{1-\cos x}\,dx$

(9) $\int_{1}^{e}(x-1)\ln x\ dx$　　　　(10) $\int_{0}^{1}x^2e^{-x}dx$

4. 解答题

(1) 若 $f(x)$ 是一次函数，且 $\int_{0}^{1}f(x)dx=5$，$\int_{0}^{1}xf(x)dx=\frac{17}{6}$，那么 $\int_{1}^{2}\frac{f(x)}{x}dx$ 的值是多少？

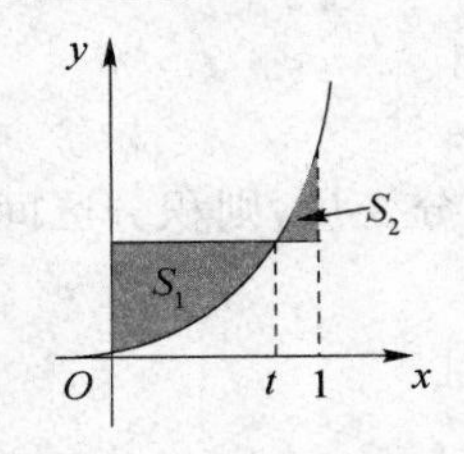

图 6.37　题 4(4) 图

(2) 求由$\int_0^y e^t \mathrm{d}t + \int_0^x \cos t \, \mathrm{d}t = 0$所决定的隐函数 y 对 x 的导数$\frac{\mathrm{d}y}{\mathrm{d}x}$。

(3) 计算曲线 $y = \int_0^x \sqrt{2t}\,\mathrm{d}t$ 在$[0,1]$上的弧长。

(4) 在区间$[0,1]$上给定曲线 $y = x^2$，如图 6.37 所示，试在此区间内确定点 t 的值，使图中的阴影部分的面积 S_1 与 S_2 之和最小。

(5) 由直线 $x=0$，$x=2$，$y=0$ 和抛物线 $x=\sqrt{1-y}$ 所围成的平面图形为 D，求 D 绕 x 轴旋转所得旋转体的体积。

5. 证明题

设 $f(x)$ 在$[a,b]$连续，且 $f(x)>0$，又 $F(x)=\int_a^x f(t)\mathrm{d}t+\int_b^x \frac{1}{f(t)}\mathrm{d}t$，证明：

(1) $F'(x) \geqslant 2$。

(2) $F(x)=0$ 在(a,b)内有且仅有一个根。

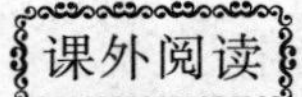

微积分的发展史

附　录

附录一　部分习题答案与提示

附录二　常用初等数学公式

附录三　24个希腊字母表

附录四　国际单位制词头

附录五　部分习题答案与提示

参考文献

[1] 教育部普通高等学校少数民族预科教材编写组. 高等数学. 北京:人民出版社,2013.
[2] 同济大学应用数学系.高等数学(本科少学时类型)(上册).3 版.北京:高等教育出版社,2006.
[3] 同济大学数学系.高等数学(上册).7 版.北京:高等教育出版社,2014.
[4] 华东师范大学数学系.数学分析(上册).3 版.北京:高等教育出版社,2001.
[5] 上海交通大学数学系微积分课程组.高等数学.北京:高等教育出版社,2008.
[6] 教育部高等教育司.高等数学(成人本科).3 版.北京:高等教育出版,2009.
[7] 王嘉谋,石琳. 高等数学(上册).北京:高等教育出版社,2012.
[8] 李德新. 高等数学. 北京:高等教育出版社,2010.